高等数学习题课教程

主　编　周　耘

副主编　范俊花　肖小燕　徐泽宇

中国教育出版传媒集团

高等教育出版社 · 北京

内容提要

　　本书按照应用型本科院校高等数学课程的教学基本要求编写而成,全书包含一讲预备知识和二十三讲正文内容。预备知识涵盖了初等数学和高等数学衔接的相关内容,其他二十三讲的每一讲均由本讲要求、问题·分析·解答、课内练习题及课外练习题四部分组成。书中附有习题参考答案或提示。

　　本书可作为普通高等学校理工类、经济管理类各相关专业高等数学习题课的教学用书,也可作为从事高等数学教学的教师、报考非数学类专业硕士研究生的考生及广大自学者的参考书。

图书在版编目（CIP）数据

　　高等数学习题课教程／周耘主编；范俊花,肖小燕,徐泽宇副主编. --北京：高等教育出版社,2025.8.

ISBN 978-7-04-064645-0

　　Ⅰ.O13-44

中国国家版本馆 CIP 数据核字第 2025WL0462 号

Gaodeng Shuxue Xitike Jiaocheng

策划编辑	张彦云	责任编辑 张彦云	封面设计 张　楠	版式设计 李彩丽
责任绘图	黄云燕	责任校对 张　薇	责任印制 高　峰	

出版发行	高等教育出版社	网　　址	http://www.hep.edu.cn
社　　址	北京市西城区德外大街 4 号		http://www.hep.com.cn
邮政编码	100120	网上订购	http://www.hepmall.com.cn
印　　刷	廊坊十环印刷有限公司		http://www.hepmall.com
开　　本	787mm×1092mm　1/16		http://www.hepmall.cn
印　　张	18.75		
字　　数	430 千字	版　　次	2025 年 8 月第 1 版
购书热线	010-58581118	印　　次	2025 年 8 月第 1 次印刷
咨询电话	400-810-0598	定　　价	44.30 元

本书如有缺页、倒页、脱页等质量问题,请到所购图书销售部门联系调换

前　言

高等数学是高等学校理工类和经济管理类本科各专业的一门重要基础课，而高等数学习题课是高等数学教学的实践环节，它对于学生加深对高等数学知识的理解、提高解题能力、提升教学质量具有极其重要的作用。一本好的习题课教材是上好习题课的必要条件。

本书是按照应用型本科院校高等数学课程的教学基本要求，在东南大学成贤学院试用多年的《高等数学习题课讲义》的基础上编写而成的。全书包含一讲预备知识和二十三讲正文内容。预备知识涵盖了初等数学和高等数学衔接的相关内容，其他二十三讲的每一讲均由本讲要求、问题·分析·解答、课内练习题及课外练习题四部分组成。书中附有习题参考答案或提示。

本书的主要特点是针对学生学习中的易错问题和疑难问题，通过提出问题、例题分析、回答问题、内容小结等方式，帮助读者梳理基本概念、弄清解题思路、总结解题方法，提高读者分析问题和解决问题的能力。

本书预备知识及第一至三讲、十二、十三讲由范俊花编写，第四至七讲及十五、十六讲由肖小燕编写，第八至十一讲及十四讲由徐泽宇编写，第十七至二十三讲由周耘编写，全书由周耘负责统稿。

本书的编写得到了东南大学成贤学院的大力支持，在此深表谢意！还要特别感谢董梅芳教授、张福保教授和郁大刚教授在教材的酝酿、策划、编写和修改等全过程中给予的指导和帮助。

由于编者水平有限，书中缺点在所难免，恳请同行、专家与读者批评指正。

编者

2025年3月于东南大学成贤学院

目　　录

预备知识

一、数学归纳法

适用范围：仅适用于证明与正整数 n 有关的命题.

证明步骤：

(1) 证明 n 取第一个可取值 n_0（例如 $n_0=1$ 或 2）时，命题正确；

(2) 假设当 $n=k$（$k\in\mathbf{N}_+$ 且 $k\geqslant n_0$）时结论正确，证明当 $n=k+1$ 时结论也正确. 由这两个步骤，就可以断定命题对于从 n_0 开始的所有正整数 n 都正确.

注意 第一步是递推的基础，第二步是递推的根据，两步缺一不可.

数学归纳法可用于证明代数和或三角恒等式、不等式、整除性、几何命题等. 它的思想类似于多米诺骨牌的玩法：第一，要求第一张骨牌被推倒；第二，假如某一张骨牌倒下，则其后一张骨牌必须跟着倒下.

例 1 用数学归纳法证明：$1^2+2^2+3^2+\cdots+n^2=\dfrac{1}{6}n(n+1)(2n+1)$.

证明 (1) 当 $n=1$ 时，上式左边为 $1^2=1$，上式右边为 $\dfrac{1}{6}\times1\times2\times3=1$，等式成立.

(2) 假设当 $n=k$ 时，等式成立，即

$$1^2+2^2+3^2+\cdots+k^2=\frac{1}{6}k(k+1)(2k+1),$$

那么当 $n=k+1$ 时，

$$1^2+2^2+3^2+\cdots+k^2+(k+1)^2=\frac{1}{6}k(k+1)(2k+1)+(k+1)^2$$

$$=\frac{1}{6}(k+1)(k(2k+1)+6(k+1))=\frac{1}{6}(k+1)(2k^2+7k+6)$$

$$=\frac{1}{6}(k+1)(k+2)(2k+3)=\frac{1}{6}(k+1)((k+1)+1)(2(k+1)+1).$$

故当 $n=k+1$ 时等式也成立.

根据(1)(2)可知等式对任何 $n\in\mathbf{N}_+$ 都成立. 证毕.

二、二项式定理

我们知道：

$$(a+b)^2=a^2+2ab+b^2=\mathrm{C}_2^0a^2+\mathrm{C}_2^1ab+\mathrm{C}_2^2b^2;$$

$$(a+b)^3=a^3+3a^2b+3ab^2+b^3=\mathrm{C}_3^0a^3+\mathrm{C}_3^1a^2b+\mathrm{C}_3^2ab^2+\mathrm{C}_3^3b^3;$$

$$(a+b)^4=a^4+4a^3b+6a^2b^2+4ab^3+b^4=C_4^0a^4+C_4^1a^3b+C_4^2a^2b^2+C_4^3ab^3+C_4^4b^4;$$

…………

由数学归纳法可以得到

$$(a+b)^n=C_n^0a^n+C_n^1a^{n-1}b+C_n^2a^{n-2}b^2+\cdots+C_n^ra^{n-r}b^r+\cdots+C_n^{n-1}ab^{n-1}+C_n^nb^n(n\in\mathbf{N}_+).$$

这个公式所表示的定理称为**二项式定理**,上式右边的多项式称为$(a+b)^n$的**二项展开式**,其中系数C_n^r称为**二项式系数**,$C_n^ra^{n-r}b^r$称为二项展开式的**通项**,用T_{r+1}表示,通项是展开式的第$r+1$项,即$T_{r+1}=C_n^ra^{n-r}b^r$.

二项展开式的性质如下:

(1) 展开式共有$n+1$项;

(2) a的指数递减,b的指数递增,两者之和为n;

(3) 与展开式首尾两项等距离的两项的系数相等;

(4) 展开式中的第$r+1$项$T_{r+1}=C_n^ra^{n-r}b^r$.

三、复数

对任意两实数$x,y,z=x+\mathrm{i}y$称为**复数**,其中$\mathrm{i}=\sqrt{-1}$是虚数单位,x称为复数z的**实部**,y称为复数z的**虚部**. $\bar{z}=x-\mathrm{i}y$称为z的**共轭复数**.

复数的四则运算法则如下:

设$z_1=x_1+\mathrm{i}y_1,z_2=x_2+\mathrm{i}y_2$.

(1) $z_1\pm z_2=(x_1\pm x_2)+\mathrm{i}(y_1\pm y_2)$;

(2) $z_1\cdot z_2=(x_1+\mathrm{i}y_1)\cdot(x_2+\mathrm{i}y_2)=(x_1x_2-y_1y_2)+\mathrm{i}(x_2y_1+x_1y_2)$;

(3) $\dfrac{z_1}{z_2}=\dfrac{x_1+\mathrm{i}y_1}{x_2+\mathrm{i}y_2}=\dfrac{(x_1+\mathrm{i}y_1)(x_2-\mathrm{i}y_2)}{(x_2+\mathrm{i}y_2)(x_2-\mathrm{i}y_2)}=\dfrac{(x_1x_2+y_1y_2)+\mathrm{i}(x_2y_1-x_1y_2)}{x_2^2+y_2^2}\ (z_2\neq0)$.

复数的几何表示如下:

(1) 三角表示法

令$\begin{cases}x=r\cos\theta,\\y=r\sin\theta,\end{cases}$则$z=r(\cos\theta+\mathrm{i}\sin\theta)$.

(2) 指数表示法

由欧拉公式$\mathrm{e}^{\mathrm{i}\theta}=\cos\theta+\mathrm{i}\sin\theta$,则$z=r\mathrm{e}^{\mathrm{i}\theta}$.

四、绝对值与常用不等式

设x,y为实数. x的绝对值可表示为$|x|=\begin{cases}x, & x\geqslant0,\\-x, & x<0.\end{cases}$

绝对值不等式:$-|x|\leqslant x\leqslant|x|,0\leqslant|x|\pm x\leqslant2|x|$.

三角形不等式:$|x+y|\leqslant|x|+|y|,|x-y|\geqslant||x|-|y||$.

平均值不等式:$x^2+y^2\geqslant2|xy|,\dfrac{|x|+|y|}{2}\geqslant\sqrt{|xy|}$.

五、区间和邻域

1. 区间

设 a,b 为实数,且 $a<b$,则数集 $\{x \mid a<x<b\}$ 称为开区间,记为 (a,b),即

$$(a,b)=\{x \mid a<x<b\}.$$

类似地,$[a,b]=\{x \mid a\leqslant x\leqslant b\}$ 称为闭区间. 数集

$$[a,b)=\{x \mid a\leqslant x<b\},$$
$$(a,b]=\{x \mid a<x\leqslant b\},$$

称为半开半闭区间. 以上区间都称为有限区间,区间长度为 $b-a$.

除了有限区间,还有无限区间,如

$$(a,+\infty)=\{x \mid x>a\},[a,+\infty)=\{x \mid x\geqslant a\},$$
$$(-\infty,b)=\{x \mid x<b\},(-\infty,b]=\{x \mid x\leqslant b\}.$$

全体实数的集合 $\mathbf{R}$ 也可记作 $(-\infty,+\infty)$,它也是无限区间.

2. 邻域

设 δ 是任一正实数,则开区间 $(a-\delta,a+\delta)$ 称为**点 a 的 δ 邻域**,记为

$$U(a,\delta)=\{x \mid |x-a|<\delta\}.$$

数集

$$\{x \mid 0<|x-a|<\delta\}$$

称为点 a 的**去心 δ 邻域**,如图 0-1 所示,记作 $\mathring{U}(a,\delta)$,即

$$\mathring{U}(a,\delta)=\{x \mid 0<|x-a|<\delta\}.$$

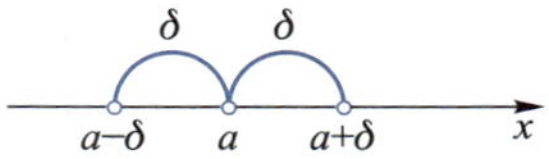

图 0-1

六、反函数

设 $y=f(x)$ 的定义域为 D,值域为 R_f,如果对于任一 $y\in R_f$,有唯一确定的 $x\in D$,使得 $y=f(x)$,就称 $x=f^{-1}(y)$ 为 $y=f(x)$ 的**反函数**,习惯上常用 x 表示自变量,用 y 表示因变量,所以 $y=f(x)(x\in D_f)$ 的反函数常写成 $y=f^{-1}(x)(x\in R_f)$. 在同一坐标系中,$y=f(x)$ 和 $y=f^{-1}(x)$ 的图形关于直线 $y=x$ 对称,如图 0-2 所示.

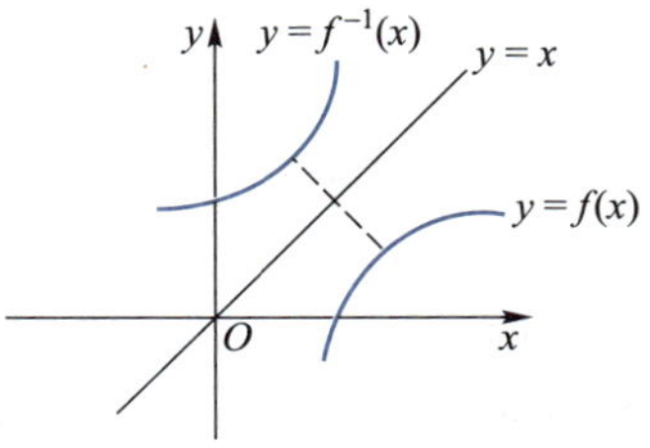

图 0-2

特别地,若一个函数为单调函数,则此函数存在反函数,比如对数函数 $y=\ln x$ 与指数函数 $y=e^x$ 互为反函数;若函数在某个区间上单调,则此函数在该区间上存在反函数. 比如:正弦函数 $y=\sin x$ 在整个定义域 $(-\infty,+\infty)$ 内不单调,但在区间 $\left[-\dfrac{\pi}{2},\dfrac{\pi}{2}\right]$ 上单调,则 $y=\sin x$ 在 $\left[-\dfrac{\pi}{2},\dfrac{\pi}{2}\right]$ 上存在反函数,称为反正弦函数,记作 $y=\arcsin x$,其定义域为 $[-1,1]$,值域为 $\left[-\dfrac{\pi}{2},\dfrac{\pi}{2}\right]$,例如,$\arcsin\dfrac{1}{2}=$

$\frac{\pi}{6}$, $\arcsin\left(-\frac{\sqrt{3}}{2}\right)=-\frac{\pi}{3}$.

例 2 求函数 $y=1+\sqrt{e^x-1}$ 的反函数.

解 原函数的定义域为 $[0,+\infty)$,值域为 $[1,+\infty)$,则 $x=\ln(y^2-2y+2)$, $y\geqslant 1$,将 x, y 互换,得反函数

$$y=\ln(x^2-2x+2),\ x\geqslant 1.$$

七、基本初等函数

高等数学的研究对象是函数,若自变量在定义域内任取一个数值,对应的函数值总是只有一个,这种函数称为**单值函数**,否则称为**多值函数**. 若无特别声明,通常的函数均指单值函数.

常数函数、幂函数、指数函数、对数函数、三角函数和反三角函数统称为**基本初等函数**.其主要性质如下:

(1) 常数函数

$$y=C\ (C\ 为常数),$$

其定义域为 $(-\infty,+\infty)$,图像是一条平行于 x 轴,且在 y 轴上的截距为 C 的直线.

(2) 幂函数

$$y=x^{\alpha}\ (\alpha\ 为常数),$$

其定义域要视 α 的取值而定,例如,当 $\alpha=\frac{1}{3}$ 时,其定义域是 $(-\infty,+\infty)$,当 $\alpha=\frac{1}{2}$ 时,其定义域是 $[0,+\infty)$. 但不论 α 取何值,它在 $(0,+\infty)$ 内总有定义,并且图像总过点 $(1,1)$,如图 0-3 所示.

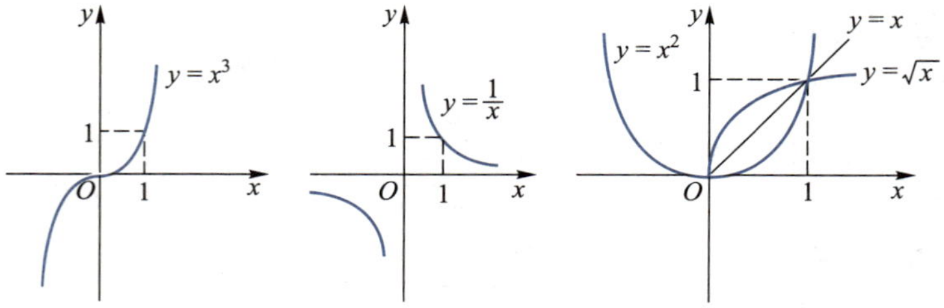

图 0-3

(3) 指数函数

$$y=a^x\ (a>0\ 且\ a\neq 1),$$

其定义域是 $(-\infty,+\infty)$,值域为 $(0,+\infty)$,图像总是在 x 轴的上方,且过点 $(0,1)$. 当 $a>1$ 时,函数单调增加;当 $0<a<1$ 时,函数单调减少,如图 0-4 所示.

(4) 对数函数

$$y=\log_a x\ (a>0\ 且\ a\neq 1),$$

其定义域是 $(0,+\infty)$,值域为 $(-\infty,+\infty)$,且图像总是过点 $(1,0)$. 当 $a>1$ 时,函数单调增加;当 $0<a<1$ 时,函数单调减少. 对数函数与指数函数互为反函数,如图 0-5 所示.

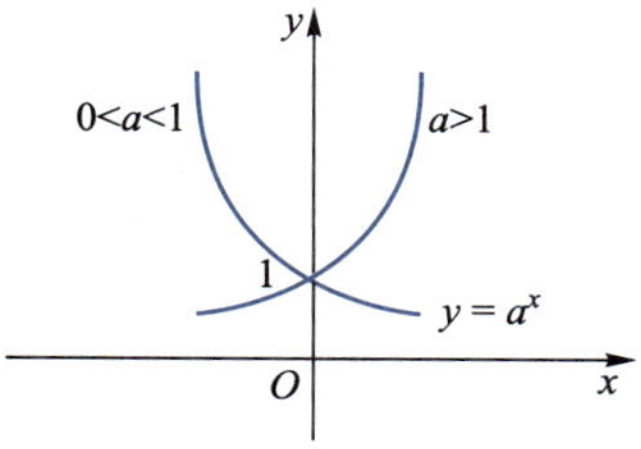

图 0-4

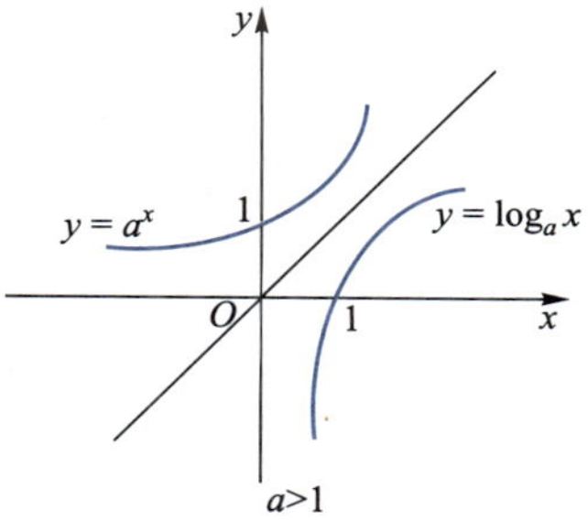

图 0-5

（5）三角函数

$y=\sin x$ 为正弦函数，如图 0-6 所示.

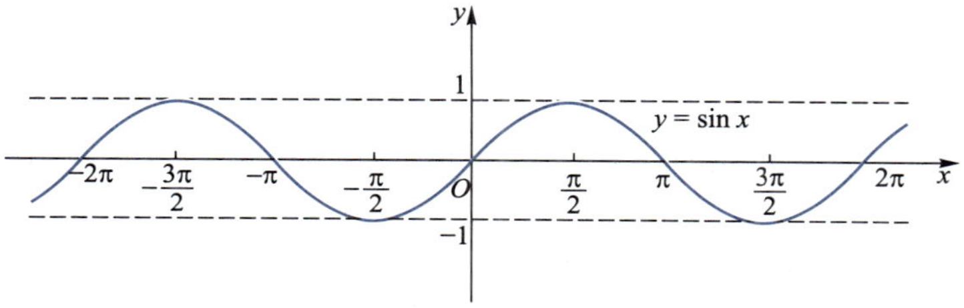

图 0-6

$y=\cos x$ 为余弦函数，如图 0-7 所示.

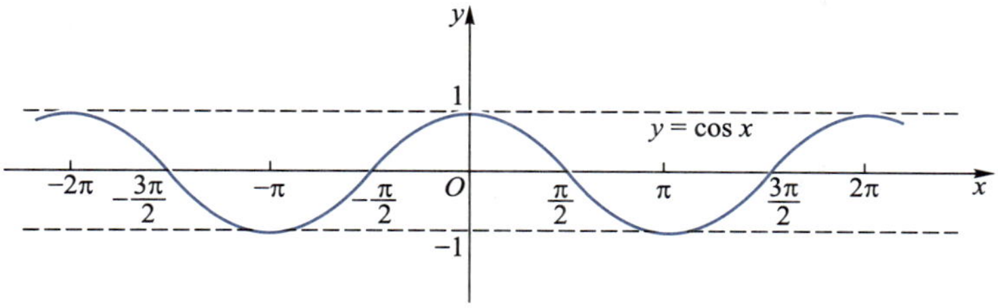

图 0-7

$y=\tan x$ 为正切函数，如图 0-8 所示；$y=\cot x$ 为余切函数，如图 0-9 所示.

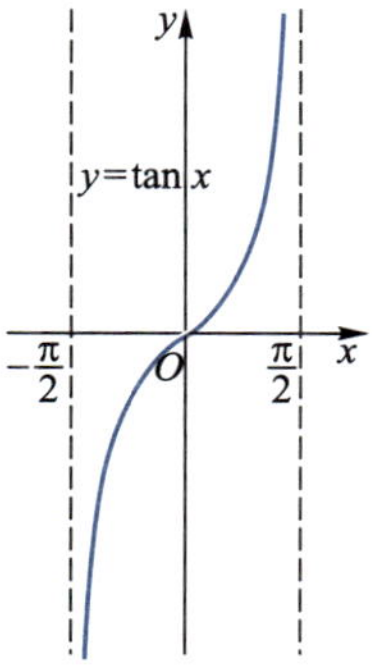

图 0-8

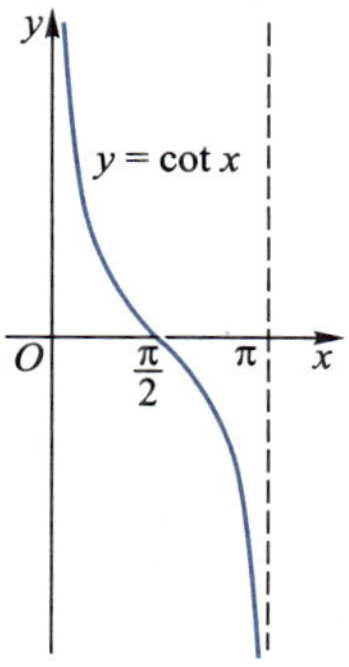

图 0-9

$y=\sec x\left(=\dfrac{1}{\cos x}\right)$，$y=\csc x\left(=\dfrac{1}{\sin x}\right)$分别为正割函数和余割函数.

正弦函数 $\sin x$ 和余弦函数 $\cos x$ 的定义域都是$(-\infty,+\infty)$，值域都是$[-1,1]$；它们都是以 2π 为周期的周期函数；正弦函数 $\sin x$ 是奇函数，余弦函数 $\cos x$ 是偶函数.

正切函数 $\tan x$ 的定义域是$\left\{x \middle| x\neq n\pi+\dfrac{\pi}{2}, n \text{ 是整数}\right\}$；余切函数 $\cot x$ 的定义域是$\{x \mid x\neq n\pi, n \text{ 是整数}\}$，它们的值域都是$(-\infty,+\infty)$. 正切函数 $\tan x$ 和余切函数 $\cot x$ 都是以 π 为周期的周期函数，它们都是奇函数.

正割函数 $\sec x$ 和余割函数 $\csc x$ 的性质通常借助余弦函数 $\cos x$ 和正弦函数 $\sin x$ 去理解，不做专门讨论.

（6）反三角函数

常用的反三角函数有反正弦函数 $y=\arcsin x$，反余弦函数 $y=\arccos x$，反正切函数 $y=\arctan x$ 和反余切函数 $y=\operatorname{arccot} x$.

反正弦函数 $\arcsin x$ 是正弦函数 $\sin x$ 在主值区间$\left[-\dfrac{\pi}{2},\dfrac{\pi}{2}\right]$上的反函数，因此，其定义域是$[-1,1]$，值域是$\left[-\dfrac{\pi}{2},\dfrac{\pi}{2}\right]$. 反正弦函数是单调增加的奇函数，如图 0-10 所示.

反余弦函数 $y=\arccos x$ 是余弦函数 $\cos x$ 在主值区间$[0,\pi]$上的反函数，因此，其定义域是$[-1,1]$，值域是$[0,\pi]$. 反余弦函数是单调减少函数，如图 0-11 所示.

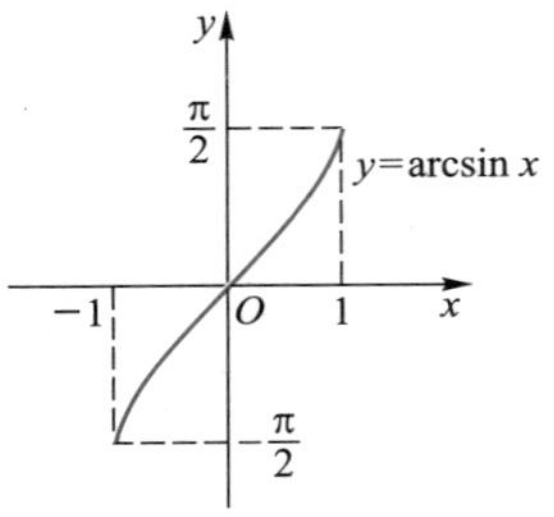

图 0-10

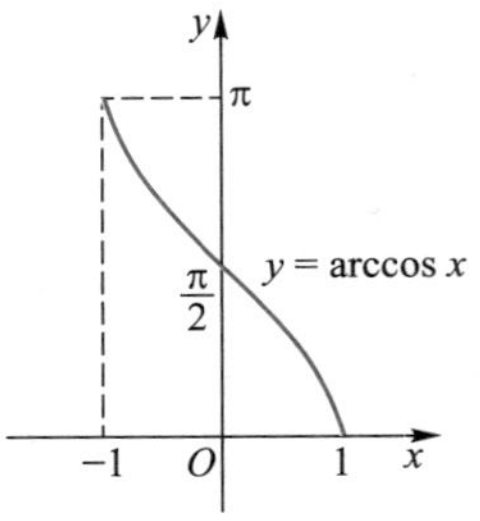

图 0-11

反正切函数 $\arctan x$ 是正切函数 $\tan x$ 在主值区间$\left(-\dfrac{\pi}{2},\dfrac{\pi}{2}\right)$内的反函数，因此，其定义域是$(-\infty,+\infty)$，值域是$\left(-\dfrac{\pi}{2},\dfrac{\pi}{2}\right)$. 反正切函数是单调增加的奇函数，如图 0-12 所示.

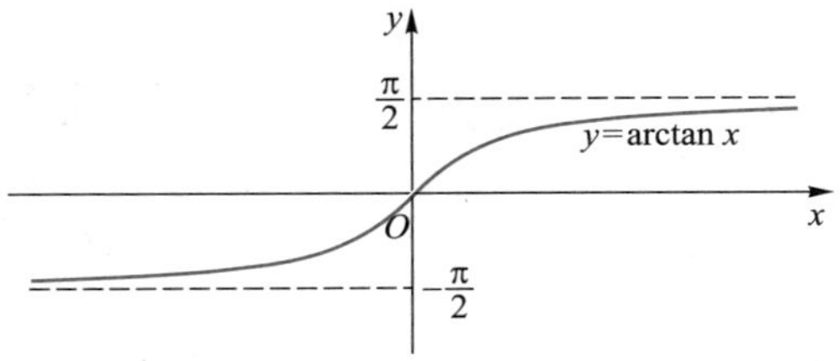

图 0-12

反余切函数 arccot x 是余切函数 cot x 在主值区间$(0,\pi)$内的反函数，因此，其定义域是$(-\infty,+\infty)$，值域是$(0,\pi)$．反余切函数是单调减少函数，如图 0-13 所示．

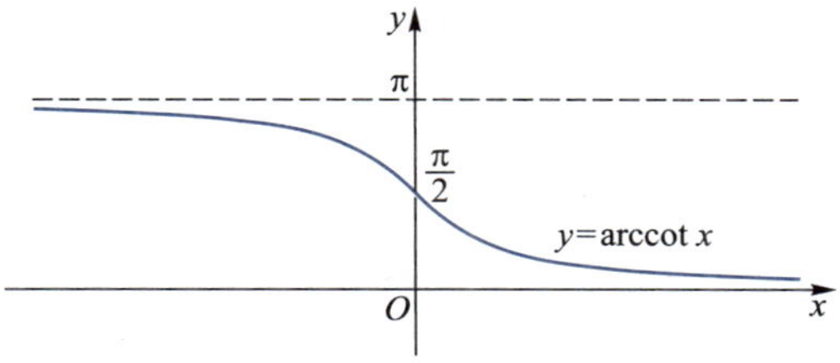

图 0-13

八、一些常用的三角函数公式

1. 同角三角函数间的关系

$\sin^2\alpha+\cos^2\alpha=1$；　　$1+\tan^2\alpha=\sec^2\alpha$；

$1+\cot^2\alpha=\csc^2\alpha$；　　$\csc\alpha=\dfrac{1}{\sin\alpha}$；

$\sec\alpha=\dfrac{1}{\cos\alpha}$；　　$\cot\alpha=\dfrac{1}{\tan\alpha}$；

$\tan\alpha=\dfrac{\sin\alpha}{\cos\alpha}$；　　$\cot\alpha=\dfrac{\cos\alpha}{\sin\alpha}$．

2. 积化和差公式

$$\sin\alpha\cos\beta=\frac{1}{2}(\sin(\alpha+\beta)+\sin(\alpha-\beta));$$

$$\cos\alpha\sin\beta=\frac{1}{2}(\sin(\alpha+\beta)-\sin(\alpha-\beta));$$

$$\cos\alpha\cos\beta=\frac{1}{2}(\cos(\alpha+\beta)+\cos(\alpha-\beta));$$

$$\sin\alpha\sin\beta=-\frac{1}{2}(\cos(\alpha+\beta)-\cos(\alpha-\beta)).$$

当 $\alpha=\beta$ 时，即得倍角公式：

$\sin 2\alpha=2\sin\alpha\cos\alpha$；

$\cos 2\alpha=\cos^2\alpha-\sin^2\alpha=1-2\sin^2\alpha=2\cos^2\alpha-1$；

$\tan 2\alpha=\dfrac{2\tan\alpha}{1-\tan^2\alpha}$．

3. 和差化积公式

$$\sin\alpha+\sin\beta=2\sin\frac{\alpha+\beta}{2}\cos\frac{\alpha-\beta}{2};$$

$$\sin\alpha-\sin\beta=2\cos\frac{\alpha+\beta}{2}\sin\frac{\alpha-\beta}{2};$$

$$\cos\alpha+\cos\beta=2\cos\frac{\alpha+\beta}{2}\cos\frac{\alpha-\beta}{2};$$

$$\cos\alpha-\cos\beta=-2\sin\frac{\alpha+\beta}{2}\sin\frac{\alpha-\beta}{2}.$$

4. 万能公式

$$\sin\alpha=\frac{2\tan\frac{\alpha}{2}}{1+\tan^2\frac{\alpha}{2}};\quad \cos\alpha=\frac{1-\tan^2\frac{\alpha}{2}}{1+\tan^2\frac{\alpha}{2}};\quad \tan\alpha=\frac{2\tan\frac{\alpha}{2}}{1-\tan^2\frac{\alpha}{2}}.$$

九、参数方程

在取定的平面坐标系中，如果曲线上任意一点 $M(x,y)$ 中的 x,y 都是变量 t 的函数，即

$$\begin{cases}x=\varphi(t),\\ y=\psi(t),\end{cases}\tag{1}$$

并且对于 t 的每一个允许值，由方程组(1)所确定的点都在这条曲线上，那么方程组(1)称为这条曲线的**参数方程**，其中 t 称为**参数**或**参变量**.

1. 圆 $x^2+y^2=R^2$ 的参数方程为

$$\begin{cases}x=R\cos t,\\ y=R\sin t,\end{cases}\quad 0\leqslant t<2\pi.$$

2. 椭圆$\frac{x^2}{a^2}+\frac{y^2}{b^2}=1$ 的参数方程为

$$\begin{cases}x=a\cos t,\\ y=b\sin t,\end{cases}\quad 0\leqslant t<2\pi.$$

3. 星形线 $x^{\frac{2}{3}}+y^{\frac{2}{3}}=a^{\frac{2}{3}}$(图 0-14)的参数方程为

$$\begin{cases}x=a\cos^3 t,\\ y=a\sin^3 t,\end{cases}\quad 0\leqslant t<2\pi.$$

4. 摆线一拱(图 0-15)的参数方程为

$$\begin{cases}x=a(t-\sin t),\\ y=a(1-\cos t),\end{cases}\quad 0\leqslant t<2\pi.$$

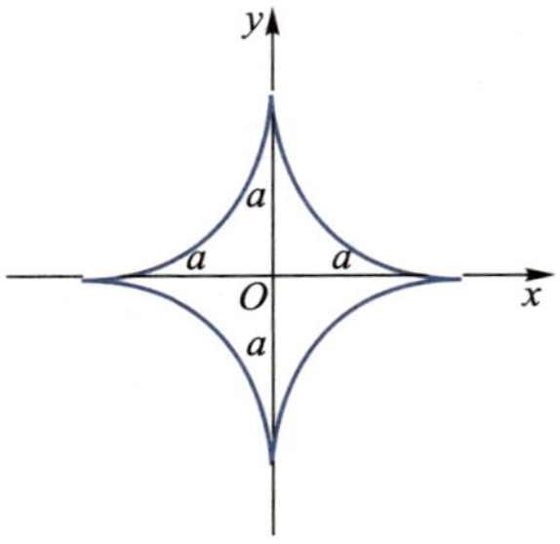

图 0-14

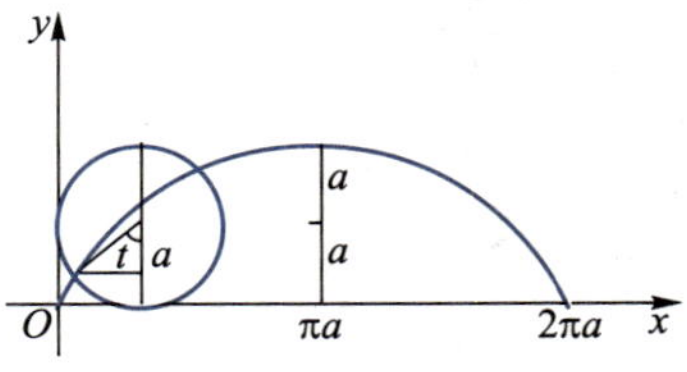

图 0-15

十、极坐标系

在平面上取定一点 O,称为**极点**,由极点 O 为起点引一条有向射线 Ox,称为**极轴**,并规定长度单位和角度的正方向(通常取逆时针方向为正方向),这就构成了**极坐标系**. 建立了极坐标系的平面称为极坐标平面. 对于极坐标平面内任意一点 M(不在极点),用 ρ 表示线段 OM 的长度,θ 表示从 Ox 到 OM 的角度. ρ 称为点 M 的极径,θ 称为点 M 的极角,有序实数对 (ρ,θ) 为点 M 的极坐标,如图 0-16 所示. 由于极角的多值性,点 M 的极坐标并不唯一. 如果限定 $\rho>0,\theta\in[0,2\pi)$,则点 M 与其极坐标一一对应. 对于极点 O,$\rho=0$,而 θ 的值可任意. 今后,如无特殊说明时,认为 $\rho\geqslant 0$.

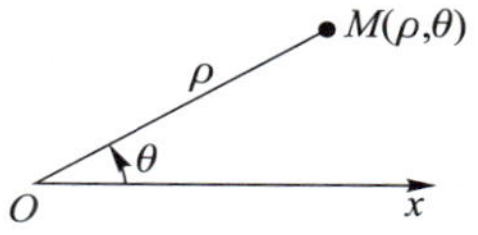

图 0-16

极坐标与直角坐标的关系　在平面上若将极坐标系的极点与直角坐标系的原点重合,将极轴与 x 轴的正半轴重合,则坐标平面上任一点的极坐标 (ρ,θ) 与直角坐标 (x,y) 的关系式为

$$\begin{cases}x=\rho\cos\theta,\\ y=\rho\sin\theta,\end{cases}\quad 即\quad \begin{cases}\rho=\sqrt{x^2+y^2},\\ \theta=\arctan\dfrac{y}{x}.\end{cases}$$

极坐标的作图法　由极坐标的概念可知,当 $\rho=\rho_0$(正常数)时,其图形是以极点为圆心,半径为 ρ_0 的圆;当 $\theta=\theta_0$(常数)时,其图形是以 θ_0 为倾斜角的射线. 因此,当 ρ 与 θ 取不同数值时,可得极坐标网.

若已知曲线的极坐标方程为 $\rho=\rho(\theta)$,作曲线的图形. 当 $\rho(\theta_0)=\rho_0>0$ 时,则点 $M(\rho_0,\theta_0)$ 为圆 $\rho=\rho_0$ 与射线 $\theta=\theta_0$ 的交点;当 $\theta=\theta_0,\rho(\theta_0)=\rho_0<0$ 时,规定点 $M(\rho_0,\theta_0)$ 位于角 θ_0 的终边的反向延长线上,且 $|OM|=-\rho_0>0$. 于是,用描点法就可作出曲线的图形.

例 3　设心形线的极坐标方程为 $\rho=a(1+\cos\theta),a>0$,作心形线的图形.

解　令 $\rho(\theta)=a(1+\cos\theta)$,则 $\rho(-\theta)=\rho(\theta)$,可知所求曲线图形关于极轴对称,只要作出 $\theta\in[0,\pi]$ 上的图形即可. 列表如下:

θ	0	$\dfrac{\pi}{4}$	$\dfrac{\pi}{2}$	$\dfrac{3\pi}{4}$	π
ρ	$2a$	$1.71a$	a	$0.29a$	0

由此描点作图,可得心形线的图形如图 0-17 所示.

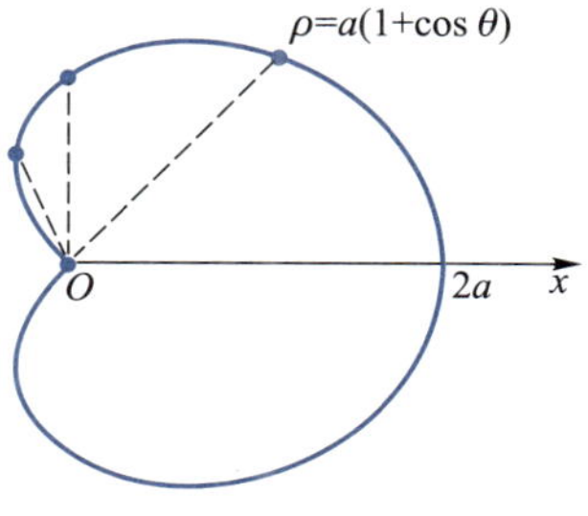

图 0-17

例 4 将直角坐标方程 $x^2-y^2=4$ 化为极坐标方程.

解 将 $x=\rho\cos\theta, y=\rho\sin\theta$ 代入方程,得 $\rho^2\cos^2\theta-\rho^2\sin^2\theta=4$,即 $\rho^2\cos 2\theta=4$.

例 5 将极坐标方程 $\rho=2\sin\theta$ 化为直角坐标方程,并说明它表示什么曲线.

解 方程两边同乘 ρ,得 $\rho^2=2\rho\sin\theta$,即 $x^2+y^2=2y$ 或 $x^2+(y-1)^2=1$,它表示圆心在点(0,1),半径为 1 的圆.

下面给出几个特殊曲线的极坐标方程.

(1) 双纽线 $(x^2+y^2)^2=a^2(x^2-y^2)$(图 0-18)的极坐标方程为

$$\rho^2=a^2\cos 2\theta.$$

(2) 阿基米德螺线(图 0-19)的极坐标方程为

$$\rho=a\theta.$$

(3) 三叶玫瑰线(图 0-20)的极坐标方程为

$$\rho=a\sin 3\theta.$$

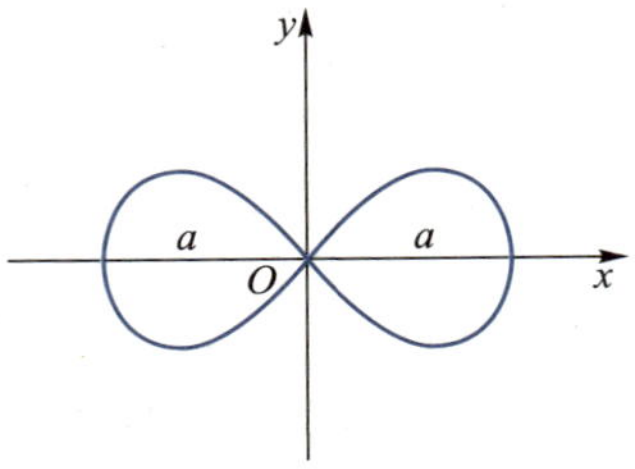

图 0-18

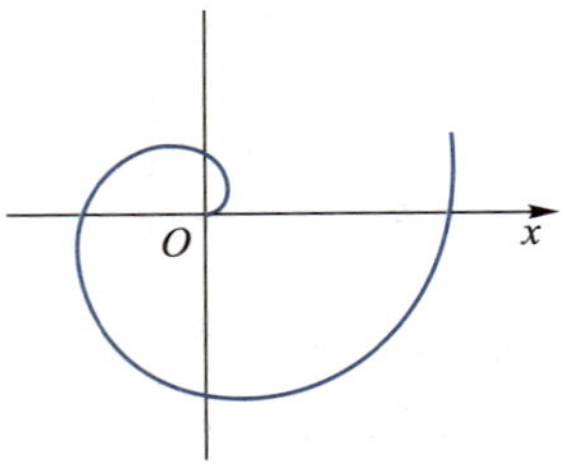

图 0-19

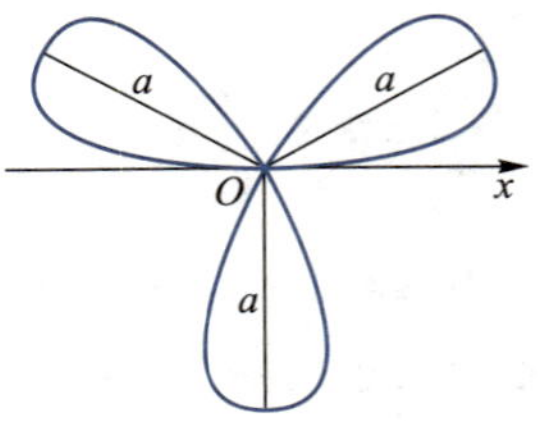

图 0-20

第一讲　函数

一、本讲要求

1. 理解函数的概念，掌握函数的表示法，能熟练地求出给定函数的定义域.
2. 了解函数的有界性、单调性、周期性和奇偶性及其图形特征.
3. 理解复合函数、分段函数和反函数的概念，了解初等函数的概念.
4. 掌握基本初等函数的性质与图形.

二、问题·分析·解答

问题 1　为什么说函数的定义域和对应法则是确定函数的两个要素？

根据函数定义，只要定义域和对应法则确定了，函数的值域也就确定了，从而函数就完全确定了. 因此函数的定义域和对应法则是确定函数的两个要素. 如果两个函数的定义域和对应法则完全一致，那么两个函数相同. 函数与用什么字母表示自变量和因变量无关. 例如函数 $y=\ln\sqrt{u}$ 和 $y=\frac{1}{2}\ln x$ 的定义域及对应法则相同，所以两个函数相同；而函数 $y=\frac{x^2-4}{x-2}$ 和 $y=x+2$ 的对应法则相同，但定义域不同，所以两个函数不同.

例 1　已知函数 $f(3-x)$ 的定义域为 $(-3,4]$，则 $f(x)$ 的定义域为________.

解　由题意可得 $-3<x\leqslant 4$，从而 $-1\leqslant 3-x<6$，因此 $f(x)$ 的定义域为 $[-1,6)$.

例 2　某市民用管道天然气实施阶梯价格政策，第一、二、三档价格分别为每立方米 3.03 元、3.64 元、4.24 元，其中第一、二、三档是指每户家庭年用气量分别为 400(含 400) m^3 以内、400~1 100(含 1 100) m^3、1 100 m^3 以上，试建立家庭年用气量 x 与年用气费用 $f(x)$ 之间的函数关系.

解　$$f(x)=\begin{cases}3.03x, & x\leqslant 400,\\ 3.03\times 400+3.64\times(x-400), & 400<x\leqslant 1\,100,\\ 3.03\times 400+3.64\times 700+4.24\times(x-1\,100), & x>1\,100.\end{cases}$$

问题 2　分段函数能不能看成几个函数或几段函数相加？

在定义域的不同范围具有不同的表达式的函数称为分段函数. 分段函数是一个函数，有其确定的定义域及对应法则，既不能看成几个函数，也不能看成几段函数相加.

例如，$f(x)=\begin{cases}2^x, & x\leqslant 1,\\ 2x, & x>1\end{cases}$ 是一个分段函数，其定义域为 $(-\infty,+\infty)$，其对应法则为：当 $x\leqslant 1$ 时，因变量由 2^x 确定；当 $x>1$ 时，因变量由 $2x$ 确定. 它是一个函数而不是两个函数，它也不能看成由两段函数 $f_1(x)=2^x(x\leqslant 1)$，$f_2(x)=2x(x>1)$ 相加. 因为函数相加是指在共同定义域内同一自变量处的函数值相加，而 $f_1(x)=2^x(x\leqslant 1)$，$f_2(x)=2x(x>1)$ 是在两个定义域上的函数，它们不能相加.

常用的分段函数有：

(1) 绝对值函数 $y=|x|=\begin{cases}x, & x\geqslant 0,\\ -x, & x<0;\end{cases}$

(2) 符号函数 $y=\operatorname{sgn} x=\begin{cases}1, & x>0,\\ 0, & x=0,\\ -1, & x<0;\end{cases}$

(3) 取整函数 $y=[x]$（$[x]$表示不超过 x 的最大整数），即

$$y=[x]=\begin{cases}\cdots\\ -2, & -2\leqslant x<-1,\\ -1, & -1\leqslant x<0,\\ 0, & 0\leqslant x<1,\\ 1, & 1\leqslant x<2,\\ 2, & 2\leqslant x<3,\\ \cdots\end{cases}$$

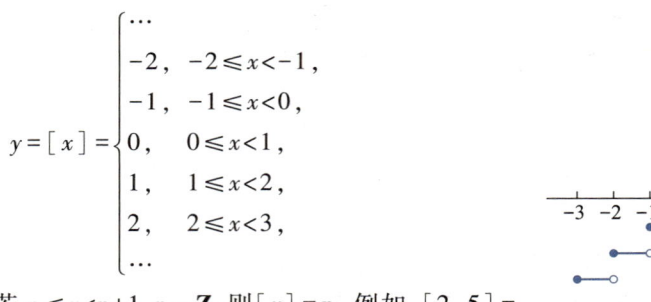

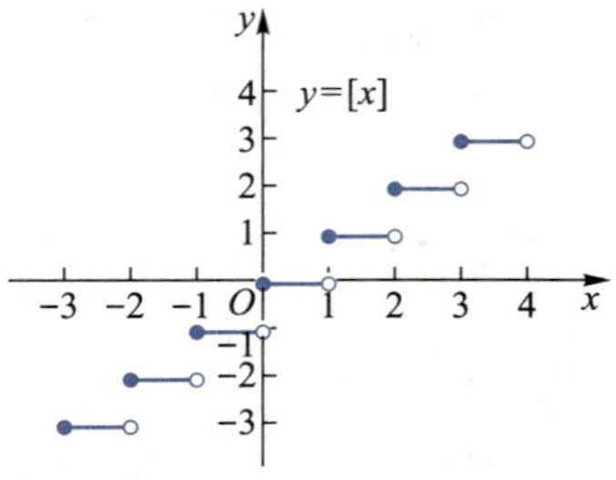

图 1-1

如图 1-1 所示，若 $n\leqslant x<n+1, n\in\mathbf{Z}$，则 $[x]=n$. 例如，$[2.5]=2$，$[3]=3$，$[0]=0$，$[-\pi]=-4$.

显然，$\forall x\in\mathbf{R}$，有 $[x]\leqslant x<[x]+1$；$x-1<[x]\leqslant x$.

问题 3 两个函数应满足什么条件才能构成复合函数？

按照复合函数的定义，若数集 B 上的函数 $y=f(u)$ 与数集 A 上的函数 $u=g(x)$ 能构成数集 A 上的复合函数 $y=f(g(x))$，应要求 $u=g(x)$ 的值域 $g(A)\subseteq B$，如果这个条件不满足，它们就不能构成数集 A 上的复合函数. 例如 $y=\sqrt{1-u^2}$ 与 $u=3+\cos x$ 就不能构成复合函数，这是因为 $y=\sqrt{1-u^2}$ 的定义域为 $[-1,1]$，而 $u=3+\cos x(x\in\mathbf{R})$ 的值域为 $[2,4]$，它不在 $y=\sqrt{1-u^2}$ 的定义域中. 但应注意，如果在数集 $A^*(A^*\subset A)$ 上，$u=g(x)$ 的值都属于 $y=f(u)$ 的定义域 B，那么 $y=f(u)$ 与 $u=g(x)$ 在 A^* 上可构成复合函数.

例 3 指出下列各函数的复合过程.

(1) $y=3^{\sin x}$； (2) $y=\ln\sqrt{1-x}$； (3) $y=x^x\ (x>0)$.

解 (1) $y=3^{\sin x}$ 由 $y=3^u$，$u=\sin x$ 复合而成.

(2) $y=\ln\sqrt{1-x}$ 由 $y=\ln u$，$u=\sqrt{v}$，$v=1-x$ 复合而成.

(3) 形如 $u(x)^{v(x)}(u(x)>0, u(x)\neq 1)$ 的函数称为幂指函数. 由于 $u(x)^{v(x)}=\mathrm{e}^{v(x)\ln u(x)}$，故 x^x 可以写成 $\mathrm{e}^{x\ln x}$，它由初等函数 $y=\mathrm{e}^u$ 及 $u=x\ln x$ 复合而成.

例 4 (1) 设 $f(x)=\begin{cases}x^2+x, & x\leqslant 1,\\ x+5, & x>1,\end{cases}$ 求 $f(x+2)$.

(2) 设 $f(x)=\begin{cases}1, & |x|\leqslant 1,\\ 0, & |x|>1,\end{cases}$ $g(x)=\begin{cases}2-x^2, & |x|\leqslant 1,\\ 2, & |x|>1,\end{cases}$ 求 $f(g(x))$，$g(f(x))$.

解 (1) 如果用 $x+2$ 替换 $f(x)$ 表达式中的 x，得

$$f(x+2)=\begin{cases}(x+2)^2+x+2, & x\leqslant 1,\\ x+2+5, & x>1.\end{cases}$$

这样做是错误的. 正确的做法是将 $x+2$ 代入函数 $f(x)$ 中所有 x 的位置,包括分段区间中的 x,因此得到

$$f(x+2)=\begin{cases}(x+2)^2+x+2, & x+2\leqslant 1,\\ x+2+5, & x+2>1\end{cases}=\begin{cases}x^2+5x+6, & x\leqslant -1,\\ x+7, & x>-1.\end{cases}$$

(2) 当 $|x|<1$ 时,$f(g(x))=f(2-x^2)=0$;

当 $|x|>1$ 时,$f(g(x))=f(2)=0$;

当 $|x|=1$ 时,$f(g(x))=f(2-1^2)=f(1)=1$,

故
$$f(g(x))=\begin{cases}0, & |x|\neq 1,\\ 1, & |x|=1.\end{cases}$$

当 $|x|\leqslant 1$ 时,$g(f(x))=g(1)=2-1^2=1$;

当 $|x|>1$ 时,$g(f(x))=g(0)=2-0^2=2$,

故
$$g(f(x))=\begin{cases}1, & |x|\leqslant 1,\\ 2, & |x|>1.\end{cases}$$

注 本例表明,一般来说 $f(g(x))\neq g(f(x))$,可见复合运算不可交换.

例 5 设 $f(x)=e^{\sqrt{x}}$,$g(x)=\ln(x-1)$,试问能否构成复合函数 $f(g(x))$ 和 $g(f(x))$? 若能,求出复合函数及其定义域.

解 函数 $f(u)=e^{\sqrt{u}}$ 的定义域为 $\{u\mid u\geqslant 0\}$,$u=g(x)=\ln(x-1)$ 的定义域为 $\{x\mid x>1\}$,值域为 $\mathbf{R}$,而当 $x\geqslant 2$ 时,$u=g(x)\geqslant 0$,故能构成复合函数 $f(g(x))$,且 $y=f(u)$ 与 $u=g(x)$ 复合得 $y=f(g(x))=e^{\sqrt{\ln(x-1)}}$,定义域为 $\{x\mid x\geqslant 2\}$.

函数 $g(u)=\ln(u-1)$ 的定义域为 $\{u\mid u>1\}$,$u=f(x)=e^{\sqrt{x}}$ 的定义域为 $\{x\mid x\geqslant 0\}$,值域为 $\{u\mid u\geqslant 1\}$,而当 $x>0$ 时,$u=f(x)>1$,故能构成复合函数 $g(f(x))$,且 $y=g(u)$ 与 $u=f(x)$ 复合得 $y=g(f(x))=\ln(e^{\sqrt{x}}-1)$,定义域为 $\{x\mid x>0\}$.

问题 4 如何讨论函数的奇偶性、单调性、周期性与有界性?

例 6 讨论函数 $f(x)=\varphi(x)\cdot\dfrac{a^x-1}{a^x+1}$ 的奇偶性,其中 $\varphi(x)$ 为奇函数.

解 $f(x)$ 定义域为 $\mathbf{R}$,因为 $\varphi(x)$ 为奇函数,所以 $\varphi(-x)=-\varphi(x)$. 因此

$$f(-x)=\varphi(-x)\cdot\frac{a^{-x}-1}{a^{-x}+1}=-\varphi(x)\cdot\frac{a^x(a^{-x}-1)}{a^x(a^{-x}+1)}=\varphi(x)\cdot\frac{a^x-1}{a^x+1}=f(x),$$

故 $f(x)$ 为偶函数.

例 7 证明:定义在对称区间 $(-a,a)$ 内的函数 $f(x)$ 总能表示为一个偶函数与一个奇函数之和.

证明 定义在 $(-a,a)$ 上的函数 $f(x)$ 总能表示为 $f(x)=\dfrac{f(x)+f(-x)}{2}+\dfrac{f(x)-f(-x)}{2}$. 记 $G(x)=\dfrac{f(x)+f(-x)}{2}$,$H(x)=\dfrac{f(x)-f(-x)}{2}$,则

$$f(x)=G(x)+H(x).$$

由 $G(-x)=\dfrac{f(-x)+f(x)}{2}=G(x)$ 可知,$G(x)$ 为偶函数;由 $H(-x)=\dfrac{f(-x)-f(x)}{2}=$

$-\dfrac{f(x)-f(-x)}{2}=-H(x)$可知,$H(x)$为奇函数. 因此,函数$f(x)$总能表示为一个偶函数与一个奇函数之和.

例 8 设函数$f(x)$在$(-\infty,+\infty)$上单调增加,且对一切x有$f(x)\leqslant g(x)$,证明:$f(f(x))\leqslant g(g(x))$.

证明 因为$f(x)$在$(-\infty,+\infty)$上单调增加,且$\forall x\in(-\infty,+\infty)$,$f(x)\leqslant g(x)$,所以$f(f(x))\leqslant f(g(x))$. 又因为$f(g(x))\leqslant g(g(x))$,所以$f(f(x))\leqslant g(g(x))$.

例 9 设$x_1=1,\cdots,x_n=1+\dfrac{x_{n-1}}{1+x_{n-1}}(n=2,3,\cdots)$,证明:$\{x_n\}$单调增加.

证明 (1)由题意$x_1=1$,且$x_n=1+\dfrac{x_{n-1}}{1+x_{n-1}}(n=2,3,\cdots)$,由数学归纳法易知,$x_n>0(n=1,2,3,\cdots)$. 因为$x_2-x_1=1+\dfrac{x_1}{1+x_1}-1=\dfrac{x_1}{1+x_1}=\dfrac{1}{2}>0$,所以$x_2>x_1$.

(2)假设$x_k>x_{k-1}$成立,则有

$$\begin{aligned}x_{k+1}-x_k&=\left(1+\frac{x_k}{1+x_k}\right)-\left(1+\frac{x_{k-1}}{1+x_{k-1}}\right)\\&=\frac{x_k}{1+x_k}-\frac{x_{k-1}}{1+x_{k-1}}=\frac{x_k-x_{k-1}}{(1+x_k)(1+x_{k-1})}>0,\end{aligned}$$

根据数学归纳法可知,对所有正整数n,有$x_{n+1}>x_n(n=1,2,\cdots)$,从而$\{x_n\}$单调增加.

例 10 已知$f(x)$的定义域是实数集$\mathbf{R}$,且$f(x+\pi)=f(x)+\sin x$,证明$f(x)$是$\mathbf{R}$上以2π为周期的函数.

分析 要证明函数为以T为周期的周期函数,只需从定义出发,证明$f(x+T)=f(x)$,$\forall x\in\mathbf{R}$.

证明 $$\begin{aligned}f(x+2\pi)&=f((x+\pi)+\pi)=f(x+\pi)+\sin(x+\pi)\\&=f(x)+\sin x-\sin x=f(x),\end{aligned}$$

所以$f(x)$是以2π为周期的周期函数.

例 11 证明下列结论:

(1)$y=\dfrac{1}{x}$在区间$[a,+\infty)$ $(a>0)$上有界,在$(0,1]$上无界;

(2)$y=x\cos x$在$\mathbf{R}$上无界.

证明 (1)在区间$[a,+\infty)(a>0)$上,$x\geqslant a>0$,所以$0<\dfrac{1}{x}\leqslant\dfrac{1}{a}$,取$M=\dfrac{1}{a}$,则对所有$x\in[a,+\infty)$,有$|y|=\left|\dfrac{1}{x}\right|=\dfrac{1}{x}\leqslant M$,故$y=\dfrac{1}{x}$在区间$[a,+\infty)$上有界.

在区间$(0,1]$上,$0<x\leqslant 1$,对于任何一个正数M,总能找到一个正数$x_0<\dfrac{1}{M}$,从而有$\left|\dfrac{1}{x_0}\right|>M$,即对于任何一个正数$M$,都不能使得对所有$x\in(0,1]$,有$|y|=\left|\dfrac{1}{x}\right|\leqslant M$,故$y=\dfrac{1}{x}$在区

间 $(0,1]$ 上无界.

(2) **分析** 对任何一个正数 M，取一个 x_0 大于 M，同时使 $|\cos x_0|=1$，此时 $|y|=|x_0\cos x_0|=|x_0|>M$. 正式证明如下：

对任何一个正数 M，取 $x_0=([M]+1)\pi$，其中 $[M]$ 表示 M 的整数部分，则有 $|y|=|x_0\cos x_0|=|x_0|=([M]+1)\pi>M$，故函数 $y=x\cos x$ 在 $\mathbf{R}$ 上无界.

小结 1. 一般可用定义判别函数的奇偶性、单调性、周期性与有界性.

2. 函数奇偶性有如下的四则运算性质：做乘除运算时，两个函数同奇同偶为偶、一奇一偶为奇；做加减运算时，两个函数同奇为奇、同偶为偶、一奇一偶为非奇非偶.

3. 本书中函数的单调性是指：若 $\forall x_1<x_2(x_1,x_2\in I)$，有 $f(x_1)<f(x_2)$（或 $f(x_1)>f(x_2)$），则称函数 $f(x)$ 在区间 I 上单调增加（或单调减少）. 在后面章节将会介绍用导数判别函数单调性的方法.

4. 设函数 $f(x)$ 的定义域为 D，若存在 $l>0$，$\forall x\in D$，有 $f(x+l)=f(x)$，则称 $f(x)$ 为周期函数. 若周期函数存在最小正周期时，通常所说的周期指最小正周期.

5. 函数 $f(x)$ 在数集 X 上有界是指存在一个常数 $M>0$，使得 $\forall x\in X$，有 $|f(x)|\leqslant M$. 注意：M 不是唯一的，只要存在即可. 反之，要证明一个函数在 X 上无界，就要证明对于任何一个常数 $M>0$ 都不满足 $\forall x\in X$，有 $|f(x)|\leqslant M$，或者说对于任何一个常数 $M>0$，总会有 $x_0\in X$，使得 $|f(x_0)|>M$. 如何确定 x_0，要根据函数 $f(x)$ 的形式而定（见例 11）.

关于函数的有界性，还有以下定义和结论；

$f(x)$ 在 X 上有上界 $\Leftrightarrow \exists k\in\mathbf{R}$，$\forall x\in X$，有 $f(x)\leqslant k$；

$f(x)$ 在 X 上有下界 $\Leftrightarrow \exists k\in\mathbf{R}$，$\forall x\in X$，有 $f(x)\geqslant k$；

$f(x)$ 在 X 上有界的充要条件是 $f(x)$ 在 X 上既有上界又有下界.

函数仅有上界或仅有下界不能称为有界函数，如：$f(x)=1-x^2$ 在 $[0,+\infty)$ 有上界 1，无下界；$f(x)=e^x$ 在 $(-\infty,+\infty)$ 上有下界 0，无上界.

问题 5 什么是初等函数？分段函数是初等函数吗？

常数函数、幂函数、指数函数、对数函数、三角函数、反三角函数这六类函数称为基本初等函数，后五类函数的基本性质如表 1-1 所示. 由基本初等函数经过有限次复合运算和有限次四则运算得到的函数称为初等函数. 例如，$y=x^2+1$ 不是基本初等函数，是初等函数，它是由幂函数 $y=x^2$ 和常数函数 $y=1$ 相加得到的. 不是初等函数的其他函数称为非初等函数. 例如符号函数和狄利克雷函数等都是非初等函数，但分段函数不一定都是非初等函数，$y=|x|$ 为分段函数，$|x|$ 可以表示为 $\sqrt{x^2}$，因为它是由幂函数 $y=\sqrt{u}$ 和 $u=x^2$ 复合而成，是初等函数.

表 1-1 基本初等函数

函数名称	定义域	值域	图像	基本关系式
幂函数 $y=x^{\alpha}$	随 α 的不同而不同	随 α 的不同而不同	—	—

续表

函数名称	定义域	值域	图像	基本关系式
指数函数 $y=a^x$ $(a>0,a\neq1)$	$(-\infty,+\infty)$	$(0,+\infty)$	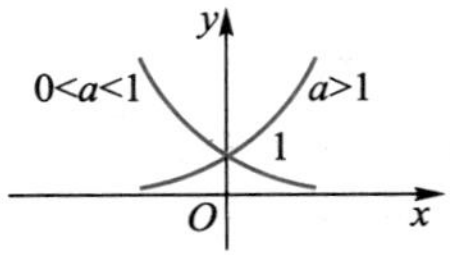	—
对数函数 $y=\log_a x$ $(a>0,a\neq1)$	$(0,+\infty)$	$(-\infty,+\infty)$	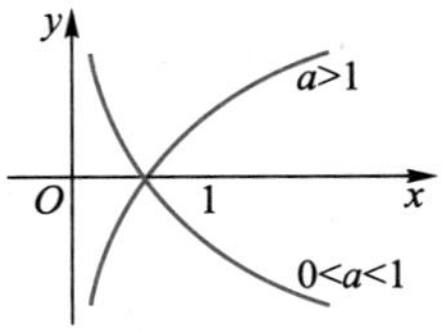	—
三角函数 $y=\sin x$	$(-\infty,+\infty)$	$[-1,1]$	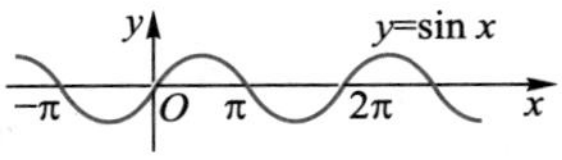	$\sin(\arcsin x)=x$ $(\lvert x\rvert\leqslant1)$;
$y=\cos x$	$(-\infty,+\infty)$	$[-1,1]$	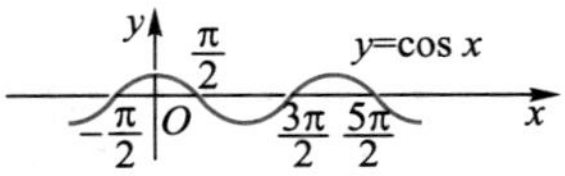	$\cos(\arccos x)=x$ $(\lvert x\rvert\leqslant1)$;
$y=\tan x$	$x\neq n\pi+\frac{\pi}{2}$ $(n\in\mathbf{Z})$	$(-\infty,+\infty)$	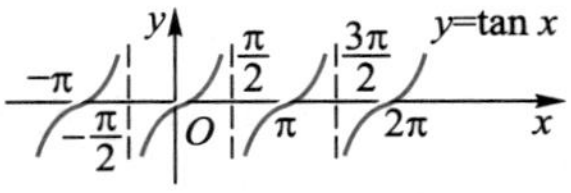	$\tan(\arctan x)=x$ $x\in\mathbf{R}$;
$y=\cot x$	$x\neq n\pi$ $(n\in\mathbf{Z})$	$(-\infty,+\infty)$	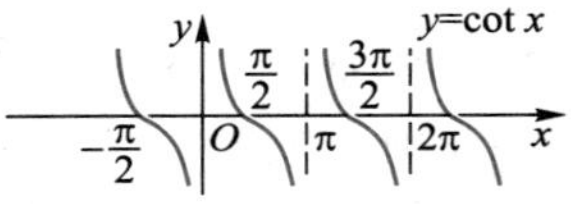	$\cot(\text{arccot}\, x)=x$ $x\in\mathbf{R}$
反三角函数 $y=\arcsin x$	$[-1,1]$	$\left[-\frac{\pi}{2},\frac{\pi}{2}\right]$	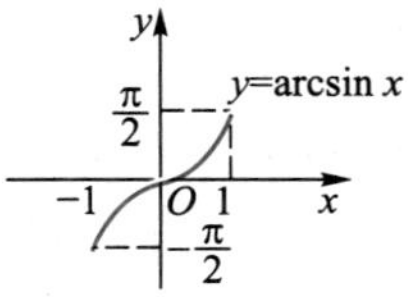	$\arcsin(\sin x)=x$ $x\in\left[-\frac{\pi}{2},\frac{\pi}{2}\right]$;
$y=\arccos x$	$[-1,1]$	$[0,\pi]$	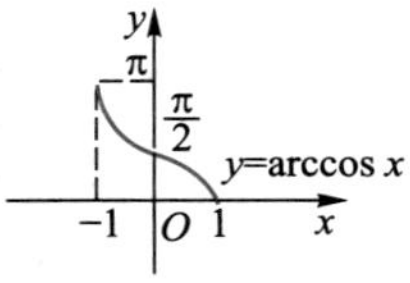	$\arccos(\cos x)=x$ $x\in[0,\pi]$;
$y=\arctan x$	$(-\infty,+\infty)$	$\left(-\frac{\pi}{2},\frac{\pi}{2}\right)$	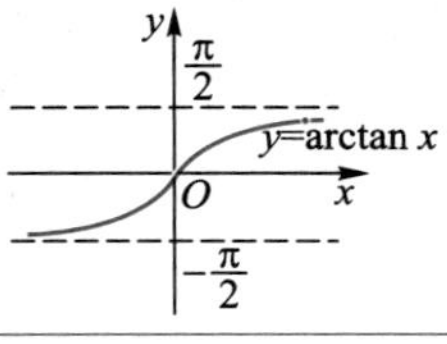	$\arctan(\tan x)=x$ $x\in\left(-\frac{\pi}{2},\frac{\pi}{2}\right)$;

续表

函数名称	定义域	值域	图像	基本关系式
$y=\operatorname{arccot} x$	$(-\infty,+\infty)$	$(0,\pi)$	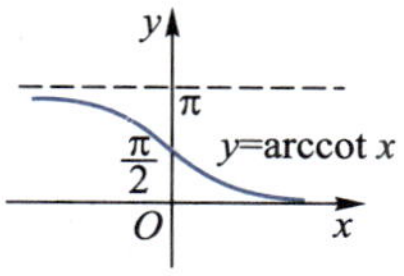	$\operatorname{arccot}(\cot x)=x$ $x\in(0,\pi)$

三、课内练习题

1. 选择题：

(1) 下列两个函数相同的是(　　).

(A) $f(x)=\ln^2 x, g(x)=2\ln x$　　(B) $f(x)=3x+2, g(t)=3t+2$

(C) $f(x)=x, g(x)=\sqrt{x^2}$　　(D) $f(x)=\begin{cases}1, & x\geqslant 0,\\ -1, & x<0,\end{cases} g(x)=\dfrac{x}{|x|}$

(2) 函数 $f(x)=(\cos 3x)^2$ 在 $(-\infty,+\infty)$ 上是(　　).

(A) 周期为 3π 的函数　　(B) 周期为 $\dfrac{\pi}{3}$ 的函数

(C) 周期为 $\dfrac{2\pi}{3}$ 的函数　　(D) 非周期函数

(3) 已知函数 $f(g(x))=1+\cos x, g(x)=\sin\dfrac{x}{2}$，则 $f(x)=$(　　).

(A) $2(1-x^2)$　　(B) $-2(1-x^2)$　　(C) $2-x^2$　　(D) $2+x^2$

(4) 下列函数中为偶函数的是(　　).

(A) $f(x)=x^3+\dfrac{1}{\sqrt[3]{x}}$　　(B) $f(x)=\ln\sqrt{x+(1+x)^2}$

(C) $f(x)=x^2+|\sin x|$　　(D) $f(x)=\dfrac{(x(\mathrm{e}-1))^x}{(\mathrm{e}+1)^x}$

2. 填空题：

(1) 函数 $y=\sqrt{\ln\dfrac{5x-x^2}{4}}$ 的定义域为__________.

(2) 函数 $f(x)=\sin x+2\sin 2x+3\sin 3x$ 的最小正周期为__________.

(3) 函数 $y=\sin\left(x+\dfrac{\pi}{4}\right)\left(-\dfrac{3\pi}{4}\leqslant x\leqslant\dfrac{\pi}{4}\right)$ 的反函数为__________.

(4) 函数 $y=|\sin x|$ 在 $(-\infty,+\infty)$ 上的周期为__________.

3. 设函数 $y=f(x)$，定义域为 $(0,4]$，求函数 $f(\ln x)$ 的定义域.

4. 指出下列复合函数的复合过程：

(1) $y=\mathrm{e}^{-\sin^3\frac{1}{x}}$；　　(2) $y=\arctan(\ln(3x+5))$.

5. 已知函数 $f(x)=\dfrac{1-x}{1+x}\ (x\neq-1)$, $g(x)=1-x$, 求 $f(g(x))$, $g(f(x))$.

6. 设函数 $f\left(x+\dfrac{1}{x}\right)=\dfrac{x^3+x}{x^4+3x^2+1}\ (x\neq0)$, 求 $f(x)$.

7. 讨论函数 $f(x)=1-\ln x$ 在 $(0,+\infty)$ 内的单调性.

8. 设函数 $f(x)=\dfrac{x(e^x-1)}{e^x+1}$, 判定其奇偶性.

9. 证明函数 $y=\dfrac{x}{x^2+1}$ 在它的整个定义域内是有界的.

10. 证明 $f(x)=\left(\dfrac{1}{2^x-1}+\dfrac{1}{2}\right)x>0$ 在其定义域内恒成立.

四、课外练习题

1. 选择题:

(1) 设 $f(x)=\dfrac{\sin(x+1)}{1+x^2}$, $-\infty<x<+\infty$, 则此函数是(　　).

(A) 有界函数　(B) 奇函数　(C) 偶函数　(D) 周期函数

(2) 已知 $y=f(x)=e^{x-1}-3$, 则 $y=f(x)$ 的反函数 $y=f^{-1}(x)$ 为(　　).

(A) $y=1+\ln(x+3)$　(B) $y=1+\ln(x-3)$

(C) $y=1-\ln(x+3)$　(D) $y=1-\ln(x-3)$

(3) 已知 $f(x)=\begin{cases}x^2, & x<0,\\ -x, & x\geqslant0,\end{cases}$ $g(x)=\begin{cases}2-x, & x\leqslant0,\\ x+2, & x>0,\end{cases}$ 则 $g(f(x))=$(　　).

(A) $\begin{cases}2+x^2, & x<0\\ 2-x, & x\geqslant0\end{cases}$　(B) $\begin{cases}2-x^2, & x<0\\ 2+x, & x\geqslant0\end{cases}$

(C) $\begin{cases}2-x^2, & x<0\\ 2-x, & x\geqslant0\end{cases}$　(D) $\begin{cases}2+x^2, & x<0\\ 2+x, & x\geqslant0\end{cases}$

(4) 下列函数中为 **R** 上有界函数的是(　　).

(A) $x\sin x$　(B) $x\sin\dfrac{1}{x}$　(C) $\dfrac{\sin x}{x}$　(D) $\sin(2x)$

2. 下面的哪些函数是相同的?

$f_1(x)=\sqrt{1+4x+4x^2}$, $f_2(x)=|1+2x|$, $f_3(t)=1+2t$, $f_4(y)=1+2y$,

$f_5(x)=1+2x\left(x\neq-\dfrac{1}{2}\right)$, $f_6(x)=\dfrac{(1+2x)^2}{1+2x}$.

3. 求以下函数的定义域:

(1) $y=\arccos\dfrac{2x}{1+x}+\sqrt{1-x-2x^2}$;　(2) $y=\dfrac{1}{x-|x|}$;　*(3) $y=\dfrac{1}{[x+1]}$.

4. 已知函数 $f(x)=\sin x$, $f(\varphi(x))=1-x^2$, 且 $\varphi(x)>0$, 求 $\varphi(x)$ 及其定义域.

*5. 写出函数 $f(x)=\begin{cases}1-2x^2, & x<-1,\\ x^3, & -1\leqslant x\leqslant 2,\\ 12x-16, & x>2\end{cases}$ 的反函数 $g(x)$ 的表达式.

*6. 求函数 $y=\ln(x+\sqrt{x^2-1})$ 的反函数.

7. 设 $f(x)=\begin{cases}4-x^2, & |x|\leqslant 2,\\ 0, & |x|>2,\end{cases}$ 求 $f(x-1)$，$f(f(x))$.

8. 指出复合函数 $y=\ln^2\arccos x^3$ 的复合过程.

9. 设 $f(x)$ 为奇函数，$g(x)$ 为偶函数，试问 $f(x)g(x)$，$f(g(x))$，$g(f(x))$，$f(f(x))$ 是奇函数还是偶函数.

*10. 证明 $f(x)=x-[x]$，$x\in(-\infty,+\infty)$ 是以 1 为周期的周期函数.

*11. 设实数 $a<b$，若对任意 x，函数 $f(x)$ 满足 $f(a-x)=f(a+x)$，$f(b-x)=f(b+x)$，证明：$f(x)$ 是以 $T=2(b-a)$ 为周期的周期函数.

*12. 设 $f(x)$ 在 $(-\infty,+\infty)$ 上有定义，对一切实数 x,y 成立 $f(xy)=f(x)f(y)$，且 $f(0)\neq 0$，证明：$f(x)\equiv 1$.

第一讲

习题参考答案或提示

第二讲　极限

一、本讲要求

极限是高等数学的基础，极限概念贯穿微积分学习的始终．具体要求：

1．理解极限及左、右极限的概念．

2．掌握极限的四则运算法则、夹逼定理和两个重要极限．

3．理解无穷小、无穷大的概念性质，会比较无穷小的阶，掌握等价无穷小代换求极限的方法．

二、问题·分析·解答

问题 1　如何正确理解数列极限的 $\varepsilon-N$ 定义、函数极限的 $\varepsilon-\delta$ 定义？

例 1　下列说法正确吗？

（1）数列极限 $\lim\limits_{n\to\infty}x_n=a$ 表示当 n 充分大后，x_n 越来越接近于 a；

（2）$\forall\varepsilon>0$，有无穷多个 n 满足 $|x_n-a|<\varepsilon$，则 $\lim\limits_{n\to\infty}x_n=a$；

（3）若 $\forall\varepsilon>0$，$\exists\delta>0$，当 $0<|x-x_0|<\delta$ 时，有 $|f(x)-A|<k\varepsilon$（其中常数 $k>0$），则 $\lim\limits_{x\to x_0}f(x)=A$；

（4）$\lim\limits_{x\to x_0}f(x)=A$ 表示 $\forall\varepsilon>0$，$\exists\delta>0$，当 $|x-x_0|<\delta$ 时，有 $|f(x)-A|<\varepsilon$．

解　（1）不正确．极限 $\lim\limits_{n\to\infty}x_n=a$ 的 $\varepsilon-N$ 定义为：$\forall\varepsilon>0$，$\exists$ 正整数 N，当 $n>N$ 时，有 $|x_n-a|<\varepsilon$，意味着当 n 越来越大时，x_n 无限接近于 a，即 $|x_n-a|$ 趋于零．而越来越接近于 a 只能说明 $|x_n-a|$ 越来越小，越来越小未必趋于零．

（2）不正确．有无穷多个 n 满足 $|x_n-a|<\varepsilon$ 并不能保证从某项 N 后的所有项满足 $|x_n-a|<\varepsilon$．如数列 $x_n=(-1)^n$ $(n=1,2,\cdots)$，当 n 取偶数时，$x_n=1$，$\forall\varepsilon>0$，有无穷多个 n（n 为偶数时），满足 $|x_n-1|=0<\varepsilon$，但 $x_n=(-1)^n$ $(n=1,2,\cdots)$ 的极限不存在．

（3）正确．$\lim\limits_{x\to x_0}f(x)=A$ 的 $\varepsilon-\delta$ 定义为：$\forall\varepsilon>0$，$\exists\delta>0$，当 $0<|x-x_0|<\delta$ 时，有 $|f(x)-A|<\varepsilon$．ε 是任意小的正数，$k\varepsilon(k>0)$ 也是任意小的正数，可以保证 $f(x)$ 无限接近于 A．

（4）不正确．$f(x)$ 在 x_0 处的极限是研究 $f(x)$ 在 x 趋于 x_0 时的变化趋势，$\lim\limits_{x\to x_0}f(x)=A$ 与 $f(x)$ 在 x_0 处有无定义及 $f(x)$ 在 x_0 处取什么值无关，$f(x)$ 只需在 x_0 的去心邻域内有定义．$\lim\limits_{x\to x_0}f(x)=A$ 的 $\varepsilon-\delta$ 定义中应为"$0<|x-x_0|<\delta$"，而不是"$|x-x_0|<\delta$"．

例 2　用极限定义证明：

（1）$\lim\limits_{n\to\infty}\dfrac{2n-1}{3n+2}=\dfrac{2}{3}$；　　　（2）$\lim\limits_{x\to 2}\dfrac{x-2}{x^2-4}=\dfrac{1}{4}$．

证明　（1）$\forall\varepsilon>0$，要找到正整数 N，使当 $n>N$ 时，$\left|\dfrac{2n-1}{3n+2}-\dfrac{2}{3}\right|<\varepsilon$ 成立．

而

$$\left|\frac{2n-1}{3n+2}-\frac{2}{3}\right|=\frac{7}{3(3n+2)}<\varepsilon.$$

因为$\frac{7}{3(3n+2)}<\frac{9}{9n}=\frac{1}{n}$，所以只需$\frac{1}{n}<\varepsilon$，即 $n>\frac{1}{\varepsilon}$.

从而，$\forall\varepsilon>0$，取 $N=\left[\frac{1}{\varepsilon}\right]+1$，则当 $n>N$ 时，就有

$$\left|\frac{2n-1}{3n+2}-\frac{2}{3}\right|=\frac{7}{3(3n+2)}<\frac{1}{n}<\varepsilon,$$

故$\lim\limits_{n\to\infty}\frac{2n-1}{3n+2}=\frac{2}{3}$.

（2）$\forall\varepsilon>0$，要找到 $\delta>0$，使当 $0<|x-2|<\delta$ 时，$\left|\frac{x-2}{x^2-4}-\frac{1}{4}\right|<\varepsilon$ 成立. 因为 $x\neq2$，所以

$$\left|\frac{x-2}{x^2-4}-\frac{1}{4}\right|=\left|\frac{1}{x+2}-\frac{1}{4}\right|=\frac{1}{4}\left|\frac{x-2}{x+2}\right|.$$

要使$\left|\frac{x-2}{x^2-4}-\frac{1}{4}\right|<\varepsilon$，只需$\frac{1}{4}\left|\frac{x-2}{x+2}\right|<\varepsilon$.（如果由此得出 $0<|x-2|<4|x+2|\varepsilon$，而取 $\delta=4|x+2|\varepsilon$，就认为符合要求的 δ 找到了，那是错误的，因为极限定义中的 δ 只是与 ε 有关的数，它不依赖于 x.）

由于是讨论当 $x\to2$ 时的极限，所以只需考虑 $x=2$ 的去心邻域内的 x，故可令 $|x-2|<1$，即$1<x<3$. 于是$\frac{1}{4}\left|\frac{x-2}{x+2}\right|<\frac{|x-2|}{12}$. 因此，要使$\frac{1}{4}\left|\frac{x-2}{x+2}\right|<\varepsilon$，只要 $|x-2|<1$ 且$\frac{|x-2|}{12}<\varepsilon$，即 $|x-2|<1$ 且 $|x-2|<12\varepsilon$.

现取 $\delta=\min\{1,12\varepsilon\}$，则当 $0<|x-2|<\delta$ 时，就有$\frac{1}{4}\left|\frac{x-2}{x+2}\right|<\varepsilon$. 于是，$\forall\varepsilon>0$，$\exists\delta=\min\{1,12\varepsilon\}$，当 $0<|x-2|<\delta$ 时，

$$\left|\frac{x-2}{x^2-4}-\frac{1}{4}\right|=\frac{1}{4}\left|\frac{x-2}{x+2}\right|<\frac{|x-2|}{12}<\varepsilon,$$

故$\lim\limits_{x\to2}\frac{x-2}{x^2-4}=\frac{1}{4}$.

小结　1. 对于数列极限的 $\varepsilon-N$ 定义、函数极限的 $\varepsilon-\delta$ 定义要深刻理解. ε 既是任意的又是给定的，N 或 δ 一般与 ε 有关，但不唯一，只要存在就可以.

2. 在例 2(1) 证明过程中，将$\frac{7}{3(3n+2)}$放大为$\frac{1}{n}$，对论证存在 N，使得当 $n>N$ 时有$\left|\frac{2n-1}{3n+2}-\frac{2}{3}\right|<\varepsilon$ 成立，起到了简化的作用. 如果不放大，直接由$\frac{7}{3(3n+2)}<\varepsilon$ 找 N，即 $3n+2>\frac{7}{3\varepsilon}$，得出 $n>\frac{1}{3}\left(\frac{7}{3\varepsilon}-2\right)$，再取 $N=\left[\frac{1}{3}\left(\frac{7}{3\varepsilon}-2\right)\right]+1$ 也可以，不过应该避免采用这种麻烦的方法. 在例 2(2) 证明过程中，由于是讨论当 $x\to2$ 时的极限，只需考虑 $x=2$ 的某邻域内的 x，所以可以

限定 $|x-2|<1$,也可以限定 $|x-2|<2$,同样可以证明.

问题 2 运用极限的四则运算法则时需要注意哪些问题?

例 3 求下列极限:

(1) $\lim\limits_{n\to\infty}\left(\frac{1}{n^2}+\frac{2}{n^2}+\cdots+\frac{n}{n^2}\right)$;

(2) $\lim\limits_{x\to+\infty}(\sqrt{x^2+1}-\sqrt{x^2-x})$;

(3) $\lim\limits_{n\to\infty}(1+a)(1+a^2)\cdots(1+a^{2^n})\ (|a|<1)$;

(4) $\lim\limits_{x\to1}\frac{x^n+x^{n-1}+\cdots+x-n}{x-1}$.

分析 使用四则运算法则求极限时应满足两个条件:① 每一项的极限要存在(除法运算时分母的极限不为零);② 有限项相加或相乘. 若不满足这两个条件,则极限的四则运算法则无法使用. 如(2)和(4)不满足第一个条件,(1)和(3)不满足第二个条件. 因此下列解法是错误的:

$$\lim_{n\to\infty}\left(\frac{1}{n^2}+\frac{2}{n^2}+\cdots+\frac{n}{n^2}\right)=\lim_{n\to\infty}\frac{1}{n^2}+\lim_{n\to\infty}\frac{2}{n^2}+\cdots+\lim_{n\to\infty}\frac{n}{n^2}=0;$$

$$\lim_{x\to+\infty}(\sqrt{x^2+1}-\sqrt{x^2-x})=\lim_{x\to+\infty}\sqrt{x^2+1}-\lim_{x\to+\infty}\sqrt{x^2-x}=+\infty-(+\infty)=0;$$

$$\lim_{n\to\infty}(1+a)(1+a^2)\cdots(1+a^{2^n})(|a|<1)=\lim_{n\to\infty}(1+a)\lim_{n\to\infty}(1+a^2)\cdots\lim_{n\to\infty}(1+a^{2^n})=1;$$

$$\lim_{x\to1}\frac{x^n+x^{n-1}+\cdots+x-n}{x-1}=\frac{\lim\limits_{x\to1}(x^n+x^{n-1}+\cdots+x-n)}{\lim\limits_{x\to1}(x-1)}.$$

需要利用各种公式化简或变形,符合条件后再使用.

解 (1) $\lim\limits_{n\to\infty}\left(\frac{1}{n^2}+\frac{2}{n^2}+\cdots+\frac{n}{n^2}\right)=\lim\limits_{n\to\infty}\frac{1+2+\cdots+n}{n^2}=\lim\limits_{n\to\infty}\frac{n(n+1)}{2n^2}=\lim\limits_{n\to\infty}\frac{n+1}{2n}=\frac{1}{2}$.

(2)
$$\lim_{x\to+\infty}(\sqrt{x^2+1}-\sqrt{x^2-x})=\lim_{x\to+\infty}\frac{(\sqrt{x^2+1}-\sqrt{x^2-x})(\sqrt{x^2+1}+\sqrt{x^2-x})}{\sqrt{x^2+1}+\sqrt{x^2-x}}$$

$$=\lim_{x\to+\infty}\frac{1+x}{\sqrt{x^2+1}+\sqrt{x^2-x}}=\lim_{x\to+\infty}\frac{\frac{1}{x}+1}{\sqrt{1+\frac{1}{x^2}}+\sqrt{1-\frac{1}{x}}}=\frac{1}{2}.$$

(3)
$$\lim_{n\to\infty}(1+a)(1+a^2)\cdots(1+a^{2^n})$$

$$=\lim_{n\to\infty}\frac{(1-a)(1+a)(1+a^2)\cdots(1+a^{2^n})}{1-a}=\lim_{n\to\infty}\frac{1-a^{2^{n+1}}}{1-a},$$

因为 $|a|<1$,有 $\lim\limits_{n\to\infty}a^{2^{n+1}}=0$,所以

$$\lim_{n\to\infty}(1+a)(1+a^2)\cdots(1+a^{2^n})=\frac{1}{1-a}.$$

(4) $$\lim_{x\to1}\frac{x^n+x^{n-1}+\cdots+x-n}{x-1}=\lim_{x\to1}\frac{x^n-1+x^{n-1}-1+\cdots+x^2-1+x-1}{x-1}$$

$$=\lim_{x\to1}\left(\frac{x^n-1}{x-1}+\frac{x^{n-1}-1}{x-1}+\cdots+\frac{x^2-1}{x-1}+\frac{x-1}{x-1}\right).$$

因为 $x^n-1=(x-1)(x^{n-1}+x^{n-2}+\cdots+x+1)$，所以

$$\lim_{x\to1}\frac{x^n+x^{n-1}+\cdots+x-n}{x-1}$$

$$=\lim_{x\to1}\left((x^{n-1}+x^{n-2}+\cdots+x+1)+(x^{n-2}+\cdots+x+1)+\cdots+(x+1)+1\right)$$

$$=n+(n-1)+\cdots+2+1=\frac{n(n+1)}{2}.$$

小结 在化简或变形时，若含有两根式相减，可以使用分子或分母有理化进行化简(如例3(2))；若是无穷项相加或相乘，可以优先考虑用我们熟悉的等差(等比)数列求和公式(如例3(1))、拆项相消法、约分相消法(如例3(4))和其他初等变形法，化成较简单的其他类型极限问题；否则，尝试用夹逼定理，或者定积分定义(见第十讲)来求.

问题3 如何正确理解和运用夹逼定理?

例4 求$\lim\limits_{n\to\infty}\left(\dfrac{1}{n^2+1}+\dfrac{2}{n^2+\frac{1}{2^2}}+\cdots+\dfrac{n}{n^2+\frac{1}{n^2}}\right)$.

分析 本题是无穷项相加，不满足四则运算法则的使用条件，因分母不相同无法化简，故使用夹逼定理，利用放大与缩小找出同分母的两个数列进行求解.

解 因为

$$\frac{1+2+\cdots+n}{n^2+1}\leqslant\frac{1}{n^2+1}+\frac{2}{n^2+\frac{1}{2^2}}+\cdots+\frac{n}{n^2+\frac{1}{n^2}}\leqslant\frac{1+2+\cdots+n}{n^2+\frac{1}{n^2}},$$

且

$$\lim_{n\to\infty}\frac{1+2+\cdots+n}{n^2+1}=\lim_{n\to\infty}\frac{\frac{n(n+1)}{2}}{n^2+1}=\lim_{n\to\infty}\frac{n^2+n}{2n^2+2}=\frac{1}{2},$$

$$\lim_{n\to\infty}\frac{1+2+\cdots+n}{n^2+\frac{1}{n^2}}=\lim_{n\to\infty}\frac{\frac{n(n+1)}{2}}{n^2+\frac{1}{n^2}}=\lim_{n\to\infty}\frac{n^2+n}{2n^2+\frac{2}{n^2}}=\frac{1}{2},$$

所以由夹逼定理得$\lim\limits_{n\to\infty}\left(\dfrac{1}{n^2+1}+\dfrac{2}{n^2+\frac{1}{2^2}}+\cdots+\dfrac{n}{n^2+\frac{1}{n^2}}\right)=\dfrac{1}{2}$.

例5 求$\lim\limits_{n\to\infty}\sqrt[n]{1+2^n+3^n}$.

解 因为

$$\sqrt[n]{3^n}<\sqrt[n]{1^n+2^n+3^n}<\sqrt[n]{3^n+3^n+3^n},$$

且

$$\lim_{n\to\infty}\sqrt[n]{3^n}=\lim_{n\to\infty}3=3,\quad \lim_{n\to\infty}\sqrt[n]{3^n+3^n+3^n}=\lim_{n\to\infty}3\cdot\sqrt[n]{3}=3,$$

所以由夹逼定理得 $\lim\limits_{n\to\infty}\sqrt[n]{1+2^n+3^n}=3$.

例 6 求 $\lim\limits_{n\to\infty}\dfrac{2^n}{n!}$.

解 因为

$$0<\frac{2^n}{n!}=\frac{2}{1}\cdot\frac{2}{2}\cdot\frac{2}{3}\cdot\cdots\cdot\frac{2}{n-1}\cdot\frac{2}{n}<2\cdot 1\cdot\cdots\cdot 1\cdot\frac{2}{n}=\frac{4}{n},$$

且 $\lim\limits_{n\to\infty}\dfrac{4}{n}=0$,所以由夹逼定理得 $\lim\limits_{n\to\infty}\dfrac{2^n}{n!}=0$.

例 7 求 $\lim\limits_{x\to 0}x\cdot\left[\dfrac{1}{x}\right]$(其中[ ]表示取整).

解 因为当 $x>0$ 时,

$$x\cdot\left(\frac{1}{x}-1\right)<x\cdot\left[\frac{1}{x}\right]\leqslant x\cdot\frac{1}{x}=1,$$

且

$$\lim_{x\to 0^+}x\cdot\left(\frac{1}{x}-1\right)=\lim_{x\to 0^+}(1-x)=1,$$

由夹逼定理得 $\lim\limits_{x\to 0^+}x\cdot\left[\dfrac{1}{x}\right]=1$;同理可得 $\lim\limits_{x\to 0^-}x\cdot\left[\dfrac{1}{x}\right]=1$. 故

$$\lim_{x\to 0}x\cdot\left[\frac{1}{x}\right]=1.$$

小结 1. 夹逼定理无论对数列极限还是函数极限都可以使用,在缩小和放大数列(或函数)时,可以根据数列(或函数)的特点选用不同的缩小和放大后的方法,但是都必须使缩小和放大后所得数列(或函数)的极限相等,方能使用夹逼定理.

2. 例 5 中结论可以推广:$\lim\limits_{n\to\infty}\sqrt[n]{a_1^n+a_2^n+\cdots+a_k^n}=\max(a_1,a_2,\cdots,a_k)$,其中 $a_i\geqslant 0(i=1,2,\cdots,k)$.

问题 4 如何运用单调有界原理证明极限存在?

例 8 设 $x_1=10,x_{n+1}=\sqrt{6+x_n}(n=1,2,\cdots)$,证明数列 $\{x_n\}$ 收敛并求其极限.

分析 对于由递推公式定义的数列,一般可以使用单调有界原理证明其收敛性.

证明 首先证明数列 $\{x_n\}$ 单调.

因为 $x_1=10,x_2=\sqrt{6+x_1}=4$,所以 $x_2<x_1$,假设 $x_k<x_{k-1}$,则有 $x_{k+1}-x_k=\sqrt{6+x_k}-\sqrt{6+x_{k-1}}<0$,由数学归纳法知 $x_n<x_{n-1}(n=1,2,\cdots)$,从而 $\{x_n\}$ 单调减少.

再证明 $\{x_n\}$ 有下界. 因为 $x_{n+1}=\sqrt{6+x_n}>0$,所以 $\{x_n\}$ 有下界. 由单调有界原理知,数列 $\{x_n\}$ 收敛. 设 $\lim\limits_{n\to\infty}x_n=a$,令 $n\to\infty$,对等式 $x_{n+1}=\sqrt{6+x_n}$ 两边取极限得 $\lim\limits_{n\to\infty}x_{n+1}=\sqrt{6+\lim\limits_{n\to\infty}x_n}$,即 $a=\sqrt{6+a}$,解得 $a=3,-2$(舍去),故 $\lim\limits_{n\to\infty}x_n=3$.

例 9 设 $x_1>0,x_{n+1}=\dfrac{1}{2}\left(x_n+\dfrac{4}{x_n}\right)(n=1,2,\cdots)$,求 $\lim\limits_{n\to\infty}x_n$.

分析 下列解法正确吗?

令 $n\to\infty$，对等式 $x_{n+1}=\frac{1}{2}\left(x_n+\frac{4}{x_n}\right)$ 两边取极限得 $\lim\limits_{n\to\infty}x_{n+1}=\frac{1}{2}\left(\lim\limits_{n\to\infty}x_n+\frac{4}{\lim\limits_{n\to\infty}x_n}\right)$，即 $\lim\limits_{n\to\infty}x_n=\frac{1}{2}\left(\lim\limits_{n\to\infty}x_n+\frac{4}{\lim\limits_{n\to\infty}x_n}\right)$，解得 $\lim\limits_{n\to\infty}x_n=2$.

上述解法是错误的，因为极限的四则运算法则成立的先决条件是极限存在且分母的极限不为零，本题没有判定 $\lim\limits_{n\to\infty}x_n$ 存在，故直接在等式两边取极限错误.

要判定 $\lim\limits_{n\to\infty}x_n$ 存在，根据数列 $\{x_n\}$ 的递推形式，类似于例 8，仍然使用单调有界原理.

证明　由 $x_1>0$，易知 $x_n>0$，则有

$$x_{n+1}=\frac{1}{2}\left(x_n+\frac{4}{x_n}\right)=\frac{1}{2}\left((\sqrt{x_n})^2+\left(\frac{2}{\sqrt{x_n}}\right)^2\right)\geqslant\frac{1}{2}\cdot 2\cdot\sqrt{x_n}\cdot\frac{2}{\sqrt{x_n}}=2,$$ 所以 $\{x_n\}$ 有下界.

又因为 $\frac{x_{n+1}}{x_n}=\frac{1}{2}\left(1+\frac{4}{x_n^2}\right)\leqslant\frac{1}{2}\left(1+\frac{4}{4}\right)=1$，所以 $x_{n+1}\leqslant x_n$，故 $\{x_n\}$ 单调减少.

由单调有界原理知，数列 $\{x_n\}$ 收敛.

设 $\lim\limits_{n\to\infty}x_n=a$，令 $n\to\infty$，对递推公式 $x_{n+1}=\frac{1}{2}\left(x_n+\frac{4}{x_n}\right)$ 两边取极限，得 $a=\frac{1}{2}\left(a+\frac{4}{a}\right)$，解得 $a=2$，即 $\lim\limits_{n\to\infty}x_n=2$.

小结　1. 与夹逼定理不同，单调有界原理只能证明数列收敛，若要求出极限值，还需在数列的递推式两边取极限，得到关于极限值满足的方程进行求解；而数列的单调性或有界性常常可以使用数学归纳法来证得. 需要注意的是，要在数列的递推式两边取极限，必须先证明极限的存在性，即证明数列收敛.

2. 单调有界原理是充分而非必要条件，即单调有界数列是收敛的，数列有界非单调不一定发散. 如数列 $x_n=\frac{2+(-1)^n}{n}(n=1,2,\cdots)$，$\lim\limits_{n\to\infty}x_n=0$，但 $\{x_n\}$ 不是单调数列. 若数列有界非单调，则单调有界原理失效，应该用其他方法判别数列的敛散性.

问题 5　在同一极限过程下，如何比较无穷小的阶？在求函数极限时如何使用等价无穷小代换？

例 10　设 $f(x)=\mathrm{e}^x-\mathrm{e}^{-x}$，$g(x)=\arctan x$，则当 $x\to 0$ 时，(　　).

(A) $f(x)$ 是比 $g(x)$ 高阶的无穷小　　(B) $f(x)$ 是比 $g(x)$ 低阶的无穷小

(C) $f(x)$ 与 $g(x)$ 同阶但非等价无穷小　　(D) $f(x)$ 与 $g(x)$ 是等价无穷小

解　$\lim\limits_{x\to 0}\frac{f(x)}{g(x)}=\lim\limits_{x\to 0}\frac{\mathrm{e}^x-\mathrm{e}^{-x}}{\arctan x}=\lim\limits_{x\to 0}\frac{\mathrm{e}^{-x}(\mathrm{e}^{2x}-1)}{x}=\lim\limits_{x\to 0}\frac{\mathrm{e}^{-x}\cdot 2x}{x}=2$，所以 $f(x)$ 与 $g(x)$ 是同阶但非等价无穷小，即选(C).

例 11　设当 $x\to 0$ 时，$(1-\cos x)\ln(1+x^2)$ 是比 $x\sin x^n$ 高阶的无穷小，而 $x\sin x^n$ 是比 $\arcsin^2 x$ 高阶的无穷小，其中 n 为整数，问 n 为何值？

解　当 $x\to 0$ 时，$(1-\cos x)\ln(1+x^2)$ 是比 $x\sin x^n$ 高阶的无穷小，$x\sin x^n$ 是比 $\arcsin^2 x$ 高阶的无穷小，即

$$\lim_{x\to 0}\frac{(1-\cos x)\ln(1+x^2)}{x\sin x^n}=0;\quad \lim_{x\to 0}\frac{x\sin x^n}{\arcsin^2 x}=0.$$

而当 $x\to 0$ 时,

$$(1-\cos x)\ln(1+x^2)\sim\frac{x^2}{2}\cdot x^2=\frac{x^4}{2};$$

$$x\sin x^n\sim x\cdot x^n=x^{n+1};$$

$$\arcsin^2 x\sim x\cdot x=x^2;$$

从而

$$\lim_{x\to 0}\frac{(1-\cos x)\ln(1+x^2)}{x\sin x^n}=\lim_{x\to 0}\frac{\frac{x^4}{2}}{x^{n+1}}=\lim_{x\to 0}\frac{1}{2}x^{3-n}=0;$$

$$\lim_{x\to 0}\frac{x\sin x^n}{\arcsin^2 x}=\lim_{x\to 0}\frac{x^{n+1}}{x^2}=\lim_{x\to 0}x^{n-1}=0.$$

所以要求 $3-n>0$ 且 $n-1>0$,即 $1<n<3$,又 n 为整数,故 $n=2$.

例 12 当 $x\to 0$ 时,$\sqrt{1+x^2+x^4}-1$ 是 x 的________阶无穷小(填数字).

分析 根据定义,当 $x\to 0$ 时,若无穷小 $f(x)$ 与 x^k 比值的极限为非零常数,则 $f(x)$ 是 x 的 k 阶无穷小.

解 当 $x\to 0$ 时,$x^2+x^4\to 0$,$\sqrt{1+x^2+x^4}-1\sim\frac{1}{2}(x^2+x^4)=\frac{1}{2}x^2(1+x^2)$,故

$$\lim_{x\to 0}\frac{\sqrt{1+x^2+x^4}-1}{x^2}=\lim_{x\to 0}\frac{\frac{1}{2}x^2(1+x^2)}{x^2}=\lim_{x\to 0}\frac{1}{2}(1+x^2)=\frac{1}{2},$$

所以当 $x\to 0$ 时,$\sqrt{1+x^2+x^4}-1$ 是 x 的 2 阶无穷小.

例 13 求下列极限:

(1) $\lim\limits_{x\to 0}x\arctan\frac{1}{x}$; (2) $\lim\limits_{x\to\infty}\frac{\sin x}{x}$.

分析 对于(1),若直接使用 $\arctan\frac{1}{x}\sim\frac{1}{x}$,得 $\lim\limits_{x\to 0}x\arctan\frac{1}{x}=\lim\limits_{x\to 0}x\cdot\frac{1}{x}=1$,是错误的,原因是当 $x\to 0$ 时,$\frac{1}{x}\to\infty$,$\frac{1}{x}$,$\arctan\frac{1}{x}$ 都不是无穷小,所以 $\arctan\frac{1}{x}\sim\frac{1}{x}$ 错误. 本题利用“无穷小与有界变量的乘积是无穷小”这一性质来求极限. 对于(2),注意极限过程是 $x\to\infty$,本题不是第一个重要极限.

解 (1) 当 $x\to 0$ 时,x 为无穷小,而 $\left|\arctan\frac{1}{x}\right|<\frac{\pi}{2}$,根据无穷小与有界变量的乘积是无穷小,得 $\lim\limits_{x\to 0}x\arctan\frac{1}{x}=0$.

(2) 当 $x\to\infty$ 时,$\frac{1}{x}$ 为无穷小,而 $|\sin x|\leqslant 1$,根据无穷小与有界变量的乘积是无穷小,

得$\lim\limits_{x\to\infty}\dfrac{\sin x}{x}=0$.

例 14　求下列极限：

(1) $\lim\limits_{x\to0}\dfrac{\sqrt{1+x}-\sqrt{1-x}}{\arcsin x}$;　　(2) $\lim\limits_{x\to0}\dfrac{\sqrt{1+x}-\sqrt[3]{1+x}}{x}$;

(3) $\lim\limits_{x\to0}\dfrac{\tan x-\sin x}{x^2(e^x-1)}$;　　(4) $\lim\limits_{x\to0}\dfrac{\sin x+x^2\cos\dfrac{1}{x}}{(1+\cos x)\ln(1+x)}$.

分析　此例中四个求极限的函数均为分子、分母极限都为 0 的情况$\left(\dfrac{0}{0}\text{型极限}\right)$，需要根据函数的形式采用有理化、拆项、等价无穷小代换等办法变形后再求极限.

解　(1) $\lim\limits_{x\to0}\dfrac{\sqrt{1+x}-\sqrt{1-x}}{\arcsin x}=\lim\limits_{x\to0}\dfrac{2x}{x(\sqrt{1+x}+\sqrt{1-x})}=\lim\limits_{x\to0}\dfrac{2}{\sqrt{1+x}+\sqrt{1-x}}=1$.

(2) $\lim\limits_{x\to0}\dfrac{\sqrt{1+x}-\sqrt[3]{1+x}}{x}=\lim\limits_{x\to0}\dfrac{\sqrt{1+x}-1}{x}-\lim\limits_{x\to0}\dfrac{\sqrt[3]{1+x}-1}{x}=\lim\limits_{x\to0}\dfrac{\frac{x}{2}}{x}-\lim\limits_{x\to0}\dfrac{\frac{x}{3}}{x}=\dfrac{1}{6}$.

(3) $\lim\limits_{x\to0}\dfrac{\tan x-\sin x}{x^2(e^x-1)}=\lim\limits_{x\to0}\dfrac{\tan x(1-\cos x)}{x^3}=\lim\limits_{x\to0}\dfrac{x\cdot\frac{1}{2}x^2}{x^3}=\dfrac{1}{2}$.

(4) $\lim\limits_{x\to0}\dfrac{\sin x+x^2\cos\dfrac{1}{x}}{(1+\cos x)\ln(1+x)}=\lim\limits_{x\to0}\dfrac{1}{1+\cos x}\lim\limits_{x\to0}\dfrac{\sin x+x^2\cos\dfrac{1}{x}}{\ln(1+x)}$

$$=\frac{1}{2}\lim_{x\to0}\frac{\sin x+x^2\cos\dfrac{1}{x}}{x}=\frac{1}{2}\lim_{x\to0}\left(\frac{\sin x}{x}+x\cos\frac{1}{x}\right)=\frac{1}{2}(1+0)=\frac{1}{2}.$$

小结　1. 要理解无穷小阶的比较的含义，比较两个无穷小$f(x)$与$g(x)$的阶，实际上就是计算$\dfrac{f(x)}{g(x)}$的极限.

2. 无穷小等价代换是简化极限计算的有效方法，使用该方法时应注意：

① 熟记常用的等价无穷小：当$\varphi(x)\to0$时，有

$\sin\varphi(x)\sim\varphi(x)$, $\tan\varphi(x)\sim\varphi(x)$, $\arcsin\varphi(x)\sim\varphi(x)$, $\arctan\varphi(x)\sim\varphi(x)$,

$e^{\varphi(x)}-1\sim\varphi(x)$, $\ln(1+\varphi(x))\sim\varphi(x)$, $1-\cos\varphi(x)\sim\dfrac{1}{2}\varphi^2(x)$, $\sqrt[n]{1+\varphi(x)}-1\sim\dfrac{1}{n}\varphi(x)$.

② 用无穷小等价代换，首先必须是"无穷小"，否则就会出现错误（如例 13）.

③ 在求极限的过程中，乘、除因子可以用等价无穷小代换，但作为加减项的无穷小不能随意用等价无穷小代换，否则会出现错误. 如例 14(3)中，若用x分别代换$\tan x$，$\sin x$，则有$\lim\limits_{x\to0}\dfrac{\tan x-\sin x}{x^2(e^x-1)}=\lim\limits_{x\to0}\dfrac{x-x}{x^3}=0$，结论是错误的.

问题 6　如何利用左、右极限求函数极限？

例 15 设函数$f(x)=\begin{cases}x\sin\dfrac{1}{x}, & x<0\\ x^2+1, & 0\leqslant x<1\\ 2e^{x-1}, & x\geqslant 1\end{cases}$，求$\lim\limits_{x\to 0}f(x)$，$\lim\limits_{x\to 1}f(x)$.

解 因

$$\lim_{x\to 0^-}f(x)=\lim_{x\to 0^-}x\sin\frac{1}{x}=0,\ \lim_{x\to 0^+}f(x)=\lim_{x\to 0^+}(x^2+1)=1,$$

故$\lim\limits_{x\to 0^-}f(x)\neq\lim\limits_{x\to 0^+}f(x)$，所以$\lim\limits_{x\to 0}f(x)$不存在.

因

$$\lim_{x\to 1^-}f(x)=\lim_{x\to 1^-}(x^2+1)=2,\ \lim_{x\to 1^+}f(x)=\lim_{x\to 1^+}2e^{x-1}=2,$$

故$\lim\limits_{x\to 1^-}f(x)=\lim\limits_{x\to 1^+}f(x)=2$，所以$\lim\limits_{x\to 1}f(x)=2$.

例 16 判断下列极限是否存在：

(1) $\lim\limits_{x\to 0}\dfrac{1}{e^{\frac{1}{x}}-1}$；　　(2) $\lim\limits_{x\to 1}(1+x)\arctan\dfrac{1}{1-x^2}$.

解 (1) 当$x\to 0^+$时，$\dfrac{1}{x}\to+\infty$，$e^{\frac{1}{x}}\to+\infty$，故$\lim\limits_{x\to 0^+}\dfrac{1}{e^{\frac{1}{x}}-1}=0$；

当$x\to 0^-$时，$\dfrac{1}{x}\to-\infty$，$e^{\frac{1}{x}}\to 0$，故$\lim\limits_{x\to 0^-}\dfrac{1}{e^{\frac{1}{x}}-1}=-1$.

因为$\lim\limits_{x\to 0^+}\dfrac{1}{e^{\frac{1}{x}}-1}\neq\lim\limits_{x\to 0^-}\dfrac{1}{e^{\frac{1}{x}}-1}$，所以$\lim\limits_{x\to 0}\dfrac{1}{e^{\frac{1}{x}}-1}$不存在.

(2) 当$x\to 1^-$时，$1-x^2\to 0^+$，$\dfrac{1}{1-x^2}\to+\infty$，$\arctan\dfrac{1}{1-x^2}\to\dfrac{\pi}{2}$；

当$x\to 1^+$时，$1-x^2\to 0^-$，$\dfrac{1}{1-x^2}\to-\infty$，$\arctan\dfrac{1}{1-x^2}\to-\dfrac{\pi}{2}$；

故有

$$\lim_{x\to 1^-}(1+x)\arctan\frac{1}{1-x^2}=\pi;\ \lim_{x\to 1^+}(1+x)\arctan\frac{1}{1-x^2}=-\pi,$$

即$\lim\limits_{x\to 1^-}(1+x)\arctan\dfrac{1}{1-x^2}\neq\lim\limits_{x\to 1^+}(1+x)\arctan\dfrac{1}{1-x^2}$，所以$\lim\limits_{x\to 1}(1+x)\arctan\dfrac{1}{1-x^2}$不存在.

例 17 求$\lim\limits_{x\to 0}\left(\dfrac{2+e^{\frac{1}{x}}}{1+e^{\frac{2}{x}}}+\dfrac{\sin x}{|x|}\right)$.

分析 $\lim\limits_{x\to 0}\dfrac{2+e^{\frac{1}{x}}}{1+e^{\frac{2}{x}}}$，$\lim\limits_{x\to 0}\dfrac{\sin x}{|x|}$均不存在，不能用四则运算法则. 当$x\to 0$时，求极限的函数中出现了$e^{\frac{1}{x}}$，$|x|$，应考虑左、右极限.

解 $\lim\limits_{x\to 0^-}\left(\dfrac{2+e^{\frac{1}{x}}}{1+e^{\frac{2}{x}}}+\dfrac{\sin x}{|x|}\right)=\lim\limits_{x\to 0^-}\dfrac{2+e^{\frac{1}{x}}}{1+e^{\frac{2}{x}}}-\lim\limits_{x\to 0^-}\dfrac{\sin x}{x}=2-1=1$，

$$\lim_{x\to0^+}\left(\frac{2+e^{\frac{1}{x}}}{1+e^{\frac{2}{x}}}+\frac{\sin x}{|x|}\right)=\lim_{x\to0^+}\frac{2+e^{\frac{1}{x}}}{1+e^{\frac{2}{x}}}+\lim_{x\to0^+}\frac{\sin x}{x}=\lim_{x\to0^+}\frac{2e^{-\frac{2}{x}}+e^{-\frac{1}{x}}}{e^{-\frac{2}{x}}+1}+\lim_{x\to0^+}\frac{\sin x}{x}=0+1=1,$$

从而$\lim\limits_{x\to0}\left(\dfrac{2+e^{\frac{1}{x}}}{1+e^{\frac{2}{x}}}+\dfrac{\sin x}{|x|}\right)=1.$

小结 分段函数分段点左、右表达式不相同,在求分段点处的极限时要考虑左、右极限;有些函数虽然不是分段函数,但在某些点处的左、右极限不相同,那么在求这些点处的极限时,也要考虑左、右极限,如例 16 中出现的 $\arctan x, e^x$,在 $x\to+\infty$ 与 $x\to-\infty$ 时的极限不同;$\tan x$ 在 $x\to\frac{\pi}{2}^+$ 与 $x\to\frac{\pi}{2}^-$ 时的极限不同.

三、课内练习题

1. 选择题:

(1) 数列有界是数列收敛的(   ).

(A) 充分条件　　(B) 必要条件

(C) 充要条件　　(D) 既非充分又非必要条件

(2) $f(x)$在点 x_0 处有定义是$\lim\limits_{x\to x_0}f(x)$存在的(   ).

(A) 充分条件　　(B) 必要条件

(C) 充要条件　　(D) 既非充分又非必要条件

(3) 下列变量为无穷大的是(   ).

(A) $\dfrac{x}{x^2-1}\ (x\to1)$　　(B) $\dfrac{1+(-1)^n}{n}\ (n\to\infty)$

(C) $(1+x)^{\frac{1}{x}}\ (x\to0)$　　(D) $\dfrac{1}{x}\sin x\ (x\to0)$

(4) 设$f(x)=\dfrac{x^2-1}{x-1}e^{\frac{1}{x-1}}$,则当 $x\to1$ 时,(   ).

(A) $\lim\limits_{x\to1}f(x)=2$　　(B) $\lim\limits_{x\to1}f(x)=0$

(C) $\lim\limits_{x\to1}f(x)=\infty$　　(D) $f(x)$不存在极限也不趋向于∞

(5) 设$f(x)=1-\cos x^2, g(x)=1-\cos^2x, h(x)=\sqrt{x^7}+\sqrt[3]{x^8}$,则当 $x\to0$ 时,(   ).

(A) 无穷小 $f(x)$的阶最低　　(B) 无穷小 $g(x)$的阶最低

(C) 无穷小 $h(x)$的阶最低　　(D) 无穷小 $f(x)+g(x)+h(x)$的阶最高

2. 填空题:

(1) $\lim\limits_{n\to\infty}\dfrac{2n^2+1}{3n^2-n+5}=$____________.

(2) $\lim\limits_{x\to\infty}\left(\dfrac{x^3}{x^2+1}-\dfrac{x^2}{x-1}\right)=$____________.

(3) 设 $ab\neq 0$,则$\lim\limits_{x\to 0}\left(1+\dfrac{x}{a}\right)^{\frac{b}{x}}=$____________.

(4) 若当 $x\to 0$ 时,无穷小 $2(\sqrt[3]{1+x^2}-1)\ln(1+x^2)$ 与 mx^n 等价,则 $m=$____________, $n=$____________.

(5) 当 $x\to 0$ 时,函数 $f(x)=3x^3+x^2\arctan\dfrac{1}{x}$是 x 的____________无穷小;函数 $g(x)=\tan x+\arcsin x$ 是 x 的____________无穷小;函数 $h(x)=3(1-\sqrt[3]{1-x})$是 x 的____________无穷小.

3. 用极限定义证明:

(1) $\lim\limits_{n\to\infty}\dfrac{7n-2}{3n+1}=\dfrac{7}{3}$;　　(2) $\lim\limits_{x\to 3}x^2=9$.

4. 计算下列数列极限:

(1) $\lim\limits_{n\to\infty}\left(1-\dfrac{1}{2^2}\right)\left(1-\dfrac{1}{3^2}\right)\cdots\left(1-\dfrac{1}{n^2}\right)$;

(2) $\lim\limits_{n\to\infty}\dfrac{(2n+3n^{12})(1+2n)^{10}}{1+n^{20}+3n^{22}}$;

(3) $\lim\limits_{n\to\infty}\left(\dfrac{1}{n^k}+\dfrac{2}{n^k}+\cdots+\dfrac{n}{n^k}\right)$,$k$ 为任意常数;

(4) $\lim\limits_{n\to\infty}\left(\dfrac{1}{3}+\dfrac{1}{15}+\cdots+\dfrac{1}{4n^2-1}\right)$;

(5) $\lim\limits_{n\to\infty}\dfrac{5^n+4^n}{5^n-4^{n+1}}$.

5. 计算下列函数极限:

(1) $\lim\limits_{x\to 1}\dfrac{x^2-3x+2}{x^2+x-2}$;　　(2) $\lim\limits_{x\to 2}\dfrac{x^2-4}{\sqrt{5x-1}-\sqrt{2x+5}}$;

(3) $\lim\limits_{x\to+\infty}(\sqrt{x^2+3x}-\sqrt{x^2-2x})$;　　(4) $\lim\limits_{x\to\pi}\dfrac{\sin mx}{\sin nx}$ $(m,n\in\mathbf{N}_+)$;

(5) $\lim\limits_{x\to+\infty}\dfrac{\cos x}{e^x+e^{-x}}$;　　(6) $\lim\limits_{x\to\infty}\left(1-\dfrac{1}{x^2}\right)^{3x^2}$;

(7) $\lim\limits_{x\to 0}\dfrac{\sqrt{1+\sin x}-1}{\arcsin x}$;　　(8) $\lim\limits_{x\to 0}\dfrac{1-e^{\tan x}}{\arctan\dfrac{x}{2}}$.

6. 证明$\lim\limits_{n\to\infty}\left(\dfrac{1}{n^2+n+1}+\dfrac{2}{n^2+n+2}+\cdots+\dfrac{n}{n^2+n+n}\right)=\dfrac{1}{2}$.

7. 证明下列数列收敛,并求其极限:

(1) $x_1=1,x_{n+1}=\sqrt{4+3x_n}$ $(n=1,2,\cdots)$;

(2) 设 $0<x_1<3,x_{n+1}=\sqrt{x_n(3-x_n)}$ $(n=1,2,\cdots)$.

8. 设$\lim\limits_{x\to1}f(x)$存在，且$f(x)=2x^2+3\lim\limits_{x\to1}f(x)$，求函数$f(x)$.

四、课外练习题

1. 选择题：

(1) 设$f(x)=\begin{cases}\dfrac{1}{x^2}, & x<0,\\ 0, & x=0,\\ x^2-2x, & 0<x\leqslant2,\\ 3x-6, & x>2,\end{cases}$ 则下列说法正确的有(　　)个.

① $\lim\limits_{x\to0}f(x)$不存在；　　② $\lim\limits_{x\to2}f(x)=0$；

③ $\lim\limits_{x\to-\infty}f(x)=0$；　　④ $\lim\limits_{x\to+\infty}f(x)=+\infty$.

(A) 4　　(B) 3　　(C) 2　　(D) 1

(2) 下列说法正确的是(　　).

(A) 0.000 1 是无穷小

(B) 1 000 万是无穷大

(C) 无穷大和无界变量没有区别

(D) 对应自变量的同一变化趋势，若$f(x)$为无穷大，则$\dfrac{1}{f(x)}$为无穷小

(3) 已知$\lim\limits_{x\to\infty}\left(\dfrac{x^2}{x+1}-ax-b\right)=0$，其中$a,b$为常数，则(　　).

(A) $a=1,b=1$　　(B) $a=-1,b=1$

(C) $a=1,b=-1$　　(D) $a=-1,b=-1$

(4) 当$x\to0^+$时，与$\sqrt{x}$等价的无穷小是(　　).

(A) $1-e^{\sqrt{x}}$　　(B) $1-\cos\sqrt{x}$

(C) $\sqrt{1+\sqrt{x}}-1$　　(D) $\ln\dfrac{1+x}{1-\sqrt{x}}$

(5) 设$\lim\limits_{x\to0}\dfrac{a\tan x+b(1-\cos x)}{c\ln(1-2x)+d(1-e^{-x^2})}=2$，其中$a,b,c,d$为常数，$a^2+c^2\neq0$，则必有(　　).

(A) $a=-4c$　　(B) $a=4c$　　(C) $a=-4d$　　(D) $a=4d$

2. 求下列极限：

(1) $\lim\limits_{n\to\infty}\dfrac{1+\dfrac{1}{2}+\dfrac{1}{4}+\cdots+\dfrac{1}{2^n}}{1+\dfrac{1}{3}+\dfrac{1}{9}+\cdots+\dfrac{1}{3^n}}$；

(2) $\lim\limits_{n\to\infty}(\sqrt{2}\cdot\sqrt[4]{2}\cdot\sqrt[8]{2}\cdots\sqrt[2^n]{2})$；

（3）$\lim\limits_{n\to\infty}\left(\dfrac{n}{n^2+\pi}+\dfrac{n}{n^2+2\pi}+\cdots+\dfrac{n}{n^2+n\pi}\right)$；

（4）$\lim\limits_{n\to\infty}\left(\dfrac{1}{\sqrt{n^2}}+\dfrac{1}{\sqrt{n^2+1}}+\cdots+\dfrac{1}{\sqrt{(n+1)^2}}\right)$.

3. 求下列极限：

（1）$\lim\limits_{x\to0}\dfrac{1-\sqrt{\cos x}}{x(1-\cos\sqrt{x})}$；

（2）$\lim\limits_{x\to0}\dfrac{\sqrt[3]{1+x\sin x}-1}{\ln(1+x^2)}$；

（3）$\lim\limits_{x\to0}\dfrac{\sqrt{1+\tan x}-\sqrt{1+\sin x}}{x(\sqrt{1+x^2}-1)}$；

（4）$\lim\limits_{x\to0}\dfrac{e^{\sin x}-e^x}{\sin x-x}$；

（5）$\lim\limits_{x\to0}\left(\dfrac{a^x+b^x+c^x}{3}\right)^{\frac{1}{x}}$ $(a>0,b>0,c>0)$.

*4. 求$\lim\limits_{x\to1}\left(\dfrac{1-e^{\frac{1}{x-1}}}{1+e^{\frac{1}{x-1}}}+\dfrac{\sin(x-1)}{|x-1|}\right)$.

5. 确定常数 a,b 的值，使下列等式成立：

（1）$\lim\limits_{x\to1}\dfrac{\sqrt{x+a}+b}{x^2-1}=1$；

（2）$\lim\limits_{x\to\infty}\left(\dfrac{x^2}{x+1}-ax-b\right)=0$.

*6. 设$\lim\limits_{x\to0}f(x)$存在，且$\lim\limits_{x\to0}\dfrac{\sqrt{1+f(x)\sin x}-1}{e^{3x}-1}=3$，求$\lim\limits_{x\to0}f(x)$.

*7. 证明下列数列收敛，并求其极限：

（1）设 $0<x_1<1,x_{n+1}=x_n(2-x_n)$ $(n=1,2,\cdots)$；

（2）设 $x_1=1,x_{n+1}=1+\dfrac{x_n}{1+x_n}$ $(n=1,2,\cdots)$.

*8. 讨论极限的存在性：

（1）$\lim\limits_{x\to+\infty}x^{\alpha}\sin\dfrac{1}{x}$；

（2）$\lim\limits_{x\to1}\dfrac{1}{\alpha+2^{\frac{\alpha}{x-1}}}$.

*9. 试确定 α,β 的值，使下列无穷小等价于 $\alpha x^{\beta}(x\to0)$：

（1）$f(x)=\sqrt{x+\sqrt{x+\sqrt{x}}}$；

（2）$f(x)=\tan(\sqrt{x^3+2}-\sqrt{2})$；

（3）$f(x)=e^{\tan x}-e^{\sin x}$；

（4）$f(x)=\ln(\cos x)-\arctan x^2$.

*10. 证明函数$f(x)=x\sin x$是$(0,+\infty)$内的无界函数，但当$x\to+\infty$时，$f(x)$不是无穷大.

第二讲

习题参考答案或提示

第三讲　函数的连续性

一、本讲要求

1. 理解函数连续与间断的概念,掌握讨论函数的连续性和判别间断点类型的方法.
2. 掌握利用函数的连续性求极限的方法.
3. 了解闭区间上连续函数的性质,并会利用这些性质解决问题.

二、问题·分析·解答

问题 1　函数 $f(x)$ 在 x_0 处连续与 $f(x)$ 在 x_0 处极限存在有何关系?如何利用连续的定义讨论函数的连续性?

例 1　设函数 $f(x)=\begin{cases} e^{x-2}, & x<2, \\ k, & x=2, \\ ax+3, & x>2, \end{cases}$ 讨论

(1) a,k 取何值时,$f(x)$ 在 $x=2$ 处极限存在;

(2) a,k 取何值时,$f(x)$ 在 $x=2$ 处连续.

分析　$f(x)$ 在 $x=2$ 处极限存在,即 $\lim\limits_{x\to 2} f(x)$ 存在,等价于 $\lim\limits_{x\to 2^-} f(x)=\lim\limits_{x\to 2^+} f(x)$;$f(x)$ 在 $x=2$ 处连续,即 $\lim\limits_{x\to 2} f(x)=f(2)$,等价于 $\lim\limits_{x\to 2^-} f(x)=\lim\limits_{x\to 2^+} f(x)=f(2)$. 题中 $f(x)$ 为分段函数,$x=2$ 为分段点,在 $x>2$ 和 $x<2$ 时表达式不同,所以需要考虑左、右极限.

解　(1) 当 $\lim\limits_{x\to 2^-} f(x)=\lim\limits_{x\to 2^+} f(x)$ 时,$f(x)$ 在 $x=2$ 处极限存在,而

$$\lim_{x\to 2^-} f(x)=\lim_{x\to 2^-} e^{x-2}=1,\ \lim_{x\to 2^+} f(x)=\lim_{x\to 2^+}(ax+3)=2a+3,$$

由 $2a+3=1$,得 $a=-1$. 故当 $a=-1$ 时,对任意 k,$f(x)$ 在 $x=2$ 处极限存在.

(2) 当 $\lim\limits_{x\to 2^-} f(x)=\lim\limits_{x\to 2^+} f(x)=f(2)$ 时,$f(x)$ 在 $x=2$ 处连续. 由(1)知,当 $a=-1$ 时,$\lim\limits_{x\to 2^-} f(x)=\lim\limits_{x\to 2^+} f(x)=1$,而 $f(2)=k$,故 $k=1$. 即当 $a=-1,k=1$ 时,$f(x)$ 在 $x=2$ 处连续.

例 2　下列结论是否成立?若成立,给出证明;若不成立,举出反例.

(1) 若 $\lim\limits_{x\to x_0} g(x)=u_0$,$\lim\limits_{u\to u_0} f(u)$ 存在,则 $\lim\limits_{x\to x_0} f(g(x))=f(\lim\limits_{x\to x_0} g(x))=f(u_0)$.

(2) 若 $\lim\limits_{x\to x_0} f(x)$,$\lim\limits_{x\to x_0} g(x)$ 存在,且 $\lim\limits_{x\to x_0} f(x)>0$,则

$$\lim_{x\to x_0} f(x)^{g(x)}=(\lim_{x\to x_0} f(x))^{\lim\limits_{x\to x_0} g(x)}.$$

(3) 初等函数在其定义域上连续.

解　(1) 不一定成立. 例如:$f(u)=\begin{cases} 1, & u\neq 1, \\ 0, & u=1, \end{cases}$ $g(x)=e^x$,$x_0=0$,$u_0=1$,则

$$\lim_{x\to 0} g(x)=1=u_0,\quad f(g(x))=\begin{cases}1, & x\neq 0,\\ 0, & x=0,\end{cases}$$

$$\lim_{x\to 0} f(g(x))=1, \text{而} f(u_0)=0,$$

故$\lim\limits_{x\to x_0} f(g(x))\neq f(u_0)$.

注 若将"$\lim\limits_{u\to u_0} f(u)$存在"改成"$f(u)$在$u_0$连续,即$\lim\limits_{u\to u_0} f(u)=f(u_0)$",则利用连续的定义可以证明$\lim\limits_{x\to x_0} f(g(x))=f(u_0)$成立,而

$$\lim_{x\to x_0} f(g(x))=f(u_0)=f(\lim_{x\to x_0} g(x)),$$

意味着函数连续时,函数符号和极限符号可以交换顺序.

(2) 成立. 利用(1)中注释及指数函数和对数函数的连续性,证明如下:

$$\begin{aligned}\lim_{x\to x_0} f(x)^{g(x)}&=\lim_{x\to x_0} e^{g(x)\ln f(x)}=e^{\lim\limits_{x\to x_0} g(x)\ln f(x)}=e^{\lim\limits_{x\to x_0} g(x)\cdot\lim\limits_{x\to x_0}\ln f(x)}\\&=e^{\lim\limits_{x\to x_0} g(x)\ln\lim\limits_{x\to x_0} f(x)}=(\lim_{x\to x_0} f(x))^{\lim\limits_{x\to x_0} g(x)}.\end{aligned}$$

(3) 不成立. 基本初等函数在其定义域上连续,若初等函数$f(x)$的定义域中某点属于定义域内某一区间,则$f(x)$在该点处必连续. 因此正确结论为初等函数在其定义区间上连续.

例 3 讨论下列函数的连续性:

(1) $f(x)=\begin{cases}\arctan\dfrac{1}{x-1}, & x\neq 1,\\ \dfrac{\pi}{2}, & x=1;\end{cases}$　　(2) $f(x)=\begin{cases}x\arcsin\dfrac{1}{x}, & x\neq 0,\\ 0, & x=0.\end{cases}$

解 (1) 根据初等函数在其定义区间上是连续的结论,知 $\arctan\dfrac{1}{x-1}$在区间$(-\infty,1)$,$(1,+\infty)$内连续,从而在$x\neq 1$时,$f(x)=\arctan\dfrac{1}{x-1}$连续.

在分段点$x=1$处,

$$\lim_{x\to 1^-} f(x)=\lim_{x\to 1^-}\arctan\frac{1}{x-1}=-\frac{\pi}{2},$$

$$\lim_{x\to 1^+} f(x)=\lim_{x\to 1^+}\arctan\frac{1}{x-1}=\frac{\pi}{2},$$

由于$\lim\limits_{x\to 1^-} f(x)\neq\lim\limits_{x\to 1^+} f(x)$,所以$\lim\limits_{x\to 1} f(x)$不存在,因此函数$f(x)$在$x=1$处不连续.

综上可得,函数$f(x)$在区间$(-\infty,1)$,$(1,+\infty)$内连续,在$x=1$处不连续.

(2) 当$x\neq 0$时,$f(x)=x\arcsin\dfrac{1}{x}$连续;

当$x=0$时,由于$\lim\limits_{x\to 0} x=0$;$\left|\arcsin\dfrac{1}{x}\right|\leqslant\dfrac{\pi}{2}$,所以$\lim\limits_{x\to 0} f(x)=\lim\limits_{x\to 0} x\arcsin\dfrac{1}{x}=0$;又$f(0)=0$,从而$\lim\limits_{x\to 0} f(x)=f(0)$. 因此$f(x)$在$x=0$处连续.

综上可得,函数$f(x)$在$(-\infty,+\infty)$上连续.

例 4 设函数 $f(x)=\begin{cases}\dfrac{1-\mathrm{e}^{\tan x}}{\ln\left(1+\dfrac{x}{2}\right)}, & x>0,\\ a\mathrm{e}^{3x}, & x\leqslant 0,\end{cases}$ 问 a 取何值时，$f(x)$ 在其定义域内连续.

解 当 $x>0$ 及 $x<0$ 时，根据初等函数在其定义区间上连续的结论，知 $f(x)$ 连续；要使得 $f(x)$ 在其定义域内连续，只需 $f(x)$ 在 $x=0$ 处连续，即 $\lim\limits_{x\to 0^-}f(x)=\lim\limits_{x\to 0^+}f(x)=f(0)$. 而

$$\lim_{x\to 0^-}f(x)=\lim_{x\to 0^-}a\mathrm{e}^{3x}=a;$$

$$\lim_{x\to 0^+}f(x)=\lim_{x\to 0^+}\frac{1-\mathrm{e}^{\tan x}}{\ln\left(1+\dfrac{x}{2}\right)}=-\lim_{x\to 0^+}\frac{\tan x}{\dfrac{x}{2}}=-2;$$

$$f(0)=a,$$

所以，当 $a=-2$ 时，$f(x)$ 在 $x=0$ 处连续，从而 $f(x)$ 在其定义域内连续.

例 5 若 $f(x)=\lim\limits_{t\to+\infty}\dfrac{x^2\mathrm{e}^{t(x-2)}+ax-1}{1+\mathrm{e}^{t(x-2)}}$ 在 $(-\infty,+\infty)$ 上连续，则 $a=$____________.

分析 题中的 $f(x)$ 由极限形式给出，要先求函数极限得到 $f(x)$ 的表达式.

解 在极限中 t 为变量，x 为参数. 当 $t\to+\infty$ 时，$\mathrm{e}^{t(x-2)}$ 的极限值与 $t(x-2)$ 的符号有关，所以需要分情况讨论.

当 $x-2<0$ 时，$\lim\limits_{t\to+\infty}\mathrm{e}^{t(x-2)}=0$，$f(x)=\lim\limits_{t\to+\infty}\dfrac{x^2\mathrm{e}^{t(x-2)}+ax-1}{1+\mathrm{e}^{t(x-2)}}=ax-1$；

当 $x-2=0$ 时，$\lim\limits_{t\to+\infty}\mathrm{e}^{t(x-2)}=1$，$f(x)=\lim\limits_{t\to+\infty}\dfrac{x^2\mathrm{e}^{t(x-2)}+ax-1}{1+\mathrm{e}^{t(x-2)}}=\dfrac{2a+3}{2}$；

当 $x-2>0$ 时，$\lim\limits_{t\to+\infty}\mathrm{e}^{-t(x-2)}=0$，$f(x)=\lim\limits_{t\to+\infty}\dfrac{x^2+ax\mathrm{e}^{-t(x-2)}-\mathrm{e}^{-t(x-2)}}{\mathrm{e}^{-t(x-2)}+1}=x^2$，

因此

$$f(x)=\lim_{t\to+\infty}\frac{x^2\mathrm{e}^{t(x-2)}+ax-1}{1+\mathrm{e}^{t(x-2)}}=\begin{cases}ax-1, & x<2,\\ \dfrac{2a+3}{2}, & x=2,\\ x^2, & x>2.\end{cases}$$

由 $f(x)$ 在其定义区间上连续可知，$f(x)$ 自然在 $x=2$ 处连续，即 $\lim\limits_{x\to 2}f(x)=f(2)$. 由 $\lim\limits_{x\to 2^-}f(x)=\lim\limits_{x\to 2^+}f(x)=f(2)$ 得 $2a-1=4$，解之得 $a=\dfrac{5}{2}$.

例 6 求下列极限：

(1) $\lim\limits_{x\to\infty}\left(\dfrac{x+2a}{x-a}\right)^x$； (2) $\lim\limits_{x\to 0}\dfrac{\ln(a+x)+\ln(a-x)-2\ln a}{x^2}\ (a>0)$.

分析 (1) 是 1^∞ 型极限，可利用第二个重要极限 $\lim\limits_{x\to 0}(1+x)^{\frac{1}{x}}=\mathrm{e}$ 和例 2(2) 中结论来求解；(2) 首先利用对数函数的性质变形，然后利用对数函数的连续性和第二个重要极限来求解.

解 (1)
$$\lim_{x\to\infty}\left(\frac{x+2a}{x-a}\right)^x=\lim_{x\to\infty}\left(\left(1+\frac{3a}{x-a}\right)^{\frac{x-a}{3a}}\right)^{\frac{3a}{x-a}x}$$
$$=\lim_{x\to\infty}\left(\left(1+\frac{3a}{x-a}\right)^{\frac{x-a}{3a}}\right)^{\lim\limits_{x\to\infty}\frac{3a}{x-a}x}=e^{\lim\limits_{x\to\infty}\frac{3ax}{x-a}}=e^{3a};$$

(2)
$$\lim_{x\to0}\frac{\ln(a+x)+\ln(a-x)-2\ln a}{x^2}=\lim_{x\to0}\frac{1}{x^2}\ln\left(\frac{a^2-x^2}{a^2}\right)$$
$$=\lim_{x\to0}\ln\left(\frac{a^2-x^2}{a^2}\right)^{\frac{1}{x^2}}=\lim_{x\to0}\ln\left(1-\frac{x^2}{a^2}\right)^{\frac{1}{x^2}}$$
$$=\ln\left\{\lim_{x\to0}\left(1-\frac{x^2}{a^2}\right)^{-\frac{a^2}{x^2}}\right\}^{-\frac{1}{a^2}}=\ln e^{-\frac{1}{a^2}}=-\frac{1}{a^2}.$$

小结 1. $f(x)$在x_0处连续是指$\lim\limits_{x\to x_0}f(x)=f(x_0)$,意味着必须同时满足下列三点:①$f(x)$在$x_0$处有定义;②$\lim\limits_{x\to x_0}f(x)$存在;③$\lim\limits_{x\to x_0}f(x)=f(x_0)$. 由此知$f(x)$在$x_0$处连续可推出$\lim\limits_{x\to x_0}f(x)$存在,但$\lim\limits_{x\to x_0}f(x)$存在时,有可能$f(x)$在$x_0$处没有定义,或者虽然$f(x)$在$x_0$处有定义但$\lim\limits_{x\to x_0}f(x)\neq f(x_0)$,这说明$f(x)$在$x_0$处极限存在时,未必有$f(x)$在$x_0$处连续(例1).

2. 理解并记住例2中的结论. 常常可以利用函数的连续性求极限(例6).

3. 研究分段函数的连续性时,在分段区间内,可直接由所对应的表达式利用初等函数的连续性结论来判断;在分段点处,要根据连续性的定义来判断(例3).

问题2 如何找出函数的间断点并判别其类型?

例7 讨论下列函数的连续性,并指出间断点的类型:

(1) $f(x)=\begin{cases}\dfrac{x(x+2)}{\sin x}, & -1<x<0,\\[2mm] \dfrac{x-2}{x^2-1}, & x\geqslant0\text{ 且 }x\neq1;\end{cases}$　　(2) $f(x)=\dfrac{x^2-x}{|x|\cdot(x^2-1)}$.

分析 函数的无定义点是间断点,分段函数的分段点可能是间断点.

解 (1) 根据初等函数在其定义区间上连续的结论知,

当$-1<x<0$时,$f(x)=\dfrac{x(x+2)}{\sin x}$连续;当$x>0$且$x\neq1$时,$f(x)=\dfrac{x-2}{x^2-1}$连续.

在分段点$x=0$处,由于

$$\lim_{x\to0^-}f(x)=\lim_{x\to0^-}\frac{x(x+2)}{\sin x}=\lim_{x\to0^-}\frac{x}{\sin x}\cdot(x+2)=2,$$

$$\lim_{x\to0^+}f(x)=\lim_{x\to0^+}\frac{x-2}{x^2-1}=2,$$

又$f(0)=2$,所以$\lim\limits_{x\to0}f(x)=f(0)$. 故$f(x)$在$x=0$处连续.

在无定义点$x=1$处,由于

$$\lim_{x\to 1} f(x)=\lim_{x\to 1}\frac{x-2}{x^2-1}=\infty,$$

所以 $x=1$ 为第二类间断点,且为无穷间断点.

综上,$f(x)$在区间$(-1,1)$,$(1,+\infty)$上连续,$x=1$ 为第二类(无穷)间断点.

(2) 无定义点 $x=-1$,$x=0$,$x=1$ 为间断点,$f(x)$在其他点处连续.

由于

$$\lim_{x\to -1} f(x)=\lim_{x\to -1}\frac{x(x-1)}{-x(x+1)(x-1)}=\lim_{x\to -1}\frac{1}{-(x+1)}=\infty,$$

所以 $x=-1$ 为第二类间断点,且为无穷间断点.

由于

$$\lim_{x\to 0^-} f(x)=\lim_{x\to 0^-}\frac{x(x-1)}{-x(x+1)(x-1)}=\lim_{x\to 0^-}\frac{1}{-(x+1)}=-1,$$

$$\lim_{x\to 0^+} f(x)=\lim_{x\to 0^+}\frac{x(x-1)}{x(x+1)(x-1)}=\lim_{x\to 0^+}\frac{1}{x+1}=1,$$

左、右极限存在但不相等,所以 $x=0$ 为第一类间断点,且为跳跃间断点.

由于

$$\lim_{x\to 1} f(x)=\lim_{x\to 1}\frac{x(x-1)}{x(x+1)(x-1)}=\lim_{x\to 1}\frac{1}{x+1}=\frac{1}{2},$$

所以 $x=1$ 为第一类间断点,且为可去间断点.

综上,$f(x)$在区间$(-\infty,-1)$,$(-1,0)$,$(0,1)$,$(1,+\infty)$上连续,$x=-1$ 为第二类(无穷)间断点,$x=0$ 为第一类(跳跃)间断点,$x=1$ 为第一类(可去)间断点.

例 8　求下列函数的间断点,并判断其类型:

(1) $f(x)=\dfrac{\ln|x|}{x^2+3x-4}$;　　(2) $f(x)=\dfrac{1}{1-e^{\frac{x}{1-x}}}$.

解　(1) 无定义点 $x=-4$,$x=0$,$x=1$ 为间断点.

因为 $\lim\limits_{x\to -4} f(x)=\lim\limits_{x\to -4}\dfrac{\ln|x|}{(x-1)(x+4)}=\infty$,所以 $x=-4$ 为第二类间断点,且为无穷间断点.

因为 $\lim\limits_{x\to 0} f(x)=\lim\limits_{x\to 0}\dfrac{\ln|x|}{(x-1)(x+4)}=\infty$,所以 $x=0$ 为第二类间断点,且为无穷间断点.

因为 $\lim\limits_{x\to 1} f(x)=\lim\limits_{x\to 1}\dfrac{\ln|x|}{(x-1)(x+4)}=\lim\limits_{x\to 1}\dfrac{\ln(1+x-1)}{(x-1)(x+4)}=\lim\limits_{x\to 1}\dfrac{x-1}{(x-1)(x+4)}=\dfrac{1}{5}$,所以 $x=1$ 为第一类间断点,且为可去间断点.

综上,$x=-4$,$x=0$ 为第二类(无穷)间断点,$x=1$ 为第一类(可去)间断点.

(2) 无定义点 $x=0$,$x=1$ 为间断点.

因为 $\lim\limits_{x\to 0} e^{\frac{x}{1-x}}=1$,所以 $\lim\limits_{x\to 0} f(x)=\lim\limits_{x\to 0}\dfrac{1}{1-e^{\frac{x}{1-x}}}=\infty$. 故 $x=0$ 为第二类间断点,且为无穷间断点.

因为 $\lim\limits_{x\to 1^-}\dfrac{x}{1-x}=+\infty$,$\lim\limits_{x\to 1^+}\dfrac{x}{1-x}=-\infty$,所以 $\lim\limits_{x\to 1^-} e^{\frac{x}{1-x}}=+\infty$,$\lim\limits_{x\to 1^+} e^{\frac{x}{1-x}}=0$,从而 $\lim\limits_{x\to 1^-} f(x)=$

$\lim\limits_{x\to1^-}\dfrac{1}{1-e^{\frac{x}{1-x}}}=0,\lim\limits_{x\to1^+}f(x)=\lim\limits_{x\to1^+}\dfrac{1}{1-e^{\frac{x}{1-x}}}=1$，左、右极限存在且不相等. 故 $x=1$ 为第一类间断点，且为跳跃间断点.

综上，$x=0$ 为第二类（无穷）间断点，$x=1$ 为第一类（跳跃）间断点.

例 9 求函数 $f(x)=\lim\limits_{n\to\infty}\dfrac{1-x^{2n}}{1+x^{2n}}x$ 的间断点，并判断其类型.

解 首先求出 $f(x)$ 的表达式，因 $\lim\limits_{n\to\infty}q^n=0$（其中 $|q|<1$），故

当 $|x^2|<1$，即 $|x|<1$ 时，$f(x)=\lim\limits_{n\to\infty}\dfrac{1-x^{2n}}{1+x^{2n}}x=x\lim\limits_{n\to\infty}\dfrac{1-x^{2n}}{1+x^{2n}}=x$；

当 $|x^2|=1$，即 $|x|=1$ 时，$f(x)=0$；

当 $|x^2|>1$，即 $|x|>1$ 时，

$$f(x)=\lim_{n\to\infty}\frac{1-x^{2n}}{1+x^{2n}}x=x\lim_{n\to\infty}\frac{1-x^{2n}}{1+x^{2n}}=x\lim_{n\to\infty}\frac{x^{-2n}-1}{x^{-2n}+1}=-x.$$

综上可得

$$f(x)=\begin{cases}x, & |x|<1,\\ 0, & |x|=1,\\ -x, & |x|>1,\end{cases}=\begin{cases}x, & -1<x<1,\\ 0, & x=\pm1,\\ -x, & x<-1 \text{ 或 } x>1.\end{cases}$$

分段点 $x=-1,x=1$ 为可能的间断点.

因为 $\lim\limits_{x\to-1^-}f(x)=\lim\limits_{x\to-1^-}(-x)=1,\lim\limits_{x\to-1^+}f(x)=\lim\limits_{x\to-1^+}x=-1$，所以 $\lim\limits_{x\to-1^-}f(x)\neq\lim\limits_{x\to-1^+}f(x)$. 故 $x=-1$ 为第一类间断点，且为跳跃间断点.

因为 $\lim\limits_{x\to1^-}f(x)=\lim\limits_{x\to1^-}x=1,\lim\limits_{x\to1^+}f(x)=\lim\limits_{x\to1^+}(-x)=-1$，所以 $\lim\limits_{x\to1^-}f(x)\neq\lim\limits_{x\to1^+}f(x)$. 故 $x=1$ 为第一类间断点，且为跳跃间断点.

综上可得，$x=-1,x=1$ 是第一类（跳跃）间断点.

小结 一般函数的无定义点是间断点，分段函数的分段点可能是间断点. 对可能的间断点逐个根据连续的定义判断是否为间断点. 再根据间断点处左、右极限的情况判断间断点的类型，即当左、右极限都存在时，间断点为第一类间断点；且若左、右极限相等，为可去间断点；若左、右极限不相等，为跳跃间断点；当左、右极限至少有一个不存在时，间断点为第二类间断点，且若极限为 ∞，则为无穷间断点.

问题 3 如何利用闭区间上连续函数的性质证明方程根（函数零点）的存在性？

例 10 设 $f(x),g(x)$ 都是闭区间 $[a,b]$ 上的连续函数，且 $f(a)>g(a),f(b)<g(b)$，证明在 (a,b) 内至少存在一点 ξ，使得 $f(\xi)=g(\xi)$.

分析 将需证的等式移项得 $f(\xi)-g(\xi)=0$，记 $F(x)=f(x)-g(x)$，即要证明 $F(x)$ 在区间 (a,b) 内至少有一个零点 ξ，结合所给的条件可见，本题应利用连续函数的零点定理证明.

证明 令 $F(x)=f(x)-g(x)$，因为 $f(x),g(x)$ 都是闭区间 $[a,b]$ 上的连续函数，所以 $F(x)=f(x)-g(x)$ 在 $[a,b]$ 上连续，又因为 $f(a)>g(a),f(b)<g(b)$，所以 $F(a)=f(a)-g(a)>0$，$F(b)=f(b)-g(b)<0$，由连续函数的零点定理知，在 (a,b) 内至少存在一点 ξ，使得 $F(\xi)=0$，即 $f(\xi)=g(\xi)$.

例 11　证明方程 $x-3\sin x=a(a>0)$ 至少有一个正根.

分析　设辅助函数 $F(x)=x-3\sin x-a$，由题意中“正根”，可知零点定理中的闭区间左端点可选为 0，$F(0)=-a<0$，需由 $F(x)=x-3\sin x-a$ 再找出一个函数值大于 0 的点作为右端点，因 $\sin x\leqslant 1$，故取 a 与某个大于 3 的常数之和即可，比如 $a+4$.

证明　令 $F(x)=x-3\sin x-a$，则 $F(x)$ 在 $[0,a+4]$ 上连续，且 $F(0)=-a<0$；$F(a+4)=4-3\sin(a+4)>0$，由零点定理知，至少存在一点 $\xi\in(0,a+4)$，使得 $F(\xi)=0$，即方程 $x-3\sin x=a(a>0)$ 至少有一个正根.

注　证明过程中取了一个数 $a+4$，使 $F(a+4)>0$，请读者考虑是否一定要取 $a+4$，取其他使函数值大于零的点是否可以？

例 12　设 $f(x)$ 在 $[a,b]$ 上连续，且 $a<c<d<b$，试证在 $[a,b]$ 上必存在一点 ξ，使 $Af(c)+Bf(d)=(A+B)f(\xi)$，其中 A,B 是同号常数.

分析　本题要用介值定理，从所要证明的等式 $Af(c)+Bf(d)=(A+B)f(\xi)$ 中整理出连续函数 $f(x)$ 所需取得的值 $C=\dfrac{Af(c)+Bf(d)}{A+B}$，其次说明 C 介于 $f(x)$ 在 $[a,b]$ 上的最大值与最小值之间.

证明　因 $f(x)$ 在 $[a,b]$ 上连续，故 $f(x)$ 在 $[a,b]$ 上必取得最大值 M 和最小值 m，所以 $m\leqslant f(c)\leqslant M$，$m\leqslant f(d)\leqslant M$. 又因为 A,B 是同号常数，不妨设 $A>0,B>0$，故有 $Am\leqslant Af(c)\leqslant AM$，$Bm\leqslant Bf(d)\leqslant BM$，两式相加可得

$$(A+B)m\leqslant Af(c)+Bf(d)\leqslant(A+B)M,$$

即

$$m\leqslant\frac{Af(c)+Bf(d)}{A+B}\leqslant M.$$

由介值定理知，在 $[a,b]$ 上必存在一点 ξ，使 $\dfrac{Af(c)+Bf(d)}{A+B}=f(\xi)$，即 $Af(c)+Bf(d)=(A+B)f(\xi)$.

小结　1. 在证明方程根的存在性时，如果题中只给出了函数连续的条件，一般可通过构造辅助函数，利用连续函数的零点定理来证明.

2. 连续函数的介值定理是由零点定理证明而得的，所以能用介值定理证明的一定也可以用零点定理证明. 例 12 也可以利用零点定理证明，请读者自行完成.

三、课内练习题

1. 选择题：

(1) 下列函数在 $x=0$ 处不连续的为(　　).

(A) $f(x)=|x|$

(B) $f(x)=\begin{cases}\left|\dfrac{\sin x}{x}\right|, & x\neq 0\\ 1, & x=0\end{cases}$

(C) $f(x)=\begin{cases}\dfrac{\sin x}{x}, & x\neq 0\\ 1, & x=0\end{cases}$

(D) $f(x)=\begin{cases}\dfrac{\sin x}{x}, & x>0\\ \cos x, & x<0\end{cases}$

（2）若函数 $f(x)=\begin{cases}e^{x}+\cos x, & x<0,\\ 2a+x^{2}, & x\geqslant 0\end{cases}$ 在 $x=0$ 处连续，则 $a=$（　　）.

（A）2　　（B）1　　（C）$\frac{1}{2}$　　（D）$-\frac{1}{2}$

（3）函数 $f(x)=\frac{\ln(1+x)}{|x|}$，则 $x=0$ 是 $f(x)$ 的（　　）.

（A）连续点　　（B）可去间断点　　（C）无穷间断点　　（D）跳跃间断点

（4）设函数 $f(x)=\begin{cases}(1+x)\arctan\frac{1}{1-x^{2}}, & x\neq\pm1,\\ 0, & x=\pm1,\end{cases}$ 则以下命题正确的是（　　）.

（A）$f(x)$ 在 $x=-1, x=1$ 处都连续

（B）$f(x)$ 在 $x=-1, x=1$ 处都间断

（C）$f(x)$ 在 $x=-1$ 处连续，在点 $x=1$ 处间断

（D）$f(x)$ 在 $x=1$ 处连续，在点 $x=-1$ 处间断

2. 填空题：

（1）函数 $f(x)=\frac{x^{3}-3x^{2}-x-3}{x^{2}+x-6}$ 的连续区间为________；且 $\lim\limits_{x\to0}f(x)=$________，$\lim\limits_{x\to-3}f(x)=$________，$\lim\limits_{x\to2}f(x)=$________.

（2）若 $f(x)=\begin{cases}\frac{\sqrt{x+a}+b}{x-1}, & x\neq1,\\ \frac{1}{2}, & x=1\end{cases}$ 在 $x=1$ 处连续，则 $a=$________，$b=$________.

（3）函数 $f(x)=\frac{x^{2}-1}{\left(x-\frac{1}{2}\right)(x+1)(x-2)}$，则该函数有________个第一类间断点.

（4）$x=-1$ 是 $f(x)=\frac{1}{1+\frac{1}{x}}$ 的第________类间断点.

3. 讨论下列函数的连续性，若有间断点，指出其类型：

（1）$f(x)=|x-3|$；　　（2）$f(x)=\frac{e^{\frac{1}{x}}-1}{e^{\frac{1}{x}}+1}$.

4. 求 $f(x)=\frac{(x+2)\sin x}{|x|(x^{2}-4)}$ 的间断点，并指明间断点类型.

5. 讨论函数 $f(x)=\lim\limits_{n\to\infty}\frac{x^{n+2}-x^{-n}}{x^{n}+x^{-n}}$ 的连续性.

6. 求下列极限：

（1）$\lim\limits_{x\to\infty}\left(1-\frac{1}{x^{2}}\right)^{3x}$；　　（2）$\lim\limits_{x\to0}(1+x)^{\cot x}$；

(3) $\lim\limits_{x\to\infty}\left(\dfrac{2x^2-x+1}{2x^2+x-1}\right)^x$； (4) $\lim\limits_{x\to\infty}\left(\cos\dfrac{1}{x}\right)^{x^2}$.

7. 证明方程 $\sin x-x=1$ 至少有一个根介于 -2 和 2 之间.

8. 证明方程 $x^3-3x+1=0$ 至少有一个正根.

9. 设 $f(x)$ 在 $[0,1]$ 上连续，且 $f(0)=f(1)$，证明：存在 $\xi\in\left[0,\dfrac{1}{2}\right]$，使 $f(\xi)=f\left(\xi+\dfrac{1}{2}\right)$.

四、课外练习题

1. 选择题：

(1) 下列叙述正确的是(　　).

(A) 若 $f(x)$ 在 $x=x_0$ 处不连续，则 $f(x)$ 在 $x=x_0$ 处极限不存在

(B) 若 $f(x)$，$g(x)$ 在 $x=x_0$ 处都不连续，则 $f(x)+g(x)$ 在 $x=x_0$ 处也不连续

(C) 若 $f(x)$ 在 $x=x_0$ 处极限不存在，则 $f(x)$ 在 $x=x_0$ 处不连续

(D) 若 $f(x)$ 在 $[a,b]$ 上有定义且 $f(a)\cdot f(b)<0$，则在 (a,b) 内至少存在一点 ξ，使 $f(\xi)=0$

(2) $f(x)$ 在 $x=x_0$ 处连续是 $f(x)$ 在 $x=x_0$ 处极限存在的(　　).

(A) 必要条件 (B) 充要条件

(C) 充分条件 (D) 既非充分又非必要条件

(3) 若函数 $f(x)=\begin{cases}(\cos x)^{\frac{1}{x}}, & x\neq 0,\\ a, & x=0\end{cases}$ 在 $x=0$ 处连续，则 $a=$(　　).

(A) 0 (B) 1 (C) e (D) -1

(4) 设函数 $f(x)=\begin{cases}2+(x-1)\sin\dfrac{1}{x-1}, & x<1,\\ 2x^2+\ln x, & x\geqslant 1,\end{cases}$ 则 $x=1$ 是 $f(x)$ 的(　　).

(A) 连续点 (B) 可去间断点

(C) 无穷间断点 (D) 跳跃间断点

2. 填空题：

(1) 若函数 $f(x)=\begin{cases}\dfrac{a-e^{\frac{1}{x}}}{1+2e^{\frac{1}{x}}}, & x>0,\\ a, & x\leqslant 0\end{cases}$ 在 $x=0$ 处连续，则 $a=$________.

(2) 若函数 $f(x)=\begin{cases}\dfrac{a\ln(1+2x)}{\sqrt{1+x}-\sqrt{1-x}}, & -\dfrac{1}{2}<x<0,\\ 2, & x=0,\\ \dfrac{\arctan(bx)}{x}, & 0<x<\dfrac{1}{2}\end{cases}$ 在 $x=0$ 处连续，则 $a=$________，$b=$________.

(3) 设函数 $f(x)=\lim\limits_{n\to\infty}\dfrac{x^{2n+1}+ax^2+bx}{x^{2n}+1}$，若 $f(x)$ 在 $(-\infty,+\infty)$ 上连续，则 $a=$______，$b=$______.

(4) $x=1$ 是函数 $f(x)=e^{\frac{-1}{(x-1)^2}}$ 的______间断点.

3. 求下列极限：

(1) $\lim\limits_{x\to1}(3-2x)^{\frac{3}{x-1}}$；　(2) $\lim\limits_{x\to0}\left(\dfrac{1+\tan x}{1+\sin x}\right)^{\frac{1}{\sin x}}$.

4. 讨论下列函数的连续性，若有间断点，指出其类型：

(1) $f(x)=\sin x\cdot\sin\dfrac{1}{x}$；　(2) $f(x)=\dfrac{\sqrt{2-x}}{(x-1)(x-3)}$；

(3) $f(x)=\begin{cases}e^{\frac{x}{1+x}}, & x\neq-1\\ 0, & x=-1;\end{cases}$　*(4) $f(x)=\begin{cases}\cos\dfrac{\pi}{2}x, & |x|\leqslant1,\\ |x-1|, & |x|>1.\end{cases}$

5. 求常数 a,b,c，使函数 $f(x)=\begin{cases}-1, & x\leqslant-1,\\ ax^2+bx+c, & 0<|x|<1,\\ 0, & x=0,\\ 1, & x\geqslant1\end{cases}$ 为一连续函数.

6. 试确定 a,b 的值，使函数 $f(x)=\dfrac{e^x-b}{(x-a)(x-1)}$ 有无穷间断点 $x=0$ 及可去间断点 $x=1$.

7. 证明方程 $\tan x=\sin^3x+\cos^3x$ 在 $\left(-\dfrac{\pi}{2},\dfrac{\pi}{2}\right)$ 内至少有一个实根.

8. 已知函数 $f(x)$ 在 $[a,b]$ 上连续，且 $a\leqslant f(x)\leqslant b$，证明：存在点在 $\xi\in[a,b]$，使 $f(\xi)=\xi$.

*9. 设函数 $f(x)$ 在 $[0,2a]$ 上连续，且 $f(0)=f(2a)$，证明在 $[0,a]$ 上至少存在一点 ξ，使 $f(\xi)=f(\xi+a)$.

第三讲

习题参考答案或提示

第四讲　导数概念与计算

一、本讲要求

1. 深刻理解导数的概念、几何意义及函数可导性与连续性的关系.

2. 掌握导数的四则运算法则、反函数的求导法则及复合函数的链式法则,掌握基本初等函数的求导公式.

3. 熟练掌握复合函数、隐函数、参数方程的求导方法.

二、问题·分析·解答

问题 1　如何灵活运用导数定义式的各种变形?

例 1　设函数 $f(x)$ 在 x_0 处可导,证明:

(1) $\lim\limits_{\Delta x\to 0}\dfrac{f(x_0)-f(x_0-\Delta x)}{\Delta x}=f'(x_0)$;

(2) $\lim\limits_{\Delta x\to 0}\dfrac{f(x_0+\Delta x)-f(x_0-\Delta x)}{\Delta x}=2f'(x_0)$.

分析　$f(x)$ 在 x_0 处可导,由定义知 $f'(x_0)=\lim\limits_{\Delta x\to 0}\dfrac{f(x_0+\Delta x)-f(x_0)}{\Delta x}$,本题可将极限中的表达式变形成导数定义中的表达式而证之.

证明　(1)

$$\begin{aligned}&\lim_{\Delta x\to 0}\frac{f(x_0)-f(x_0-\Delta x)}{\Delta x}\\&=\lim_{\Delta x\to 0}\frac{f(x_0-\Delta x)-f(x_0)}{-\Delta x}\\&\xlongequal{h=-\Delta x}\lim_{h\to 0}\frac{f(x_0+h)-f(x_0)}{h}\\&=f'(x_0).\end{aligned}$$

(2)

$$\begin{aligned}&\lim_{\Delta x\to 0}\frac{f(x_0+\Delta x)-f(x_0-\Delta x)}{\Delta x}\\&=\lim_{\Delta x\to 0}\frac{f(x_0+\Delta x)-f(x_0)+f(x_0)-f(x_0-\Delta x)}{\Delta x}\\&=\lim_{\Delta x\to 0}\frac{f(x_0+\Delta x)-f(x_0)}{\Delta x}+\lim_{\Delta x\to 0}\frac{f(x_0)-f(x_0-\Delta x)}{\Delta x}\\&\xlongequal{(1)}f'(x_0)+f'(x_0)\\&=2f'(x_0).\end{aligned}$$

例 2 已知函数 $f(x)$ 在 $x=2$ 处连续，且 $\lim\limits_{x\to 2}\dfrac{f(x)}{x-2}=3$，求 $f'(2)$.

分析 根据导数的定义，$f'(2)=\lim\limits_{\Delta x\to 0}\dfrac{f(2+\Delta x)-f(2)}{\Delta x}\xlongequal{x=2+\Delta x}\lim\limits_{x\to 2}\dfrac{f(x)-f(2)}{x-2}$，若有 $f(2)=0$，又有条件 $\lim\limits_{x\to 2}\dfrac{f(x)}{x-2}=3$，则本题就迎刃而解了.

解 因为 $f(x)$ 在 $x=2$ 处连续，所以 $\lim\limits_{x\to 2}f(x)=f(2)$；又

$$\lim_{x\to 2}f(x)=\lim_{x\to 2}\frac{f(x)}{x-2}\cdot(x-2)=\lim_{x\to 2}\frac{f(x)}{x-2}\cdot\lim_{x\to 2}(x-2)=3\times 0=0,$$

所以 $f(2)=0$.

因此

$$f'(2)=\lim_{x\to 2}\frac{f(x)-f(2)}{x-2}=\lim_{x\to 2}\frac{f(x)-0}{x-2}=\lim_{x\to 2}\frac{f(x)}{x-2}=3.$$

小结 导数定义的本质是当自变量的改变量趋于零时函数的改变量与自变量的改变量之比的极限，即

$$f'(x_0)=\lim_{\Delta x\to 0}\frac{f(x_0+\Delta x)-f(x_0)}{\Delta x}.$$

由于自变量的改变量可以用不同的记号表示，所以定义也就有不同的表达方式，如

$$f'(x_0)=\lim_{h\to 0}\frac{f(x_0+h)-f(x_0)}{h},$$

$$f'(x_0)=\lim_{x\to x_0}\frac{f(x)-f(x_0)}{x-x_0}$$

等，应深刻理解、灵活运用.

问题 2 函数的可导性与连续性有何关系？如何讨论分段函数的可导性？

例 3 设 $a>1$，求函数

$$f(x)=\begin{cases}\ln(1+x), & -\dfrac{1}{2}<x<0,\\ x^3, & 0\leqslant x\leqslant 1,\\ a^{2x}, & x>1\end{cases}$$

的导数 $f'(x)$.

解 首先求出 $f(x)$ 在各开区间内的导数：

当 $-\dfrac{1}{2}<x<0$ 时，$f(x)=\ln(1+x)$，则 $f'(x)=\dfrac{1}{1+x}$；当 $0<x<1$ 时，$f(x)=x^3$，则 $f'(x)=3x^2$；当 $x>1$ 时，$f(x)=a^{2x}$，则 $f'(x)=(2\ln a)a^{2x}$.

再讨论 $f(x)$ 在分段点 $x=0$ 及 $x=1$ 处的可导性：

对于 $x=0$，因为

$$f'_+(0)=\lim_{x\to0^+}\frac{f(x)-f(0)}{x-0}=\lim_{x\to0^+}\frac{x^3-0}{x}=0,$$

$$f'_-(0)=\lim_{x\to0^-}\frac{f(x)-f(0)}{x-0}=\lim_{x\to0^-}\frac{\ln(1+x)-0}{x}=1,$$

即 $f'_+(0)\neq f'_-(0)$，所以 $f(x)$ 在 $x=0$ 处不可导.

对于 $x=1$，因为 $\lim\limits_{x\to1^+}f(x)=\lim\limits_{x\to1^+}a^{2x}=a^2\neq f(1)=1$，所以 $f(x)$ 在 $x=1$ 处不连续，因而 $f(x)$ 在 $x=1$ 处不可导.

综上可得

$$f'(x)=\begin{cases}\dfrac{1}{1+x}, & -\dfrac{1}{2}<x<0,\\ 3x^2, & 0<x<1,\\ (2\ln a)a^{2x}, & x>1,\\ \text{不存在}, & x=0,x=1.\end{cases}$$

例 4 设函数

$$f(x)=\begin{cases}x^k\sin\dfrac{1}{x}, & x\neq0,\\ 0, & x=0.\end{cases}$$

问：(1) 当 k 为何值时，$f(x)$ 在 $x=0$ 处连续但不可导；

(2) 当 k 为何值时，$f(x)$ 在 $x=0$ 处可导，但导函数不连续；

(3) 当 k 为何值时，$f(x)$ 的导函数在 $x=0$ 处连续.

解 (1) 因为 $\lim\limits_{x\to0}f(x)=\lim\limits_{x\to0}x^k\sin\dfrac{1}{x}$，而 $f(0)=0$.

要使 $f(x)$ 在 $x=0$ 处连续，必须且只需 $\lim\limits_{x\to0}x^k\sin\dfrac{1}{x}=0$，则必须且只需 $k>0$，故当 $k>0$ 时，$f(x)$ 在 $x=0$ 处连续.

当 $k>0$ 时，由于

$$\lim_{x\to0}\frac{f(x)-f(0)}{x-0}=\lim_{x\to0}\frac{x^k\sin\dfrac{1}{x}}{x}=\lim_{x\to0}x^{k-1}\sin\frac{1}{x}=\begin{cases}0, & k>1,\\ \text{不存在}, & k\leqslant1.\end{cases}$$

根据导数定义知，当且仅当 $0<k\leqslant1$ 时，$f(x)$ 在 $x=0$ 处连续但不可导.

(2) 由上面的讨论可知，当 $k>1$ 时，$f(x)$ 在 $x=0$ 处可导，且 $f'(0)=0$. 而当 $x\neq0$ 时，$f'(x)=\left(x^k\sin\dfrac{1}{x}\right)'=kx^{k-1}\sin\dfrac{1}{x}-x^{k-2}\cos\dfrac{1}{x}$. 即有，当 $k>1$ 时

$$f'(x)=\begin{cases}kx^{k-1}\sin\dfrac{1}{x}-x^{k-2}\cos\dfrac{1}{x}, & x\neq0,\\ 0, & x=0.\end{cases}$$

当 $k-2\leqslant0$，即 $k\leqslant2$ 时，$\lim\limits_{x\to0}f'(x)=\lim\limits_{x\to0}\left(kx^{k-1}\sin\dfrac{1}{x}-x^{k-2}\cos\dfrac{1}{x}\right)$ 不存在，所以当 $k\leqslant2$ 时，$f'(x)$

在 $x=0$ 处不连续.

综上可知,当 $1<k\leqslant 2$ 时,$f(x)$ 在 $x=0$ 处可导,但导函数在 $x=0$ 处不连续.

(3) 当 $k>2$ 时,$\lim\limits_{x\to 0}f'(x)=\lim\limits_{x\to 0}\left(kx^{k-1}\sin\dfrac{1}{x}-x^{k-2}\cos\dfrac{1}{x}\right)=0=f'(0)$,故当 $k>2$ 时,$f(x)$ 的导函数在 $x=0$ 处连续.

小结 1. 函数可导与连续的关系为:可导必然连续,但是连续未必可导.

2. 分段函数在各开区间内的导数可对相应的表达式直接求导而得,而在分段点处,无论讨论连续性还是可导性,都应从定义出发.

问题 3 如何求初等函数的导数?

例 5 求下列函数的导数:

(1) $y=x(x-1)(x-2)$; (2) $y=\dfrac{5x^2+3x-\sqrt{x}}{x^2}$;

(3) $y=\sqrt{x\sqrt{x\sqrt{x}}}\ (x\neq 0)$; (4) $y=\ln\dfrac{\sin^2 x}{\sqrt{x^2+1}}$.

解 (1) **[法 1]** 先将函数展开,再求导. 因

$$y=x(x-1)(x-2)=x^3-3x^2+2x,$$

故

$$y'=3x^2-6x+2.$$

[法 2] 由乘积求导公式得

$$\begin{aligned}y'&=x'(x-1)(x-2)+x(x-1)'(x-2)+x(x-1)(x-2)'\\&=(x-1)(x-2)+x(x-2)+x(x-1)\\&=3x^2-6x+2.\end{aligned}$$

(2) 本题若直接用商的求导法则计算,较为复杂. 可以先将函数表达式变形再求导,较为简便. 将函数变形为

$$y=\frac{5x^2+3x-\sqrt{x}}{x^2}=5+3x^{-1}-x^{-\frac{3}{2}},$$

则

$$y'=-3x^{-2}+\frac{3}{2}x^{-\frac{5}{2}}.$$

(3) 将函数化简后再求导,有

$$y=\sqrt{x\sqrt{x\sqrt{x}}}=x^{\frac{7}{8}},$$

则

$$y'=\frac{7}{8}x^{-\frac{1}{8}}.$$

(4) 此题若直接用复合函数求导法,较为复杂,应利用对数性质变形后再求导,较为简便. 将函数变形为

$$y=\ln\frac{\sin^2 x}{\sqrt{x^2+1}}=2\ln|\sin x|-\frac{1}{2}\ln(1+x^2),$$

则

$$y'=2\frac{\cos x}{\sin x}-\frac{1}{2}\cdot\frac{2x}{1+x^2}=2\cot x-\frac{x}{1+x^2}.$$

例 6 求下列函数的导数：

(1) $y=x^{\tan x}$； (2) $y=\dfrac{\sqrt[4]{x+5}\,(x-2)^2}{(x+2)^3}$.

解 (1) [法 1] 因为 $y=x^{\tan x}=\mathrm{e}^{\tan x\ln x}$，利用复合函数求导法，得

$$y'=\mathrm{e}^{\tan x\ln x}\cdot(\tan x\ln x)'=\mathrm{e}^{\tan x\ln x}\left(\sec^2x\ln x+\frac{\tan x}{x}\right)=x^{\tan x}\left(\sec^2x\ln x+\frac{\tan x}{x}\right).$$

[法 2] 等式两边取对数，得 $\ln y=\tan x\ln x$，两边对 x 求导数，得

$$\frac{y'}{y}=\sec^2x\ln x+\frac{\tan x}{x},$$

故

$$y'=x^{\tan x}\left(\sec^2x\ln x+\frac{\tan x}{x}\right).$$

(2) 本题应用对数求导法较为简单. 先取绝对值，再取对数，得

$$\ln|y|=\frac{1}{4}\ln(x+5)+2\ln|x-2|-3\ln|x+2|,$$

两边对 x 求导，得

$$\frac{y'}{y}=\frac{1}{4}\cdot\frac{1}{x+5}+\frac{2}{x-2}-\frac{3}{x+2},$$

故

$$y'=\left(\frac{1}{4(x+5)}+\frac{2}{x-2}-\frac{3}{x+2}\right)\frac{\sqrt[4]{x+5}\,(x-2)^2}{(x+2)^3}\quad(x>-5\text{ 且 }x\neq\pm2).$$

小结 求函数的导数时，不仅要熟练掌握求导公式和运算法则，而且要灵活使用求导方法，适当地对函数表达式进行变形，做到快速正确、尽量简便地把函数的导数求出来. 例 6 中两边取对数后求导的方法称为对数求导法，一般地，若函数 $y=f(x)$ 是多个因式相乘除、幂指函数等形式时，可以使用对数求导法.

问题 4 如何求隐函数和参数方程的导数？

例 7 设 $y=y(x)$ 由方程 $y^2f(x)+xf(y)=x^2$ 所确定，其中 f 可导，求 y'.

解 方程两边对 x 求导，得

$$2yy'f(x)+y^2f'(x)+f(y)+xf'(y)y'=2x,$$

解得

$$y'=\frac{2x-y^2f'(x)-f(y)}{2yf(x)+xf'(y)}.$$

例 8 设 $y=y(x)$ 由方程 $(\cos x)^y=(\sin y)^x$ 所确定，求 y'.

解 方程两边取对数，得

$$y\ln(\cos x)=x\ln(\sin y),$$

两边对 x 求导，得

$$y'\ln(\cos x)+y\frac{-\sin x}{\cos x}=\ln(\sin y)+x\frac{\cos y}{\sin y}\cdot y',$$

解得
$$y'=\frac{\ln(\sin y)+y\tan x}{\ln(\cos x)-x\cot y}.$$

例 9 求由参数方程$\begin{cases}x=\ln(1+t^2),\\ y=t-\arctan t\end{cases}$所确定的函数的导数$\frac{\mathrm{d}y}{\mathrm{d}x}$.

解 应用参数方程求导公式,得

$$\frac{\mathrm{d}y}{\mathrm{d}x}=\frac{\frac{\mathrm{d}y}{\mathrm{d}t}}{\frac{\mathrm{d}x}{\mathrm{d}t}}=\frac{1-\frac{1}{1+t^2}}{\frac{2t}{1+t^2}}=\frac{t}{2}.$$

小结 对隐函数求导数时,一般将原方程两边对 x 求导,求导时要注意 y 是 x 的函数;在参数方程$\begin{cases}x=\varphi(t),\\ y=\psi(t)\end{cases}$的求导公式$\frac{\mathrm{d}y}{\mathrm{d}x}=\frac{\frac{\mathrm{d}y}{\mathrm{d}t}}{\frac{\mathrm{d}x}{\mathrm{d}t}}=\frac{\psi'(t)}{\varphi'(t)}$中,要注意分母 $\varphi'(t)$,分子 $\psi'(t)$都是对 t 求导.

问题 5 应用导数的几何意义求曲线的切线时应注意什么?

例 10 试求经过点(2,0)且与曲线 $y=\frac{1}{x}$相切的切线方程.

解 设切点为(x_0,y_0),则切线的斜率 $k=y'\big|_{x=x_0}=-\frac{1}{x_0^2}$. 故切线方程为 $y-y_0=-\frac{1}{x_0^2}(x-x_0)$. 因为切线过点(2,0),所以 $0-y_0=-\frac{1}{x_0^2}(2-x_0)$,即 $y_0=\frac{1}{x_0^2}(2-x_0)$. 又$(x_0,y_0)$满足 $y=\frac{1}{x}$,即 $y_0=\frac{1}{x_0}$. 联立方程组$\begin{cases}y_0=\frac{1}{x_0^2}(2-x_0),\\ y_0=\frac{1}{x_0},\end{cases}$ 解得 $x_0=1,y_0=1$. 所以切点为(1,1),切线的斜率 $k=-1$,切线方程为 $y-1=-(x-1)$,即 $x+y-2=0$.

例 11 求由方程 $\sin y+xe^y=0$ 所确定的曲线 $y=y(x)$在点(0,0)处的切线方程和法线方程.

解 先求切线的斜率 $k=y'(0)$. 将方程两边对 x 求导,得

$$\cos y\cdot y'+e^y+xe^y\cdot y'=0,$$

将(0,0)代入,并解得

$$k=y'\big|_{(0,0)}=-1.$$

故切线方程为 $y-0=-(x-0)$,即 $x+y=0$;法线方程为 $y-0=x-0$,即 $x-y=0$.

例 12 求曲线$\begin{cases}x=\cos^3 t,\\ y=\sin^3 t\end{cases}$在 $t=\dfrac{\pi}{4}$所对应点处的切线方程和法线方程.

解 切线的斜率

$$k=\left.\frac{\mathrm{d}y}{\mathrm{d}x}\right|_{t=\frac{\pi}{4}}=\left.\frac{\frac{\mathrm{d}y}{\mathrm{d}t}}{\frac{\mathrm{d}x}{\mathrm{d}t}}\right|_{t=\frac{\pi}{4}}=\left.\frac{3\sin^2 t\cos t}{3\cos^2 t(-\sin t)}\right|_{t=\frac{\pi}{4}}=-1,$$

又 $t=\dfrac{\pi}{4}$所对应点为$\left(\dfrac{\sqrt{2}}{4},\dfrac{\sqrt{2}}{4}\right)$,故切线方程为 $y-\dfrac{\sqrt{2}}{4}=-\left(x-\dfrac{\sqrt{2}}{4}\right)$,即 $x+y-\dfrac{\sqrt{2}}{2}=0$;法线方程为 $y-\dfrac{\sqrt{2}}{4}=x-\dfrac{\sqrt{2}}{4}$,即 $x-y=0$.

小结 利用导数的几何意义求曲线的切线时,曲线 $y=f(x)$在点(x_0,y_0)处切线的斜率是 $f'(x_0)$,即切点处 y 对 x 的导数. 例 10 中的点(2,0)不是切点,切线的斜率不是 $y'|_{x=2}$;例 12 中切线的斜率不是$\left.\dfrac{\mathrm{d}y}{\mathrm{d}t}\right|_{t=\frac{\pi}{4}}$,而是$\left.\dfrac{\mathrm{d}y}{\mathrm{d}x}\right|_{t=\frac{\pi}{4}}$. 注意:并非不可导点处一定没有切线,比如 $y^2=x$ 在(0,0)处 $y'(0)$不存在,但该点处切线为 $x=0$. 一般来说,当 $f'(x_0)=\infty$ 时,曲线 $y=f(x)$在点(x_0,y_0)处有切线且切线垂直于 x 轴.

问题 6 如何求相关变化率?

例 13 在平面直角坐标系 xOy 面上,设质点 $P(0,y)$在 y 轴上以速度 v 做匀速运动,定点$A(a,0)$在 x 轴上且不与原点 O 重合,$\angle OAP=\theta$,证明:角速度$\dfrac{\mathrm{d}\theta}{\mathrm{d}t}$与 AP 之长 S 的平方成反比.

证明 用 S 表示点 $P(0,y)$和 $A(a,0)$之间的距离(图 4-1),由题意知$\dfrac{\mathrm{d}y}{\mathrm{d}t}=v$. 由图 4-1 可知,变量 θ 与 S 之间的关系为 $\cos\theta=\dfrac{a}{S}$,而 θ 与 S 均为时间 t 的函数,等式两边同时对 t 求导可得$-\sin\theta\dfrac{\mathrm{d}\theta}{\mathrm{d}t}=-\dfrac{a}{S^2}\dfrac{\mathrm{d}S}{\mathrm{d}t}$.

因为 $S=\sqrt{a^2+y^2}$,所以$\dfrac{\mathrm{d}S}{\mathrm{d}t}=\dfrac{2y}{2\sqrt{a^2+y^2}}\dfrac{\mathrm{d}y}{\mathrm{d}t}=\dfrac{y}{S}\dfrac{\mathrm{d}y}{\mathrm{d}t}=\sin\theta\cdot v$,

从而$-\sin\theta\dfrac{\mathrm{d}\theta}{\mathrm{d}t}=-\dfrac{a}{S^2}\sin\theta\cdot v$,即$\dfrac{\mathrm{d}\theta}{\mathrm{d}t}=\dfrac{av}{S^2}$. 因此,$\dfrac{\mathrm{d}\theta}{\mathrm{d}t}$与 S^2 成反比.

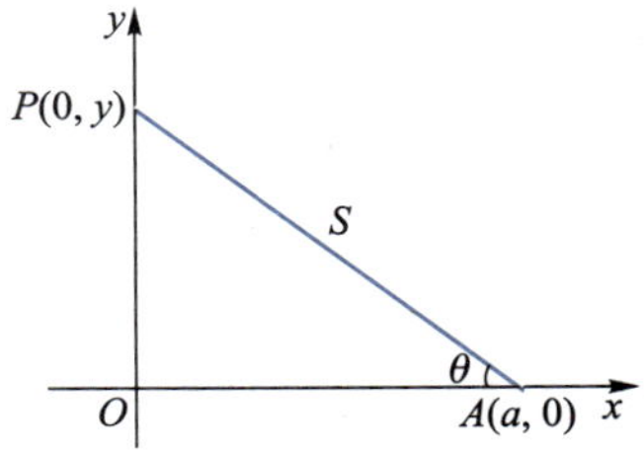

图 4-1

小结 相关变化率问题是指,在某一变化过程中,变量 x,y 之间有确定的等量关系,变量 x,y 都与变量 t 有关,若已知其中一个变量对 t 的变化率,则可求得另一个变量对 t 的变化率,即若 $x=x(t)$,$y=y(t)$均为可导函数,且变量 x,y 之间存在某种关系 $y=f(x)$,$f(x)$可导,则$\dfrac{\mathrm{d}y}{\mathrm{d}t}=f'(x)\dfrac{\mathrm{d}x}{\mathrm{d}t}$.

三、课内练习题

1. 填空题：

(1) 设函数 $f(x)=x^2e^{\cos x}$，则 $f'(\pi)=$ ______.

(2) 设 $f'(1)=2$，则极限 $\lim\limits_{x\to 0}\dfrac{f(1+2x)-f(1-x)}{x}=$ ______.

(3) 设 $\lim\limits_{x\to 0}\dfrac{f(2-x)-f(2)}{2x}=2$，则曲线 $y=f(x)$ 在点 $(2,3)$ 处的切线方程为______.

(4) 设函数 $f(x)=x(2x-1)(3x-2)\cdots(50x-49)$，则 $f'(0)=$ ______.

2. 讨论函数 $y=\begin{cases}\dfrac{\sin^2 x}{x}, & x\neq 0,\\ 0, & x=0\end{cases}$ 在 $x=0$ 处的连续性与可导性.

3. 设函数 $f(x)=\begin{cases}a+\ln(1+x), & x\leqslant 0,\\ bx+2, & x>0,\end{cases}$ 确定 a 和 b 的值，使 $f(x)$ 在 $x=0$ 处连续且可导.

4. 求曲线 $y=\ln(1+x)^2$ 在原点处的切线方程和法线方程.

5. 求下列函数的导数：

(1) $y=3^x+x^3+3x+\ln 3$；

(2) $y=\dfrac{3x^3}{1+x}$；

(3) $y=\dfrac{1-\ln 2x}{1+\ln 2x}$；

(4) $y=\arctan e^{\sqrt{x}}$；

(5) $y=\ln(x+\sqrt{x^2+1})$；

(6) $y=\sqrt{1+5^{3x}}$；

(7) $y=\operatorname{arccot}\dfrac{x-2}{x+2}$；

(8) $y=\ln\ln\ln x$；

(9) $y=\dfrac{1}{x\sqrt[3]{x}}+\dfrac{\arcsin x}{e^x}$；

(10) $y=x\cos x\sqrt{1-e^x}$；

(11) $y=\left(1+\dfrac{1}{3x}\right)^{\sin 2x}$；

(12) $y=\sqrt[3]{\dfrac{x(x^2+1)}{(x^2-1)^2}}$.

6. 设 $f(x)$ 为可导函数，求 $y=f(e^x)\cdot e^{f(x)}$ 的导数.

7. 求下列隐函数的导数 y'：

(1) $e^{x+y}=y^x$；

(2) $e^y\sin x=e^{-x}\cos y$.

8. 求由方程 $\arctan\dfrac{x}{y}=\ln\sqrt{x^2+y^2}$ 所确定的函数 $y=f(x)$ 的导数.

9. 设 $y=f(x)$ 由参数方程 $\begin{cases}x=t+\arctan t,\\ y=t^3+6t\end{cases}$ 所确定，求 $\dfrac{dy}{dx}$.

10. 求曲线 $\begin{cases}x=e^t\sin 2t,\\ y=e^t\cos t\end{cases}$ 在 $t=0$ 处的法线方程.

11. 设 $y=f(x)$ 由参数方程 $\begin{cases}x=t^2+2t,\\ y=te^y\end{cases}$ 所确定，求 $\dfrac{dy}{dx}$.

12. 一架直升机离开地面时，距离一观测者 120 m，它以 40 m/s 的速度垂直向上飞，求起飞 15 s 时，直升机飞离观测者的速度.

四、课外练习题

1. 填空题：

(1) 设函数 $f(x)$ 在 $x=a$ 处可导，则 $\lim\limits_{n\to\infty} n\left(f\left(a+\dfrac{1}{n}\right)-f\left(a-\dfrac{1}{n}\right)\right)=$____________.

(2) 设 $\lim\limits_{x\to 0}\dfrac{2x}{f(1)-f(1-x)}=-1$，则曲线 $y=f(x)$ 在点 $(1,f(1))$ 处的切线方程为____________.

(3) 设函数 $f(x)$ 在 $x=1$ 处可导，且 $f(1)=0$，$f'(1)=2$，则 $\lim\limits_{x\to 0}\dfrac{f(\cos x+\sin^2 x)}{x\tan x}=$____________.

(4) 设函数 $f(x)=\begin{cases}b+2\cos\dfrac{\pi}{2}x, & x\leqslant 1,\\ ax+1, & x>1\end{cases}$ 在 $x=1$ 处可导，则 $a=$____________，$b=$____________.

(5) 设函数 $f(x)=\lim\limits_{n\to\infty}\sqrt[n]{1+|x|^{3n}}$，则 $f(x)$ 在 $(-\infty,+\infty)$ 内恰有____________个不可导点.

2. 函数 $f(x)$ 在 x_0 处的导数的定义有哪几种表示形式？试写出它们.

3. 若函数 $y=f(x)$ 在某点 x_0 处没有导数，能否说明曲线 $y=f(x)$ 在点 $(x_0,f(x_0))$ 处就没有切线？试举例说明.

4. 设函数 $F(x)=\begin{cases}f(x), & x\leqslant 0,\\ ax+b, & x>0,\end{cases}$ 其中 $f(x)$ 在 $x=0$ 处左导数存在，问如何选取 a 与 b，使得函数 $F(x)$ 在 $x=0$ 处连续且可导.

5. 设 $f(x)=\lim\limits_{t\to+\infty}\dfrac{x}{2+x^2-e^{tx}}$，讨论 $f(x)$ 的可导性，并在可导点处求出导数.

6. 求下列函数的导数或导数值：

(1) $y=e^{-3x}\cos\left(\dfrac{\pi}{3}-2x\right)$；

(2) $y=\arcsin\left(\dfrac{1-x^2}{1+x^2}\right)$，求 $y'(1)$，$y'(-2)$；

(3) $y=\dfrac{1}{2}\ln\dfrac{1-\sqrt{1-x^2}}{1+\sqrt{1-x^2}}$；

(4) $y=\dfrac{\sin^2 x}{1+\cot x}+\dfrac{\cos^2 x}{1+\tan x}$；

（5）$y=x^{2x}+x^{x^x}$；

（6）$y=f(\arctan x)+\arcsin(f(\sqrt{x}))$，其中 f 可导.

7. 设函数 $f(x)$ 在 $x=a$ 处可导，且 $f(a)\neq 0$，求 $\lim\limits_{n\to\infty}\left(\dfrac{f\left(a+\dfrac{1}{n}\right)}{f(a)}\right)^n$.

8. 求垂直于直线 $2x-6y+1=0$ 且与曲线 $y=x^3+3x^2-1$ 相切的直线方程.

9. 设函数 $y=y(x)$ 由方程 $\arccos\dfrac{1}{\sqrt{x+2}}+e^y\sin x=\arctan y$ 所确定，求 $y'(0)$.

*10. 确定 a 的值，使曲线 $y=ax^2$ 与 $y=\ln x$ 相切.

第四讲
习题参考答案或提示

第五讲　高阶导数与函数的微分

一、本讲要求

1. 掌握求高阶导数的方法(包括莱布尼茨公式).
2. 深刻理解微分的概念及运算法则.

二、问题·分析·解答

问题 1　如何求函数的高阶导数?

例 1　求下列函数的二阶导数:

(1) $y=\cos^2 x\cdot\ln x$;　　(2) $y=f(1-\cos x)$,且 $f(x)$ 二阶可导.

解　(1) $\dfrac{dy}{dx}=(\cos^2 x)'\ln x+\cos^2 x(\ln x)'=2\cos x(-\sin x)\ln x+\dfrac{\cos^2 x}{x}$

$$=-\sin 2x\ln x+\frac{\cos^2 x}{x},$$

$$\frac{d^2y}{dx^2}=-(\sin 2x)'\cdot\ln x-\sin 2x\cdot(\ln x)'+\frac{(\cos^2 x)'x-\cos^2 x}{x^2}$$

$$=-2\cos 2x\ln x-\frac{\sin 2x}{x}+\frac{2\cos x(-\sin x)x-\cos^2 x}{x^2}$$

$$=-2\cos 2x\ln x-\frac{2\sin 2x}{x}-\frac{\cos^2 x}{x^2}.$$

(2) $\dfrac{dy}{dx}=f'(1-\cos x)\cdot(1-\cos x)'=\sin xf'(1-\cos x)$,

$$\frac{d^2y}{dx^2}=\cos xf'(1-\cos x)+\sin xf''(1-\cos x)\cdot\sin x$$

$$=\cos xf'(1-\cos x)+\sin^2 xf''(1-\cos x).$$

例 2　求下列函数的 n 阶导数:

(1) $y=\cos^2 x$;　　(2) $y=\dfrac{x^3}{1-x}$;　　(3) $y=\dfrac{1}{x^2-3x+2}$.

分析　下列高阶导数公式可直接应用:

$$(a^x)^{(n)}=a^x(\ln a)^n,\quad(\sin x)^{(n)}=\sin\left(x+\frac{n}{2}\pi\right),\quad(\cos x)^{(n)}=\cos\left(x+\frac{n}{2}\pi\right),$$

$$(\ln(1+x))^{(n)}=(-1)^{n-1}\frac{(n-1)!}{(1+x)^n},\quad\left(\frac{1}{x}\right)^{(n)}=(-1)^n\frac{n!}{x^{n+1}}.$$

本题求解时,应先将所给函数变形,再利用上述公式.

解 (1) $y=\cos^2 x=\dfrac{1+\cos 2x}{2}=\dfrac{1}{2}+\dfrac{1}{2}\cos 2x$,

应用复合函数求导法则及高阶导数公式$(\cos x)^{(n)}=\cos\left(x+\dfrac{n}{2}\pi\right)$,得

$$(\cos 2x)^{(n)}=2^n\cos\left(2x+\frac{n}{2}\pi\right),$$

故
$$y^{(n)}=\left(\frac{1}{2}+\frac{1}{2}\cos 2x\right)^{(n)}=\frac{1}{2}(\cos 2x)^{(n)}=2^{n-1}\cos\left(2x+\frac{\pi}{2}n\right).$$

(2) 先用多项式除法将函数分解,然后再求导.

$$y=\frac{x^3}{1-x}=-(x^2+x+1)+\frac{1}{1-x},$$

应用复合函数求导法则及高阶导数公式$\left(\dfrac{1}{x}\right)^{(n)}=(-1)^n\dfrac{n!}{x^{n+1}}$,得

$$\left(\frac{1}{1-x}\right)^{(n)}=(-1)^n\frac{n!}{(1-x)^{n+1}}\cdot(-1)^n=\frac{n!}{(1-x)^{n+1}},$$

故

$$y'=-2x-1+\frac{1}{(1-x)^2},\quad y''=-2+\frac{2}{(1-x)^3},\quad y^{(n)}=\frac{n!}{(1-x)^{n+1}}(n\geqslant 3).$$

(3) 先把有理函数分解成部分分式之和.

$$y=\frac{1}{x^2-3x+2}=\frac{1}{(x-1)(x-2)}=\frac{1}{x-2}-\frac{1}{x-1},$$

故
$$\begin{aligned}y^{(n)}&=\left(\frac{1}{x-2}\right)^{(n)}-\left(\frac{1}{x-1}\right)^{(n)}\\&=(-1)^n\frac{n!}{(x-2)^{n+1}}-(-1)^n\frac{n!}{(x-1)^{n+1}}\\&=(-1)^n n!\left(\frac{1}{(x-2)^{n+1}}-\frac{1}{(x-1)^{n+1}}\right).\end{aligned}$$

例 3 求下列函数的 n 阶导数:

(1) $y=x^2\sin 4x\ (n\geqslant 2)$; (2) $y=x^3\ln x\ (n\geqslant 4)$.

分析 本题是求两个函数 $u(x)$,$v(x)$(取 $v(x)$ 为幂函数)乘积的高阶导数,其中两个函数的高阶导数均已知,且当 n 适当大时,$v^{(n)}(x)=0$,故可应用莱布尼茨公式.

解 (1) 设 $u(x)=\sin 4x$,$v(x)=x^2$,则

$$u^{(k)}(x)=4^k\sin\left(4x+\frac{k}{2}\pi\right)(k=0,1,2,\cdots),$$

$$v'(x)=2x,\quad v''(x)=2,\quad v'''(x)=v^{(4)}(x)=\cdots=v^{(k)}(x)=0.$$

代入莱布尼茨公式,有

$$(u(x)v(x))^{(n)}=\mathrm{C}_n^0u^{(n)}(x)v^{(0)}(x)+\mathrm{C}_n^1u^{(n-1)}(x)v'(x)+\cdots+\mathrm{C}_n^nu^{(0)}(x)v^{(n)}(x),$$

当 $n\geqslant 2$ 时,得

$$y^{(n)}=4^n\sin\left(4x+\frac{n}{2}\pi\right)\cdot x^2+n\cdot 4^{n-1}\sin\left(4x+\frac{n-1}{2}\pi\right)\cdot 2x+\frac{n(n-1)}{2!}4^{n-2}\sin\left(4x+\frac{n-2}{2}\pi\right)\cdot 2$$

$$=x^2 4^n\sin\left(4x+\frac{n}{2}\pi\right)+2nx4^{n-1}\sin\left(4x+\frac{n-1}{2}\pi\right)+n(n-1)4^{n-2}\sin\left(4x+\frac{n-2}{2}\pi\right).$$

（2）[法 1] 设 $u(x)=\ln x, v(x)=x^3$，则

$$u^{(k)}(x)=(-1)^{k-1}\frac{(k-1)!}{x^k}\ (k=1,2,\cdots),$$

$$v'(x)=3x^2,\quad v''(x)=6x,\quad v'''(x)=6,\quad v^{(k)}(x)=0\ (k\geqslant 4).$$

当 $n\geqslant 4$ 时，应用莱布尼茨公式，得

$$y^{(n)}=(-1)^{n-1}\frac{(n-1)!}{x^n}\cdot x^3+n\cdot(-1)^{n-2}\frac{(n-2)!}{x^{n-1}}\cdot 3x^2+\frac{n(n-1)}{2!}(-1)^{n-3}\frac{(n-3)!}{x^{n-2}}\cdot 6x+\frac{n(n-1)(n-2)}{3!}(-1)^{n-4}\frac{(n-4)!}{x^{n-3}}\cdot 6$$

$$=\frac{6(-1)^n(n-4)!}{x^{n-3}}.$$

[法 2] 根据 $y=x^3\ln x$，有

$$y'=3x^2\ln x+x^2,\quad y''=6x\ln x+3x+2x=6x\ln x+5x,$$

$$y'''=6\ln x+6+5=6\ln x+11,\quad y^{(4)}=\frac{6}{x}.$$

因 $\left(\frac{6}{x}\right)^{(n)}=6\left(\frac{1}{x}\right)^{(n)}=6\cdot(-1)^n\frac{n!}{x^{n+1}}$，故当 $n\geqslant 4$ 时，

$$y^{(n)}=\left(\frac{6}{x}\right)^{(n-4)}=6\cdot(-1)^{n-4}\frac{(n-4)!}{x^{(n-4)+1}}=\frac{6(-1)^n(n-4)!}{x^{n-3}}.$$

小结 1. 求函数的高阶导数时，可将函数做适当的恒等变形，以便利用已有的公式求解(例 2)；如果无法利用已有的公式，则对函数逐次求导后，设法找出规律.

2. 求两个函数乘积形式的高阶导数，当其中一个函数是多项式时，利用莱布尼茨公式常常是有效的方法(例 3). 在使用莱布尼茨公式时，要注意 $u^{(0)}(x)=u(x), v^{(0)}(x)=v(x)$.

问题 2 如何求隐函数及参数方程所确定函数的二阶导数？

例 4 设函数 $y=y(x)$ 由方程 $e^y+xy=e$ 所确定，求 $y''(0)$.

解 方程两边对 x 求导，得

$$e^y\cdot y'+y+x\cdot y'=0,$$

即

$$(e^y+x)y'+y=0. \tag{1}$$

(1) 式两边再对 x 求导，得

$$(e^y+x)y''+(e^y\cdot y'+1)y'+y'=0. \tag{2}$$

将 $x=0$ 代入原方程，得 $y=1$；再将 $x=0, y(0)=1$ 代入(1)，得 $y'(0)=-e^{-1}$；最后将 $x=0$, $y(0)=1, y'(0)=-e^{-1}$ 代入(2)，得 $y''(0)=e^{-2}$.

例 5 设$\begin{cases}x=a(t-\sin t),\\ y=a(1-\cos t),\end{cases}$求$\dfrac{d^2y}{dx^2}$.

解 先求一阶导数,

$$\frac{dy}{dx}=\frac{\frac{dy}{dt}}{\frac{dx}{dt}}=\frac{a\sin t}{a(1-\cos t)}=\frac{\sin t}{1-\cos t},$$

再求二阶导数,

$$\frac{d^2y}{dx^2}=\frac{d\left(\frac{dy}{dx}\right)}{dx}=\frac{\frac{d\left(\frac{dy}{dx}\right)}{dt}}{\frac{dx}{dt}}=\frac{\frac{\cos t(1-\cos t)-\sin t\cdot\sin t}{(1-\cos t)^2}}{a(1-\cos t)}$$

$$=\frac{\cos t-1}{a(1-\cos t)^3}=\frac{-1}{a(1-\cos t)^2}.$$

小结 1. 求隐函数的二阶导数时,首先求出 y',方程两边再次对 x 求导时,应注意 y,y' 是关于 x 的函数;另外,当求 y''在某一特定点 $x=x_0$ 处的值时,应将 $x=x_0$ 代入原方程,解出 $y=y_0$,求$y''\big|_{x=x_0}$,即求 $y''\big|_{\substack{x=x_0\\y=y_0}}$.

2. 对参数方程$\begin{cases}x=\varphi(t),\\ y=\psi(t)\end{cases}$求二阶导数时,将一阶导数$\dfrac{dy}{dx}=\dfrac{\psi'(t)}{\varphi'(t)}$看成是新的参数方程$\begin{cases}x=\varphi(t),\\ \dfrac{dy}{dx}=\dfrac{\psi'(t)}{\varphi'(t)},\end{cases}$再次利用参数方程求导公式,求出$\dfrac{d^2y}{dx^2}$. 注意:读者容易发生这样的错误,即误将$\dfrac{d\left(\frac{dy}{dx}\right)}{dt}$当成所求$\dfrac{d\left(\frac{dy}{dx}\right)}{dx}$.

问题 3 如何求函数的微分?

例 6 求下列函数在指定点处的微分:

(1) $y=\dfrac{x}{\sqrt{1-x^2}},x=0$; (2) $y=\sqrt{\tan\dfrac{x}{2}},x=\dfrac{\pi}{2}$;

(3) $\begin{cases}x=2t^2,\\ y=\arctan t,\end{cases}$ $t=1$.

解 (1)因 $y'=\dfrac{\sqrt{1-x^2}+x\cdot\dfrac{2x}{2\sqrt{1-x^2}}}{1-x^2}=\dfrac{1}{(1-x^2)^{\frac{3}{2}}}$,故

$$dy=y'dx=\frac{1}{(1-x^2)^{\frac{3}{2}}}dx.$$

又 $y'(0)=1$,故 $dy\big|_{x=0}=y'(0)dx=dx$.

(2) 因 $y'=\dfrac{1}{2\sqrt{\tan\dfrac{x}{2}}}\sec^2\left(\dfrac{x}{2}\right)\cdot\dfrac{1}{2}=\dfrac{\sec^2\left(\dfrac{x}{2}\right)}{4\sqrt{\tan\dfrac{x}{2}}}$,故

$$dy=y'dx=\frac{\sec^2\left(\dfrac{x}{2}\right)}{4\sqrt{\tan\dfrac{x}{2}}}dx.$$

又 $y'\left(\dfrac{\pi}{2}\right)=\dfrac{\sec^2\left(\dfrac{\pi}{4}\right)}{4\sqrt{\tan\dfrac{\pi}{4}}}=\dfrac{1}{2}$,故 $dy\big|_{x=\frac{\pi}{2}}=y'\left(\dfrac{\pi}{2}\right)dx=\dfrac{1}{2}dx$.

(3) 因 $y'=\dfrac{\dfrac{1}{1+t^2}}{4t}=\dfrac{1}{4t(1+t^2)}$,又 $y'\big|_{t=1}=\dfrac{1}{8}$,故 $dy\big|_{t=1}=\dfrac{1}{8}dx$.

例 7 求下列函数的微分.

(1) $y=e^{ax^2+b}\sin(x^2+1)$; (2) $e^{x+y}-xy=1$;

(3) $y=f\left(\arctan\dfrac{1}{x}\right)$(其中 f 可导).

解 (1)利用乘积的微分与一阶微分形式的不变性,两边取微分,得

$$\begin{aligned}dy&=\sin(x^2+1)d(e^{ax^2+b})+e^{ax^2+b}d(\sin(x^2+1))\\&=\sin(x^2+1)\cdot e^{ax^2+b}\cdot 2axdx+e^{ax^2+b}\cdot\cos(x^2+1)\cdot 2xdx\\&=2x(a\sin(x^2+1)+\cos(x^2+1))e^{ax^2+b}dx.\end{aligned}$$

(2) **[法 1]** 因 $e^{x+y}-xy=1$,两边对 x 求导,得

$$e^{x+y}(1+y')-(y+xy')=0,$$

解出 y',得

$$y'=\frac{y-e^{x+y}}{e^{x+y}-x},$$

故

$$dy=\frac{y-e^{x+y}}{e^{x+y}-x}dx.$$

[法 2] 因 $e^{x+y}-xy=1$,由一阶微分形式的不变性,两边求微分,得

$$e^{x+y}(dx+dy)-(ydx+xdy)=0,$$

解出 dy,得

$$\mathrm{d}y=\frac{y-\mathrm{e}^{x+y}}{\mathrm{e}^{x+y}-x}\mathrm{d}x.$$

(3)[法 1] 因

$$y'=f'\left(\arctan\frac{1}{x}\right)\cdot\frac{1}{1+\left(\frac{1}{x}\right)^2}\cdot\left(-\frac{1}{x^2}\right)=-\frac{1}{1+x^2}f'\left(\arctan\frac{1}{x}\right),$$

所以 $\mathrm{d}y=-\frac{1}{1+x^2}f'\left(\arctan\frac{1}{x}\right)\mathrm{d}x$.

[法 2] 利用一阶微分形式的不变性,有

$$\begin{aligned}\mathrm{d}y&=f'\left(\arctan\frac{1}{x}\right)\mathrm{d}\left(\arctan\frac{1}{x}\right)\\&=f'\left(\arctan\frac{1}{x}\right)\frac{1}{1+\left(\frac{1}{x}\right)^2}\mathrm{d}\left(\frac{1}{x}\right)\\&=f'\left(\arctan\frac{1}{x}\right)\cdot\frac{1}{1+\left(\frac{1}{x}\right)^2}\cdot\left(-\frac{1}{x^2}\right)\mathrm{d}x\\&=-\frac{1}{1+x^2}f'\left(\arctan\frac{1}{x}\right)\mathrm{d}x.\end{aligned}$$

小结 求函数 $y=f(x)$ 的微分,一般有两种方法:

1. 先求 $f'(x)$,再应用微分公式 $\mathrm{d}y=f'(x)\mathrm{d}x$;

2. 应用一阶微分形式的不变性(无论 u 是自变量还是中间变量,微分形式 $\mathrm{d}y=f(u)\mathrm{d}u$ 保持不变),求复合函数的微分.

三、课内练习题

1. 填空题:

(1) 设 $y=x^{15}+6x^{10}-4x^5+2$,则 $y^{(16)}(0)=$ ____________.

(2) 设 $y=x^2\mathrm{e}^{2x}$,则 $y^{(10)}(0)=$ ____________.

(3) 设 $y=\ln(x+\sqrt{1+x^2})$,则 $\mathrm{d}y=$ ____________.

(4) $\mathrm{d}(x^2)=$ ____________ $\mathrm{d}\sqrt{x}$;d ____________ $=\cos 2x\mathrm{d}x$.

2. 求下列函数的二阶导数:

(1) $y=x\arctan x$; (2) $y=\frac{2x^3+\sqrt{x}+4}{x}$.

3. 求下列函数的 n 阶导数:

(1) $y=\frac{1}{1-x^2}$; (2) $y=(x^2+1)\sin x$;

(3) $y=xe^{-x}$.

4. 设 $y=y(x)$ 由方程 $y-xe^{y}=1$ 所确定,求 $\left.\frac{d^2y}{dx^2}\right|_{x=0}$.

5. 求下列参数方程所确定的函数的二阶导数 $\frac{d^2y}{dx^2}$:

(1) $\begin{cases}x=\ln(1+t),\\ y=te^{t};\end{cases}$　　(2) $\begin{cases}x=e^{t}\sin t,\\ y=e^{t}\cos t.\end{cases}$

6. 求下列函数的微分 dy:

(1) $y=\cos^2\frac{1}{x}$;　　(2) $y=\arctan\frac{x^2-1}{x^2+1}$;

(3) $y=e^{-x}\cos(2-x)$;　　(4) $y=(1+\sin x)^{x}$.

7. 设函数 $y=f(\ln x)e^{f(x)}$,其中 f 可微,求 dy.

8. 设函数 $y=y(x)$ 由方程 $e^{x+y}-y\sin x=0$ 所确定,求 dy.

四、课外练习题

1. 试确定常数 a,b,c,使函数

$$f(x)=\begin{cases}e^{x}, & x<0,\\ ax^2+bx+c, & x\geqslant 0\end{cases}$$

在 $x=0$ 处存在二阶导数.

2. 求下列函数的二阶导数 $\frac{d^2y}{dx^2}$:

(1) $y=(\arcsin x)^2$;　　(2) $y=x^{x}$;

(3) $x+\arctan y=y$.

3. 设函数 $f(x)=2x^2+x|x|$,问 $f''(0)$ 是否存在?

4. 设函数 $y=y(x)$ 由方程组 $\begin{cases}x=t^2+2t,\\ y=te^{y}\end{cases}$ 所确定,求 $\left.\frac{d^2y}{dx^2}\right|_{t=0}$.

5. 求下列函数的 n 阶导数:

(1) $y=x^3\cos 3x$;　　(2) $y=\frac{x^3}{x^2-3x+2}$;

(3) $y=\frac{ax+b}{cx+d}$;　　(4) $y=\sin^4x-\cos^4x$.

*6. (1) 设函数 $f(x)=e^{x}\sin x$,求 $f^{(n)}(0)$;

(2) 设函数 $f(x)=x^{n}(x-1)^{n}\cos\frac{\pi x^2}{4}$,求 $f^{(n)}(1)$.

7. 计算下列各题:

(1) $\frac{d(\sin(x^4))}{d(x^3)}$;　　(2) $\frac{d^3(x^3-2x^6-x^9)}{dx^3}$;

(3) $\dfrac{\mathrm{d}}{\mathrm{d}x}\left(\dfrac{\mathrm{d}(f(2x)\sin f(x))}{\mathrm{d}x}\right)$(其中 f 具有二阶导数).

*8. 设函数 $f(x)$ 可导,且满足 $af(x)+bf\left(\dfrac{1}{x}\right)=\dfrac{c}{x}$,其中 a,b,c 为常数,且 $|a|\neq|b|$,求 $f'(x)$ 及 $f^{(n)}(x)$.

第五讲

习题参考答案或提示

第六讲　中值定理与洛必达法则

一、本讲要求

1. 理解罗尔定理、拉格朗日中值定理和柯西中值定理的条件与结论，并会应用罗尔定理和拉格朗日中值定理.

2. 理解泰勒定理及其余项，熟练掌握函数 e^x，$\sin x$，$\cos x$，$\ln(1+x)$，$(1+x)^\alpha$ 的麦克劳林公式.

3. 熟练掌握洛必达法则.

二、问题·分析·解答

问题 1　罗尔定理的条件和结论是什么？它有什么几何解释？

例 1　设函数 $f(x)$ 在 $[a,b]$ 上连续，在 (a,b) 内可导，且 $f(a)=f(b)=0$，证明：至少存在一点 $\xi\in(a,b)$，使 $\lambda f(\xi)+f'(\xi)=0$.

分析　需要证明的等式是 $\lambda f(\xi)+f'(\xi)=0$，即 $(\lambda f(x)+f'(x))\big|_{x=\xi}=0$，如果能够构造一个函数 $F(x)$，使 $F'(x)$ 为需证等式左边的函数 $\lambda f(x)+f'(x)$，或含有因式 $\lambda f(x)+f'(x)$，而且 $F(x)$ 满足罗尔定理的条件，那么根据罗尔定理即可得证.

由 $\lambda f(x)+f'(x)$ 的形式得到启发，猜想 $F(x)$ 为两个函数的乘积，且其中一个为 $f(x)$，即 $F(x)=g(x)\cdot f(x)$. 而 $F'(x)=g'(x)f(x)+g(x)f'(x)$，取 $g'(x)=\lambda g(x)$，则 $F'(x)=g(x)(\lambda f(x)+f'(x))$，故 $g(x)$ 可假设为指数函数 $e^{\lambda x}$.

证明　令 $F(x)=e^{\lambda x}f(x)$，由条件知，$F(x)$ 在 $[a,b]$ 上连续，在 (a,b) 内可导，且 $F(a)=F(b)=0$，$F(x)$ 在 $[a,b]$ 上满足罗尔定理的条件，则有罗尔定理的结论，即至少存在一点 $\xi\in(a,b)$，使得

$$F'(\xi)=F'(x)\big|_{x=\xi}=e^{\lambda x}(\lambda f(x)+f'(x))\big|_{x=\xi}=e^{\lambda\xi}(\lambda f(\xi)+f'(\xi))=0,$$

得 $\lambda f(\xi)+f'(\xi)=0$.

例 2　设函数 $f(x)$ 在 $[1,2]$ 上连续，在 $(1,2)$ 内可导，且 $f(1)=f(2)=0$，证明：至少存在一点 $\xi\in(1,2)$，使 $\lambda f(\xi)+\xi f'(\xi)=0$.

分析　需要证明的等式是 $\lambda f(\xi)+\xi f'(\xi)=0$，即 $(\lambda f(x)+xf'(x))\big|_{x=\xi}=0$，如果能够构造一个函数 $F(x)$，使 $F'(x)$ 为需证等式左边的函数 $\lambda f(x)+xf'(x)$，或含有因式 $\lambda f(x)+xf'(x)$，而且 $F(x)$ 满足罗尔定理的条件，那么根据罗尔定理即可得证.

由 $\lambda f(x)+xf'(x)$ 的形式得到启发，猜想 $F(x)$ 为两个函数的乘积，且其中一个为 $f(x)$，即 $F(x)=g(x)\cdot f(x)$. 而 $F'(x)=g'(x)f(x)+g(x)f'(x)$，因为 $f'(x)$ 前面的因子为 x，$f(x)$ 前面的系数为 λ，故 $g(x)$ 只能是关于 x 的幂函数，且幂次为 λ，故 $g(x)$ 可假设为幂函数 x^λ. 则 $F'(x)=\lambda x^{\lambda-1}f(x)+x^\lambda f'(x)=x^{\lambda-1}(\lambda f(x)+xf'(x))$.

证明　令 $F(x)=x^\lambda f(x)$，由条件知，$F(x)$ 在 $[1,2]$ 上连续，在 $(1,2)$ 内可导，且 $F(1)=$

$F(2)=0$，$F(x)$在$[a,b]$上满足罗尔定理的条件，故至少存在一点$\xi\in(1,2)$，使得$F'(\xi)=\lambda\xi^{\lambda-1}f(\xi)+\xi^{\lambda}f'(\xi)=0$，即$\lambda f(\xi)+\xi f'(\xi)=0$.

例 3　证明方程$4ax^3+3bx^2+2cx=a+b+c$在$(0,1)$之间至少存在一个实根.

分析　问题等价于$(ax^4+bx^3+cx^2-(a+b+c)x)'\big|_{x=\xi}=0$，其中$\xi\in(0,1)$.

证明　令$f(x)=ax^4+bx^3+cx^2-(a+b+c)x$，则$f(x)$在$[0,1]$上连续，在$(0,1)$内可导，且$f(0)=f(1)=0$. 由罗尔定理知，在$(0,1)$内至少存在一点$\xi$，使得

$$f'(\xi)=4a\xi^3+3b\xi^2+2c\xi-(a+b+c)=0,$$

即$x=\xi(\xi\in(0,1))$为方程$4ax^3+3bx^2+2cx=a+b+c$的一个实根.

例 4　证明方程$2^x-x^2=1$有且仅有三个实根.

证明　令$f(x)=2^x-x^2-1$，则$f(x)$在$(-\infty,+\infty)$内连续且可导. 显然

$$f(0)=f(1)=0.$$

因为$f(x)$是连续函数，根据零点定理，若能找到不包含$x=0,x=1$的闭区间，使得$f(x)$在区间两端点处的函数值异号，则可找到函数的另一个零点. 因为

$$f(4)=-1,\quad f(5)=6.$$

故由零点定理知，方程$f(x)=0$在$(4,5)$内至少存在一个实根ξ.

因此，方程$f(x)=0$至少有三个实根：$0,1,\xi\in(4,5)$.

由罗尔定理知，在$f(x)=0$的两个实根之间至少存在$f'(x)=0$的一个实根. 若$f(x)=0$的实根个数多于三个，则$f'(x)=0$至少有三个实根；同理$f''(x)=0$至少有两个实根，$f'''(x)=0$至少有一个实根，而$f'''(x)=2^x\ln^3 2$，$f'''(x)=0$无实根，矛盾，从而$f(x)=0$至多有三个实根.

综上，方程$f(x)=0$即$2^x-x^2=1$有且仅有三个实根.

小结　1. 从上面的几个例题可以看到，在应用罗尔定理证明一些结论时，往往需要根据需证等式构造满足罗尔定理条件的辅助函数，常用的辅助函数有$F(x)=x^{\lambda}f(x)$，$F(x)=e^{\lambda x}f(x)$，$F(x)=\dfrac{f(x)}{g(x)}$等.

2. 罗尔定理有三个条件：函数$f(x)$在$[a,b]$上连续，在(a,b)内可导，且$f(a)=f(b)$，则至少存在一点$\xi\in(a,b)$，使得$f'(\xi)=0$. 需要注意的是$f(x)$在闭区间上连续，在开区间内可导.

3. 罗尔定理的几何解释：若连续曲线$y=f(x)$在区间$[a,b]$上所对应的弧段$\overset{\frown}{AB}$，除端点外处处具有不垂直于x轴的切线，且$f(a)=f(b)$，则在弧$\overset{\frown}{AB}$上至少有一点C，使曲线在C点处的切线平行于x轴.

问题 2　拉格朗日中值定理在微分学中有什么作用？它有什么几何解释？它与罗尔定理和柯西中值定理有何关系？

例 5　验证函数$f(x)=\ln x$在区间$[1,e]$上满足拉格朗日中值定理的条件，并求出定理结论中的ξ值.

证明　因函数$f(x)=\ln x$在$[1,e]$上连续，在$(1,e)$内可导，故$f(x)$在$[1,e]$上满足拉格朗日中值定理的条件，且

$$\frac{f(e)-f(1)}{e-1}=\frac{1}{e-1},\quad f'(x)=\frac{1}{x},$$

方程$\frac{1}{e-1}=\frac{1}{x}$有解 $x=e-1$，且 $1<x=e-1<e$，故在$(1,e)$内存在一点 $\xi=e-1$ 使

$$\frac{f(e)-f(1)}{e-1}=f'(\xi)\ (\text{其中 } 1<\xi<e).$$

例 6　求 $\lim\limits_{x\to+\infty}(\sin\ln(x+1)-\sin\ln x)$.

解　令 $f(x)=\sin\ln x\ (x>0)$，$f(x)$在$[x,x+1]$上满足拉格朗日中值定理的条件，故存在 $\xi\in(x,x+1)$，使得

$$\sin\ln(x+1)-\sin\ln x=\frac{\cos\ln\xi}{\xi}(x+1-x)=\frac{\cos\ln\xi}{\xi},$$

当 $x\to+\infty$ 时，$\xi\to+\infty$，于是有

$$\lim_{x\to+\infty}(\sin\ln(x+1)-\sin\ln x)=\lim_{\xi\to+\infty}\frac{\cos\ln\xi}{\xi}=0.$$

例 7　利用微分中值定理证明下列不等式：

(1) $\frac{\alpha-\beta}{\cos^2\beta}<\tan\alpha-\tan\beta<\frac{\alpha-\beta}{\cos^2\alpha}\ \left(0<\beta<\alpha<\frac{\pi}{2}\right)$；

(2) $\frac{x}{1+x}\leqslant\ln(1+x)\leqslant x\ (x>-1)$.

证明　(1) 令 $f(x)=\tan x, x\in[\beta,\alpha]$. $f(x)$在$[\beta,\alpha]$上满足拉格朗日中值定理的条件，故存在 $\xi\in(\beta,\alpha)$，使得

$$\tan\alpha-\tan\beta=\sec^2\xi\cdot(\alpha-\beta)=\frac{1}{\cos^2\xi}(\alpha-\beta),$$

因 $\beta<\xi<\alpha$，则$\frac{1}{\cos^2\beta}<\frac{1}{\cos^2\xi}<\frac{1}{\cos^2\alpha}$，即有

$$\frac{\alpha-\beta}{\cos^2\beta}<\tan\alpha-\tan\beta<\frac{\alpha-\beta}{\cos^2\alpha}.$$

(2) 令 $f(x)=\ln(1+x)$，在$[0,x]$或$[x,0]$上利用拉格朗日中值定理，得

$$f(x)-f(0)=f'(\xi)(x-0),$$

即

$$\ln(1+x)=\frac{1}{1+\xi}\cdot x\quad(\xi\text{ 位于 }0\text{ 与 }x\text{ 之间}).$$

当 $-1<x<0$ 时，

$$x\cdot\frac{1}{1+\xi}=-|x|\frac{1}{1+\xi}<-|x|=x,$$

$$x\cdot\frac{1}{1+\xi}=-|x|\frac{1}{1+\xi}>-|x|\frac{1}{1+x}=\frac{x}{1+x},$$

故当 $-1<x<0$ 时，$\frac{x}{1+x}<\ln(1+x)<x$；

当 $x>0$ 时，由于 $0<\xi<x$，$x\frac{1}{1+x}<x\frac{1}{1+\xi}<x$，故 $\frac{x}{1+x}<\ln(1+x)<x$；

当 $x=0$ 时，有 $\frac{x}{1+x}=\ln(1+x)=x=0$.

综上，$x>-1$ 时，有 $\frac{x}{1+x}\leqslant\ln(1+x)\leqslant x$ 成立，等号仅在 $x=0$ 时成立.

例 8 证明：当 $x\geqslant 1$ 时，$2\arctan x+\arcsin\frac{2x}{1+x^2}=\pi$.

分析 若在某区间上 $f'(x)\equiv 0$，则在此区间上 $f(x)=C$.

证明 令 $f(x)=2\arctan x+\arcsin\frac{2x}{1+x^2}$.

因为当 $x>1$ 时，

$$f'(x)=\frac{2}{1+x^2}+\frac{1}{\sqrt{1-\left(\frac{2x}{1+x^2}\right)^2}}\cdot\frac{2(1+x^2)-2x\cdot 2x}{(1+x^2)^2}=0,$$

所以 $f(x)=C$.

又 $f(x)$ 为 $[1,+\infty)$ 上的连续函数，所以 $f(x)=C\ (x\geqslant 1)$.

由 $f(1)=\pi$，得 $C=\pi$，从而

$$2\arctan x+\arcsin\frac{2x}{1+x^2}=\pi\ (x\geqslant 1).$$

例 9 设函数 $f(x)$ 在 $[a,b]$ 上二阶可导，且 $|f''(x)|\leqslant M$，$f(x)$ 在 (a,b) 内取得最大值，证明 $|f'(a)|+|f'(b)|\leqslant(b-a)M$.

证明 设 $x_0\in(a,b)$ 为 $f(x)$ 的最大值点，则它也是极大值点. 由费马引理知，$f'(x_0)=0$. 对 $f'(x)$ 分别在 $[a,x_0]$ 与 $[x_0,b]$ 上用拉格朗日中值定理，存在 $\xi_1\in(a,x_0)$，$\xi_2\in(x_0,b)$，使得

$$f'(x_0)-f'(a)=f''(\xi_1)(x_0-a)\Rightarrow f'(a)=-f''(\xi_1)(x_0-a),$$
$$f'(b)-f'(x_0)=f''(\xi_2)(b-x_0)\Rightarrow f'(b)=f''(\xi_2)(b-x_0),$$

则

$$\begin{aligned}&|f'(a)|+|f'(b)|\\=&|-f''(\xi_1)(x_0-a)|+|f''(\xi_2)(b-x_0)|\\\leqslant&M(x_0-a)+M(b-x_0)=(b-a)M.\end{aligned}$$

例 10 设函数 $f(x)$ 在 $[a,b]$ 上连续，在 (a,b) 内可导，且 $f'(x)\neq 0$. 证明：存在 $\xi,\eta\in(a,b)$，使得 $\frac{f'(\xi)}{f'(\eta)}=\frac{e^b-e^a}{b-a}\cdot e^{-\eta}$.

分析 将 $\frac{f'(\xi)}{f'(\eta)}=\frac{e^b-e^a}{b-a}\cdot e^{-\eta}$ 变形为 $f'(\xi)(b-a)=\frac{f'(\eta)}{e^{\eta}}(e^b-e^a)$. 等式左边的形式提示：对 $f(x)$ 应用拉格朗日中值定理；等式右边的形式提示：对 $f(x)$，e^x 应用柯西中值定理.

证明 $f(x)$ 在 $[a,b]$ 上满足拉格朗日中值定理的条件，由拉格朗日中值定理知，存在 $\xi\in(a,b)$，使得

$$f'(\xi)=\frac{f(b)-f(a)}{b-a}.$$

$f(x)$，e^x 在 $[a,b]$ 上满足柯西中值定理的条件，由柯西中值定理知，存在 $\eta\in(a,b)$，使

$$\frac{f'(\eta)}{e^{\eta}}=\frac{f(b)-f(a)}{e^b-e^a}.$$

由上面两式之比，得

$$\frac{f'(\xi)}{\dfrac{f'(\eta)}{e^{\eta}}}=\frac{e^b-e^a}{b-a},$$

即
$$\frac{f'(\xi)}{f'(\eta)}=\frac{e^b-e^a}{b-a}e^{-\eta}.$$

小结 1. 拉格朗日中值定理建立了函数增量、自变量增量及导数之间的联系，应用非常广泛. 对于求极限（例 6）、不等式（例 7、例 9）、恒等式的证明（例 8）、判别方程根的存在性，以及后面要研究的函数的单调性、凹凸性等，拉格朗日中值定理都起着非常重要的作用. 在证明不等式时，若函数 $f(x)$ 在 $[a,b]$ 上满足拉格朗日中值定理的条件，则 ξ 必定存在，无须求 ξ 的具体值，只需利用 ξ 介于 a,b 之间；而对哪个函数在哪个区间上应用拉格朗日中值定理，往往根据所需证明的结论分析而定.

2. 拉格朗日中值定理的几何解释：若连续曲线 $y=f(x)$ 在区间 $[a,b]$ 上所对应的弧段 $\overset{\frown}{AB}$，除端点外处处具有不垂直于 x 轴的切线，则在弧 $\overset{\frown}{AB}$ 上至少有一点 C，使曲线在 C 点处的切线平行于弦 AB；

3. 三个中值定理之间的关系如图 6-1 所示：

图 6-1

问题 3 使用洛比达法则时，应注意哪些事项？如何应用洛必达法则求极限？

例 11 下列求极限运算过程是否正确？若不正确，请指出错误原因.

（1）$\lim\limits_{x\to 0}\dfrac{\sin x}{e^x}=\lim\limits_{x\to 0}\dfrac{(\sin x)'}{(e^x)'}=\lim\limits_{x\to 0}\dfrac{\cos x}{e^x}=1$；

（2）$\lim\limits_{x\to\infty}\dfrac{x+\sin x}{x-\sin x}=\lim\limits_{x\to\infty}\dfrac{(x+\sin x)'}{(x-\sin x)'}=\lim\limits_{x\to\infty}\dfrac{1+\cos x}{1-\cos x}=\lim\limits_{x\to\infty}\dfrac{-\sin x}{\sin x}=-1$；

（3）$\lim\limits_{x\to+\infty}\dfrac{e^x-e^{-x}}{e^x+e^{-x}}=\lim\limits_{x\to+\infty}\dfrac{e^x+e^{-x}}{e^x-e^{-x}}=\lim\limits_{x\to+\infty}\dfrac{e^x-e^{-x}}{e^x+e^{-x}}$，故极限不存在；

（4）当 $a>0$ 时，$\lim\limits_{n\to\infty}n\left(a^{\frac{1}{n}}-1\right)=\lim\limits_{n\to\infty}\dfrac{a^{\frac{1}{n}}-1}{\dfrac{1}{n}}=\lim\limits_{n\to\infty}\dfrac{a^{\frac{1}{n}}(\ln a)\cdot\left(-\dfrac{1}{n^2}\right)}{-\dfrac{1}{n^2}}=\ln a$；

(5) 设$f(x)$存在二阶导数，则

$$\lim_{h\to0}\frac{f(x+h)+f(x-h)-2f(x)}{h^2}$$
$$=\lim_{h\to0}\frac{f'(x+h)-f'(x-h)}{2h}$$
$$=\lim_{h\to0}\frac{f''(x+h)+f''(x-h)}{2}$$
$$=\frac{\lim\limits_{h\to0}f''(x+h)+\lim\limits_{h\to0}f''(x-h)}{2}$$
$$=\frac{f''(x)+f''(x)}{2}$$
$$=f''(x).$$

解 (1) 错误. 当$x\to0$时，$\sin x\to0$，$e^x\to1$，不是$\frac{0}{0}$型，不能使用洛必达法则.

正确解法为：$\lim\limits_{x\to0}\frac{\sin x}{e^x}=\frac{\sin 0}{e^0}=0$.

(2) 错误. 每一步都应该验证洛必达法则的条件. 由于$\lim\limits_{x\to\infty}\sin x$，$\lim\limits_{x\to\infty}\cos x$这两个极限不存在，故$\lim\limits_{x\to\infty}\frac{1+\cos x}{1-\cos x}$不存在，则说明本题不满足洛必达法则的条件，不能用洛必达法则. 也说明，若$\lim\frac{f'(x)}{g'(x)}$不存在(也不是∞)，则不能断定$\lim\frac{f(x)}{g(x)}$不存在.

正确解法为：$\lim\limits_{x\to\infty}\frac{x+\sin x}{x-\sin x}=\lim\limits_{x\to\infty}\frac{1+\frac{\sin x}{x}}{1-\frac{\sin x}{x}}=\frac{1+0}{1-0}=1$.

(3) 错误. 虽然题目满足洛必达法则的条件，但是当应用洛必达法则不能解决问题时，并不能说明原极限不存在，应该寻求其他方法解决.

正确解法为：$\lim\limits_{x\to+\infty}\frac{e^x-e^{-x}}{e^x+e^{-x}}=\lim\limits_{x\to+\infty}\frac{1-e^{-2x}}{1+e^{-2x}}=1$.

(4) 错误. 虽然$\frac{a^{\frac{1}{n}}-1}{\frac{1}{n}}$当$n\to\infty$时是$\frac{0}{0}$型，但$n$是离散变量，不能直接对$n$求导.

正确解法为：设$f(x)=x(a^{\frac{1}{x}}-1)$，因为

$$\lim_{x\to+\infty}f(x)=\lim_{x\to+\infty}\frac{a^{\frac{1}{x}}-1}{\frac{1}{x}}=\lim_{x\to+\infty}\frac{a^{\frac{1}{x}}(\ln a)\cdot\left(-\frac{1}{x^2}\right)}{-\frac{1}{x^2}}=\ln a.$$

所以，根据海涅定理，有$\lim\limits_{n\to\infty}n\left(a^{\frac{1}{n}}-1\right)=\lim\limits_{n\to\infty}f(n)=\ln a$.

(5) 错误. 本题前两个等式符合应用洛必达法则的条件，但是等式

$$\lim_{h\to 0}\frac{f''(x+h)+f''(x-h)}{2}=\frac{\lim\limits_{h\to 0}f''(x+h)+\lim\limits_{h\to 0}f''(x-h)}{2}=\frac{f''(x)+f''(x)}{2}=f''(x)$$

用到了 $f(x)$ 有二阶连续导数这一条件，而题目并未给出这个条件.

正确解法为：

$$\begin{aligned}&\lim_{h\to 0}\frac{f(x+h)+f(x-h)-2f(x)}{h^2}\\&=\lim_{h\to 0}\frac{f'(x+h)-f'(x-h)}{2h}\\&=\lim_{h\to 0}\frac{(f'(x+h)-f'(x))-(f'(x-h)-f'(x))}{2h}\\&=\frac{1}{2}\lim_{h\to 0}\frac{f'(x+h)-f'(x)}{h}+\frac{1}{2}\lim_{h\to 0}\frac{f'(x-h)-f'(x)}{-h}\\&=\frac{1}{2}f''(x)+\frac{1}{2}f''(x)=f''(x).\end{aligned}$$

例 12　求下列极限：

(1) $\lim\limits_{x\to\frac{\pi}{2}}\dfrac{\tan x}{\tan 5x}$;　　(2) $\lim\limits_{x\to 0}\dfrac{e^x-\sin x-1}{1-\sqrt{1-x^2}}$;

(3) $\lim\limits_{x\to 0}\left(\dfrac{1}{\sin^2 x}-\dfrac{1}{x^2}\right)$;　　(4) $\lim\limits_{x\to+\infty}\ln\left(\dfrac{2}{\pi}\arctan x\right)\cdot e^x$;

(5) $\lim\limits_{x\to 1}(2-x)^{\tan\frac{\pi}{2}x}$;　　(6) $\lim\limits_{x\to 0^+}x^{\cos\frac{\pi}{2}(1-x)}$.

解　(1) [法 1]　$\lim\limits_{x\to\frac{\pi}{2}}\dfrac{\tan x}{\tan 5x}\xlongequal{\text{变形}}\lim\limits_{x\to\frac{\pi}{2}}\dfrac{\sin x}{\cos x}\cdot\dfrac{\cos 5x}{\sin 5x}=\lim\limits_{x\to\frac{\pi}{2}}\dfrac{\cos 5x}{\cos x}\xlongequal{\frac{0}{0}}\lim\limits_{x\to\frac{\pi}{2}}\dfrac{-5\sin 5x}{-\sin x}=5.$

[法 2]

$$\begin{aligned}&\lim_{x\to\frac{\pi}{2}}\frac{\tan x}{\tan 5x}\\&\xlongequal{\frac{\infty}{\infty}}\lim_{x\to\frac{\pi}{2}}\frac{\sec^2 x}{5\sec^2 5x}=\lim_{x\to\frac{\pi}{2}}\frac{\cos^2 5x}{5\cos^2 x}\\&\xlongequal{\frac{0}{0}}\lim_{x\to\frac{\pi}{2}}\frac{2\cos 5x(-\sin 5x)\cdot 5}{5\cdot 2\cos x(-\sin x)}\\&=\lim_{x\to\frac{\pi}{2}}\frac{\cos 5x}{\cos x}\xlongequal{\frac{0}{0}}\lim_{x\to\frac{\pi}{2}}\frac{-\sin 5x\cdot 5}{-\sin x}=5.\end{aligned}$$

此解法直接应用洛必达法则，过程较烦琐.

(2) 当 $x\to 0$ 时，$1-\sqrt{1-x^2}\sim-\left(\dfrac{-x^2}{2}\right)=\dfrac{x^2}{2}$，先应用无穷小等价代换，再使用洛比达法则.

$$\lim_{x\to 0}\frac{e^x-\sin x-1}{1-\sqrt{1-x^2}}\xlongequal{\text{等价代换}}\lim_{x\to 0}\frac{e^x-\sin x-1}{\frac{x^2}{2}}\xlongequal{\frac{0}{0}}\lim_{x\to 0}\frac{e^x-\cos x}{x}\xlongequal{\frac{0}{0}}\lim_{x\to 0}\frac{e^x+\sin x}{1}=1.$$

(3) $\lim\limits_{x\to0}\left(\frac{1}{\sin^2x}-\frac{1}{x^2}\right)\xlongequal{\infty-\infty}\lim\limits_{x\to0}\frac{x^2-\sin^2x}{x^2\sin^2x}\xlongequal{\text{等价代换}}\lim\limits_{x\to0}\frac{(x+\sin x)(x-\sin x)}{x^4}$

$$=\lim_{x\to0}\frac{x+\sin x}{x}\lim_{x\to0}\frac{x-\sin x}{x^3}=2\lim_{x\to0}\frac{1-\cos x}{3x^2}=2\lim_{x\to0}\frac{\frac{1}{2}x^2}{3x^2}=\frac{1}{3}.$$

(4) $\lim\limits_{x\to+\infty}\ln\left(\frac{2}{\pi}\arctan x\right)\cdot e^x\xlongequal{0\cdot\infty}\lim\limits_{x\to+\infty}\frac{\ln\left(\frac{2}{\pi}\arctan x\right)}{e^{-x}}=\lim\limits_{x\to+\infty}\frac{\ln\frac{2}{\pi}+\ln(\arctan x)}{e^{-x}}$

$$\xlongequal{\frac{0}{0}}\lim_{x\to+\infty}\frac{\frac{1}{\arctan x}\cdot\frac{1}{1+x^2}}{-e^{-x}}=-\lim_{x\to+\infty}\frac{e^x}{(1+x^2)\arctan x}$$

$$=-\frac{2}{\pi}\lim_{x\to+\infty}\frac{e^x}{1+x^2}=-\frac{2}{\pi}\lim_{x\to+\infty}\frac{e^x}{2x}$$

$$=-\frac{2}{\pi}\lim_{x\to+\infty}\frac{e^x}{2}=\infty.$$

(5) 所求极限为 1^∞ 型未定式.

[法 1] $\lim\limits_{x\to1}(2-x)^{\tan\frac{\pi}{2}x}=\lim\limits_{x\to1}e^{\tan\frac{\pi}{2}x\ln(2-x)}=e^{\lim\limits_{x\to1}\tan\frac{\pi}{2}x\ln(2-x)}$,其中

$$\lim_{x\to1}\tan\frac{\pi}{2}x\ln(2-x)=\lim_{x\to1}\frac{\ln(2-x)}{\cos\frac{\pi}{2}x}\xlongequal{\frac{0}{0}}\lim_{x\to1}\frac{\frac{-1}{2-x}}{-\sin\frac{\pi}{2}x\cdot\frac{\pi}{2}}=\frac{2}{\pi}.$$

因此,$\lim\limits_{x\to1}(2-x)^{\tan\frac{\pi}{2}x}=e^{\frac{2}{\pi}}$.

[法 2] $\lim\limits_{x\to1}(2-x)^{\tan\frac{\pi}{2}x}\xlongequal{1^\infty}\lim\limits_{x\to1}\left((1+(1-x))^{\frac{1}{1-x}}\right)^{(1-x)\tan\frac{\pi}{2}x}$,因为

$$\lim_{x\to1}(1+(1-x))^{\frac{1}{1-x}}=e,$$

$$\lim_{x\to1}(1-x)\cdot\tan\frac{\pi}{2}x\xlongequal{0\cdot\infty}\lim_{x\to1}\frac{1-x}{\cos\frac{\pi}{2}x}\xlongequal{\frac{0}{0}}\lim_{x\to1}\frac{-1}{-\sin\frac{\pi}{2}x\cdot\frac{\pi}{2}}=\frac{2}{\pi},$$

所以$\lim\limits_{x\to1}(2-x)^{\tan\frac{\pi}{2}x}=e^{\frac{2}{\pi}}$.

(6) 所求极限为 0^0 型未定式.

$$\lim_{x\to0^+}x^{\cos\frac{\pi}{2}(1-x)}\xlongequal{0^0}\lim_{x\to0^+}e^{\cos\frac{\pi}{2}(1-x)\ln x}=e^{\lim\limits_{x\to0^+}\cos\frac{\pi}{2}(1-x)\ln x}$$

$$=e^{\lim\limits_{x\to0^+}\sin\frac{\pi}{2}x\ln x}=e^{\lim\limits_{x\to0^+}\frac{\pi}{2}x\ln x}=e^{\frac{\pi}{2}\lim\limits_{x\to0^+}\frac{\ln x}{\frac{1}{x}}}$$

$$=e^{\frac{\pi}{2}\lim\limits_{x\to0^+}\frac{\frac{1}{x}}{-\frac{1}{x^2}}}=e^0=1.$$

例 13 设函数 $f(x)$ 具有二阶连续导数,$f''(0)=3$,且当 $x\neq0$ 时,$f(x)\neq0$,$\lim\limits_{x\to0}\frac{f(x)}{x}=0$,

求极限$\lim\limits_{x\to 0}\left(1+\dfrac{f(x)}{x}\right)^{\frac{1}{x}}$.

解　所求极限为1^{∞}型未定式,利用第二个重要极限,得

$$\lim_{x\to 0}\left(1+\frac{f(x)}{x}\right)^{\frac{1}{x}}=\lim_{x\to 0}\left(\left(1+\frac{f(x)}{x}\right)^{\frac{x}{f(x)}}\right)^{\frac{f(x)}{x^2}}=e^{\lim\limits_{x\to 0}\frac{f(x)}{x^2}}.$$

因为$\lim\limits_{x\to 0}\dfrac{f(x)}{x}=0$,且$f(x)$具有二阶连续导数,所以$\lim\limits_{x\to 0}f(x)=0=f(0)$,$\lim\limits_{x\to 0}f'(x)=0=f'(0)$,$\lim\limits_{x\to 0}f''(x)=f''(0)=3$,由洛必达法则,得

$$\lim_{x\to 0}\frac{f(x)}{x^2}\overset{\frac{0}{0}}{=\!=}\lim_{x\to 0}\frac{f'(x)}{2x}\overset{\frac{0}{0}}{=\!=}\frac{1}{2}\lim_{x\to 0}f''(x)=\frac{1}{2}f''(0)=\frac{3}{2},$$

故$\lim\limits_{x\to 0}\left(1+\dfrac{f(x)}{x}\right)^{\frac{1}{x}}=e^{\frac{3}{2}}$.

小结　利用洛必达法则求未定式的极限时应注意:

1. 在求极限之前,要检查未定式是否为$\dfrac{0}{0}$型或$\dfrac{\infty}{\infty}$型. 若不是,则不能使用洛必达法则;若贸然使用,可能会得到错误的结果.

2. 洛必达法则可连续多次使用,但每次都要验证是否满足洛必达法则的条件.

3. 洛必达法则可与其他方法结合使用. 比如:无穷小等价代换,分子、分母有理化以及极限的乘法运算法则等.

4. 若$\lim\dfrac{f'(x)}{g'(x)}$不存在(也不是∞),则不能断定$\lim\dfrac{f(x)}{g(x)}$不存在,只能说明洛必达法则此时失效,应采用其他方法求极限.

5. 求未定式$0\cdot\infty$、$\infty-\infty$、1^{∞}、0^0、∞^0的极限时,若应用洛必达法则,必须先将此未定式转化为$\dfrac{0}{0}$型或$\dfrac{\infty}{\infty}$型,具体解题思路如图 6-2 所示.

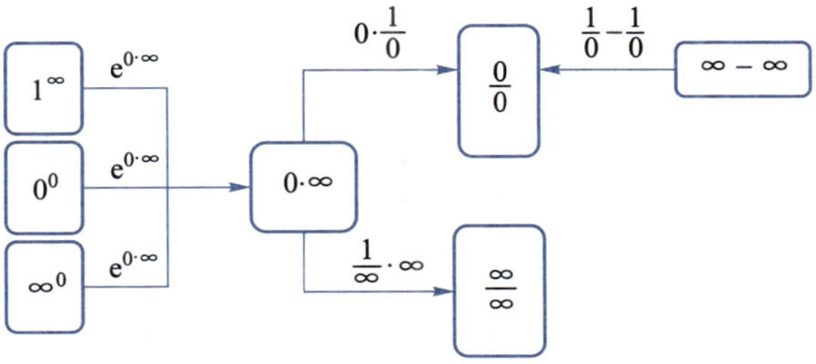

图 6-2

问题 4　如何求函数在指定点处的泰勒公式?泰勒公式有哪些应用?

例 14　求多项式$f(x)=x^3+4x^2-5x-3$在$x=-1$处的带拉格朗日型余项的一阶、二阶、三阶泰勒公式.

解　因 $f(x)=x^3+4x^2-5x-3, f'(x)=3x^2+8x-5, f''(x)=6x+8, f'''(x)=6, f^{(4)}(x)=0$,则有

$$f(-1)=5,\quad f'(-1)=-10,\quad f''(-1)=2,\quad f'''(-1)=6.$$

故 $f(x)$ 在 $x_0=-1$ 处的一阶泰勒公式为

$$f(x)=5-10(x+1)+\frac{6\xi+8}{2!}(x+1)^2=5-10(x+1)+(3\xi+4)(x+1)^2,$$

其中 ξ 介于-1 与 x 之间.

二阶泰勒公式为

$$f(x)=5-10(x+1)+\frac{2}{2!}(x+1)^2+\frac{6}{3!}(x+1)^3$$
$$=5-10(x+1)+(x+1)^2+(x+1)^3.$$

三阶泰勒公式为

$$f(x)=5-10(x+1)+(x+1)^2+(x+1)^3+R_3\ (\text{其中 } R_3=0).$$

可见,一个三次多项式的二阶及二阶以上泰勒公式的拉格朗日型余项与 ξ 无关,其泰勒公式即为函数本身. 事实上,只有多项式才具有这个性质.

例 15　求 $f(x)=xe^x$ 的带佩亚诺型余项的 n 阶麦克劳林公式.

解　[法 1](直接法)

因
$$f(x)=xe^x, f'(x)=(x+1)e^x, f''(x)=(x+2)e^x,$$
$$f'''(x)=(x+3)e^x,\cdots, f^{(n)}(x)=(x+n)e^x,$$

故
$$f(0)=0,\quad f'(0)=1,\quad f''(0)=2,\quad \cdots,\quad f^{(n)}(0)=n,$$

从而

$$f(x)=f(0)+\frac{f'(0)}{1!}x+\frac{f''(0)}{2!}x^2+\cdots+\frac{f^{(n)}(0)}{n!}x^n+o(x^n)$$
$$=x+\frac{1}{1!}x^2+\frac{1}{2!}x^3+\cdots+\frac{1}{(n-1)!}x^n+o(x^n),$$

其中 $\lim\limits_{x\to 0}\dfrac{o(x^n)}{x^n}=0.$

[法 2](间接法)

已知

$$e^x=1+x+\frac{x^2}{2!}+\cdots+\frac{x^{n-1}}{(n-1)!}+\frac{x^n}{n!}+o(x^n),$$

故

$$f(x)=xe^x=x+x^2+\frac{x^3}{2!}+\cdots+\frac{x^n}{(n-1)!}+\frac{x^{n+1}}{n!}+o(x^n)\cdot x.$$

因为

$$\lim_{x\to 0}\frac{\frac{x^{n+1}}{n!}+o(x^n)\cdot x}{x^n}=0,$$

即$\dfrac{x^{n+1}}{n!}+o(x^n)\cdot x=o(x^n)$,所以

$$f(x)=xe^x=x+\frac{1}{1!}x^2+\frac{1}{2!}x^3+\cdots+\frac{1}{(n-1)!}x^n+o(x^n).$$

例 16　求极限$\lim\limits_{x\to0}\dfrac{e^{x^3}-1-x^3}{\sin^6 x}$.

解　**[法 1]**　$\lim\limits_{x\to0}\dfrac{e^{x^3}-1-x^3}{\sin^6 x}=\lim\limits_{x\to0}\dfrac{e^{x^3}-1-x^3}{x^6}\overset{t=x^3}{=\!=}\lim\limits_{t\to0}\dfrac{e^t-1-t}{t^2}=\lim\limits_{t\to0}\dfrac{e^t-1}{2t}=\dfrac{1}{2}$.

[法 2]　$\lim\limits_{x\to0}\dfrac{e^{x^3}-1-x^3}{\sin^6 x}=\lim\limits_{x\to0}\dfrac{1+x^3+\dfrac{(x^3)^2}{2!}+o(x^6)-1-x^3}{x^6}=\lim\limits_{x\to0}\dfrac{\dfrac{1}{2}x^6+o(x^6)}{x^6}=\dfrac{1}{2}$.

例 17　设$\lim\limits_{x\to0}\dfrac{x+a\ln(1+x)+bx\sin x}{kx^3}=1$,求 a,b,k 的值.

分析　本题可以应用洛必达法则,但较烦琐,可考虑应用麦克劳林公式,再比较 x 的幂次.

解　$1=\lim\limits_{x\to0}\dfrac{x+a\ln(1+x)+bx\sin x}{kx^3}$

$$=\lim_{x\to0}\frac{x+a\left(x-\dfrac{x^2}{2}+\dfrac{x^3}{3}+o(x^3)\right)+bx\left(x-\dfrac{x^3}{3!}+o(x^3)\right)}{kx^3}$$

$$=\lim_{x\to0}\frac{(1+a)x+\left(b-\dfrac{a}{2}\right)x^2+\dfrac{a}{3}x^3+o(x^3)}{kx^3}.$$

其中,因为$\lim\limits_{x\to0}\dfrac{a\cdot o(x^3)-\dfrac{bx^4}{3!}+bx\cdot o(x^3)}{kx^3}=0$,所以

$$a\cdot o(x^3)-\frac{bx^4}{3!}+bx\cdot o(x^3)=o(x^3).$$

由上面等式,得

$$\begin{cases}1+a=0,\\ b-\dfrac{a}{2}=0,\\ \dfrac{a}{3k}=1,\end{cases}$$

解得 $a=-1,b=-\dfrac{1}{2},k=-\dfrac{1}{3}$.

例 18　设$\lim\limits_{x\to0}\dfrac{f(x)}{x}=1$,且 $f''(x)>0$,证明:$f(x)\geqslant x$.

证明　由于$f(x)$二阶可导,从而$f(x)$连续,故

$$f(0)=\lim_{x\to 0}f(x)=\lim_{x\to 0}\frac{f(x)}{x}\cdot x=0,$$

$$f'(0)=\lim_{x\to 0}\frac{f(x)-f(0)}{x-0}=\lim_{x\to 0}\frac{f(x)}{x}=1,$$

于是,得到$f(x)$的带拉格朗日型余项的一阶麦克劳林公式为

$$f(x)=f(0)+f'(0)x+\frac{f''(\xi)}{2!}x^2=x+\frac{f''(\xi)}{2!}x^2,\ \xi\text{ 介于 }0\text{ 与 }x\text{ 之间}.$$

因为$f''(x)>0$,所以$f''(\xi)>0$,故$f(x)\geqslant x$.

小结 1. 求函数在某一点处的泰勒公式,常常采用间接展开法. 应用间接展开法时,需熟练掌握 e^x, $\sin x$, $\cos x$, $\ln(1+x)$, $(1+x)^\alpha$ 等函数的麦克劳林公式.

2. 泰勒公式可用于求极限、证明等式或不等式.

三、课内练习题

1. 选择题:

(1) 下列函数在$[-1,1]$上满足罗尔定理条件的是( ).

(A) $y=e^x$ (B) $y=\ln|x|$ (C) $y=x^2-1$ (D) $y=\dfrac{1}{1-x^2}$

(2) 下列选项中能用洛必达法则求极限的是( ).

(A) $\lim\limits_{x\to 1}\dfrac{4x-1}{x^2+3x-4}$ (B) $\lim\limits_{x\to+\infty}\dfrac{x+\ln x}{x\ln x}$

(C) $\lim\limits_{x\to\infty}\dfrac{x+\sin x}{x}$ (D) $\lim\limits_{x\to 0}\dfrac{e^{-\frac{1}{x^2}}}{x^{100}}$

2. 设a,b,c,d皆为常数,$a>b>c>d$,且$f(x)=(x-a)(x-b)(x-c)(x-d)$,说明$f'(x)=0$恰有三个实根,并指出它们所在的区间.

3. 设实数$a_1,a_2,a_3,\cdots,a_n$满足$a_1-\dfrac{a_2}{3}+\cdots+\dfrac{(-1)^{n-1}a_n}{2n-1}=0$,证明方程

$$a_1\cos x+a_2\cos 3x+\cdots+a_n\cos(2n-1)x=0$$

在区间$\left(0,\dfrac{\pi}{2}\right)$内至少有一个根.

4. 证明下列等式:

(1) 设函数$f(x)$在$[0,1]$上连续,在$(0,1)$内可导,且$f(0)=0$,证明:对于任意$\lambda\in\mathbf{R}(\lambda>0)$,至少存在一点$\xi\in(0,1)$,使得$(\xi-1)f'(\xi)+\lambda f(\xi)=0$.

(2) 设函数$f(x)$在$[a,b]$上连续,在(a,b)内可导,且$f(a)=f(b)=\lambda$,证明至少存在一点$\xi\in(a,b)$,使$f'(\xi)+f(\xi)=\lambda$.

(3) 设函数$f(x)$在$[1,2]$上连续,在$(1,2)$内可导,且$f(1)=f(2)=0$,证明至少存在一点$\xi\in(1,2)$,使得$2f(\xi)-\xi f'(\xi)=0$.

5. 证明下列不等式:

(1) 当$n>1$,$a>b>0$时,$nb^{n-1}(a-b)<a^n-b^n<na^{n-1}(a-b)$;

(2) 当 $x>0$ 时, $e^x>1+\ln(1+x)$.

6. 证明:当 $x\neq 0$ 时, $\arctan x^2+\arctan\dfrac{1}{x^2}=\dfrac{\pi}{2}$.

7. 设 $f(x)$ 在区间 $[a,b]$ 上连续,在 (a,b) 内可导,证明至少存在一点 (a,b),使得 $\xi f'(\xi)+f(\xi)=\dfrac{bf(b)-af(a)}{b-a}$ 成立.

8. 设 $b>a>0$, $f(x)$ 在 $[a,b]$ 上可导. 证明:存在 $\xi\in(a,b)$,使得 $f(b)-f(a)=\xi f'(\xi)\ln\dfrac{b}{a}$ 成立.

9. 指出下列运算过程中的错误,并改正之:

(1) $\lim\limits_{x\to 0}\dfrac{\sin x}{e^x-1}=\lim\limits_{x\to 0}\dfrac{\cos x}{e^x}=\lim\limits_{x\to 0}\dfrac{-\sin x}{e^x}=0$;

(2) 因 $\lim\limits_{x\to\infty}\dfrac{x}{x+\sin x}=\lim\limits_{x\to\infty}\dfrac{1}{1+\cos x}$,故极限不存在.

10. 求下列极限:

(1) $\lim\limits_{x\to 0}\dfrac{e^{2x}-e^{-2x}-4x}{x-\sin x}$;

(2) $\lim\limits_{x\to 0}\dfrac{\sqrt{1+x}+\sqrt{1-x}-2}{x^2}$;

(3) $\lim\limits_{x\to+\infty}\dfrac{x^2+\ln x}{x\ln x}$;

(4) $\lim\limits_{x\to 0}\dfrac{\arctan x-x}{\ln(1+2x^3)}$;

(5) $\lim\limits_{x\to 0}\left(\dfrac{1}{x\tan x}-\dfrac{1}{x^2}\right)$;

(6) $\lim\limits_{x\to 1^-}\ln x\cdot\ln(1-x)$;

(7) $\lim\limits_{x\to 0}\dfrac{x-\sin x}{x^2(e^x-1)}$;

(8) $\lim\limits_{x\to+\infty}\left(\dfrac{\pi}{2}-\arctan x\right)^{\frac{1}{\ln x}}$;

(9) $\lim\limits_{x\to 0}\left(\dfrac{\sin x}{x}\right)^{\frac{1}{1-\cos x}}$;

(10) $\lim\limits_{x\to 0^+}(\cot x)^{\frac{1}{\ln x}}$;

(11) $\lim\limits_{x\to 0}\dfrac{e^{x^2}-e^{2-2\cos x}}{x^4}$;

(12) $\lim\limits_{x\to 0}\dfrac{1+\dfrac{x^2}{2}-\sqrt{1+x^2}}{(\cos x-e^{x^2})\ln(1+x^2)}$.

11. 设 $\lim\limits_{x\to 0}\dfrac{\ln(1+x)-(ax+bx^2)}{x^2}=2$,求 a,b 的值.

12. 求 $f(x)=x\ln(1+x)$ 的 $n(n\geqslant 2)$ 阶带佩亚诺型余项的麦克劳林公式.

四、课外练习题

1. 罗尔定理的逆命题成立吗?请举例说明.

2. 如下证明柯西中值定理是否正确?为什么?

证明 对 $f(x)$, $g(x)$ 分别用拉格朗日中值定理

$$f(b)-f(a)=f'(\xi)(b-a),\ \xi\in(a,b),$$

$$g(b)-g(a)=g'(\xi)(b-a),\ \xi\in(a,b),$$

两式相除便得柯西中值定理

$$\frac{f(b)-f(a)}{g(b)-g(a)}=\frac{f'(\xi)}{g'(\xi)},\ \xi\in(a,b).$$

*3. 设函数 $f(x)$ 在 $[0,1]$ 上连续,在 $(0,1)$ 内可导,$f(0)=f(1)=0$,$f\left(\frac{1}{2}\right)=1$. 证明:

(1) 存在 $c\in\left(\frac{1}{2},1\right)$,使 $f(c)=c$;

(2) 对于任意 $\lambda\in\mathbf{R}$,存在 $\xi\in(0,c)$,使得 $f'(\xi)-\lambda(f(\xi)-\xi)=1$.

4. 设函数 $f(x)$ 在 $[0,1]$ 上二阶可导,且 $f(0)=f(1)=0$. 证明:存在 $\xi\in(0,1)$,使得 $f''(\xi)=\frac{2f'(\xi)}{1-\xi}$.

*5. 设函数 $f(x)$ 在 $[0,1]$ 上连续,在 $(0,1)$ 内可导,且 $f(0)=0$,$f(1)=1$. 证明:

(1) 至少存在一点 $c\in(0,1)$,使得 $f(c)=1-c$;

(2) 在 $(0,1)$ 内至少存在两个不同的 ξ 和 η,使得 $f'(\xi)f'(\eta)=1$.

6. 设函数 $f(x)$,$g(x)$ 在 $[a,b]$ 上连续,在 (a,b) 内可导,且 $g'(x)\neq 0$,$x\in(a,b)$. 证明至少存在一点 $\xi\in(a,b)$,使得

$$\frac{f(\xi)-f(a)}{g(b)-g(\xi)}=\frac{f'(\xi)}{g'(\xi)}.$$

7. 设函数 $f(x)$ 在 $[a,b]$ 上二阶可导,且 $f(a)=f(b)=0$,又 $\exists c\in(a,b)$,使得 $f(c)<0$,证明:存在 $\xi\in(a,b)$,使得 $f''(\xi)>0$.

8. 设函数 $f(x)$,$g(x)$ 在 $[a,b]$ 上连续,在 (a,b) 内可导. 证明至少存在一点 $\xi\in(a,b)$,使得

$$f(a)g(b)-g(a)f(b)=(b-a)(f(a)g'(\xi)-g(a)f'(\xi)).$$

9. 设函数 $f(x)$ 在 $[x_1,x_2]$ 上连续,在 (x_1,x_2) 内可导,且 $x_1\cdot x_2>0$,证明至少存在一点 $\xi\in(x_1,x_2)$,使得

$$\frac{x_1f(x_2)-x_2f(x_1)}{x_1-x_2}=f(\xi)-\xi f'(\xi).$$

*10. 设函数 $f(x)$ 在 (a,b) 内可导,证明:当导函数 $f'(x)$ 在 (a,b) 内有界时,$f(x)$ 在 (a,b) 内也有界.

11. 设函数 $f(x)$ 在 $[a,b]$ 上连续,在 (a,b) 内可导,$0<a<b$,证明必存在 $\xi,\eta\in(a,b)$,使得 $abf'(\xi)=\eta^2f'(\eta)$.

*12. 设函数 $f(x)$ 在 $[a,b]$ 上连续,在 (a,b) 内可导,且 $f(a)=f(b)=1$. 证明:存在 $\xi,\eta\in(a,b)$,使得 $\mathrm{e}^{\eta-\xi}(f(\eta)+f'(\eta))=1$.

*13. 设函数 $f(x)$ 在 $[a,b]$ 上有三阶导数,且 $f'''(x)$ 连续. 证明:

$$f(b)=f(a)+f'\left(\frac{b+a}{2}\right)(b-a)+\frac{1}{24}f'''(\xi)(b-a)^3,\ \xi\in(a,b).$$

14. 求下列极限：

(1) $\lim\limits_{x\to0^+}\dfrac{x^{\sin x}-1}{x\ln x}$； (2) $\lim\limits_{x\to0}\dfrac{(1+x)^{\frac{1}{x}}-\mathrm{e}}{x}$； (3) $\lim\limits_{x\to0}\dfrac{\mathrm{e}^x\sin x-x(1+x)}{x^3}$.

*15. 设函数 $f(x)$ 在 $[0,1]$ 上具有连续的二阶导数，且 $f(0)=f(1)=0$，$|f''(x)|\leqslant A$，$x\in(0,1)$，$A>0$ 是常数，证明：$|f'(x)|\leqslant\dfrac{A}{2}$，$x\in[0,1]$.

*16. 设函数 $f(x)$ 在 $[-1,1]$ 上具有三阶连续导数，且 $f(-1)=0$，$f(1)=1$，$f'(0)=0$，证明：存在 $\xi\in(-1,1)$，使得 $f'''(\xi)=3$.

第六讲

习题参考答案或提示

第七讲　导数的应用

一、本讲要求

1. 理解函数极值的概念,熟练掌握利用导数求函数的极值,判断函数的单调性、曲线的凹凸性及求曲线的拐点和函数作图(包括渐近线)的方法. 会求解应用题中简单的最大值和最小值问题.

2. 会用微分法(单调性与极值)证明某些不等式.

3. 会计算曲率和曲率半径.

二、问题·分析·解答

问题 1　如何利用导数研究函数的单调性、极值问题?

例 1　求函数 $f(x)=\dfrac{x^2-2x+2}{x-1}$ 的单调区间与极值.

解　$f(x)=\dfrac{x^2-2x+2}{x-1}$ 的定义域为 $(-\infty,1)\cup(1,+\infty)$,先求出

$$f'(x)=\frac{(2x-2)(x-1)-(x^2-2x+2)}{(x-1)^2}=\frac{x(x-2)}{(x-1)^2}.$$

令 $f'(x)=0$,得驻点 $x=0,x=2$,且当 $x=1$ 时 $f'(x)$ 不存在($x=1$ 也是函数无定义的点). 列表讨论如下:

x	$(-\infty,0)$	0	$(0,1)$	1	$(1,2)$	2	$(2,+\infty)$
$f'(x)$	+	0	−	/	−	0	+
$f(x)$	↗	极大	↘	/	↘	极小	↗

由上表可知,$f(x)$ 在 $(-\infty,0)$,$(2,+\infty)$ 内单调增加,在 $(0,1)$,$(1,2)$ 内单调减少;

在 $x=0$ 处左右邻近,导数由正变负,故函数在 $x=0$ 处取得极大值 $f(0)=-2$;

在 $x=2$ 处左右邻近,导数由负变正,故函数在 $x=2$ 处取得极小值 $f(2)=2$.

由于函数在 $x=1$ 处无定义,故函数在 $x=1$ 处没有极值.

例 2　设函数 $f(x)$ 在 $[a,b]$ 上连续,且在 (a,b) 内 $f''(x)>0$,证明函数 $\dfrac{f(x)-f(a)}{x-a}$ 在 (a,b) 内是单调增加的.

分析　$\dfrac{f(x)-f(a)}{x-a}$ 在 (a,b) 内可导,故只要证明在 (a,b) 内 $\left(\dfrac{f(x)-f(a)}{x-a}\right)'>0$ 即可.

证明　对函数求导,得

$$\left(\frac{f(x)-f(a)}{x-a}\right)'=\frac{f'(x)(x-a)-(f(x)-f(a))}{(x-a)^2},$$

对上式分子中的 $f(x)-f(a)$ 应用拉格朗日中值定理,存在 $a<\xi<x<b$,使得

$$\left(\frac{f(x)-f(a)}{x-a}\right)'=\frac{f'(x)(x-a)-f'(\xi)(x-a)}{(x-a)^2}=\frac{f'(x)-f'(\xi)}{x-a}.$$

因为 $f''(x)>0, x\in(a,b)$,所以 $f'(x)$ 在 (a,b) 上单调增加,由 $a<\xi<x$ 知,$f'(\xi)<f'(x)$,从而有

$$\left(\frac{f(x)-f(a)}{x-a}\right)'=\frac{f'(x)-f'(\xi)}{x-a}>0,$$

于是,函数 $\frac{f(x)-f(a)}{x-a}$ 在 (a,b) 内是单调增加的.

例 3 问 A 为何值时,函数 $f(x)=2\cos x+a\cos 3x$ 在 $x=\frac{\pi}{6}$ 处取得极值?是极大值还是极小值?并求此极值.

解 $f(x)$ 处处可导,$f'(x)=-2\sin x-3a\sin 3x$,且 $f(x)$ 在 $x=\frac{\pi}{6}$ 处取得极值,则 $x=\frac{\pi}{6}$ 必为驻点,即 $f'\left(\frac{\pi}{6}\right)=-2\sin\frac{\pi}{6}-3a\sin\frac{\pi}{2}=0$,解得 $a=-\frac{1}{3}$.

当 $a=-\frac{1}{3}$ 时,$f(x)=2\cos x-\frac{1}{3}\cos 3x$,$f'(x)=-2\sin x+\sin 3x$,$f''(x)=-2\cos x+3\cos 3x$.

因为 $f'\left(\frac{\pi}{6}\right)=0$,且 $f''\left(\frac{\pi}{6}\right)=-2\cos\frac{\pi}{6}+3\cos\frac{\pi}{2}=-\sqrt{3}<0$,所以 $f(x)$ 在 $x=\frac{\pi}{6}$ 处取得极大值,且极大值为 $f\left(\frac{\pi}{6}\right)=2\cos\frac{\pi}{6}-\frac{1}{3}\cos\frac{\pi}{2}=\sqrt{3}$.

小结 1. 讨论函数的单调性时,求出 $f'(x)=0$ 的点(驻点)和 $f'(x)$ 不存在的点,这些点将 $f(x)$ 的定义域划分成若干个区间,利用区间上 $f'(x)$ 的符号判断函数的单调性.

2. 讨论极值时,首先同(1)求出 $f(x)$ 的驻点和不可导点,驻点和不可导点是可能的极值点,逐一判断这些点是否为极值点,判断方法有两种:① 考察 $f'(x)$ 的符号在可能的极值点左右邻近是否改变,以确定该点是否为极值点;② 若 $x=x_0$ 为驻点,且 $f''(x_0)\neq 0$,则 $x=x_0$ 一定是极值点,再根据 $f''(x_0)$ 的符号来判断 $x=x_0$ 是极大值点还是极小值点.

问题 2 如何利用单调性证明不等式?

例 4 证明:当 $x\geqslant 0$ 时,$\ln(1+x)\geqslant\frac{\arctan x}{1+x}$.

分析 要证的不等式可化为 $(1+x)\ln(1+x)-\arctan x\geqslant 0$.

证明 设 $f(x)=(1+x)\ln(1+x)-\arctan x\ (x\geqslant 0)$,则

$$f'(x)=\ln(1+x)+1-\frac{1}{1+x^2}=\ln(1+x)+\frac{x^2}{1+x^2}\geqslant 0,$$

所以 $f(x)$ 单调增加,则当 $x\geqslant 0$ 时,$f(x)\geqslant f(0)=0$,即

$$(1+x)\ln(1+x)-\arctan x\geqslant 0,\text{亦即 }\ln(1+x)\geqslant\frac{\arctan x}{1+x}.$$

例 5 证明：当 $0<x<1$ 时，$(1+x)\ln x<2(x-1)$.

证明 设 $f(x)=(1+x)\ln x-2(x-1)$，则

$$f'(x)=\ln x+\frac{x+1}{x}-2=\ln x+\frac{1}{x}-1,\ f''(x)=\frac{1}{x}-\frac{1}{x^2}.$$

当 $0<x<1$ 时，$f''(x)<0$，所以 $f'(x)$ 单调减少，因此 $f'(x)>f'(1)=0$；由 $f'(x)>0$ 知，$f(x)$ 单调增加，因此 $f(x)<f(1)=0$，即 $(1+x)\ln x-2(x-1)<0$，亦即 $(1+x)\ln x<2(x-1)$.

例 6 证明：当 $0<x<\frac{\pi}{2}$ 时，$\sin x>\frac{2}{\pi}x$.

证明 [法 1] 设 $f(x)=\sin x-\frac{2}{\pi}x$，则 $f'(x)=\cos x-\frac{2}{\pi}$. 令 $f'(x)=0$，则 $x=\arccos\frac{2}{\pi}$.

当 $0<x<\arccos\frac{2}{\pi}$ 时，$f'(x)>0$，所以 $f(x)$ 单调增加，故 $f(x)>f(0)=0$；

当 $\arccos\frac{2}{\pi}<x<\frac{\pi}{2}$ 时，$f'(x)<0$，所以 $f(x)$ 单调减少，故 $f(x)>f\left(\frac{\pi}{2}\right)=0$.

故当 $0<x<\frac{\pi}{2}$ 时，$f(x)>0$，即 $\sin x-\frac{2}{\pi}x>0$，亦即

$$\sin x>\frac{2}{\pi}x.$$

[法 2] 将不等式进行变形，得 $\frac{\sin x}{x}>\frac{2}{\pi}$.

设 $f(x)=\frac{\sin x}{x}$，则 $f'(x)=\frac{x\cos x-\sin x}{x^2}=\frac{\cos x(x-\tan x)}{x^2}$，$f\left(\frac{\pi}{2}\right)=\frac{2}{\pi}$.

当 $0<x<\frac{\pi}{2}$ 时，$f'(x)<0$，所以 $f(x)$ 单调减少，故 $f(x)>f\left(\frac{\pi}{2}\right)=\frac{2}{\pi}$，即 $\frac{\sin x}{x}>\frac{2}{\pi}$，亦即 $\sin x>\frac{2}{\pi}x$.

例 7 证明：当 $a>b>\mathrm{e}$ 时，$b^a>a^b$.

分析 此例是两个值的大小比较，要设法转化为某一函数值的比较. 将不等式进行变形，两边取对数可得：$a\ln b>b\ln a$，整理得 $\frac{\ln b}{b}>\frac{\ln a}{a}$. 本题即可转化为求证：当 $a>b>\mathrm{e}$ 时，有 $\frac{\ln b}{b}>\frac{\ln a}{a}$. 构造辅助函数 $f(x)=\frac{\ln x}{x}$，只需证明 $f(x)$ 在 $(\mathrm{e},+\infty)$ 上单调减少即可.

证明 设 $f(x)=\frac{\ln x}{x}$，则 $f'(x)=\frac{1-\ln x}{x^2}$.

当 $x>\mathrm{e}$ 时，$f'(x)<0$，故当 $x>\mathrm{e}$ 时，$f(x)$ 单调减少.

又因为 $a>b>\mathrm{e}$，所以 $f(b)>f(a)$，即 $\frac{\ln b}{b}>\frac{\ln a}{a}$，从而 $b^a>a^b$.

小结 利用函数的单调性证明不等式的方法和步骤：

1. 根据给定的不等式作一个辅助函数 $f(x)$，把不等式的证明转化为讨论 $f(x)$ 的单调性（例 6 证法 1）；

2. 求出辅助函数在给定区间两端点之一处的函数值或单侧极限；

3. 利用单调性即可得到所证的不等式.

4. 若求一次导数无法判定 $f'(x)$ 的符号,可对 $f'(x)$ 再次求导,利用 $f''(x)$ 的符号判断 $f'(x)$ 的单调性,求出 $f'(x)$ 在区间两端点之一的函数值,从而确定 $f'(x)$ 在区间上的符号,判断 $f(x)$ 的单调性.

问题 3 如何判断方程的实根或函数的零点个数?

例 8 证明方程 $xe^{x^2}-1=0$ 在 $\left(\frac{1}{2},1\right)$ 内有且仅有一个实根.

证明 设 $f(x)=xe^{x^2}-1, x\in\left[\frac{1}{2},1\right]$,因为 $f(x)$ 在 $\left[\frac{1}{2},1\right]$ 上连续,又 $f\left(\frac{1}{2}\right)=\frac{1}{2}e^{1/4}-1<\frac{1}{2}\cdot 2-1=0$,且 $f(1)=e-1>0$,由连续函数的零点定理可知,至少存在一点 $\xi\in\left(\frac{1}{2},1\right)$,使得 $f(\xi)=\xi e^{\xi^2}-1=0$,即方程 $xe^{x^2}-1=0$ 在 $\left(\frac{1}{2},1\right)$ 内至少有一个根 ξ.

当 $x\in\left[\frac{1}{2},1\right]$ 时,$f'(x)=e^{x^2}+2x^2e^{x^2}=(1+2x^2)e^{x^2}>0$,所以 $f(x)$ 在 $\left[\frac{1}{2},1\right]$ 上单调增加,故曲线 $y=xe^{x^2}-1$ 与 x 轴至多有一个交点,即 $f(x)=0$ 的根最多只有一个.

综上,方程 $xe^{x^2}-1=0$ 在 $\left(\frac{1}{2},1\right)$ 内有且仅有一个实根.

例 9 讨论方程 $\ln x=ax$(其中 $a>0$)有几个实根.

解 设 $f(x)=\ln x-ax$,则 $f(x)$ 在 $(0,+\infty)$ 内连续且可导,且 $f'(x)=\frac{1}{x}-a$. 令 $f'(x)=0$,得 $x=\frac{1}{a}$ 为唯一驻点. 在 $\left(0,\frac{1}{a}\right)$ 内,$f'(x)>0$,在 $\left(\frac{1}{a},+\infty\right)$ 内,$f'(x)<0$,故 $f(x)$ 在 $\left(0,\frac{1}{a}\right)$ 内单调增加,在 $\left(\frac{1}{a},+\infty\right)$ 内单调减少.

因为

$$f\left(\frac{1}{a}\right)=\ln\frac{1}{a}-1=-\ln a-1, \lim_{x\to 0^+}f(x)=-\infty,$$

$$\lim_{x\to+\infty}f(x)=\lim_{x\to+\infty}(\ln x-ax)=\lim_{x\to+\infty}x\left(\frac{\ln x}{x}-a\right)=-\infty \quad \left(\lim_{x\to+\infty}\frac{\ln x}{x}=0\right),$$

所以

(1) 当 $f\left(\frac{1}{a}\right)=0$,即 $a=\frac{1}{e}$ 时,$f(x)$ 只有一个零点 $x=\frac{1}{a}=e$,即原方程有一个根;

(2) 当 $f\left(\frac{1}{a}\right)<0$,即 $a>\frac{1}{e}$ 时,在 $(0,+\infty)$ 内,$f(x)\leqslant f\left(\frac{1}{a}\right)<0$,故,此时 $f(x)$ 在 $(0,+\infty)$ 上无零点,即原方程没有根;

(3) 当 $f\left(\frac{1}{a}\right)>0$,即 $a<\frac{1}{e}$ 时,在 $\left(0,\frac{1}{a}\right)$ 内,$f(x)$ 单调增加,且 $\lim_{x\to 0^+}f(x)=-\infty$,$f\left(\frac{1}{a}\right)>0$,故

$f(x)$在$\left(0,\dfrac{1}{a}\right)$内有且仅有一个零点；在$\left(\dfrac{1}{a},+\infty\right)$内，$f(x)$单调减少，且$\lim\limits_{x\to+\infty} f(x)=-\infty$，$f\left(\dfrac{1}{a}\right)>0$，故$f(x)$在$\left(\dfrac{1}{a},+\infty\right)$有且仅有一个零点. 从而，当$0<a<\dfrac{1}{\mathrm{e}}$时，$f(x)$在$(0,+\infty)$内恰有两个零点，即原方程有两个根.

综上，当$0<a<\dfrac{1}{\mathrm{e}}$时，原方程有两个根；当$a=\dfrac{1}{\mathrm{e}}$时，原方程有一个根；当$a>\dfrac{1}{\mathrm{e}}$时，原方程没有根.

小结 求方程的根或函数的零点个数，通常借助零点定理和单调性分析问题.

问题4 如何求函数或实际问题的最值？

例10 求函数$f(x)=x^4-2x^2+5$在闭区间$[-2,2]$上的最大值和最小值.

解 因为函数$f(x)=x^4-2x^2+5$在$[-2,2]$上连续，所以$f(x)$在$[-2,2]$上必能取得最大值与最小值.

$$f'(x)=4x^3-4x=4x(x-1)(x+1),$$

令$f'(x)=0$，得驻点为$x_1=-1$，$x_2=0$，$x_3=1$，$f(x)$无不可导点，又$f(\pm1)=4$，$f(0)=5$，区间端点处的函数值为$f(\pm2)=13$，比较这些函数值，得最大值为$f(\pm2)=13$，最小值为$f(\pm1)=4$.

例11 求函数$f(x)=x\mathrm{e}^{-x}$的最值.

解 函数$f(x)=x\mathrm{e}^{-x}$的定义域为$(-\infty,+\infty)$，$f'(x)=\mathrm{e}^{-x}(1-x)$，令$f'(x)=0$，求得唯一驻点$x=1$，且$f''(1)=\mathrm{e}^{-x}(x-2)\big|_{x=1}=-\mathrm{e}^{-1}<0$，所以，$f(x)$在$x=1$处取得极大值.

当$x<1$时，$f'(x)>0$；当$x>1$时，$f'(x)<0$. 故根据单调性，$f(x)$在$x=1$处取得最大值$f(1)=\mathrm{e}^{-1}$.

又$\lim\limits_{x\to-\infty} f(x)=\lim\limits_{x\to-\infty} x\mathrm{e}^{-x}=-\infty$，$\lim\limits_{x\to+\infty} f(x)=\lim\limits_{x\to+\infty}\dfrac{x}{\mathrm{e}^x}=\lim\limits_{x\to+\infty}\dfrac{1}{\mathrm{e}^x}=0$，所以$f(x)$没有最小值，只有最大值$f(1)=\mathrm{e}^{-1}$.

例12 求曲线$y=x^2(0\leqslant x\leqslant 8)$的切线，使切线与直线$y=0$及直线$x=8$所围成的三角形的面积最大.

解 如图7-1所示，设曲线$y=x^2$过点$(x_0,y_0)(y_0=x_0^2)$的切线方程为：$y-y_0=2x_0(x-x_0)$，即$y=2x_0x-x_0^2(0\leqslant x\leqslant 8)$，切线与直线$y=0$及直线$x=8$的交点分别为$A\left(\dfrac{1}{2}x_0,0\right)$，$B(8,16x_0-x_0^2)$.

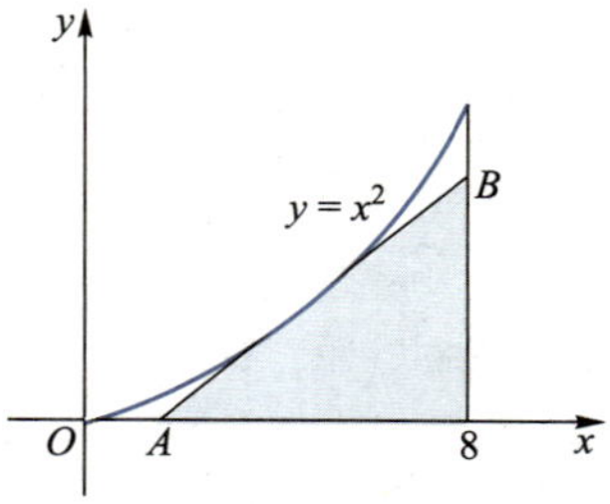

图7-1

所求三角形的面积$S(x_0)=\dfrac{1}{2}\left(8-\dfrac{1}{2}x_0\right)(16x_0-x_0^2)=64x_0-8x_0^2+\dfrac{1}{4}x_0^3$. 题目转化为求$S(x)=64x-8x^2+\dfrac{1}{4}x^3$在$[0,8]$上的最大值问题. 令$S'(x)=0$，即$64-16x+\dfrac{3}{4}x^2=0$，得唯一驻点$x_0=\dfrac{16}{3}$，又因为$S''(x_0)=-16+\dfrac{3}{2}x_0$，$S''\left(\dfrac{16}{3}\right)=-8<0$，所以$x_0=\dfrac{16}{3}$是极大值点，也是最大值点，且$y_0=\dfrac{256}{9}$. 故所求切线方程为$y=\dfrac{32}{3}x-\dfrac{256}{9}$.

例 13　工厂在制造某产品的过程中，产品的次品率 y 取决于日产量 x，即 $y=y(x)$. 已知

$$y(x)=\begin{cases}\dfrac{1}{101-x}, & x\leqslant 100,\\ 1, & x>100,\end{cases}$$

其中 x 为正整数，该厂每生产出一件产品可盈利 A 元，但生产一件次品就要损失 $\dfrac{A}{3}$ 元，为了获得最大盈利，该厂的日产量应定为多少？

分析　因为若日产量为零，则盈利为零；若日产量超过 100，此时次品率 $y(x)=1$，即全是次品，该厂要亏本，故获得最大盈利的日产量是存在的，必定在 0 与 100 之间.

解　设日产量为 x 时盈利为 $T(x)$，此时次品为 $xy(x)$，正品为 $x-xy(x)$，则有 $T(x)=A(x-xy(x))-\dfrac{A}{3}xy(x)=Ax\left(1-\dfrac{4}{3}y(x)\right)$，将 $y(x)$ 代入得

$$T(x)=\begin{cases}Ax\left(1-\dfrac{4}{3(101-x)}\right), & x\leqslant 100,\\ -\dfrac{Ax}{3}, & x>100,\end{cases}$$

问题就转化为求 $T(x)$ 的最大值点. 由于当 $x\geqslant 100$ 时，$T(x)<0$，而最大盈利不可能是负值，所以只需求当 $0<x<100$ 时 $T(x)$ 的最大值点. 此时

$$T(x)=Ax\left(1-\frac{4}{3(101-x)}\right),\ 0<x<100.$$

现把 x 看成连续变量，对 $T(x)$ 求导得

$$T'(x)=A\left(1-\frac{4\times 101}{3(101-x)^2}\right).$$

令 $T'(x)=0$，即 $\dfrac{101}{(101-x)^2}=\dfrac{3}{4}$，得唯一驻点 $x_0=89.4$，必为 $T(x)$ 的最大值点（x 为连续变量时）.

由于产品数必为正整数，取 $x_0=89$ 及 $x_0=90$ 对盈利 $T(x_0)$ 进行比较，因

$$T(89)=79.11A,\quad T(90)=79.09A,$$

从而可知，该厂每天生产 89 件产品将获得最大利润.

小结　1. 求连续函数在闭区间上的最大值和最小值，只需求出区间内部可能的极值点，将这些点处的函数值与区间端点处的函数值进行比较，其中最大者与最小者分别是函数在该闭区间上的最大值和最小值；

2. 若 $f(x)$ 在区间上连续，在区间内部只有唯一的极值点 x_0，如果 x_0 是极大值点，那么 x_0 为最大值点；如果 x_0 是极小值点，那么 x_0 为最小值点；

3. 在实际问题中，根据实际意义，若求出了唯一可能的极值点，则该极值点即为所求最值点.

问题 5　如何作出函数的图形？

例 14　曲线 $y=\dfrac{\sin x}{x(x-1)}$ 有（　　）条渐近线.

(A) 0　　(B) 1　　(C) 2　　(D) 3

解 答案为 C.

因$\lim\limits_{x\to1}\dfrac{\sin x}{x(x-1)}=\infty$，所以曲线有铅直渐近线 $x=1$；因$\lim\limits_{x\to0}\dfrac{\sin x}{x(x-1)}=-1$，所以 $x=0$ 不是曲线的铅直渐近线；

因为$\lim\limits_{x\to\infty}\dfrac{\sin x}{x(x-1)}=0$，所以曲线有水平渐近线 $y=0$；

因为 $k=\lim\limits_{x\to\infty}\dfrac{f(x)}{x}=\lim\limits_{x\to\infty}\dfrac{\sin x}{x^2(x-1)}=0$，所以该曲线无斜渐近线.

综上，曲线 $y=\dfrac{\sin x}{x(x-1)}$有两条渐近线，分别为铅直渐近线 $x=1$ 和水平渐近线 $y=0$.

例 15 求曲线 $y=(x-1)\sqrt[3]{x^5}$的凹凸区间及拐点.

解 $f(x)$的定义域为$(-\infty,+\infty)$，因

$$f'(x)=x^{\frac{5}{3}}+\frac{5}{3}(x-1)x^{\frac{2}{3}}=\frac{8}{3}x^{\frac{5}{3}}-\frac{5}{3}x^{\frac{2}{3}},$$

当 $x\neq0$ 时，

$$f''(x)=\frac{40}{9}x^{\frac{2}{3}}-\frac{10}{9}x^{-\frac{1}{3}}=\frac{10}{9}\cdot\frac{4x-1}{\sqrt[3]{x}}.$$

令 $f''(x)=0$，得 $x=\dfrac{1}{4}$. 列表讨论如下：

x	$(-\infty,0)$	0	$\left(0,\frac{1}{4}\right)$	$\frac{1}{4}$	$\left(\frac{1}{4},+\infty\right)$
$f''(x)$	+	不存在	−	0	+
$f(x)$	凹	拐点 $(0,0)$	凸	拐点 $\left(\frac{1}{4},-\frac{3\sqrt[3]{4}}{64}\right)$	凹

所以，$f(x)$的凹区间为$(-\infty,0)$，$\left(\dfrac{1}{4},+\infty\right)$，凸区间为$\left(0,\dfrac{1}{4}\right)$，拐点为$(0,0)$和$\left(\dfrac{1}{4},-\dfrac{3\sqrt[3]{4}}{64}\right)$.

例 16 作出函数 $y=\dfrac{x^3+4}{x^2}$的图形.

解 (1) 确定函数的定义域：$f(x)$的定义域为$(-\infty,0)\cup(0,+\infty)$. 函数无奇偶性、周期性等性质.

(2) 求一阶、二阶导数，并求出可能的极值点和可能的拐点：

$$y'=1-\frac{8}{x^3};\quad y''=\frac{24}{x^4}.$$

得驻点 $x=2$，$f(x)$无不可导点；因为 $y''>0$，所以 $f(x)$无拐点.

(3) 根据表格，判断函数在区间上的性态：

x	$(-\infty,0)$	0	$(0,2)$	2	$(2,+\infty)$
$f'(x)$	+	不存在	−	0	+
$f''(x)$	+	不存在	+		+
$f(x)$	↗		↘	极小值 3	↗

(4) 求渐近线：

因为 $\lim\limits_{x\to 0} f(x)=\lim\limits_{x\to 0}\dfrac{x^3+4}{x^2}=\infty$，所以 $x=0$ 为函数图形的铅直渐近线；

因为 $\lim\limits_{x\to\infty} f(x)=\lim\limits_{x\to\infty}\dfrac{x^3+4}{x^2}=\infty$，所以该图形无水平渐近线；

因为 $k=\lim\limits_{x\to\infty}\dfrac{f(x)}{x}=1$，$b=\lim\limits_{x\to\infty}(f(x)-kx)=\lim\limits_{x\to\infty}\left(\dfrac{x^3+4}{x^2}-x\right)=0$，所以 $y=x$ 为该图形的斜渐近线.

(5) 找出特殊点，描点作图：特殊点 $(-2,-1)$，$(-1,3)$，$(1,5)$，$(2,3)$ 等，得图形 7-2.

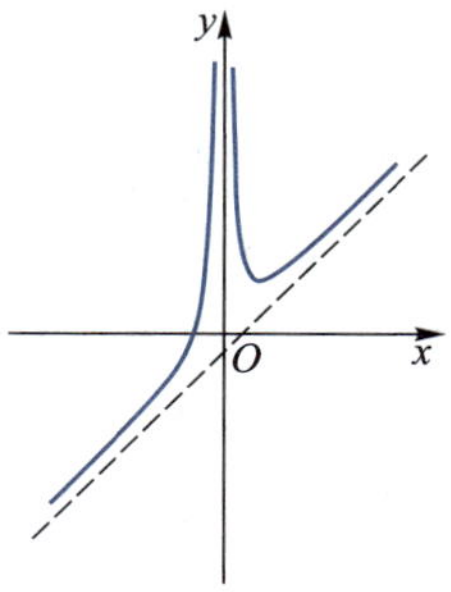

图 7-2

小结 作图时应注意，首先求出函数的定义域，观察函数的奇偶性、对称性等基本性质；根据函数的一阶、二阶导数，找出可能的极值点、拐点，将定义域分成若干区间，在每个区间上观察函数的单调性和凹凸性；再求渐近线；找特殊点，作图.

讨论曲线的凹凸性和拐点时，先求出 $f''(x)=0$ 的点和 $f''(x)$ 不存在的点（可能的拐点），这些点将定义域划分成若干区间，利用区间上 $f''(x)$ 的符号判断曲线的凹凸性；再考察 $f''(x)$ 的符号在可能的拐点左右邻近的情形，以确定该点是否为拐点（注意拐点是曲线上的点，需要写出坐标形式）.

渐近线的求法如下：若 $\lim\limits_{x\to x_0} f(x)=\infty$，则曲线有铅直渐近线，方程为 $x=x_0$；若 $\lim\limits_{x\to\infty} f(x)=A$，则曲线有水平渐近线，方程为 $y=A$；若 $k=\lim\limits_{x\to\infty}\dfrac{f(x)}{x}$，$b=\lim\limits_{x\to\infty}(f(x)-kx)$ 存在，则曲线有斜渐近线，方程为 $y=kx+b$. 注意铅直渐近线、水平渐近线、斜渐近线都要考虑到，不要遗漏.

三、课内练习题

1. 选择题：

(1) 函数 $f(x)=\ln|x|+\dfrac{x^2}{2}+2x$ 的单调增加区间为（　　）.

(A) $(-\infty,0)$　　(B) $(-\infty,1)$　　(C) $(0,+\infty)$　　(D) $(-1,+\infty)$

(2) 设函数 $f(x)$，$g(x)$ 在 $[a,b]$ 上可导，且 $f(x)g(x)\neq 0$，又 $f'(x)g(x)<f(x)g'(x)$，则当 $a<x<b$ 时，有（　　）.

(A) $f(x)g(x)<f(a)g(a)$　　(B) $f(x)g(x)<f(b)g(b)$

(C) $\frac{g(x)}{f(x)}>\frac{g(b)}{f(b)}$ (D) $\frac{f(x)}{g(x)}<\frac{f(a)}{g(a)}$

(3) 若点(1,3)为曲线 $y=ax^3+bx^2$ 的拐点,则 a,b 的值为( ).

(A) $a=\frac{3}{2},b=\frac{3}{2}$ (B) $a=\frac{9}{2},b=-\frac{3}{2}$

(C) $a=-\frac{3}{2},b=\frac{9}{2}$ (D) $a=1,b=2$

(4) 设函数 $f(x)$ 在 $x=0$ 的某邻域内连续且 $f(0)=0,\lim\limits_{x\to0}\frac{f(x)}{1-\cos x}=2$,则 $f(x)$ 在 $x=0$ 处( ).

(A) 不可导 (B) 可导且 $f'(0)\neq0$

(C) 有极大值 (D) 有极小值

(5) 设偶函数 $f(x)$ 具有二阶连续导数,且 $f''(0)\neq0$,则 $x=0$( ).

(A) 不是 $f(x)$ 的驻点 (B) 一定不是 $f(x)$ 的极值点

(C) 一定是 $f(x)$ 的极值点 (D) 不能确定是否为 $f(x)$ 的极值点

(6) 曲线 $y=\frac{1+e^{-x^2}}{1-e^{-x^2}}$( ).

(A) 仅有水平渐近线

(B) 仅有铅直渐近线

(C) 既有水平渐近线,又有铅直渐近线

(D) 无渐近线

(7) 曲线 $y=4x-x^2$ 在其顶点处的曲率为( ).

(A) 3 (B) 2 (C) 4 (D) 5

2. 证明下列不等式:

(1) 当 $x\geqslant1$ 时,证明:$(1+x)\ln(1+x)<1+x^2$.

(2) 当 $0<x<y<\frac{\pi}{2}$ 时,证明:$\frac{x}{y}<\frac{\sin x}{\sin y}$.

(3) 当 $0<x<1$ 时,证明:$e^x\leqslant\frac{1+x}{1-x}$.

3. 求函数 $f(x)=(x-1)\sqrt[3]{x^2}$ 的单调区间与极值.

4. 求曲线 $x=t^2,y=3t+t^3$ 的拐点.

5. 求函数 $y=\sin 2x-x$ 的极值.

6. 求函数 $f(x)=\cos^3x+\sin^3x$ 在区间 $\left[-\frac{\pi}{4},\frac{3\pi}{4}\right]$ 上的最大值和最小值.

7. 证明方程 $\frac{1}{x^2}-x-1=0$ 在 $(0,+\infty)$ 内有且仅有一个实根.

8. 设常数 $k>0$,求 $f(x)=e^x-ex-k$ 在 $(-\infty,+\infty)$ 内的零点个数.

9. 一个半径为 R 的球内有一个内接正圆锥体,问圆锥体的高为多少时,该圆锥体的体积最大？

10. 设 $x>0$，求满足不等式 $\ln x\leqslant A\sqrt{x}$ 的最小正数 A.

11. 作出曲线 $y=e^{-\frac{x^2}{2}}$ 的图形.

12. 确定 a,b,c 的值，使抛物线 $y=ax^2+bx+c$ 在点 $x=0$ 处与曲线 $y=e^x$ 不仅有相同的切线，而且有相同的曲率.

四、课外练习题

1. 设函数 $f(x)$ 在 $(-\infty,+\infty)$ 上连续，其导函数的图形如图 7-3 所示，则 $f(x)$ 有（　　）.

（A）一个极小值点和两个极大值点

（B）两个极小值点和一个极大值点

（C）两个极小值点和两个极大值点

（D）三个极小值点和一个极大值点

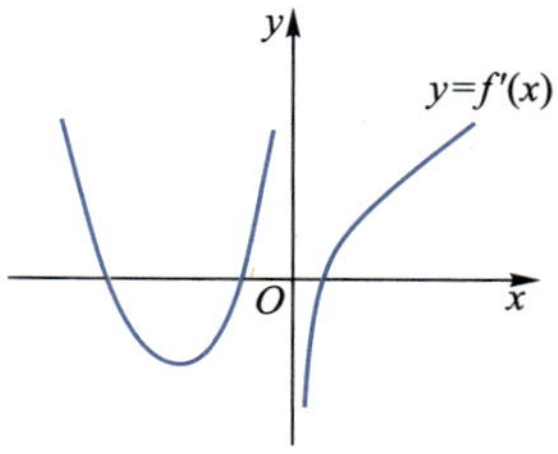

图 7-3

2. 函数的驻点与极值点有何区别？在什么情况下，它们又是一致的？

3. 如果函数 $f(x)$ 在闭区间 $[a,b]$ 上只有一个极大值和一个极小值，那么这个极大值就是 $f(x)$ 在 $[a,b]$ 上的最大值，这个极小值便是 $f(x)$ 在 $[a,b]$ 上的最小值. 此结论对吗？为什么？

4. 设函数 $f(x)$ 在 $[0,a]$ 上连续，在 $(0,a)$ 内可导，且 $f(0)=0$，$f'(x)$ 单调增加，试证 $\dfrac{f(x)}{x}$ 在 $(0,a)$ 内也单调增加.

5. 设函数 $f(x)$，$\varphi(x)$ 二阶可导，当 $x>0$ 时 $f''(x)>\varphi''(x)$ 且 $f(0)=\varphi(0)$，$f'(0)=\varphi'(0)$，证明当 $x>0$ 时，$f(x)>\varphi(x)$.

6. 证明下列不等式：

（1）当 $0<x<1$ 时，$e^{-x}+\sin x<1+x^2$；

（2）当 $x>0,y>0$，且 $x\neq y$ 时，$x\ln x+y\ln y>(x+y)\ln\dfrac{x+y}{2}$；

（3）$\pi^e<e^\pi$.

7. 求下列函数的极值：

（1）$f(x)=\sqrt[3]{x^3-x^2-x+1}$；

（2）$f(x)=|x|(x-4)$；

*（3）$f(x)=e^{-x}\sum\limits_{k=0}^{n}\dfrac{x^k}{k!}$.

8. 确定 a,b,c 的值，使曲线 $y=x^3+ax^2+bx+c$ 有一拐点 $(1,-1)$，且在 $x=0$ 处有极大值.

9. 作出下列函数的图形：

（1）$f(x)=\ln(1+x^2)$；

（2）$f(x)=\dfrac{x}{3-x^2}$.

10. 在曲线 $y=px^3(p>0)$ 上求曲率最大的点的坐标.

11. 设当 $x>0$ 时,方程 $kx+\frac{1}{x^2}=1$ 有且仅有一个根,求 k 的取值范围.

*12. 求函数 $y=\sqrt{x^2-2x+2}+\sqrt{x^2-8x+20}$ 的最小值.

第七讲

习题参考答案或提示

第八讲　不定积分(一)

一、本讲要求

不定积分是导数的逆运算,也是计算定积分的基础. 不定积分的重点是计算,因此,要求掌握基本积分法和不定积分的运算法则,并不断提高计算的熟练程度. 具体包括以下三个方面:

1. 理解原函数与不定积分的概念.
2. 掌握不定积分的基本公式.
3. 掌握换元积分法和分部积分法.

二、问题 · 分析 · 解答

问题 1　何谓原函数与不定积分,它们之间有何关系? 不定积分与导数或微分之间的关系如何?

例 1　设 $f'(x^2)=\dfrac{1}{x}(x>0)$,求 $f(x)$.

解　因 $f'(x^2)=\dfrac{1}{x}$,令 $x^2=u$,则 $x=\sqrt{u}$,

$$f'(u)=\frac{1}{\sqrt{u}}(u>0),$$

故
$$f(u)=\int\frac{1}{\sqrt{u}}\mathrm{d}u=2\sqrt{u}+C,$$

从而
$$f(x)=2\sqrt{x}+C.$$

例 2　判断下列结论是否正确?

(1) 若 $f(x)\leqslant g(x)$,则 $\int f(x)\mathrm{d}x\leqslant\int g(x)\mathrm{d}x$;

(2) 若 $\int\dfrac{\mathrm{d}x}{1+x^2}=\arctan x+C,\int\dfrac{\mathrm{d}x}{1+x^2}=-\operatorname{arccot}x+C$,则 $\arctan x=-\operatorname{arccot}x$;

(3) 若 $f(x)=\begin{cases}2x+8, & x\leqslant 2,\\ 6x, & x>2,\end{cases}$ 则 $\int f(x)\mathrm{d}x=\begin{cases}x^2+8x+C, & x\geqslant 2,\\ 3x^2+C, & x<2;\end{cases}$

(4) $F(x)=|x|$ 是 $f(x)=\begin{cases}1, & x\geqslant 0,\\ -1, & x<0\end{cases}$ 的原函数.

解　(1) 错误. 这是因为不定积分 $\int f(x)\mathrm{d}x=F(x)+C$ 表示一个集合或一族函数,而集合是无法比较大小的.

(2) 错误. 这是因为两个积分中的“C”各自表示任意常数,并不是同一数值,事实上 $\arctan x=-\operatorname{arccot} x+\dfrac{\pi}{2}$.

(3) 错误. 这是因为设 $F(x)=\int f(x)\mathrm{d}x$,则 $F'(x)=f(x)$,$F(x)$可导,而可导必连续. 但结论中的 $\int f(x)\mathrm{d}x$ 在 $x=2$ 处不连续. 正确做法参见下面的例 3.

(4) 错误. 因为 $F(x)=|x|$ 在 $x=0$ 处不可导. 所以只能说 $F(x)=|x|$ 是 $f(x)=\begin{cases}1, & x\geqslant 0,\\ -1, & x<0\end{cases}$ 在$(-\infty,0)\cup(0,+\infty)$内的原函数.

例 3 设函数 $f(x)=\begin{cases}-\sin x, & x\geqslant 0,\\ x, & x<0,\end{cases}$ 求:

(1) $f(x)$的一个原函数 $F(x)$,使得 $F(0)=1$;

(2) $\int f(x)\mathrm{d}x$.

解 当 $x\geqslant 0$ 时,

$$\int f(x)\mathrm{d}x=\int(-\sin x)\mathrm{d}x=\cos x+C_1,$$

当 $x<0$ 时,

$$\int f(x)\mathrm{d}x=\int x\mathrm{d}x=\frac{x^2}{2}+C_2,$$

故 $f(x)$在$(-\infty,+\infty)$上的原函数应具有形式

$$F(x)=\begin{cases}\cos x+C_1, & x\geqslant 0,\\ \dfrac{x^2}{2}+C_2, & x<0.\end{cases}$$

(1) 设 $F(x)$是 $f(x)$在$(-\infty,+\infty)$上满足 $F(0)=1$ 的一个原函数,则根据原函数的定义,$F'(x)=f(x)$,即 $F(x)$可导,而可导必连续. 由 $F(x)$在 $x=0$ 处连续,知

$$\lim_{x\to 0^+}F(x)=\lim_{x\to 0^-}F(x)=F(0)=1,$$

得 $1+C_1=C_2=1$,于是所求的原函数为

$$F(x)=\begin{cases}\cos x, & x\geqslant 0,\\ \dfrac{x^2}{2}+1, & x<0.\end{cases}$$

(2) 根据不定积分的定义,$\int f(x)\mathrm{d}x=F(x)+C$,即

$$\int f(x)\mathrm{d}x=\begin{cases}\cos x+C, & x\geqslant 0,\\ \dfrac{x^2}{2}+1+C, & x<0.\end{cases}$$

小结 1. 若函数 $f(x)$在区间 I 上连续,则 $f(x)$在区间 I 上存在原函数. 原函数在区间 I 上必定是可导的,从而必定是连续的.

2. 不定积分是指所有原函数，即若 $F(x)$ 是 $f(x)$ 的一个原函数，则 $f(x)$ 的不定积分 $\int f(x)\mathrm{d}x = F(x) + C$，其中 C 为任意常数，求不定积分时务必不能忘记任意常数.

3. 不定积分与求导数互为逆运算，即有 $\int f'(x)\mathrm{d}x = f(x) + C$，$\left(\int f(x)\mathrm{d}x\right)' = f(x)$. 可用此式验证不定积分的结果是否正确，即对积分结果求导数，导数等于被积函数时，说明不定积分的结果正确.

问题 2 计算不定积分时如何应用基本积分公式及换元积分法、分部积分法？

例 4 求 $\int \frac{x^4}{1+x^2}\mathrm{d}x$.

解 原式 $= \int \frac{x^4-1+1}{1+x^2}\mathrm{d}x = \int \frac{x^4-1}{1+x^2}\mathrm{d}x + \int \frac{1}{1+x^2}\mathrm{d}x$

$$= \int (x^2-1)\mathrm{d}x + \int \frac{1}{1+x^2}\mathrm{d}x$$

$$= \int x^2\mathrm{d}x - \int \mathrm{d}x + \int \frac{1}{1+x^2}\mathrm{d}x = \frac{1}{3}x^3 - x + \arctan x + C.$$

例 5 求 $\int\left(\tan^2 x + 2\cos^2\frac{x}{2}\right)\mathrm{d}x$.

解 原式 $= \int\left(\sec^2 x - 1 + 2\cdot\frac{1+\cos x}{2}\right)\mathrm{d}x$

$$= \int(\sec^2 x + \cos x)\mathrm{d}x$$

$$= \tan x + \sin x + C.$$

例 6 求 $\int \frac{1}{\cos^2 x\sin^2 x}\mathrm{d}x$.

解 [法 1] 原式 $= \int \frac{\sin^2 x + \cos^2 x}{\cos^2 x\sin^2 x}\mathrm{d}x$

$$= \int\left(\frac{1}{\cos^2 x} + \frac{1}{\sin^2 x}\right)\mathrm{d}x$$

$$= \int(\sec^2 x + \csc^2 x)\mathrm{d}x = \tan x - \cot x + C.$$

[法 2] 原式 $= \int \frac{4}{\sin^2 2x}\mathrm{d}x = 4\int \csc^2 2x\mathrm{d}x = 2\int \csc^2 2x\mathrm{d}(2x) = -2\cot 2x + C$.

例 7 求 $\int \frac{1}{1+\mathrm{e}^x}\mathrm{d}x$.

解 [法 1] 原式 $= \int \frac{1+\mathrm{e}^x-\mathrm{e}^x}{1+\mathrm{e}^x}\mathrm{d}x = \int\left(1 - \frac{\mathrm{e}^x}{1+\mathrm{e}^x}\right)\mathrm{d}x$

$$= x - \int \frac{\mathrm{d}(1+\mathrm{e}^x)}{1+\mathrm{e}^x} = x - \ln(\mathrm{e}^x + 1) + C.$$

[法 2] 原式 $=\int\frac{e^{-x}dx}{1+e^{-x}}=\int\frac{-de^{-x}}{1+e^{-x}}=-\ln(1+e^{-x})+C.$

例 8 求 $\int\frac{(2-\arctan x)^2}{1+x^2}dx.$

解 [法 1] 原式 $=\int(2-\arctan x)^2\cdot\frac{1}{1+x^2}dx$

$$=\int(4-4\arctan x+(\arctan x)^2)d(\arctan x)$$

$$=4\arctan x-2(\arctan x)^2+\frac{1}{3}(\arctan x)^3+C.$$

[法 2] 原式 $=\int(2-\arctan x)^2\cdot\frac{1}{1+x^2}dx=\int(2-\arctan x)^2d(\arctan x)$

$$=-\int(2-\arctan x)^2d(2-\arctan x)$$

$$=-\frac{1}{3}(2-\arctan x)^3+C.$$

例 9 求 $\int\frac{1-\ln x}{(x-\ln x)^2}dx.$

解 被积函数的分子分母同时除以 x^2,得

$$原式=\int\frac{\frac{1-\ln x}{x^2}}{\left(\frac{x-\ln x}{x}\right)^2}dx$$

$$=-\int\frac{1}{\left(\frac{x-\ln x}{x}\right)^2}d\left(\frac{x-\ln x}{x}\right)$$

$$=\frac{1}{\frac{x-\ln x}{x}}+C=\frac{x}{x-\ln x}+C.$$

注 用凑微分法计算不定积分时的难点在于其灵活性,必须熟记一些常见函数的微分,例如:

$$\frac{1}{x^2}dx=-d\frac{1}{x},\quad \frac{1}{\sqrt{x}}dx=2d\sqrt{x},\quad dx=\frac{1}{a}d(ax+b),$$

$$x^{n-1}dx=\frac{1}{na}d(ax^n+b),\quad \cos xdx=d(\sin x),\quad \sec^2xdx=d(\tan x),$$

$$\sec x\tan xdx=d(\sec x),\quad \frac{1}{1+x^2}dx=d(\arctan x),\quad \frac{1}{\sqrt{1-x^2}}dx=d(\arcsin x),$$

$$\left(1\pm\frac{1}{x^2}\right)dx=d\left(x\mp\frac{1}{x}\right),\quad \frac{x}{\sqrt{1+x^2}}dx=d\sqrt{1+x^2},\quad \frac{dx}{x(x+1)}=d\left(\ln\frac{x}{x+1}\right)=-d\left(\ln\frac{x+1}{x}\right).$$

例 10 求 $\int \frac{\sqrt{x}}{1+\sqrt{x}}\mathrm{d}x$.

解 令 $\sqrt{x}=t$，则 $x=t^2,\mathrm{d}x=2t\mathrm{d}t$，于是

$$\begin{aligned}\text{原式}&=\int \frac{t}{1+t}2t\mathrm{d}t=2\int \frac{t^2}{1+t}\mathrm{d}t=2\int \frac{(t^2-1)+1}{1+t}\mathrm{d}t\\&=2\int\left(t-1+\frac{1}{1+t}\right)\mathrm{d}t=t^2-2t+2\ln|1+t|+C\\&\xlongequal{\text{回代 }t=\sqrt{x}}x-2\sqrt{x}+2\ln(1+\sqrt{x})+C.\end{aligned}$$

例 11 求 $\int \frac{\mathrm{d}x}{\sqrt{x+1}-\sqrt[3]{x+1}}$.

解 令 $\sqrt[6]{x+1}=t$，则 $x=t^6-1,\mathrm{d}x=6t^5\mathrm{d}t$，于是

$$\begin{aligned}\text{原式}&=\int \frac{6t^5}{t^3-t^2}\mathrm{d}t=6\int \frac{t^3}{t-1}\mathrm{d}t\\&=6\int \frac{t^3-1+1}{t-1}\mathrm{d}t=6\int\left(t^2+t+1+\frac{1}{t-1}\right)\mathrm{d}t\\&=2\sqrt{x+1}+3\sqrt[3]{x+1}+6\sqrt[6]{x+1}+6\ln\left|\sqrt[6]{x+1}-1\right|+C.\end{aligned}$$

注 被积函数中含有形如 $\sqrt[m]{ax+b}$，$\sqrt[n]{ax+b}$ 这些根式时，一般令 $\sqrt[k]{ax+b}=t$（其中 k 为 m,n 的最小公倍数），换元后，可以去掉根式，化成有理函数的积分.

例 12 求 $\int \frac{\mathrm{d}x}{x^4\sqrt{1+x^2}}$.

解 作三角代换，令 $x=\tan t\left(0<t<\frac{\pi}{2}\right)$，

$$\begin{aligned}\text{原式}&=\int \frac{\sec^2 t}{\tan^4 t\cdot \sec t}\mathrm{d}t=\int \frac{\cos^3 t}{\sin^4 t}\mathrm{d}t\\&=\int \frac{1-\sin^2 t}{\sin^4 t}\mathrm{d}(\sin t)=-\frac{1}{3}\csc^3 t+\csc t+C\\&=-\frac{1}{3x^3}(1+x^2)\sqrt{1+x^2}+\frac{\sqrt{1+x^2}}{x}+C.\end{aligned}$$

例 13 求 $\int \frac{\mathrm{d}x}{x\sqrt{x^2-1}}\ (x>1)$.

解 [法 1]（三角代换） 令 $x=\sec t,\mathrm{d}x=\sec t\cdot\tan t\mathrm{d}t$，则

$$\int \frac{\mathrm{d}x}{x\sqrt{x^2-1}}=\int \frac{\sec t\cdot \tan t\mathrm{d}t}{\sec t\cdot \tan t}=\int \mathrm{d}t=t+C=\arccos\frac{1}{x}+C.$$

[法 2] 令 $\sqrt{x^2-1}=t,x^2=1+t^2,x\mathrm{d}x=t\mathrm{d}t$，

$$原式=\int\frac{x\mathrm{d}x}{x^2\sqrt{x^2-1}}=\int\frac{t\mathrm{d}t}{(1+t^2)t}$$

$$=\int\frac{\mathrm{d}t}{1+t^2}=\arctan t+C=\arctan\sqrt{x^2-1}+C.$$

[法 3] (倒代换) 令 $x=\frac{1}{t},\mathrm{d}x=-\frac{1}{t^2}\mathrm{d}t$,

$$\int\frac{\mathrm{d}x}{x\sqrt{x^2-1}}=\int\frac{-\frac{1}{t^2}\mathrm{d}t}{\frac{1}{t}\sqrt{\frac{1}{t^2}-1}}=-\int\frac{\mathrm{d}t}{\sqrt{1-t^2}}=-\arcsin\frac{1}{x}+C.$$

[法 4] (凑微分)

$$\int\frac{\mathrm{d}x}{x\sqrt{x^2-1}}=\int\frac{\mathrm{d}x}{x^2\sqrt{1-\frac{1}{x^2}}}=-\int\frac{\mathrm{d}\left(\frac{1}{x}\right)}{\sqrt{1-\frac{1}{x^2}}}=-\arcsin\frac{1}{x}+C.$$

注 被积函数中含有形如$\sqrt{1\pm x^2}$,$\sqrt{x^2-1}$这些根式时,可作三角代换去掉根式后积分.

例 14 当 $x>0$ 时,求$\int\frac{\mathrm{d}x}{x\sqrt{3x^2-2x-1}}$.

解 令 $x=\frac{1}{t},\mathrm{d}x=-\frac{1}{t^2}\mathrm{d}t$,

$$原式=\int\frac{1}{\frac{1}{t}\sqrt{\frac{3}{t^2}-\frac{2}{t}-1}}\left(-\frac{1}{t^2}\right)\mathrm{d}t=-\int\frac{\mathrm{d}t}{\sqrt{3-2t-t^2}}$$

$$=-\int\frac{\mathrm{d}(t+1)}{\sqrt{4-(t+1)^2}}=-\arcsin\frac{t+1}{2}+C$$

$$=-\arcsin\frac{\frac{1}{x}+1}{2}+C=-\arcsin\frac{x+1}{2x}+C.$$

注 本题也可对根式中函数配方后用三角代换,但比较麻烦.

例 15 求$\int\frac{\ln(1+x)}{\sqrt{x}}\mathrm{d}x$.

解 这是对数函数与幂函数乘积的积分,用分部积分法,得

$$原式=2\int\ln(1+x)\,\mathrm{d}\sqrt{x}$$

$$=2\left(\sqrt{x}\ln(1+x)-\int\frac{\sqrt{x}}{1+x}\mathrm{d}x\right),$$

而

$$\int\frac{\sqrt{x}}{1+x}\mathrm{d}x\xlongequal{\text{令}\sqrt{x}=t}2\int\frac{t^2}{1+t^2}\mathrm{d}t=2(t-\arctan t)+C_1$$

$$=2(\sqrt{x}-\arctan\sqrt{x})+C_1,$$

故原式 $=2(\sqrt{x}\ln(1+x)-2\sqrt{x}+2\arctan\sqrt{x})+C$.

例 16 求 $\int\frac{\arctan \mathrm{e}^x}{\mathrm{e}^x}\mathrm{d}x$.

解 令 $\mathrm{e}^x=t$，则 $x=\ln t$，$\mathrm{d}x=\frac{1}{t}\mathrm{d}t$，则原式 $=\int\frac{\arctan t}{t^2}\mathrm{d}t$，这是反三角函数与幂函数乘积的积分，用分部积分法，得

$$\begin{aligned}\text{原式}&=\int\frac{\arctan t}{t^2}\mathrm{d}t=\int\arctan t\,\mathrm{d}\left(-\frac{1}{t}\right)\\&=-\frac{1}{t}\arctan t+\int\frac{1}{t(1+t^2)}\mathrm{d}t\\&=-\frac{1}{t}\arctan t+\int\frac{(1+t^2)-t^2}{t(1+t^2)}\mathrm{d}t\\&=-\frac{1}{t}\arctan t+\ln|t|-\frac{1}{2}\ln(1+t^2)+C\\&=-\mathrm{e}^{-x}\arctan \mathrm{e}^x+x-\frac{1}{2}\ln(1+\mathrm{e}^{2x})+C.\end{aligned}$$

例 17 求 $\int\frac{x\sin x}{\cos^5 x}\mathrm{d}x$.

解 这是三角函数有理式与幂函数乘积的积分，用分部积分法，得

$$\begin{aligned}\text{原式}&=-\int\frac{x}{\cos^5 x}\mathrm{d}(\cos x)=\frac{1}{4}\int x\,\mathrm{d}\left(\frac{1}{\cos^4 x}\right)\\&=\frac{1}{4}\frac{x}{\cos^4 x}-\frac{1}{4}\int\frac{1}{\cos^4 x}\mathrm{d}x=\frac{1}{4}\frac{x}{\cos^4 x}-\frac{1}{4}\int\sec^4 x\,\mathrm{d}x\\&=\frac{1}{4}\frac{x}{\cos^4 x}-\frac{1}{4}\int\sec^2 x(1+\tan^2 x)\mathrm{d}x=\frac{1}{4}\frac{x}{\cos^4 x}-\frac{1}{4}\int(1+\tan^2 x)\mathrm{d}(\tan x)\\&=\frac{1}{4}\frac{x}{\cos^4 x}-\frac{1}{4}\left(\tan x+\frac{1}{3}\tan^3 x\right)+C.\end{aligned}$$

例 18 求 $\int\left(\frac{1}{x}+\ln x\right)\mathrm{e}^x\mathrm{d}x$.

解 被积函数为两项之和，对后面一项用分部积分法可去掉对数函数.

$$\begin{aligned}\text{原式}&=\int\frac{1}{x}\mathrm{e}^x\mathrm{d}x+\int\mathrm{e}^x\ln x\,\mathrm{d}x\\&=\int\frac{1}{x}\mathrm{e}^x\mathrm{d}x+\int\ln x\,\mathrm{d}\mathrm{e}^x=\int\frac{1}{x}\mathrm{e}^x\mathrm{d}x+\mathrm{e}^x\ln x-\int\mathrm{e}^x\mathrm{d}(\ln x)\\&=\int\frac{1}{x}\mathrm{e}^x\mathrm{d}x+\mathrm{e}^x\ln x-\int\frac{1}{x}\mathrm{e}^x\mathrm{d}x=\mathrm{e}^x\ln x+C.\end{aligned}$$

例 19 求 $\int \sec^3 x\mathrm{d}x$.

解 被积函数虽是三角函数,但要用分部积分法.

$$\begin{aligned}\text{原式} &= \int \sec x\sec^2 x\mathrm{d}x = \int \sec x\mathrm{d}(\tan x)\\ &= \sec x\tan x - \int \tan x\mathrm{d}(\sec x)\\ &= \sec x\tan x - \int \tan^2 x\sec x\mathrm{d}x\\ &= \sec x\tan x - \int (\sec^2 x - 1)\sec x\mathrm{d}x\\ &= \sec x\tan x - \int (\sec^3 x - \sec x)\mathrm{d}x\\ &= \sec x\tan x - \int \sec^3 x\mathrm{d}x + \int \sec x\mathrm{d}x\\ &= \sec x\tan x + \ln|\sec x + \tan x| - \int \sec^3 x\mathrm{d}x,\end{aligned}$$

移项便得

$$\int \sec^3 x\mathrm{d}x = \frac{1}{2}(\sec x\tan x + \ln|\sec x + \tan x|) + C.$$

例 20 求 $I_n = \int (\ln x)^n \mathrm{d}x$ (n 为正整数)的递推公式.

解 $I_n = x(\ln x)^n - \int x\mathrm{d}(\ln x)^n = x(\ln x)^n - n\int (\ln x)^{n-1}\mathrm{d}x = x(\ln x)^n - nI_{n-1}$.

而 $I_1 = \int \ln x\mathrm{d}x = x\ln x - x + C$.

小结 1. 有些不定积分需对被积函数进行适当地拆项、变形,然后利用不定积分的性质和基本积分公式逐项积分(如例 4、例 5). 但这样做的前提是对基本积分公式非常熟悉,知道这样处理后就可以计算出积分. 所以,基本积分公式是计算不定积分的基础,必须熟记,才能熟能生巧. 当被积函数含有三角函数时,常用 $\sin^2 x+\cos^2 x=1$, $\sec^2 x-\tan^2 x=1$, $\csc^2 x-\cot^2 x=1$, $\sin^2 x=\frac{1-\cos 2x}{2}$, $\cos^2 x=\frac{1+\cos 2x}{2}$ 等三角恒等式对被积函数进行拆分变形.

2. 不定积分换元积分法有两类:第一类换元法、第二类换元法,其思想都是通过适当的变量代换后,使原来不易求出的积分化为容易求出的积分.

第一类换元法又叫“凑微分”法,主要做法是

$$\begin{aligned}&\int f(\varphi(x))\varphi'(x)\mathrm{d}x \xlongequal{\text{凑微分}} \int f(\varphi(x))\mathrm{d}(\varphi(x))\\ &\xlongequal{\text{令 } u=\varphi(x)} \int f(u)\mathrm{d}u = F(u) + C \xlongequal{\text{回代 } u=\varphi(x)} F(\varphi(x)) + C.\end{aligned}$$

通常式中的 $\mathrm{d}(\varphi(x))$ 或 $\varphi'(x)$ 并不直接表示出,解题时需要将它们凑出来,而且换元过程(上面式子中的第二个等式)不必写出(见例 6—例 9). 第一类换元法的思想突出一个“凑”字. 常见的凑微分因子(见例 9 后注)需要熟练掌握而不是死记硬背,而且在练习中加以积累.

第二类换元法的做法：若积分 $\int f(x)\mathrm{d}x=F(x)+C$ 不容易直接求出，则设法作 $x=\varphi(t)$ 的代换，将积分变成 $\int f(\varphi(t))\varphi'(t)\mathrm{d}t=\int g(t)\mathrm{d}t=G(t)+C$，在得到 $G(t)+C$ 后再用 $x=\varphi(t)$ 的反函数 $t=\varphi^{-1}(x)$ 回代，所以我们规定 $x=\varphi(t)$ 要严格单调，且 $\varphi'(t)\neq 0$.

对于含有根号的被积函数，常用根式代换（见例 11 后注）、三角代换（见例 13 后注）消去被积函数中的根号. 其中三角代换有：

（1）被积函数含有 $\sqrt{a^2-x^2}$ 时，令 $x=a\sin t$ 或 $x=a\cos t$；

（2）被积函数含有 $\sqrt{a^2+x^2}$ 时，令 $x=a\tan t$ 或 $x=a\cot t$；

（3）被积函数含有 $\sqrt{x^2-a^2}$ 时，令 $x=a\sec t$ 或 $x=a\csc t$；

（4）被积函数含有 $\sqrt{ax^2+bx+c}$ 时，可通过配方化成上述（1）—（3）的情形之一.

例 13、例 14 中都使用了倒代换 $t=\dfrac{1}{x}$，一般以下各形式的不定积分（通常分母次数高于分子次数），都可用倒代换：

$$\int\frac{1}{x\sqrt{a^2+x^2}}\mathrm{d}x,\quad \int\frac{1}{x^2\sqrt{a^2+x^2}}\mathrm{d}x,\quad \int\frac{\sqrt{x^2-a^2}}{x^4}\mathrm{d}x,$$

$$\int\frac{1}{x\sqrt{x^2-a^2}}\mathrm{d}x,\quad \int\frac{1}{x^2\sqrt{x^2-a^2}}\mathrm{d}x,\quad \int\frac{\sqrt{a^2\pm x^2}}{x^4}\mathrm{d}x,$$

$$\int\frac{1}{x\sqrt{ax^2+bx+c}}\mathrm{d}x,\quad \int\frac{1}{x^2\sqrt{ax^2+bx+c}}\mathrm{d}x.$$

实际上，换元等式 $\int f(x)\mathrm{d}x=\int f(\varphi(u))\mathrm{d}\varphi(u)$，从右向左用就是第一类换元法，从左向右用就是第二类换元法.

3. 分部积分法是通过公式 $\int u\mathrm{d}v=u\cdot v-\int v\mathrm{d}u$ 将求积分 $\int u\mathrm{d}v$ 转化为求积分 $\int v\mathrm{d}u$，关键在于如何选择 u 和 $\mathrm{d}v$. 选择 u 和 $\mathrm{d}v$ 的原则：v 容易求得，且积分 $\int v\mathrm{d}u$ 比 $\int u\mathrm{d}v$ 容易求得.

分部积分法一般适用于下列情况：

（1）被积函数是两类不同函数的乘积：设 $p_n(x)$ 为 n 次多项式.

多项式与反三角函数、对数函数的乘积：形如 $\int p_n(x)\arctan x\mathrm{d}x\left(\int p_n(x)\arcsin x\mathrm{d}x\right.$ 或 $\left.\int p_n(x)\ln^m x\mathrm{d}x\right)$ 的积分（$m>0$），取 $p_n(x)=\mathrm{d}v$；

多项式与三角函数的乘积：形如 $\int p_n(x)\sin\alpha x\mathrm{d}x\left(\int p_n(x)\cos\alpha x\mathrm{d}x\right)$，取 $\sin\alpha x\mathrm{d}x=\mathrm{d}v$（$\cos\alpha x\mathrm{d}x=\mathrm{d}v$）；

多项式与指数函数的乘积：形如 $\int p_n(x)\mathrm{e}^{\alpha x}\mathrm{d}x$ 的积分，取 $\mathrm{e}^{\alpha x}\mathrm{d}x=\mathrm{d}v$.

（2）某些积分不易求出，可用分部积分法进行拆项抵消（例 19）.

(3) 经过几次分部积分法后得到关系式 $I=A+kI$,从而可解得 $I=\frac{A}{1-k}+C\ (k\neq 1)$类型的积分,如例 19,此外还有 $\int e^{ax}\sin bx\mathrm{d}x$,$\int\sqrt{x^2+a^2}\mathrm{d}x$ 等.

(4) 推导积分递推公式(例 20).

4. 从例 6、例 7、例 8、例 13 等可以看到,某些不定积分的求法可以有多种,不同方法得到的结果形式可能不同,但实际上只是相差了一个常数.

三、课内练习题

1. 选择题:

(1) 若 $f(x)$的导函数是 $\sin x$,则 $f(x)$的一个原函数为(　　).

(A) $1+\sin x$　　(B) $1-\sin x$　　(C) $1+\cos x$　　(D) $1-\cos x$

(2) 若 $\int f(x)\mathrm{d}x=x+C$,则$\int f(1-x)\mathrm{d}x=$(　　).

(A) $1-x+C$　　(B) $-x+C$　　(C) $x+C$　　(D) $-\frac{1}{2}(1-x)^2+C$

(3) 若 $f(x)$有连续的导函数,且 $a\neq 0,a\neq 1$,则下列命题正确的是(　　).

(A) $\int f'(ax)\mathrm{d}x=\frac{1}{a}f(ax)+C$　　(B) $\int f'(ax)\mathrm{d}x=f(ax)+C$

(C) $\int f'(ax)\mathrm{d}x=af(ax)$　　(D) $\int f'(ax)\mathrm{d}x=f(x)+C$

2. 填空题:

(1) $\int(e^{3x}-2\sin 5x)\mathrm{d}x=$____________.

(2) 若 $\int f(x)\mathrm{d}x=\sec^2 x+C$,则 $f(x)=$____________.

(3) $\int\frac{\arcsin^3 x}{\sqrt{1-x^2}}\mathrm{d}x=$____________.

(4) 设 $F(x)=\cos x$ 是函数 $f(x)$的一个原函数,则 $\int xf(x)\mathrm{d}x=$____________.

(5) $\int f(x)\mathrm{d}f(x)=$____________.

(6) $\int\frac{\sin 2x}{1+\cos^4 x}\mathrm{d}x=$____________.

(7) 已知 $f'(e^x)=xe^{-x}$,且 $f(1)=1$,则 $f(x)=$____________.

3. 求下列不定积分:

(1) $\int(2^x+x^2\sqrt[3]{x})\mathrm{d}x$;　　(2) $\int\sin^2\frac{x}{2}\mathrm{d}x$;

(3) $\int\frac{x^2}{1+x^2}\mathrm{d}x$;　　(4) $\int\frac{\mathrm{d}x}{1+\cos 2x}$;

(5) $\int \frac{e^{3x}-1}{e^{x}-1}dx$.

4. 用凑微分法求下列不定积分：

(1) $\int (2x+3)^5 dx$;

(2) $\int \frac{1-2\ln x}{x}dx$;

(3) $\int \frac{e^x}{\sqrt{1-e^{2x}}}dx$;

(4) $\int \sin^2 x\cos^5 x dx$;

(5) $\int \frac{\ln \tan x}{\sin 2x}dx$;

(6) $\int x\sin(1-2x^2)dx$;

(7) $\int \frac{x+3}{x^2+6x+10}dx$;

(8) $\int \frac{x}{\sqrt{4-x^2}}dx$.

5. 求下列不定积分：

(1) $\int x\arctan \frac{1}{x}dx$;

(2) $\int \cos\sqrt{x+1}\,dx$;

(3) $\int x\ln^2 x dx$;

(4) $\int \cos \ln x dx$;

(5) $\int \frac{xe^x}{\sqrt{e^x-1}}dx$.

四、课外练习题

1. 设 $F(x)$ 和 $G(x)$ 都是 $f(x)$ 的原函数，则下列结论中正确的是(　　).

(A) $\int f(x)dx = F(x)+G(x)+C$

(B) $\int f(x)dx = \frac{F(x)+2G(x)}{2}+C$

(C) $\int f(x)dx = \frac{F(x)+G(x)}{3}+C$

(D) $\int f(x)dx = \frac{F(x)+2G(x)}{3}+C$

2. 设 $\int f(x)dx = x^2+C$，则 $\int xf(1-x^2)dx=$(　　).

(A) $(1-x^2)^2+C$

(B) $-(1-x^2)^2+C$

(C) $\frac{1}{2}(1-x^2)^2+C$

(D) $-\frac{1}{2}(1-x^2)^2+C$

3. 计算下列不定积分：

(1) $\int \frac{dx}{\cos^2 x\sqrt{1+\tan x}}$;

(2) $\int \sqrt{\frac{2-3x}{2+3x}}dx$;

(3) $\int \frac{1}{x}\sqrt{\frac{1-x}{1+x}}dx$;

(4) $\int \frac{2x-1}{\sqrt{9x^2-4}}dx$;

(5) $\int \frac{x^5 dx}{x^4-1}$;

(6) $\int \frac{\ln\left(1+\frac{1}{x}\right)}{x(x+1)}dx$;

(7) $\int \frac{x^3}{\sqrt{2+x^2}}\mathrm{d}x$; (8) $\int \frac{\mathrm{d}x}{(4+x^2)^2}$;

(9) $\int xf''(x)\mathrm{d}x$; (10) $\int \frac{x\mathrm{e}^{\arctan x}}{\sqrt{(1+x^2)^3}}\mathrm{d}x$;

(11) $\int \frac{x\mathrm{e}^x}{\sqrt{1+\mathrm{e}^x}}\mathrm{d}x$.

*4. 设函数 $f(x)\neq 0$ 且有连续的二阶导数,求 $\int\left(\frac{f''(x)}{f(x)}-\left(\frac{f'(x)}{f(x)}\right)^2\right)\mathrm{d}x$.

*5. 设 $y=y(x)$ 是由方程 $y^2(x-y)=x^2$ 所确定的隐函数,求 $\int \frac{\mathrm{d}x}{y^2}$.

*6. 已知函数 $f(x)$ 满足 $\int \sqrt{x}f(x)\mathrm{d}x=\sqrt{1-x}+\int x^{\frac{3}{2}}\sin x\mathrm{d}x$,求 $\int f(x)\mathrm{d}x$.

*7. 若 $F(x)$ 是 $f(x)$ 的一个原函数,$G(x)$ 是 $\frac{1}{f(x)}$ 的一个原函数,且 $F(x)G(x)=-1$,$f(0)=1$,求 $f(x)$.

第八讲

习题参考答案或提示

第九讲　不定积分(二)

一、本讲要求

1. 会将有理函数化为最简分式之和(即部分分式法).
2. 掌握有理函数、三角函数有理式和简单无理函数的积分法,重点是有理函数的积分.

二、问题 · 分析 · 解答

问题 1　有理函数积分的一般方法是什么?有理函数积分是否还有其他方法?

例 1　求 $\int \frac{x^4}{x^4+5x^2+4}\mathrm{d}x$.

解　这是有理函数的积分. 一般方法是被积函数为假分式时,将其分式化为最简分式之和并定出系数,再对各分式分别积分,先要通过变形或除法化为真分式与多项式之和,再将真分式化为最简分式.

由于

$$\frac{x^4}{x^4+5x^2+4}=\frac{x^4+5x^2+4-(5x^2+4)}{x^4+5x^2+4}=1-\frac{5x^2+4}{x^4+5x^2+4},$$

而

$$\frac{5x^2+4}{x^4+5x^2+4}=\frac{5x^2+4}{(x^2+1)(x^2+4)}=\frac{Ax+B}{x^2+1}+\frac{Cx+D}{x^2+4},$$

通分后比较两边分子的同次幂系数,可得

$$B=-\frac{1}{3},\quad D=\frac{16}{3},\quad A=C=0.$$

于是得

$$\int\frac{x^4}{x^4+5x+4}\mathrm{d}x=\int\left(1+\frac{1}{3(x^2+1)}-\frac{16}{3(x^2+4)}\right)\mathrm{d}x=x+\frac{1}{3}\arctan x-\frac{8}{3}\arctan\frac{x}{2}+C.$$

例 2　求 $\int\frac{1}{(x+1)(x+2)^2}\mathrm{d}x$.

解　[法 1]　设

$$\frac{1}{(x+1)(x+2)^2}=\frac{A}{x+1}+\frac{B}{x+2}+\frac{C}{(x+2)^2},$$

通分后比较两边分子的同次幂系数可得 $A=1,B=-1,C=-1$,故

$$原式=\int\left(\frac{1}{x+1}-\frac{1}{x+2}-\frac{1}{(x+2)^2}\right)\mathrm{d}x=\ln\left|\frac{x+1}{x+2}\right|+\frac{1}{x+2}+C.$$

[法 2]　令 $\frac{x+2}{x+1}=t$,则

$$x+1=\frac{1}{t-1},\quad x+2=\frac{t}{t-1},\quad \mathrm{d}x=\frac{-\mathrm{d}t}{(t-1)^2},$$

故

$$\begin{aligned}\text{原式}&=-\int\frac{t-1}{t^2}\mathrm{d}t=-\int\left(\frac{1}{t}-\frac{1}{t^2}\right)\mathrm{d}t\\&=-\ln|t|-\frac{1}{t}+C\\&=\ln\left|\frac{x+1}{x+2}\right|-\frac{x+1}{x+2}+C.\end{aligned}$$

注 一般地,在求 $I=\int\frac{\mathrm{d}x}{(x-a)^m(x-b)^n}$ (m,n 为自然数且 $a\neq b$)时,可令 $\frac{x-b}{x-a}=t$. 此时

$$x=\frac{at-b}{t-1},\quad x-a=\frac{a-b}{t-1},\quad x-b=\frac{(a-b)t}{t-1},\quad \mathrm{d}x=-\frac{a-b}{(t-1)^2}\mathrm{d}t,$$

于是有

$$I=-\frac{1}{(a-b)^{m+n-1}}\int\frac{(t-1)^{m+n-2}}{t^n}\mathrm{d}t.$$

再进一步化成幂函数的积分.

例 3 求 $\int\frac{\mathrm{d}x}{x(1+x^4)}$.

解 此题虽是有理函数积分,但不必通过一般方法将有理函数化为最简分式之和后再积分,可采取更为便捷的方法.

$$\begin{aligned}\text{原式}&=\int\frac{1+x^4-x^4}{x(1+x^4)}\mathrm{d}x=\int\left(\frac{1}{x}-\frac{x^3}{1+x^4}\right)\mathrm{d}x\\&=\int\frac{\mathrm{d}x}{x}-\frac{1}{4}\int\frac{\mathrm{d}(1+x^4)}{1+x^4}=\ln\frac{|x|}{\sqrt[4]{1+x^4}}+C.\end{aligned}$$

本题还可将分子分母同乘 x^3 后再分项,请读者自己完成.

例 4 求 $\int\frac{x}{x^8-1}\mathrm{d}x$.

解

$$\begin{aligned}\text{原式}&=\frac{1}{4}\int\frac{(x^4+1)-(x^4-1)}{(x^4+1)(x^4-1)}\mathrm{d}(x^2)\\&=\frac{1}{4}\int\frac{1}{(x^2)^2-1}\mathrm{d}(x^2)-\frac{1}{4}\int\frac{1}{(x^2)^2+1}\mathrm{d}(x^2)\\&=\frac{1}{8}\int\left(\frac{1}{x^2-1}-\frac{1}{x^2+1}\right)\mathrm{d}(x^2)-\frac{1}{4}\int\frac{1}{(x^2)^2+1}\mathrm{d}(x^2)\\&=\frac{1}{8}\ln\left|\frac{x^2-1}{x^2+1}\right|-\frac{1}{4}\arctan x^2+C.\end{aligned}$$

例 5 求 $\int \frac{dx}{x^2(1+x^2)^2}$.

解 令 $x=\tan t$，则 $dx=\sec^2 t dt$，得

$$原式=\int \frac{1}{\tan^2 t\sec^4 t}\sec^2 t dt=\int \frac{1}{\tan^2 t\sec^2 t}dt=\int \frac{\sec^2 t-\tan^2 t}{\tan^2 t\sec^2 t}dt$$

$$=\int \frac{1}{\tan^2 t}dt-\int \frac{1}{\sec^2 t}dt=\int (\csc^2 t-1)dt-\int \cos^2 t dt$$

$$=-\cot t-t-\int \frac{1+\cos 2t}{2}dt$$

$$=-\cot t-t-\frac{t}{2}-\frac{1}{4}\sin 2t+C$$

$$=-\frac{1}{x}-\frac{3}{2}\arctan x-\frac{x}{2(1+x^2)}+C.$$

小结 通过以上例子可以看到，有些有理函数的不定积分，可以用比一般方法更为简便的方法计算. 至于什么样的积分方法更简便，应根据被积函数的结构特征灵活地选择.

问题 2 如何计算三角函数有理式的积分?

例 6 求 $\int \frac{\sin x}{1+\sin x+\cos x}dx$.

解 [法 1] 这是三角函数有理式的积分，通常可作半角代换，即令 $\tan \frac{x}{2}=t$，则

$$\sin x=\frac{2t}{1+t^2},\quad \cos x=\frac{1-t^2}{1+t^2},\quad dx=\frac{2}{1+t^2}dt,$$

此时，

$$原式=\int \frac{\frac{2t}{1+t^2}}{1+\frac{2t}{1+t^2}+\frac{1-t^2}{1+t^2}}\cdot\frac{2}{1+t^2}dt$$

$$=\int \frac{2t}{(1+t)(1+t^2)}dt=\int \frac{(1+t)^2-(1+t^2)}{(1+t)(1+t^2)}dt$$

$$=\int \frac{1+t}{1+t^2}dt-\int \frac{1}{1+t}dt=\int \frac{1}{1+t^2}dt+\int \frac{t}{1+t^2}dt-\int \frac{1}{1+t}dt$$

$$=\arctan t+\frac{1}{2}\ln(1+t^2)-\ln|1+t|+C$$

$$=\frac{x}{2}+\frac{1}{2}\ln \sec^2\frac{x}{2}-\ln\left|1+\tan\frac{x}{2}\right|+C$$

$$=\frac{x}{2}+\ln\left|\sec\frac{x}{2}\right|-\ln\left|1+\tan\frac{x}{2}\right|+C.$$

[法 2] 用 $1-(\sin x+\cos x)$ 同乘分子分母，则

$$
\begin{aligned}
\text{原式}&=\int\frac{\sin x(1-\sin x-\cos x)}{-2\sin x\cos x}\mathrm{d}x\\
&=-\frac{1}{2}\int\frac{1-\sin x-\cos x}{\cos x}\mathrm{d}x\\
&=-\frac{1}{2}\left(\int\sec x\mathrm{d}x+\int\frac{1}{\cos x}\mathrm{d}(\cos x)-\int\mathrm{d}x\right)\\
&=-\frac{1}{2}(\ln|\sec x+\tan x|+\ln|\cos x|-x)+C.
\end{aligned}
$$

例 7 求 $\int\frac{4\sin x-3\cos x}{2\sin x+\cos x}\mathrm{d}x$.

解 将被积函数变形为

$$\frac{4\sin x-3\cos x}{2\sin x+\cos x}=1-2\frac{2\cos x-\sin x}{2\sin x+\cos x},$$

注意右边第二项的分子为分母的导数,则

$$
\begin{aligned}
\text{原式}&=\int\left(1-2\frac{2\cos x-\sin x}{2\sin x+\cos x}\right)\mathrm{d}x=x-2\int\frac{1}{2\sin x+\cos x}\mathrm{d}(2\sin x+\cos x)\\
&=x-2\ln|2\sin x+\cos x|+C.
\end{aligned}
$$

注 此题的解法适用于不定积分 $\int\frac{A\sin x+B\cos x}{C\sin x+D\cos x}\mathrm{d}x$.

例 8 求 $\int\frac{\cos^4 x}{\sin^3 x}\mathrm{d}x$.

解 令 $\cos x=t$,则 $\mathrm{d}t=-\sin x\mathrm{d}x$,得

$$
\begin{aligned}
\text{原式}&=\int\frac{\cos^4 x}{\sin^4 x}\sin x\mathrm{d}x=\int\frac{-t^4}{(1-t^2)^2}\mathrm{d}t\\
&=-\frac{1}{2}\int t^3\mathrm{d}\left(\frac{1}{1-t^2}\right)=\frac{t^3}{2(t^2-1)}+\frac{3}{2}\int\frac{t^2}{1-t^2}\mathrm{d}t\\
&=\frac{t^3}{2(t^2-1)}-\frac{3}{2}\left(\int\mathrm{d}t+\int\frac{1}{t^2-1}\mathrm{d}t\right)\\
&=\frac{t^3}{2(t^2-1)}-\frac{3}{2}t-\frac{3}{4}\ln\left|\frac{t-1}{t+1}\right|+C\\
&=-\frac{\cos^3 x}{2\sin^2 x}-\frac{3}{2}\cos x-\frac{3}{4}\ln\left|\frac{\cos x-1}{\cos x+1}\right|+C.
\end{aligned}
$$

例 9 求 $\int\frac{1}{1+\sin x}\mathrm{d}x$.

解 [法 1]

$$
\begin{aligned}
\text{原式}&=\int\frac{1-\sin x}{(1+\sin x)(1-\sin x)}\mathrm{d}x\\
&=\int\frac{1-\sin x}{\cos^2 x}\mathrm{d}x
\end{aligned}
$$

$$=\int \sec^2 x\mathrm{d}x+\int \frac{1}{\cos^2 x}\mathrm{d}(\cos x)$$

$$=\tan x-\frac{1}{\cos x}+C.$$

［法 2］

$$\text{原式}=\int \frac{1}{1+\cos\left(\frac{\pi}{2}-x\right)}\mathrm{d}x=\int \frac{1}{2\cos^2\left(\frac{\pi}{4}-\frac{x}{2}\right)}\mathrm{d}x$$

$$=-\int \sec^2\left(\frac{\pi}{4}-\frac{x}{2}\right)\mathrm{d}\left(\frac{\pi}{4}-\frac{x}{2}\right)$$

$$=-\tan\left(\frac{\pi}{4}-\frac{x}{2}\right)+C.$$

［法 3］

$$\text{原式}=\int \frac{1}{1+2\sin\frac{x}{2}\cos\frac{x}{2}}\mathrm{d}x=\int \frac{1}{\left(\sin\frac{x}{2}+\cos\frac{x}{2}\right)^2}\mathrm{d}x=\int \frac{\sec^2\frac{x}{2}}{\left(1+\tan\frac{x}{2}\right)^2}\mathrm{d}x$$

$$=2\int \frac{\mathrm{d}\left(\tan\frac{x}{2}\right)}{\left(1+\tan\frac{x}{2}\right)^2}=-\frac{2}{1+\tan\frac{x}{2}}+C.$$

小结　对于三角函数有理式的积分 $\int R(\sin x,\cos x)\mathrm{d}x$，可用半角代换(万能代换) $\tan\frac{x}{2}=t$，将其化成有理函数的积分．但半角代换不一定是简便的方法，有的情况下，还有下列几种代换(见例 8)：

若 $R(-\sin x,\cos x)=-R(\sin x,\cos x)$，可以令 $t=\cos x$；

若 $R(\sin x,-\cos x)=-R(\sin x,\cos x)$，可以令 $t=\sin x$；

若 $R(-\sin x,-\cos x)=R(\sin x,\cos x)$，可以令 $t=\tan x$.

问题 3　如何计算无理函数的积分？

例 10　求 $\int \frac{1}{x}\sqrt{\frac{1-x}{1+x}}\mathrm{d}x$.

解　令 $t=\sqrt{\frac{1-x}{1+x}}$，则 $x=\frac{1-t^2}{1+t^2}$，$\mathrm{d}x=\frac{-4t}{(1+t^2)^2}\mathrm{d}t$. 于是

$$\text{原式}=\int \frac{1+t^2}{1-t^2}\cdot\frac{-4t^2}{(1+t^2)^2}\mathrm{d}t=\int \frac{-4t^2}{(1-t^2)(1+t^2)}\mathrm{d}t$$

$$=-\ln\left|\frac{1+t}{1-t}\right|+2\arctan t+C=-\ln\left|\frac{1+\sqrt{\frac{1-x}{1+x}}}{1-\sqrt{\frac{1-x}{1+x}}}\right|+2\arctan\sqrt{\frac{1-x}{1+x}}+C$$

$$=-\ln\left|\frac{\sqrt{1+x}+\sqrt{1-x}}{\sqrt{1+x}-\sqrt{1-x}}\right|+2\arctan\sqrt{\frac{1-x}{1+x}}+C.$$

例 11 求 $\int\frac{\mathrm{d}x}{\sqrt[3]{(x+1)^2(x-1)^4}}$.

解 因
$$\frac{1}{\sqrt[3]{(x+1)^2(x-1)^4}}=\frac{1}{\sqrt[3]{\left(\frac{x+1}{x-1}\right)^2\cdot(x-1)^2}},$$

令 $\sqrt[3]{\frac{x+1}{x-1}}=t$,则 $x=\frac{t^3+1}{t^3-1}$,$\mathrm{d}x=\frac{-6t^2}{(t^3-1)^2}\mathrm{d}t$,于是

$$原式=\int\frac{1}{t^2}\cdot\left(\frac{4}{(t^3-1)^2}\right)^{-1}\cdot\frac{-6t^2}{(t^3-1)^2}\mathrm{d}t=-\frac{3}{2}\int\mathrm{d}t$$
$$=-\frac{3}{2}t+C=-\frac{3}{2}\sqrt[3]{\frac{x+1}{x-1}}+C.$$

例 12 求 $\int\frac{1}{\sqrt{1+x}+\sqrt[3]{1+x}}\mathrm{d}x$.

解 令 $\sqrt[6]{1+x}=t$,则 $x=t^6-1$,$\mathrm{d}x=6t^5\mathrm{d}t$,得

$$原式=\int\frac{1}{t^3+t^2}6t^5\mathrm{d}t=6\int\frac{t^3}{t+1}\mathrm{d}t$$
$$=6\int\left((t^2-t+1)-\frac{1}{t+1}\right)\mathrm{d}t=6\left(\frac{t^3}{3}-\frac{t^2}{2}+t-\ln|1+t|\right)+C$$
$$=2\sqrt{1+x}-3\sqrt[3]{1+x}+6\sqrt[6]{1+x}-6\ln|1+\sqrt[6]{1+x}|+C.$$

小结 三种常见类型的无理函数积分的处理方法如下:

(1) 对于形如 $\int R\left(x,\sqrt[n]{\frac{ax+b}{cx+d}}\right)\mathrm{d}x(ad-bc\neq 0)$ 的积分,作代换 $t=\sqrt[n]{\frac{ax+b}{cx+d}}$.

(2) 对于形如 $\int R(x,\sqrt{ax^2+bx+c})\mathrm{d}x(a\neq 0)$ 的积分,先在括号下进行配方,然后选择适当的三角代换去根号.

(3) 对于形如 $\int R(x,\sqrt[m]{ax+b},\sqrt[n]{ax+b})\mathrm{d}x$ 的积分,可作代换 $t=\sqrt[s]{ax+b}$,其中 s 是 m 和 n 的最小公倍数.

注 第八讲、第九讲讲解了不定积分的各种积分方法,需要注意的是:有些函数的原函数虽然存在,但不能用初等函数的有限形式表示(或称为不定积分积不出来),例如 $\int e^{\pm x^2}\mathrm{d}x$,$\int\frac{\sin x}{x}\mathrm{d}x$,$\int\sin(x^2)\mathrm{d}x$,$\int\frac{\mathrm{d}x}{\ln x}$,$\int\frac{1}{\sqrt{1+x^3}}\mathrm{d}x$,$\int\sqrt{1-k^2\sin^2x}\,\mathrm{d}x$ 等.

三、课内练习题

1. 填空题：

(1) $\int \frac{x+5}{x^2-6x+13}dx=$ ______.

(2) $\int \frac{dx}{x^2-x-6}=$ ______.

(3) $\int \frac{1}{(1+2x)(1+x^2)}dx=$ ______.

(4) $\int \frac{x}{(x^2+1)(x^2+4)}dx=$ ______.

(5) $\int \frac{\sin x-\cos x}{(\sin x+\cos x)^5}dx=$ ______.

2. 计算下列不定积分：

(1) $\int \frac{\sin x}{1+\cos x}dx$；

(2) $\int \frac{1}{1+\tan x}dx$；

(3) $\int \frac{1}{1+\sin x+\cos x}dx$；

(4) $\int \frac{dx}{x(x-1)^2}$；

(5) $\int \frac{1}{x(1+x^2)^2}dx$；

(6) $\int \frac{x^4+1}{x^6+1}dx$；

(7) $\int \frac{dx}{x(x^9+1)}$；

(8) $\int \frac{1}{\sqrt{(x-1)^3(x-2)}}dx$.

四、课外练习题

1. 计算下列不定积分：

(1) $\int \frac{x^2+1}{(x+1)^2(x-1)}dx$；

(2) $\int \frac{dx}{(x^2+1)(x^2+x+1)}$；

(3) $\int \frac{dx}{2+\sin x}$；

(4) $\int \frac{1}{\sin 2x-2\sin x}dx$；

(5) $\int \frac{dx}{\sqrt{x}(1+\sqrt[4]{x})^3}$；

(6) $\int \frac{dx}{a^2\cos^2 x+b^2\sin^2 x}$；

(7) $\int \frac{\sin^5 x}{\cos^4 x}dx$；

(8) $\int \sqrt{\frac{x+a}{x-a}}dx$.

*2. 计算下列不定积分：

(1) $\int \frac{1}{x^4-2x^2+1}dx$；

(2) $\int \frac{dx}{\sqrt{x+1}-\sqrt[3]{x+1}}$；

(3) $\int \frac{dx}{x+\sqrt{a^2-x^2}}\ (a>0)$;

(4) $\int \frac{\cos 2x-\sin 2x}{\cos x+\sin x}dx$;

(5) $\int \frac{1}{(\sin x+\cos x)^2}dx$;

(6) $\int \frac{\sin x}{\sin^3 x+\cos^3 x}dx$;

(7) $\int \frac{1}{\sqrt[3]{(2-x)^5(2+x)}}dx$;

(8) $\int \frac{x^2+1}{x\sqrt{1+x^4}}dx$.

第九讲

习题参考答案或提示

第十讲　定积分的概念、性质及计算

一、本讲要求

定积分是高等数学中另一个重要概念. 它研究的是一类特定结构的和式极限,其基本思想方法也是以后建立重积分、曲线积分和曲面积分的基础,必须很好地掌握. 具体要求:

1. 理解定积分的基本概念及几何意义,掌握定积分的性质.

2. 理解变上限积分的概念,熟练掌握含变上限积分函数的求导方法. 理解并掌握牛顿-莱布尼茨公式.

3. 掌握定积分的换元积分法和分部积分法.

二、问题·分析·解答

问题 1　如何理解定积分的定义?

例 1　下列结论是否正确?

(1) 定积分定义中的和式极限也可以表示为 $\lim\limits_{n\to\infty}\sum\limits_{i=1}^{n} f(\xi_i)\Delta x_i$;

(2) 设函数 $f(x)$ 在区间 $[0,1]$ 上连续,则 $\int_0^1 f(x)\mathrm{d}x=\lim\limits_{n\to\infty}\sum\limits_{i=1}^{n} f\left(\frac{i}{n}\right)\frac{1}{n}$;

(3) 只有当 $a<c<b$ 时,$\int_a^b f(x)\mathrm{d}x=\int_a^c f(x)\mathrm{d}x+\int_c^b f(x)\mathrm{d}x$ 才能成立;

(4) $\int_a^b f(x)\mathrm{d}x$ 表示由 $y=f(x)$, $x=a$, $x=b$, $y=0$ 所围成图形的面积.

解　(1) 错误. 根据定积分定义,$\int_a^b f(x)\mathrm{d}x=\lim\limits_{\lambda\to 0}\sum\limits_{i=1}^{n} f(\xi_i)\Delta x_i$,其中 $\lambda=\max\limits_{1\leqslant i\leqslant n}\{\Delta x_i\}$. 但“$n\to\infty$”不能保证“$\lambda\to 0$”,只有在积分区间 $[a,b]$ 是等分的情况下,两个和式极限才等价.

(2) 正确. 函数 $f(x)$ 在区间 $[0,1]$ 上连续,则 $f(x)$ 在 $[0,1]$ 上可积. 当 $f(x)$ 可积时,根据定积分定义,可以选取区间 $[0,1]$ 的特殊分法和 ξ_i 的特殊取法,比如将 $[0,1]$ n 等分,且将 ξ_i 取作第 i 个小区间的右端点,即 $\xi_i=\frac{i}{n}$, $\Delta x_i=\frac{1}{n}$,此时 $\int_0^1 f(x)\mathrm{d}x=\lim\limits_{\lambda\to 0}\sum\limits_{i=1}^{n} f(\xi_i)\Delta x_i=\lim\limits_{n\to\infty}\sum\limits_{i=1}^{n} f\left(\frac{i}{n}\right)\frac{1}{n}$.

(3) 错误. 对任意的 a,b,c,均有 $\int_a^b f(x)\mathrm{d}x+\int_b^c f(x)\mathrm{d}x=\int_a^c f(x)\mathrm{d}x$.

(4) 错误. 应该加上条件“$f(x)\geqslant 0$”才正确.

例 2　将 $\int_0^1 \frac{\sqrt{x}}{1+\sqrt{x}}\mathrm{d}x$ 用和式极限表示.

解 记定义于区间$[0,1]$的函数$f(x)=\dfrac{\sqrt{x}}{1+\sqrt{x}}$,将$[0,1]$ n 等分,即分点为 $x_0=0<x_1<\cdots<x_{n-1}<x_n=1$,$x_i=\dfrac{i}{n}$,$\Delta x_i=\dfrac{1}{n}$,取 $\xi_i=x_i=\dfrac{i}{n}$,则

$$\sum_{i=1}^{n} f(\xi_i)\Delta x_i=\sum_{i=1}^{n}\frac{\sqrt{\frac{i}{n}}}{1+\sqrt{\frac{i}{n}}}\cdot\frac{1}{n},$$

故

$$\int_0^1\frac{\sqrt{x}}{1+\sqrt{x}}\mathrm{d}x=\lim_{n\to\infty}\sum_{i=1}^{n}\frac{\sqrt{\frac{i}{n}}}{1+\sqrt{\frac{i}{n}}}\cdot\frac{1}{n}.$$

这里特别将$[0,1]$ n 等分并取 $\xi_i=x_i$,是因为函数$f(x)=\dfrac{\sqrt{x}}{1+\sqrt{x}}$在$[0,1]$上连续,而连续函数是可积的,所以积分与区间$[0,1]$的分法及 ξ_i 的取法无关.

例 3 试用定积分求极限$\lim\limits_{n\to\infty}\left(\dfrac{1}{\sqrt{n^2+1}}+\dfrac{1}{\sqrt{n^2+2^2}}+\cdots+\dfrac{1}{\sqrt{n^2+n^2}}\right)$.

解 所求极限为和式的极限,可变形为 $\lim\limits_{n\to\infty}\sum\limits_{i=1}^{n}\dfrac{1}{\sqrt{1+\left(\dfrac{i}{n}\right)^2}}\cdot\dfrac{1}{n}$. 对定义于$[0,1]$上的函数$f(x)=\dfrac{1}{\sqrt{1+x^2}}$,将$[0,1]$ n 等分,分点为 $x_0=0,x_1=\dfrac{1}{n},\cdots,x_i=\dfrac{i}{n},\cdots,x_n=1$,此时 $\Delta x_i=\dfrac{1}{n}$,并取 $\xi_i=x_i$,则有

$$\lim_{n\to\infty}\sum_{i=1}^{n} f(\xi_i)\Delta x_i=\lim_{n\to\infty}\sum_{i=1}^{n}\frac{1}{\sqrt{1+\xi_i^2}}\cdot\Delta x_i=\lim_{n\to\infty}\sum_{i=1}^{n}\frac{1}{\sqrt{1+\frac{i^2}{n^2}}}\cdot\frac{1}{n}.$$

因函数$f(x)=\dfrac{1}{\sqrt{1+x^2}}$在$[0,1]$上连续,故在$[0,1]$上可积,所以

$$\lim_{n\to\infty}\sum_{i=1}^{n}\frac{1}{\sqrt{1+\frac{i^2}{n^2}}}\cdot\frac{1}{n}=\int_0^1\frac{1}{\sqrt{1+x^2}}\mathrm{d}x=\ln\left|x+\sqrt{1+x^2}\right|\Big|_0^1=\ln(1+\sqrt{2}).$$

小结 1. 定积分的定义体现了无限分割和无限求和的思想,可以用分割、近似、求和、取极限来概括定积分的定义. 要注意定义中要求:不论对$[a,b]$怎样分割,也不论 $\xi_i\in[x_{i-1},x_i]$如何选择,和式 $\sum\limits_{i=1}^{n} f(\xi_i)\Delta x_i$ 的极限都存在,且极限值与$[a,b]$的分法、ξ_i 的取法无关,才能称$f(x)$在$[a,b]$上可积,该极限值为$f(x)$在$[a,b]$上的定积分. 反之,若已知$f(x)$在$[a,b]$上

可积，则说明可以选择使和式 $\sum_{i=1}^{n} f(\xi_i)\Delta x_i$ 的极限易于计算的 $[a,b]$ 的特殊分法和 ξ_i 的特殊取法，得到的极限值即为定积分.

2. 定积分与不定积分的区别在于：不定积分是一类函数的集合，定积分是一个极限值，是个常数. 而且根据定义，定积分的值与积分变量的选择无关 $\left(即\int_a^b f(x)\,dx=\int_a^b f(t)\,dt\right)$，而只与被积函数 $f(x)$ 及积分区间 $[a,b]$ 有关.

3. 定积分的几何意义：当 $f(x)\geqslant 0$ 时，$\int_a^b f(x)\,dx$ 表示由 $y=f(x)$，$y=0$，$x=a$，$x=b$ 所围成的曲边梯形的面积. 由定积分的几何意义直接可知：

$$\int_{-1}^{1}\sqrt{1-x^2}\,dx=\frac{\pi}{2},\quad \int_0^2\sqrt{4x-x^2}\,dx=\pi,\quad \int_a^b\sqrt{(b-x)(x-a)}\,dx=\frac{\pi(b-a)^2}{8}\ (b>a).$$

问题 2 如何求变上限积分 $\int_a^x f(t)\,dt$ 的导数？

例 4 下列结论是否正确？

(1) 设 $f(x)$ 连续，则 $\int_a^x f(t)\,dt$ 是 $f(t)$ 的一个原函数；

(2) $\dfrac{d}{dx}\int_0^x x\sin t\,dt=x\sin x$.

解 (1) 错误. $\int_a^x f(t)\,dt$ 是 x 的函数，与积分变量 t 无关，所以显然不是 $f(t)$ 的一个原函数. 根据对变上限积分求导的公式，得 $\dfrac{d}{dx}\left(\int_a^x f(t)\,dt\right)=f(x)$，所以 $\int_a^x f(t)\,dt$ 是 $f(x)$ 的一个原函数.

(2) 错误. 在积分 $\int_a^x xf(t)\,dt$ 中，x 相对于积分变量 t 来说是常数，故 $\int_a^x xf(t)\,dt=x\int_a^x f(t)\,dt$，从而 $\dfrac{d}{dx}\int_0^x x\sin t\,dt=\dfrac{d}{dx}\left(x\int_0^x \sin t\,dt\right)=\int_0^x \sin t\,dt+x\sin x$.

例 5 求下列函数对 x 的导数：

(1) $F(x)=\int_{x^2}^{x}\dfrac{\sin t}{1+t^2}dt$；　　(2) $F(x)=\int_0^x\left(x^2\sin(t^2)+t(x+1)\right)dt$；

(3) 设 $\sin x-\int_1^{y-x}e^{-t^2}dt=0$，求 $\left.\dfrac{dy}{dx}\right|_{x=0}$.

解 (1) $F(x)=\int_0^x\dfrac{\sin t}{1+t^2}dt-\int_0^{x^2}\dfrac{\sin t}{1+t^2}dt$，故

$$F'(x)=\left(\int_0^x\frac{\sin t}{1+t^2}dt\right)'-\left(\int_0^{x^2}\frac{\sin t}{1+t^2}dt\right)',$$

第一项用求导的基本公式，第二项看成是由 $\int_0^u\dfrac{\sin t}{1+t^2}dt$ 和 $u=x^2$ 的复合函数，用复合函数求导法则得

$$F'(x)=\frac{\sin x}{1+x^2}-\frac{\sin(x^2)}{1+x^4}\cdot 2x=\frac{\sin x}{1+x^2}-\frac{2x}{1+x^4}\sin(x^2).$$

（2）t 是积分变量，x 相对于 t 是常数，因此，$F(x)$ 可写成

$$F(x)=x^2\int_0^x \sin(t^2)\,\mathrm{d}t+(x+1)\int_0^x t\,\mathrm{d}t,$$

故

$$\begin{aligned}F'(x)&=\left(x^2\int_0^x \sin(t^2)\,\mathrm{d}t\right)'+\left((x+1)\int_0^x t\,\mathrm{d}t\right)'\\&=2x\int_0^x \sin(t^2)\,\mathrm{d}t+x^2\sin(x^2)+\int_0^x t\,\mathrm{d}t+(x+1)x\\&=2x\int_0^x \sin(t^2)\,\mathrm{d}t+x^2\sin(x^2)+\frac{3x^2}{2}+x.\end{aligned}$$

（3）两边对 x 求导，得

$$\cos x-\mathrm{e}^{-(y-x)^2}\left(\frac{\mathrm{d}y}{\mathrm{d}x}-1\right)=0,$$

解出 $\dfrac{\mathrm{d}y}{\mathrm{d}x}=1+\cos x\,\mathrm{e}^{(y-x)^2}$，当 $x=0$ 时，$y=1$，所以 $\left.\dfrac{\mathrm{d}y}{\mathrm{d}x}\right|_{x=0}=1+\mathrm{e}.$

例 6 求极限：

（1）$\displaystyle\lim_{x\to 0}\frac{\int_0^x(\arcsin t-t)\,\mathrm{d}t}{x(\mathrm{e}^x-1)^3}$；（2）$\displaystyle\lim_{x\to\infty}\frac{1}{x}\int_0^x(1+t^2)\mathrm{e}^{t^2-x^2}\,\mathrm{d}t.$

解 （1）这是 $\dfrac{0}{0}$ 型未定式，可用洛必达法则. 为了简化运算，分母的因子 $(\mathrm{e}^x-1)^3$ 先用等价无穷小进行代换.

$$\begin{aligned}\text{原式}&=\lim_{x\to 0}\frac{\int_0^x(\arcsin t-t)\,\mathrm{d}t}{x\cdot x^3}\quad(\mathrm{e}^x-1\sim x,x\to 0)\\&=\lim_{x\to 0}\frac{\arcsin x-x}{4x^3}=\lim_{x\to 0}\frac{\frac{1}{\sqrt{1-x^2}}-1}{12x^2}\\&=\lim_{x\to 0}\frac{1-\sqrt{1-x^2}}{12x^2}=\lim_{x\to 0}\frac{\frac{x}{\sqrt{1-x^2}}}{24x}=\frac{1}{24}.\end{aligned}$$

（2）
$$\begin{aligned}\text{原式}&=\lim_{x\to\infty}\frac{\int_0^x(1+t^2)\mathrm{e}^{t^2-x^2}\,\mathrm{d}t}{x}\\&=\lim_{x\to\infty}\frac{\mathrm{e}^{-x^2}\int_0^x(1+t^2)\mathrm{e}^{t^2}\,\mathrm{d}t}{x}=\lim_{x\to\infty}\frac{\int_0^x(1+t^2)\mathrm{e}^{t^2}\,\mathrm{d}t}{x\mathrm{e}^{x^2}},\end{aligned}$$

这是$\frac{\infty}{\infty}$型不定式,应用洛必达法则得

$$\lim_{x\to\infty}\frac{\int_0^x(1+t^2)e^{t^2}dt}{xe^{x^2}}=\lim_{x\to\infty}\frac{\left(\int_0^x(1+t^2)e^{t^2}dt\right)'}{(xe^{x^2})'}=\lim_{x\to\infty}\frac{(1+x^2)e^{x^2}}{e^{x^2}+2x^2e^{x^2}}=\lim_{x\to\infty}\frac{1+x^2}{1+2x^2}=\frac{1}{2}.$$

例 7 设$f(x)$在区间$[a,b]$上连续,证明函数

$$g(x)=\left(\int_a^x f(t)dt\right)^2-(x-a)\int_a^x f^2(t)\,dt$$

在区间$[a,b]$上单调减少.

证明
$$\begin{aligned}g'(x)&=2f(x)\int_a^x f(t)dt-\int_a^x f^2(t)dt-(x-a)f^2(x)\\&=\int_a^x 2f(x)f(t)dt-\int_a^x f^2(t)dt-\int_a^x f^2(x)dt\\&=\int_a^x -(f(x)-f(t))^2dt<0,\end{aligned}$$

所以$g(x)$在区间$[a,b]$上单调减少.

小结 1. 变限定积分求导的一般公式为

$$\left(\int_{\psi(x)}^{\varphi(x)}f(t)dt\right)'=f(\varphi(x))\cdot\varphi'(x)-f(\psi(x))\cdot\psi'(x).$$

2. 变限定积分给出了函数的一种新的表达方式,它出现在求极限(例 6)、判断单调性(例 7)、求极值等问题中.

问题 3 应用定积分的换元积分法时,应注意什么?

例 8 计算$\int_{-1}^1\frac{dx}{1+x^2}$.

解 由牛顿-莱布尼茨公式可知

$$\int_{-1}^1\frac{dx}{1+x^2}=\arctan x\Big|_{-1}^1=\frac{\pi}{4}+\frac{\pi}{4}=\frac{\pi}{2},$$

但若设$x=\frac{1}{t}$,则$dx=-\frac{1}{t^2}dt$. 当$x=-1$时,$t=-1$;当$x=1$时,$t=1$,此时

$$\int_{-1}^1\frac{dx}{1+x^2}=\int_{-1}^1\frac{-\frac{1}{t^2}}{1+\left(\frac{1}{t}\right)^2}dt=-\int_{-1}^1\frac{dt}{1+t^2}=-\int_{-1}^1\frac{dx}{1+x^2},$$

从而推出$\int_{-1}^1\frac{dx}{1+x^2}=0$. 这显然是错误的,错误的原因是代换$t=\frac{1}{x}$在$x=0$处无定义,故不能作代换$x=\frac{1}{t}$.

例 9 对于积分$\int_0^3 x\sqrt[3]{1-x^2}\,dx$作代换$x=\sin t$是否可行,为什么?

解 不可以作代换$x=\sin t$. 因为当$x=0$时,$t=0$;而当$x=3$时,t就无对应值,故不能作

此换元. 正确解法如下:

$$\int_0^3 x\sqrt[3]{1-x^2}\,dx=\frac{1}{2}\int_0^3\sqrt[3]{1-x^2}\,d(x^2)\xlongequal{\text{令 } x^2=t}\frac{1}{2}\int_0^9\sqrt[3]{1-t}\,dt=\frac{1}{2}\left(-\frac{3}{4}(1-t)^{\frac{4}{3}}\right)\Bigg|_0^9=-\frac{45}{8}.$$

例 10 计算 $\int_0^1 x\sqrt{(1-x^4)}\,dx$.

解 令 $x^2=\sin t$,则 $x=\sqrt{\sin t}$,$dx=\dfrac{\cos t}{2\sqrt{\sin t}}dt$. 当 $x=0$ 时,$t=0$,当 $x=1$ 时,$t=\dfrac{\pi}{2}$,于是

$$\int_0^1 x\sqrt{(1-x^4)}\,dx=\int_0^{\frac{\pi}{2}}\sqrt{\sin t}\,(1-\sin^2 t)^{\frac{1}{2}}\cdot\frac{1}{2\sqrt{\sin t}}\cos t\,dt$$

$$=\frac{1}{2}\int_0^{\frac{\pi}{2}}\cos^2 t\,dt=\frac{1}{2}\cdot\frac{1}{2}\cdot\frac{\pi}{2}=\frac{\pi}{8}.$$

例 11 计算 $\int_0^{\frac{1}{\sqrt{3}}}\dfrac{dx}{(2x^2+1)\sqrt{x^2+1}}$.

解 令 $x=\tan t$,$dx=\sec^2 t\,dt$.

$$\text{原式}=\int_0^{\frac{\pi}{6}}\frac{\sec^2 t\,dt}{(2\tan^2 t+1)\sec t}=\int_0^{\frac{\pi}{6}}\frac{\cos t\,dt}{2\sin^2 t+\cos^2 t}$$

$$=\int_0^{\frac{\pi}{6}}\frac{d(\sin t)}{1+\sin^2 t}=\arctan(\sin t)\Big|_0^{\frac{\pi}{6}}=\arctan\frac{1}{2}.$$

小结 1. 注意定积分的换元法与不定积分的换元法的不同:不定积分的换元法是通过变量代换 $x=\varphi(t)$,把积分变量 x 变成新的积分变量 t,同时被积函数 $f(x)$ 变成 $f(\varphi(t))\varphi'(t)$,求出新被积函数的原函数,再将 $t=\varphi^{-1}(x)$ 回代. 所以,要求变量代换 $x=\varphi(t)$ 的反函数存在. 定积分的换元法在换元的同时也换了积分限,把原定积分换成了一个等值的新的定积分,只要计算出新的定积分就能得到原定积分的结果,所以不必进行变量回代.

2. 对定积分 $\int_a^b f(x)\,dx$ 应用换元法时,要注意:代换 $x=\varphi(t)\in[a,b]$是单值的,且有连续的导数;$\varphi(\alpha)=a$,$\varphi(\beta)=b$,得到的新积分下限是 α,上限是 β;换元时不能忘记换积分上、下限,新积分下限不一定小于上限.

问题 4 应用定积分的分部积分法时,应注意什么?

例 12 求 $\int_0^1 e^{\sqrt{x}}\,dx$.

解 [法 1] 令$\sqrt{x}=t$,则 $x=t^2$,$dx=2t\,dt$. 当 $x=0$ 时,$t=0$;当 $x=1$ 时,$t=1$. 于是

$$\text{原式}=2\int_0^1 te^t\,dt=2\int_0^1 t\,de^t=2te^t\Big|_0^1-2\int_0^1 e^t\,dt$$

$$=2e-2e^t\Big|_0^1=2e-2e+2=2.$$

[法 2]
$$\text{原式}=\int_0^1\frac{2\sqrt{x}}{2\sqrt{x}}e^{\sqrt{x}}\,dx=2\int_0^1\sqrt{x}\,e^{\sqrt{x}}\,d\sqrt{x}=2\int_0^1\sqrt{x}\,de^{\sqrt{x}}$$

$$=2(\sqrt{x}\,e^{\sqrt{x}})\Big|_0^1-2\int_0^1 e^{\sqrt{x}}\,d\sqrt{x}=2e-2e^{\sqrt{x}}\Big|_0^1=2.$$

例 13 设 $f''(x)$ 在 $[0,1]$ 上连续，且 $f(0)=1, f(2)=3, f'(2)=5$，求 $\int_0^1 xf''(2x)\,\mathrm{d}x$.

解 原式 $=\dfrac{1}{2}\int_0^1 x\mathrm{d}f'(2x)=\dfrac{1}{2}\left(xf'(2x)\Big|_0^1-\int_0^1 f'(2x)\,\mathrm{d}x\right)$

$$=\frac{5}{2}-\frac{1}{4}f(2x)\Big|_0^1=2.$$

小结 定积分的分部积分公式为 $\int_a^b u\mathrm{d}v=uv\Big|_a^b-\int_a^b v\mathrm{d}u$，与不定积分的分部积分公式一样，使用定积分的分部积分公式时，u 和 v 的适当选取仍是关键，且选择 u 和 v 的原则与计算不定积分时相同. 在计算定积分时，注意 $uv\big|_a^b$ 要及时算出，在重复使用分部积分法的题目中这一点尤为重要.

问题 5 在计算定积分时，除了换元积分法和分部积分法，还有哪些需要特别注意的方法和结论？

例 14 求 $I=\int_0^2 f(x-1)\,\mathrm{d}x$，其中 $f(x)=\begin{cases}\dfrac{1}{x+1}, & x\geqslant 0,\\ \dfrac{1}{1+\mathrm{e}^x}, & x<0.\end{cases}$

解 这是分段函数的定积分，要利用积分区间的可加性.

[法 1] 因

$$f(x-1)=\begin{cases}\dfrac{1}{x}, & x\geqslant 1,\\ \dfrac{1}{1+\mathrm{e}^{x-1}}, & x<1,\end{cases}$$

故

$$I=\int_0^2 f(x-1)\,\mathrm{d}x=\int_0^1\frac{1}{1+\mathrm{e}^{x-1}}\mathrm{d}x+\int_1^2\frac{\mathrm{d}x}{x}$$

$$=\int_0^1\frac{1+\mathrm{e}^{x-1}-\mathrm{e}^{x-1}}{1+\mathrm{e}^{x-1}}\mathrm{d}x+\ln x\Big|_1^2$$

$$=\ln 2+(x-\ln(1+\mathrm{e}^{x-1}))\Big|_0^1=\ln(1+\mathrm{e}).$$

[法 2] $I=\int_0^2 f(x-1)\,\mathrm{d}x \xlongequal{\text{令 } x-1=t} \int_{-1}^1 f(t)\,\mathrm{d}t$

$$=\int_{-1}^0\frac{\mathrm{d}t}{1+\mathrm{e}^t}+\int_0^1\frac{\mathrm{d}t}{1+t}=\ln(1+\mathrm{e}^{-t})\Big|_0^{-1}+\ln(1+t)\Big|_0^1=\ln(1+\mathrm{e}).$$

例 15 求 $\int_0^{\pi}\sqrt{\sin x-\sin^3 x}\,\mathrm{d}x$.

解 原式 $=\int_0^{\pi}\sqrt{\sin x}\sqrt{\cos^2 x}\,\mathrm{d}x=\int_0^{\pi}|\cos x|\sqrt{\sin x}\,\mathrm{d}x.$

被积函数含有绝对值号，相当于分段函数的定积分，要利用积分区间的可加性：

$$原式=\int_0^{\frac{\pi}{2}}\cos x\sqrt{\sin x}\,dx-\int_{\frac{\pi}{2}}^{\pi}\cos x\sqrt{\sin x}\,dx$$
$$=\int_0^{\frac{\pi}{2}}\sqrt{\sin x}\,d(\sin x)-\int_{\frac{\pi}{2}}^{\pi}\sqrt{\sin x}\,d(\sin x)$$
$$=\frac{2}{3}\sin^{\frac{3}{2}}x\Big|_0^{\frac{\pi}{2}}-\frac{2}{3}\sin^{\frac{3}{2}}x\Big|_{\frac{\pi}{2}}^{\pi}=\frac{2}{3}+\frac{2}{3}=\frac{4}{3}.$$

例 16 设 $x\geqslant -1$，求 $\int_{-1}^{x}(1-|t|)\,dt$.

解 被积函数含有绝对值，而 t 的取值范围与积分上限 x 有关，为了去掉绝对值，需对 x 的取值情况进行分段讨论.

当 $-1\leqslant x<0$ 时，
$$\int_{-1}^{x}(1-|t|)\,dt=\int_{-1}^{x}(1+t)\,dt=\frac{1}{2}(1+x)^2;$$

当 $x\geqslant 0$ 时，
$$\int_{-1}^{x}(1-|t|)\,dt=\int_{-1}^{0}(1+t)\,dt+\int_{0}^{x}(1-t)\,dt$$
$$=\frac{1}{2}(1+t)^2\Big|_{-1}^{0}-\frac{1}{2}(1-t)^2\Big|_0^x=1-\frac{1}{2}(1-x)^2,$$

所以
$$\int_{-1}^{x}(1-|t|)\,dt=\begin{cases}\frac{1}{2}(1+x)^2, & -1\leqslant x<0,\\ 1-\frac{1}{2}(1-x)^2, & x\geqslant 0.\end{cases}$$

例 17 求 $\int_{-3}^{2}\max\{2,x^2\}\,dx$.

解 $\max\{2,x^2\}=\begin{cases}x^2, & -3\leqslant x<-\sqrt{2},\\ 2, & -\sqrt{2}\leqslant x\leqslant\sqrt{2},\\ x^2, & \sqrt{2}<x\leqslant 2,\end{cases}$ 又注意到被积函数在 $[-2,2]$ 上是偶函数，由此可得

$$原式=\int_{-3}^{-2}x^2\,dx+\int_{-2}^{2}\max\{2,x^2\}\,dx=\int_{-3}^{-2}x^2\,dx+2\int_0^2\max\{2,x^2\}\,dx$$
$$=\int_{-3}^{-2}x^2\,dx+2\left(\int_0^{\sqrt{2}}2\,dx+\int_{\sqrt{2}}^{2}x^2\,dx\right)=\frac{1}{3}(35+8\sqrt{2}).$$

例 18 求 $\int_{-\frac{1}{2}}^{\frac{1}{2}}\cos x\left(\ln\frac{1+x}{1-x}+\sin^2 x\right)dx$.

解 这是对称区间上的定积分，被积函数中第一项 $\cos x\ln\frac{1+x}{1-x}$ 是奇函数，第二项 $\cos x\sin^2 x$ 是偶函数，利用对称区间上奇偶函数积分的结论，得

$$\text{原式}=\int_{-\frac{1}{2}}^{\frac{1}{2}}\cos x\ln\frac{1+x}{1-x}\mathrm{d}x+\int_{-\frac{1}{2}}^{\frac{1}{2}}\cos x\sin^2 x\mathrm{d}x=0+2\int_0^{\frac{1}{2}}\cos x\sin^2 x\mathrm{d}x$$

$$=0+2\int_0^{\frac{1}{2}}\sin^2 x\mathrm{d}(\sin x)=\frac{2}{3}\left(\sin\frac{1}{2}\right)^3.$$

例 19 求 $\int_{\frac{10\pi}{n}}^{\frac{30\pi}{n}}|\sin nx|\mathrm{d}x$.

解 原式 $\xlongequal{\text{令 } nx=t}\frac{1}{n}\int_{10\pi}^{30\pi}|\sin t|\mathrm{d}t$.

被积函数 $|\sin t|$ 含有绝对值,但它是以 π 为周期的周期函数,利用周期函数的定积分结论得

$$\text{原式}\xlongequal{\text{令 } nx=t}\frac{1}{n}\int_{10\pi}^{30\pi}|\sin t|\mathrm{d}t=\frac{1}{n}\int_0^{20\pi}|\sin t|\mathrm{d}t$$

$$=\frac{20}{n}\int_0^{\pi}|\sin t|\mathrm{d}t=\frac{20}{n}\int_0^{\pi}\sin t\mathrm{d}t=-\frac{20}{n}\cos t\Big|_0^{\pi}=\frac{40}{n}.$$

例 20 求 $\int_{-a}^{a}x^2(a^2-x^2)^{\frac{3}{2}}\mathrm{d}x$.

解 被积函数为偶函数,故

$$\text{原式}=2\int_0^a x^2(a^2-x^2)^{\frac{3}{2}}\mathrm{d}x$$

$$\xlongequal{\text{令 } x=\sin t}2\int_0^{\frac{\pi}{2}}a^2\sin^2 t\cdot a^3\cos^3 t\cdot a\cos t\mathrm{d}t$$

$$=2a^6\int_0^{\frac{\pi}{2}}\cos^4 t(1-\cos^2 t)\mathrm{d}t=2a^6\left(\int_0^{\frac{\pi}{2}}\cos^4 t\mathrm{d}t-\int_0^{\frac{\pi}{2}}\cos^6 t\mathrm{d}t\right)$$

$$=2a^6\left(\frac{3\cdot 1}{4\cdot 2}\cdot\frac{\pi}{2}-\frac{5\cdot 3\cdot 1}{6\cdot 4\cdot 2}\cdot\frac{\pi}{2}\right)=\frac{\pi a^6}{16}.$$

最后两个积分利用了 $\int_0^{\frac{\pi}{2}}\cos^n x\mathrm{d}x$ 的计算公式(见下面的小结).

例 21 求 $\int_{-\pi}^{\pi}\cos^7\left(\frac{x}{2}\right)\mathrm{d}x$.

解 原式 $\xlongequal{\text{令}\frac{x}{2}=t}2\int_{-\frac{\pi}{2}}^{\frac{\pi}{2}}\cos^7 t\mathrm{d}t=4\int_0^{\frac{\pi}{2}}\sin^7 t\mathrm{d}t=4\,\frac{6\cdot 4\cdot 2}{7\cdot 5\cdot 3\cdot 1}=\frac{64}{35}.$

这里利用了 $\int_0^{\frac{\pi}{2}}\sin^n x\mathrm{d}x$ 的计算公式.

小结 除换元法和分部积分法外,定积分计算中常用的一些公式也应熟记:

1. 设函数 $f(x)$ 在对称区间 $[-a,a]$ 上连续,则

(1) $\int_{-a}^{a}f(x)\mathrm{d}x=\int_0^a(f(x)+f(-x))\mathrm{d}x$;

(2) 当 $f(x)$ 为奇函数时, $\int_{-a}^{a}f(x)\mathrm{d}x=0$;

(3) 当 $f(x)$ 为偶函数时，$\int_{-a}^{a} f(x)\mathrm{d}x = 2\int_{0}^{a} f(x)\mathrm{d}x$.

2. 设 $f(x)$ 连续，当 $f(x)$ 为偶函数时，$F(x) = \int_{0}^{x} f(t)\mathrm{d}t$ 为奇函数；当 $f(x)$ 为奇函数时，$F(x) = \int_{0}^{x} f(t)\mathrm{d}t$ 为偶函数.

3. 当 $f(x)$ 在 $(-\infty,+\infty)$ 上是以 T 为周期的连续周期函数时，有

$$\int_{a}^{a+T} f(x)\mathrm{d}x = \int_{0}^{T} f(x)\mathrm{d}x;$$

$$\int_{a}^{a+nT} f(x)\mathrm{d}x = n\int_{0}^{T} f(x)\mathrm{d}x\ (\text{这里 } a\in(-\infty,+\infty),n \text{ 为正整数}).$$

4. $\int_{0}^{\frac{\pi}{2}} f(\sin x)\mathrm{d}x = \int_{0}^{\frac{\pi}{2}} f(\cos x)\mathrm{d}x$，$\int_{0}^{\pi} f(\sin x)\mathrm{d}x = 2\int_{0}^{\frac{\pi}{2}} f(\sin x)\mathrm{d}x$.

5. $$\int_{0}^{\frac{\pi}{2}} \sin^n x\mathrm{d}x = \int_{0}^{\frac{\pi}{2}} \cos^n x\mathrm{d}x = \begin{cases} \dfrac{(n-1)!!}{n!!}\cdot\dfrac{\pi}{2}, & \text{当 } n \text{ 为正偶数}, \\ \dfrac{(n-1)!!}{n!!}, & \text{当 } n \text{ 为大于 1 的正奇数}. \end{cases}$$

例 22 设 $f(x),g(x)$ 在区间 $[-a,a]\ (a>0)$ 上连续，$g(x)$ 为偶函数，且 $f(x)$ 满足条件 $f(x)+f(-x)=A$（A 为常数）.

(1) 证明：$\int_{-a}^{a} f(x)g(x)\mathrm{d}x = A\int_{0}^{a} g(x)\mathrm{d}x$；

(2) 利用(1)的结论计算 $\int_{-\frac{\pi}{2}}^{\frac{\pi}{2}} |\sin x|\arctan \mathrm{e}^x\mathrm{d}x$.

(1) **证明** $\int_{-a}^{a} f(x)g(x)\mathrm{d}x = \int_{-a}^{0} f(x)g(x)\mathrm{d}x + \int_{0}^{a} f(x)g(x)\mathrm{d}x$.

令 $x=-t$，

$$\int_{-a}^{0} f(x)g(x)\mathrm{d}x = \int_{a}^{0} f(-t)g(-t)\mathrm{d}(-t) = \int_{0}^{a} f(-t)g(-t)\mathrm{d}t$$

$$= \int_{0}^{a} f(-x)g(x)\mathrm{d}x,$$

所以

$$\int_{-a}^{a} f(x)g(x)\mathrm{d}x = \int_{0}^{a} f(-x)g(x)\mathrm{d}x + \int_{0}^{a} f(x)g(x)\mathrm{d}x$$

$$= \int_{0}^{a} (f(x)+f(-x))g(x)\mathrm{d}x = \int_{0}^{a} Ag(x)\mathrm{d}x = A\int_{0}^{a} g(x)\mathrm{d}x.$$

(2) **解** 取 $f(x)=\arctan \mathrm{e}^x$，$g(x)=|\sin x|$，$a=\frac{\pi}{2}$，$f(x),g(x)$ 在区间 $\left[-\frac{\pi}{2},\frac{\pi}{2}\right]$ 上连续，$g(x)$ 为偶函数，且由 $(f(x)+f(-x))'=\frac{\mathrm{e}^x}{1+\mathrm{e}^{2x}}-\frac{\mathrm{e}^{-x}}{1+\mathrm{e}^{-2x}}=0$，知 $f(x)+f(-x)=A$. 令 $x=0$，得 $A=2f(0)=2\arctan 1=\frac{\pi}{2}$，所以

$$\int_{-\frac{\pi}{2}}^{\frac{\pi}{2}} |\sin x|\arctan \mathrm{e}^x\mathrm{d}x = \frac{\pi}{2}\int_{0}^{\frac{\pi}{2}} \sin x\mathrm{d}x = \frac{\pi}{2}.$$

例 23　设函数 $f(x)$ 在 $[0,1]$ 上连续，在 $(0,1)$ 内可导，且 $3\int_{\frac{2}{3}}^{1} f(x)\,\mathrm{d}x = f(0)$，证明在 $(0,1)$ 内存在一点 c，使 $f'(c)=0$.

证明　由积分中值定理得 $\int_{\frac{2}{3}}^{1} f(x)\,\mathrm{d}x = \frac{1}{3}f(\xi)\left(\frac{2}{3}\leqslant \xi \leqslant 1\right)$，于是 $f(\xi)=f(0)$. 又因为 $f(x)$ 在 $[0,1]$ 上连续，在 $(0,1)$ 内可导，由罗尔定理，存在 $c\in(0,\xi)\subset(0,1)$，使 $f'(c)=0$.

例 24　设 $f(x)$ 在 $[a,b]$ 上连续，在 (a,b) 内可导，且 $|f'(x)|\leqslant M$，$f(a)=0$. 证明 $\left|\int_a^b f(x)\,\mathrm{d}x\right| \leqslant \frac{M}{2}(b-a)^2$.

证明　根据拉格朗日中值定理知，在 (a,b) 内存在 ξ，使得

$$f(x)=f(x)-f(a)=(x-a)f'(\xi),$$

从而

$$|f(x)|=|(x-a)f'(\xi)|\leqslant M(x-a),$$

于是

$$\left|\int_a^b f(x)\,\mathrm{d}x\right| \leqslant \int_a^b |f(x)|\,\mathrm{d}x \leqslant \int_a^b M(x-a)\,\mathrm{d}x = \frac{M}{2}(b-a)^2.$$

三、课内练习题

1. 选择题：

(1) $I_1=\int_1^{\mathrm{e}} \ln x\,\mathrm{d}x$，$I_2=\int_1^{\mathrm{e}} \ln^2 x\,\mathrm{d}x$，则(　　).

(A) $I_1<I_2$　　(B) $I_1>I_2$　　(C) $I_1=I_2$　　(D) 不能确定

(2) 要使定积分 $\int_a^b (x-x^2)\,\mathrm{d}x$ 取得最大值，则(　　).

(A) $a=0,b=1$　　(B) $a=0,b=\frac{1}{2}$

(C) $a=-1,b=1$　　(D) $a=-1,b=\frac{1}{2}$

(3) 设 $f(x)=\int_0^{2x}\sin t^2\,\mathrm{d}t$，则 $f'(x)=$(　　).

(A) $\sin(4x^2)$　　(B) $\sin(4x^2)-1$

(C) $2\sin(4x^2)$　　(D) $2\sin(4x^2)-1$

(4) 设连续函数 $f(t)$ 满足 $F(x)=\int_x^{\mathrm{e}^{-x}} f(t)\,\mathrm{d}t$，则 $F'(x)=$(　　).

(A) $\mathrm{e}^{-x}f(\mathrm{e}^{-x})+f(x)$　　(B) $-\mathrm{e}^{-x}f(\mathrm{e}^{-x})+f(x)$

(C) $\mathrm{e}^{-x}f(\mathrm{e}^{-x})-f(x)$　　(D) $-\mathrm{e}^{-x}f(\mathrm{e}^{-x})-f(x)$

(5) 设连续函数 $f(t)$ 满足 $\int_0^{2x} f(t)\,\mathrm{d}t=\mathrm{e}^x-1$，则 $f(1)=$(　　).

(A) e　　(B) $\frac{\mathrm{e}}{2}$　　(C) $\sqrt{\mathrm{e}}$　　(D) $\frac{\sqrt{\mathrm{e}}}{2}$

(6) 设 $f(x)$ 是 $[-1,1]$ 上的连续函数,则 $x=0$ 是函数 $g(x)=\dfrac{\int_0^x f(t)\,dt}{x}$ 的( ).

(A) 跳跃间断点 (B) 可去间断点

(C) 第二类无穷间断点 (D)连续点

2. 填空题:

(1) 利用定积分的几何意义,求下列定积分:

① $\int_0^1 3x\,dx=$ ______;

② $\int_0^R \sqrt{R^2-x^2}\,dx=$ ______ $(R>0)$;

③ $\int_{-1}^1 |x|\,dx=$ ______.

(2) 根据定积分的性质比较下列各组积分的大小:

① $\int_1^2 x^2\,dx$ ______ $\int_1^2 x^3\,dx$; ② $\int_1^2 \ln x\,dx$ ______ $\int_1^2 (\ln x)^2\,dx$;

③ $\int_0^1 x\,dx$ ______ $\int_0^1 \ln(1+x)\,dx$; ④ $\int_0^1 e^x\,dx$ ______ $\int_0^1 (1+x)\,dx$.

(3) 将下列和的极限表示成定积分:

① $\lim\limits_{n\to\infty}\dfrac{1}{n}\left(\sqrt{1+\dfrac{1}{n}}+\sqrt{1+\dfrac{2}{n}}+\cdots+\sqrt{1+\dfrac{n}{n}}\right)=$ ______;

② $\lim\limits_{n\to\infty}\left(\dfrac{1}{n+1}+\dfrac{1}{n+2}+\cdots+\dfrac{1}{n+n}\right)=$ ______;

③ $\lim\limits_{n\to\infty}\left(\dfrac{1}{\sqrt{4n^2-1}}+\dfrac{1}{\sqrt{4n^2-2^2}}+\cdots+\dfrac{1}{\sqrt{4n^2-n^2}}\right)=$ ______;

④ $\lim\limits_{n\to\infty}\left(\dfrac{n}{n^2+1}+\dfrac{n}{n^2+2^2}+\cdots+\dfrac{n}{n^2+n^2}\right)=$ ______.

(4) 设 $x=\int_0^t \sin u\,du$, $y=\int_0^t \cos u\,du$,则 $\dfrac{dy}{dx}=$ ______.

(5) 设 $f(x)$ 为连续函数,且满足 $\int_0^x f(t)\,dt=x^2(1+x)$, 则 $f(2)=$ ______.

(6) $\int_{-1}^1 (x^2-x\sqrt{4-x^2})\,dx=$ ______.

(7) $\int_{-\frac{\pi}{2}}^{\frac{\pi}{2}} (x^2\sin x+\cos^5 x)\,dx=$ ______.

(8) $\int_0^\pi x\cos x\,dx=$ ______.

(9) $\int_1^2 e^{3x}\,dx+\int_2^3 e^{3t}\,dt+\int_3^1 e^{3u}\,du=$ ______.

(10) 设 $f(x)$ 是 $[0,1]$ 上的连续函数,且 $\int_0^1 f(x)\,dx=A$, 则 $\int_0^1 x^{\frac{1}{2}}f(x^{\frac{3}{2}})\,dx=$ ______.

3. 计算下列定积分：

(1) $\int_{\frac{1}{2}}^{1}\frac{dx}{x\sqrt{1-x^2}}$；　　(2) $\int_{-\frac{\pi}{2}}^{\frac{\pi}{2}}(\sin^2x+x^5)\cos x dx$；

(3) $\int_{-1}^{2}|x|e^{|x|}dx$；　　(4) $\int_{0}^{\frac{\pi}{2}}|\cos x-\sin x|dx$；

(5) $\int_{1}^{4}\frac{dx}{x(1+\sqrt{x})}$；　　(6) $\int_{0}^{1}\frac{dx}{\sqrt{(1+x^2)^3}}$.

4. 计算下列极限：

(1) $\lim\limits_{x\to 0}\dfrac{\int_0^x(x-t)\ln(2+t^2)dt}{\sin^2x}$；

(2) $\lim\limits_{x\to 0}\dfrac{\int_{x^2}^{0}(e^{-t}-1)dt}{\sin x^4}$.

5. 设函数 $f(x)=\begin{cases}0, & |x|\leqslant 1,\\ \dfrac{1}{(x+1)^2}, & |x|>1,\end{cases}$ 求 $\int_0^3 xf(x-1)dx$.

6. 已知 $|f'(x)|\leqslant 1, x\in[0,1]$，并且 $f\left(\dfrac{1}{2}\right)=0$，证明：$\left|\int_0^1 f(x)dx\right|<\dfrac{1}{4}$.

7. 设函数 $f(x)$ 在 $[-1,1]$ 上非负连续，且 $\int_{-1}^{10}xf(x)dx=0$，证明：$\int_{-1}^{10}x^2f(x)dx\leqslant\int_{-1}^{10}10f(x)dx$.

8. 设 $f(0)=0, 0<f'(x)<1, x\in[0,1]$，证明：$\left(\int_0^1 f(x)dx\right)^2\geqslant\int_0^1 f^3(x)dx$.

9. 设 $f''(x)$ 连续，求 λ，使得 $\int_0^2 xf''(x)dx=\lambda\int_0^1 xf''(2x)dx$.

10. 求函数 $y=\int_0^x\dfrac{2t+1}{t^2+4}dt$ 在 $[0,2]$ 上的最大值.

11. 证明：$\int_1^x\dfrac{1}{1+t^2}dt+\int_1^{\frac{1}{x}}\dfrac{1}{1+t^2}dt=0$.

12. 已知 $f'(x)=\ln(1+x^2)$，且 $f(1)=-\dfrac{1}{2}$，求 $\int_0^1 f(x)dx$.

13. 由微积分基本定理知，若 $f(x)$ 在 $[a,b]$ 上连续，则 $F(x)=\int_a^x f(t)dt$ 在 $[a,b]$ 上可导，且 $F'(x)=f(x)$，试用此定理证明：若 $f(x)$ 是连续函数，则 $\int_0^x f(t^2)dt$ 是奇函数.

14. 设 $f(x), g(x)$ 在闭区间 $[a,b]$ 上连续，且 $\int_a^x f(t)dt\geqslant\int_a^x g(t)dt, x\in[a,b]$，$\int_a^b f(t)dt=\int_a^b g(t)dt$. 证明：$\int_a^b xf(x)dx\leqslant\int_a^b xg(x)dx$.

四、课外练习题

1. 计算下列定积分:

(1) $\int_{\frac{1}{2}}^{1}\frac{1}{x^3}e^{\frac{1}{x}}dx$; (2) $\int_{1}^{2}\frac{dx}{x^2+x}$;

(3) $\int_{-1}^{4}x\sqrt{|x|}dx$; (4) $\int_{a-\frac{\pi}{2}}^{a+\frac{\pi}{2}}\tan^2x\cdot\sin^2 2x dx$.

2. 设函数 $f(x), g(x)$ 都在闭区间 $[a,b]$ 上连续,且 $g(x)$ 不变号. 证明:存在 $\xi\in[a,b]$,使得 $\int_a^b f(x)g(x)dx=f(\xi)\int_a^b g(x)dx$.

3. 设函数 $f(x)$ 在 $[-b,b]$ 上连续,证明: $\int_{-b}^{b}f(x)dx=\int_{-b}^{b}f(-x)dx$.

4. 已知函数 $f(x)$ 在 $(-\infty,+\infty)$ 上连续,且 $f(0)=2$,求极限 $\lim\limits_{x\to 0}\frac{\int_0^x f(t)(x-t)dt}{x^2}$.

5. 设函数 $f(x)=\begin{cases}\frac{1}{2}\sin x, & 0\leqslant x\leqslant\pi,\\ 0, & x<0 \text{ 或 } x>\pi,\end{cases}$ 求 $F(x)=\int_0^x f(t)dt$ 在 $(-\infty,+\infty)$ 内的表达式.

6. 设函数 $f(x)$ 在 $[a,b]$ 上连续,且 $f(x)>0$,

$$F(x)=\int_a^x f(t)dt+\int_b^x\frac{1}{f(t)}dt,\ x\in[a,b].$$

证明:方程 $F(x)=0$ 在 (a,b) 内有且仅有一个实根.

7. 设函数 $f(x)=\begin{cases}\sqrt{1-x^2}, & x\leqslant 0,\\ \frac{1}{\sqrt{1-x^2}}, & x>0,\end{cases}$ 求 $\int_1^3 f(x-2)dx$.

8. 设函数 $f(x)$ 在 $[a,b]$ 上非负连续,证明在 $[a,b]$ 内存在一点 ξ,使得 $\int_a^{\xi}f(x)dx=\frac{1}{3}\int_a^b f(x)dx$.

*9. 已知函数 $f(x)=\begin{cases}x+1, & x<0,\\ x, & x\geqslant 0,\end{cases}$ 求 $F(x)=\int_{-1}^{x}f(t)dt\ (-1\leqslant x\leqslant 1)$ 的表达式,并研究 $F(x)$ 在 $[-1,1]$ 上的连续性与可导性.

*10. 求 $I(x)=\int_{-1}^{1}|t-x|e^t dt$ 在 $[-1,1]$ 上的最大值.

第十讲

习题参考答案或提示

第十一讲　反常积分的概念　定积分的应用

一、本讲要求

1. 理解反常积分的概念,会用定义计算反常积分.

2. 掌握用“微元法”将一些几何量与物理量(平面图形的面积、旋转体的体积、平行截面面积的立体体积、功、引力等)表示为定积分,重点是应用的具体计算.

二、问题·分析·解答

问题 1　反常积分与定积分有什么区别和联系?如何用定义判断反常积分的敛散性和计算反常积分?

例 1　下列做法是否正确?

(1) $\int_{-1}^{2}\frac{1}{x^2}dx=-\frac{1}{x}\Big|_{-1}^{2}=-\frac{3}{2}$;

(2) $\int_{1}^{+\infty}\frac{1}{x(1+x^2)}dx=\frac{1}{2}\int_{1}^{+\infty}\left(\frac{1}{x^2}-\frac{1}{1+x^2}\right)d(x^2)=\frac{1}{2}\int_{1}^{+\infty}\frac{1}{x^2}d(x^2)-\frac{1}{2}\int_{1}^{+\infty}\frac{1}{1+x^2}d(x^2)=$ $\frac{1}{2}\ln x^2\Big|_{1}^{+\infty}-\frac{1}{2}\ln(1+x^2)\Big|_{1}^{+\infty}$,所以积分发散;

(3) 因为 $\sin x$ 是奇函数,所以 $\int_{-\infty}^{+\infty}\sin x dx=\lim\limits_{u\to+\infty}\int_{-u}^{+u}\sin x dx=0$.

解　(1) 错误. 该积分不是定积分,而是无界函数的反常积分,0 为瑕点,不能直接用牛顿-莱布尼茨公式计算积分. 正确做法是:

$$\int_{-1}^{2}\frac{1}{x^2}dx=\int_{-1}^{0}\frac{1}{x^2}dx+\int_{0}^{2}\frac{1}{x^2}dx,$$

因为 $\int_{-1}^{0}\frac{1}{x^2}dx$ 发散,所以原积分发散.

(2) 错误. $\frac{1}{2}\int_{1}^{+\infty}\left(\frac{1}{x^2}-\frac{1}{1+x^2}\right)d(x^2)=\frac{1}{2}\int_{1}^{+\infty}\frac{1}{x^2}d(x^2)-\frac{1}{2}\int_{1}^{+\infty}\frac{1}{1+x^2}d(x^2)$,这个等式是错误的,根据反常积分的概念,

$$\text{上式左边}=\frac{1}{2}\lim_{b\to+\infty}\int_{1}^{b}\left(\frac{1}{x^2}-\frac{1}{1+x^2}\right)d(x^2)=\frac{1}{2}\lim_{b\to+\infty}\ln\frac{x^2}{1+x^2}\Big|_{0}^{b},$$

$$\text{上式右边}=\frac{1}{2}\left(\lim_{b\to+\infty}\int_{1}^{b}\frac{1}{x^2}d(x^2)-\lim_{b\to+\infty}\int_{1}^{b}\frac{1}{1+x^2}d(x^2)\right)=\frac{1}{2}\left(\lim_{b\to+\infty}\ln x^2\Big|_{0}^{b}-\lim_{b\to+\infty}\ln\frac{1}{1+x^2}\Big|_{0}^{b}\right).$$

由极限的四则运算法则知,上式两边相等的条件是右边的两个极限存在(即右边的两个反常积分收敛),而右边的两个极限都不存在,所以上式错误. 正确做法是:

$$\int_1^{+\infty}\frac{1}{x(1+x^2)}\mathrm{d}x=\frac{1}{2}\int_1^{+\infty}\left(\frac{1}{x^2}-\frac{1}{1+x^2}\right)\mathrm{d}(x^2)=\frac{1}{2}(\ln x^2-\ln(1+x^2))\Big|_1^{+\infty}$$

$$=\frac{1}{2}\ln\frac{x^2}{1+x^2}\Big|_1^{+\infty}=\frac{1}{2}\ln 2,$$

积分收敛.

(3) 错误. 根据反常积分的定义, $\int_{-\infty}^{+\infty}\sin x\mathrm{d}x=\int_{-\infty}^{0}\sin x\mathrm{d}x+\int_0^{+\infty}\sin x\mathrm{d}x$,只有当右端的两个反常积分都收敛时,左端的反常积分才收敛,而 $\int_{-\infty}^{0}\sin x\mathrm{d}x=\lim\limits_{a\to-\infty}\int_a^0\sin x\mathrm{d}x$ 不存在,所以 $\int_{-\infty}^{+\infty}\sin x\mathrm{d}x$ 发散. 事实上 $\int_{-\infty}^{+\infty}\sin x\mathrm{d}x=\lim\limits_{a\to-\infty}\int_a^0\sin x\mathrm{d}x+\lim\limits_{b\to+\infty}\int_0^b\sin x\mathrm{d}x$,两个极限中的 a,b 是独立变化的,不能看成是关于原点对称的.

例 2 计算下列反常积分:

(1) $\int_{-\infty}^{0}\frac{1}{1+\mathrm{e}^{-x}}\mathrm{d}x$; (2) $\int_1^{+\infty}\frac{1}{x\sqrt{x-1}}\mathrm{d}x$; (3) $\int_{\frac{1}{2}}^{\frac{3}{2}}\frac{\mathrm{d}x}{\sqrt{|x-x^2|}}$.

解 (1) 本题是无穷区间上的反常积分.

$$原式=\lim_{a\to-\infty}\int_a^0\frac{1}{1+\mathrm{e}^{-x}}\mathrm{d}x=\lim_{a\to-\infty}\int_a^0\frac{\mathrm{e}^x}{\mathrm{e}^x+1}\mathrm{d}x=\lim_{a\to-\infty}\ln(\mathrm{e}^x+1)\Big|_a^0$$

$$=\lim_{a\to-\infty}(\ln 2-\ln(\mathrm{e}^a+1))=\ln 2-\lim_{a\to-\infty}\ln(\mathrm{e}^a+1)=\ln 2.$$

为方便起见,也可以写成以下形式:

$$原式=\int_{-\infty}^{0}\frac{\mathrm{e}^x}{\mathrm{e}^x+1}\mathrm{d}x=\int_{-\infty}^{0}\frac{1}{\mathrm{e}^x+1}\mathrm{d}(\mathrm{e}^x+1)=\ln(\mathrm{e}^x+1)\Big|_{-\infty}^{0}$$

$$=\ln 2-\lim_{x\to-\infty}\ln(\mathrm{e}^x+1)=\ln 2-0=\ln 2.$$

(2) 本题既是无界函数(瑕点为 $x=1$)的反常积分,又是无穷区间上的反常积分. 按反常积分的定义,有

$$原式=\int_1^2\frac{1}{x\sqrt{x-1}}\mathrm{d}x+\int_2^{+\infty}\frac{1}{x\sqrt{x-1}}\mathrm{d}x.$$

用换元法去根号,令 $\sqrt{x-1}=t$,则当 $x\to1^+$ 时,$t\to0^+$;当 $x\to+\infty$ 时,$t\to+\infty$,于是

$$原式=\int_0^1\frac{2t}{(t^2+1)t}\mathrm{d}t+\int_1^{+\infty}\frac{2t}{(t^2+1)t}\mathrm{d}t$$

$$=2\left(\int_0^1\frac{1}{1+t^2}\mathrm{d}t+\int_1^{+\infty}\frac{1}{1+t^2}\mathrm{d}t\right)=2\left(\arctan t\Big|_0^1+\arctan t\Big|_1^{+\infty}\right)$$

$$=2\left(\frac{\pi}{4}-\lim_{t\to0^+}\arctan t+\lim_{t\to+\infty}\arctan t-\frac{\pi}{4}\right)=2\cdot\frac{\pi}{2}=\pi.$$

(3) 本题是无界函数(瑕点为 $x=1$)的反常积分. 按反常积分的定义,有

$$\begin{aligned}
\text{原式} &= \int_{\frac{1}{2}}^{1} \frac{\mathrm{d}x}{\sqrt{x-x^2}} + \int_{1}^{\frac{3}{2}} \frac{\mathrm{d}x}{\sqrt{x^2-x}} \\
&= \int_{\frac{1}{2}}^{1} \frac{\mathrm{d}x}{\sqrt{\frac{1}{4}-\left(x-\frac{1}{2}\right)^2}} + \int_{1}^{\frac{3}{2}} \frac{\mathrm{d}x}{\sqrt{\left(x-\frac{1}{2}\right)^2-\frac{1}{4}}} \\
&= \int_{\frac{1}{2}}^{1} \frac{\mathrm{d}x}{\sqrt{\frac{1}{4}-\left(x-\frac{1}{2}\right)^2}} + \int_{1}^{\frac{3}{2}} \frac{\mathrm{d}\left(x-\frac{1}{2}\right)}{\sqrt{\left(x-\frac{1}{2}\right)^2-\frac{1}{4}}} \\
&= \arcsin(2x-1)\Big|_{\frac{1}{2}}^{1} + \ln\left(\left(x-\frac{1}{2}\right)+\sqrt{x^2-x}\right)\Bigg|_{1}^{\frac{3}{2}} = \frac{\pi}{2} + \ln(2+\sqrt{3}).
\end{aligned}$$

例 3 判定反常积分 $\int_0^2 \frac{2x}{x^2-1}\mathrm{d}x$ 的敛散性.

解 $f(x)=\frac{2x}{x^2-1}$ 以 $x=1$ 为无穷间断点. 按定义有 $I=\int_0^2 \frac{2x}{x^2-1}\mathrm{d}x = I_1+I_2$,其中

$$I_1 = \int_0^1 \frac{2x}{x^2-1}\mathrm{d}x = \lim_{\varepsilon_1\to 0^+}\int_0^{1-\varepsilon_1} \frac{2x}{x^2-1}\mathrm{d}x,\quad I_2 = \int_{1+\varepsilon_2}^2 \frac{2x}{x^2-1}\mathrm{d}x = \lim_{\varepsilon_2\to 0^+}\int_{1+\varepsilon_2}^2 \frac{2x}{x^2-1}\mathrm{d}x,$$

因为

$$I_1 = \lim_{\varepsilon_1\to 0^+} \ln|(1-\varepsilon_1)^2-1| = -\infty,$$

所以原反常积分发散.

注 在上例中,$\varepsilon_1,\varepsilon_2$ 是两个独立变量. 若将 $\varepsilon_1,\varepsilon_2$ 统一用 ε 代替,则会得出错误的结论:

$$\begin{aligned}
I &= \lim_{\varepsilon\to 0^+}\left(\int_0^{1-\varepsilon} \frac{2x}{x^2-1}\mathrm{d}x + \int_{1+\varepsilon}^2 \frac{2x}{x^2-1}\mathrm{d}x\right) = \lim_{\varepsilon\to 0^+}\left(\ln|x^2-1|\Big|_0^{1-\varepsilon} + \ln|x^2-1|\Big|_{1+\varepsilon}^2\right) \\
&= \lim_{\varepsilon\to 0^+}\left(\ln 3 + \ln\left|\frac{(1-\varepsilon)^2-1}{(1+\varepsilon)^2-1}\right|\right) = \ln 3 + \lim_{\varepsilon\to 0^+}\ln\left|\frac{\varepsilon-2}{\varepsilon+2}\right| = \ln 3.
\end{aligned}$$

小结 1. 定积分是针对有界函数在有限区间上的情形,反常积分则突破了上述积分区间有限或被积函数有界的限制. 根据反常积分的定义,它是变限定积分的极限,当极限存在时,就称反常积分收敛,否则就称反常积分发散.

2. 一般情况下,可将一个反常积分表示为无穷区间上的反常积分与无界函数的反常积分的和,只有当和式中每个反常积分都收敛时,原反常积分才收敛. 收敛的反常积分计算时可以和定积分一样用换元法、分部积分法,及广义的牛顿-莱布尼茨公式.

问题 2 如何应用“微元法”将几何量和物理量表示成定积分,具体步骤如下:要用“微元法”将某个几何量或物理量 Q 表示成定积分,Q 应满足下面两个条件:

(1) Q 与一个给定的区间 $[a,b]$ 有关;

(2) Q 对区间 $[a,b]$ 具有可加性，即若将区间 $[a,b]$ 分割成一些小区间 $[x_0,x_1]$，$[x_1,x_2]$，…，$[x_{n-1},x_n]$ 的并 $(x_0=a,x_n=b)$，则

$$Q=\sum_{i=1}^{n}\Delta Q_i,$$

其中 ΔQ_i 是 Q 的对应于小区间 $[x_{i-1},x_i]$ 的部分量.

假定 Q 满足以上两个条件，而且我们找到了一个定义在 $[a,b]$ 上的连续函数 $f(x)$，使得

$$\Delta Q_i\approx f(x_{i-1})\Delta x_i,$$

其误差是比 Δx_i 高阶的无穷小（这里 $\Delta x_i=x_i-x_{i-1}$），就可以证明

$$Q=\int_a^b f(x)\mathrm{d}x.$$

在实际应用中，常用 $[x,x+\mathrm{d}x]$ 表示 $[a,b]$ 的任一小区间（又称为代表性小区间），而用 ΔQ 表示 Q 对应于小区间 $[x,x+\mathrm{d}x]$ 的部分量.

“微元法”的步骤如下：

(1) 选取字母 x（或 t,u 等）为 $[a,b]$ 上的变量（即积分变量）；

(2) 用 $[x,x+\mathrm{d}x]$ 表示 $[a,b]$ 的任一小区间，ΔQ 表示 Q 对应于 $[x,x+\mathrm{d}x]$ 的部分量；

(3) 找到一个定义在 $[a,b]$ 上的连续函数 $f(x)$，使得 $\Delta Q\approx f(x)\mathrm{d}x$，其误差是比 $\mathrm{d}x$ 高阶的无穷小，其中 $f(x)\mathrm{d}x$ 称为 Q 的微元，记为 $\mathrm{d}Q$；

(4) 将 Q 用定积分表示为 $Q=\int_a^b f(x)\mathrm{d}x$.

例 4 如图 11-1 所示，求曲线 $y=x^2-2x$，$y=0$，$x=1$，$x=3$ 所围成的平面图形的面积 S，并求该平面图形绕 y 轴旋转一周所得的旋转体的体积.

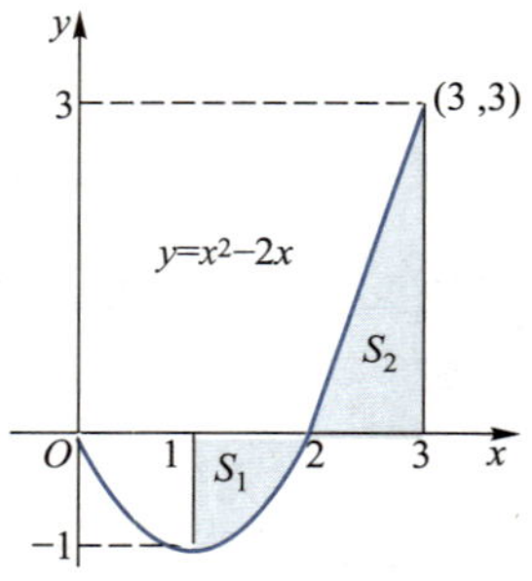

图 11-1

解 $S_1=\int_1^2(2x-x^2)\mathrm{d}x=\left(x^2-\frac{1}{3}x^3\right)\Big|_1^2$

$$=\left(4-\frac{8}{3}\right)-\left(1-\frac{1}{3}\right)=\frac{2}{3},$$

$$S_2=\int_2^3(x^2-2x)\mathrm{d}x=\left(\frac{1}{3}x^3-x^2\right)\Big|_2^3$$

$$=(9-9)-\left(\frac{8}{3}-4\right)=\frac{4}{3},$$

$$S=S_1+S_2=2.$$

平面图形 S_1 绕 y 轴旋转一周所得旋转体体积

$$V_1=\pi\int_{-1}^{0}(1+\sqrt{1+y})^2\mathrm{d}y-\pi=\pi\int_{-1}^{0}(2+y+2\sqrt{1+y})\mathrm{d}y-\pi$$

$$=\pi\left(\frac{4}{3}-\left(-2+\frac{1}{2}\right)\right)-\pi=\frac{11}{6}\pi,$$

平面图形 S_2 绕 y 轴旋转一周所得旋转体体积

$$V_2=27\pi-\pi\int_0^3(1+\sqrt{1+y})^2\mathrm{d}y=27\pi-\pi\int_0^3(2+y+2\sqrt{1+y})\mathrm{d}y=\frac{43}{6}\pi,$$

故所求旋转体的体积 $V=V_1+V_2=\frac{11\pi}{6}+\frac{43\pi}{6}=9\pi$.

也可以用薄壳法求旋转体的体积：

$$V=\int_1^3 2\pi x|f(x)|\mathrm{d}x=\int_1^2 2\pi x(2x-x^2)\mathrm{d}x+\int_2^3 2\pi x(x^2-2x)\mathrm{d}x$$

$$=2\pi\int_1^2(2x^2-x^3)\mathrm{d}x+2\pi\int_2^3(x^3-2x^2)\mathrm{d}x=2\pi\left(\frac{2x^3}{3}-\frac{x^4}{4}\right)\Bigg|_1^2+2\pi\left(\frac{x^4}{4}-\frac{2x^3}{3}\right)\Bigg|_2^3$$

$$=2\pi\left(\left(\frac{16}{3}-\frac{16}{4}\right)-\left(\frac{2}{3}-\frac{1}{4}\right)\right)+2\pi\left(\left(\frac{81}{4}-\frac{54}{3}\right)-\left(\frac{16}{4}-\frac{16}{3}\right)\right)=9\pi.$$

例 5 求由曲线 $y=x^3, x=2, y=0$ 所围成的图形绕直线 $x=-1$ 旋转一周所得旋转体的体积 V.

解 **[法 1]** 用薄壳法求体积：

$$V=\int_0^2 2\pi(x+1)x^3\mathrm{d}x=2\pi\int_0^2(x^4+x^3)\mathrm{d}x=2\pi\left(\frac{x^5}{5}+\frac{x^4}{4}\right)\Bigg|_0^2=\frac{104}{5}\pi.$$

[法 2] 用切片法求体积：

$$V=\pi\cdot 3^2\cdot 8-\int_0^8\pi(\sqrt[3]{y}+1)^2\mathrm{d}y$$

$$=72\pi-\pi\int_0^8\left(y^{\frac{2}{3}}+2y^{\frac{1}{3}}+1\right)\mathrm{d}y$$

$$=72\pi-\pi\left(\frac{3}{5}y^{\frac{5}{3}}+\frac{6}{4}y^{\frac{4}{3}}+y\right)\Bigg|_0^8=\frac{104}{5}\pi.$$

例 6 设 D_1, D_2 分别为图 11-2 中阴影部分所示的平面图形：

(1) 求 D_1, D_2 分别绕 x 轴旋转一周所得旋转体的体积 $V_1(t)$, $V_2(t)$；

(2) 证明：在 $(1,3)$ 内存在唯一一点 ξ，使得 $V_1(\xi)=2V_2(\xi)$.

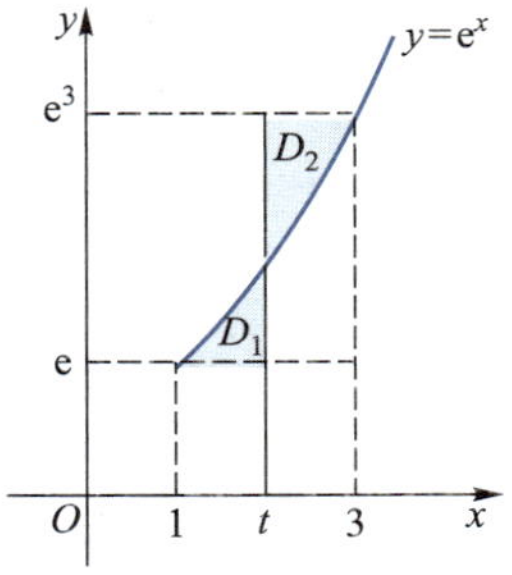

图 11-2

解 (1) $V_1(t)=\pi\int_1^t(\mathrm{e}^{2x}-\mathrm{e}^2)\mathrm{d}x=\frac{\pi}{2}\mathrm{e}^{2t}-\pi\mathrm{e}^2t+\frac{\pi}{2}\mathrm{e}^2$,

$$V_2(t)=\pi\int_t^3(\mathrm{e}^6-\mathrm{e}^{2x})\mathrm{d}x=\frac{\pi}{2}\mathrm{e}^{2t}-\pi\mathrm{e}^6t+\frac{5\pi}{2}\mathrm{e}^6.$$

(2) 设

$$F(x)=V_1(x)-2V_2(x)$$

$$=\pi\int_1^x(\mathrm{e}^{2t}-\mathrm{e}^2)\mathrm{d}t-2\pi\int_x^3(\mathrm{e}^6-\mathrm{e}^{2t})\mathrm{d}t,$$

则 $F(x)$ 在 $[1,3]$ 内连续，且

$$F(1)=-2\pi\int_1^3(\mathrm{e}^6-\mathrm{e}^{2t})\mathrm{d}t<0,\quad F(3)=\pi\int_1^3(\mathrm{e}^{2t}-\mathrm{e}^2)\mathrm{d}t>0,$$

由零点定理知，$\exists\xi\in(1,3)$，使得 $F(\xi)=0$，即 $V_1(\xi)=2V_2(\xi)$.

又因为 $F'(x)=\pi(\mathrm{e}^{2x}-\mathrm{e}^2)+2\pi(\mathrm{e}^6-\mathrm{e}^{2x})>0$，所以 $F(x)$ 在 $(1,3)$ 内严格单调增加，故在 $(1,3)$ 内存在唯一一点 ξ，使得 $V_1(\xi)=2V_2(\xi)$.

例 7 求心形线 $\rho=a(1+\cos\theta)$ 与圆 $\rho=a(a>0)$ 所围成图形公共部分的面积(图 11-3).

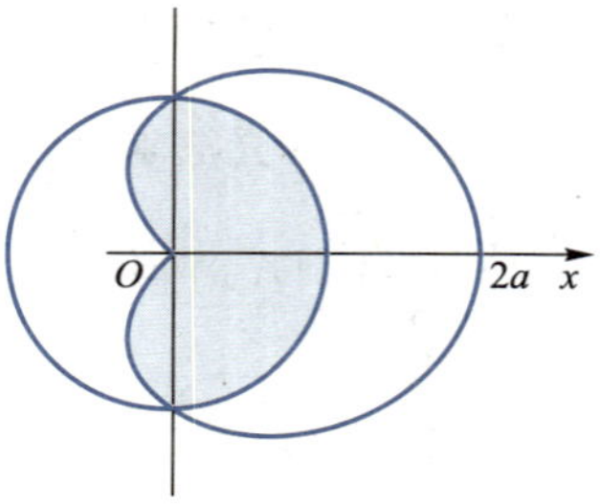

图 11-3

解 由 $\begin{cases}\rho=a(1+\cos\varphi),\\ \rho=a\end{cases}$ 得两曲线的交点 $\left(a,\dfrac{\pi}{2}\right)$ 和 $\left(a,-\dfrac{\pi}{2}\right)$.

图形关于 x 轴对称，设所围成的面积为 S，则 $\mathrm{d}S=\dfrac{1}{2}\rho^2(\theta)\mathrm{d}\theta$，由对称性知

$$\begin{aligned}\frac{1}{2}S&=\int_0^{\pi}\frac{1}{2}\rho^2(\theta)\mathrm{d}\theta=\int_0^{\frac{\pi}{2}}\frac{1}{2}a^2\mathrm{d}\theta+\int_{\frac{\pi}{2}}^{\pi}\frac{1}{2}a^2(1+\cos\theta)^2\mathrm{d}\theta\\&=\frac{\pi}{4}a^2+\frac{1}{2}a^2\int_{\frac{\pi}{2}}^{\pi}\frac{\cos 2\theta+4\cos\theta+3}{2}\mathrm{d}\theta\\&=\frac{\pi}{4}a^2-a^2+\frac{3\pi}{8}a^2=\frac{5}{8}\pi a^2-a^2.\end{aligned}$$

故 $S=\dfrac{5}{4}\pi a^2-2a^2$.

例 8 求由摆线 $x=a(t-\sin t),y=a(1-\cos t)$ 的一拱 $(0\leqslant t\leqslant 2\pi)$ 与 x 轴围成的图形绕 x 轴旋转一周所得旋转体的体积.

解 x 的变化区间是 $[0,2\pi a]$，故体积为 $V=\int_0^{2\pi a}\pi y^2\mathrm{d}x$. 直接利用参数方程作换元，即令 $x=a(t-\sin t),y=a(1-\cos t)$，则 $\mathrm{d}x=a(1-\cos t)\mathrm{d}t$. 于是

$$\begin{aligned}V&=\int_0^{2\pi}\pi a^2(1-\cos t)^2\cdot a(1-\cos t)\mathrm{d}t\\&=\pi a^3\int_0^{2\pi}(1-\cos t)^3\mathrm{d}t\\&=\pi a^3\int_0^{2\pi}(1-3\cos t+3\cos^2 t-\cos^3 t)\mathrm{d}t\\&=\pi a^3\int_0^{2\pi}\left(1-4\cos t+3\cdot\frac{1+\cos 2t}{2}+(1-\cos^2 t)\cos t\right)\mathrm{d}t\\&=\pi a^3\int_0^{2\pi}\left(\frac{5}{2}-4\cos t+\frac{3}{2}\cos 2t+\sin^2 t\cos t\right)\mathrm{d}t\\&=\pi a^3\left(\frac{5}{2}t-4\sin t-\frac{3}{4}\sin 2t+\frac{1}{3}\sin^3 t\right)\Bigg|_0^{2\pi}\\&=5\pi^2a^3.\end{aligned}$$

例 9 将曲线 $y=\dfrac{\sqrt{x}}{1+x^2}$ 绕 x 轴旋转一周得一个旋转体.

(1) 求此旋转体的体积 V；

(2) 记此旋转体位于 $x=0$ 与 $x=a$ 之间的体积为 $V(a)$，问 a 为何值时，有 $V(a)=\dfrac{1}{2}V$？

解　(1) 因为 $\lim\limits_{x\to+\infty}\dfrac{\sqrt{x}}{1+x^2}=0$，所以曲线 $y=\dfrac{\sqrt{x}}{1+x^2}$ 以 x 轴为渐近线.

$$\begin{aligned}V&=\int_0^{+\infty}\pi y^2\mathrm{d}x\\&=\pi\int_0^{+\infty}\frac{x}{(1+x^2)^2}\mathrm{d}x\\&=\frac{\pi}{2}\left(-\frac{1}{1+x^2}\right)\Bigg|_0^{+\infty}\\&=\frac{\pi}{2}\left(1-\lim_{b\to+\infty}\frac{1}{1+b^2}\right)=\frac{\pi}{2}.\end{aligned}$$

(2) $V(a)=\int_0^a\pi y^2\mathrm{d}x=\int_0^a\pi\dfrac{x}{(1+x^2)^2}\mathrm{d}x=\dfrac{\pi}{2}\left(-\dfrac{1}{1+x^2}\right)\Bigg|_0^a=\dfrac{\pi}{2}\cdot\dfrac{a^2}{1+a^2}$，令 $V(a)=\dfrac{1}{2}V$，即 $\dfrac{\pi}{2}\cdot\dfrac{a^2}{1+a^2}=\dfrac{1}{2}\cdot\dfrac{\pi}{2}$，得 $a=1$.

例 10　一个密度为 $10^3\ \mathrm{kg/m^3}$，半径为 R m 的球沉没在水中，它与水面相切. 若将它从水中取出，需做多少功?

解　如图 11-4 建立坐标系，球在 xOy 面的投影区域的边界方程为

$$(x-R)^2+y^2=R^2,$$

设 $[x,x+\mathrm{d}x]$ 表示 $[0,2R]$ 的代表性小区间，对应小薄片的体积近似为 $\pi y^2\mathrm{d}x$. 当球被取出正好离开水面时，小薄片上升的高度为 $2R$，其在水中上升的高度为 x，在水面以上上升的高度为 $2R-x$. 由于球的密度与水的密度相同，所以只需计算在水面以上对薄片做的功，做功为

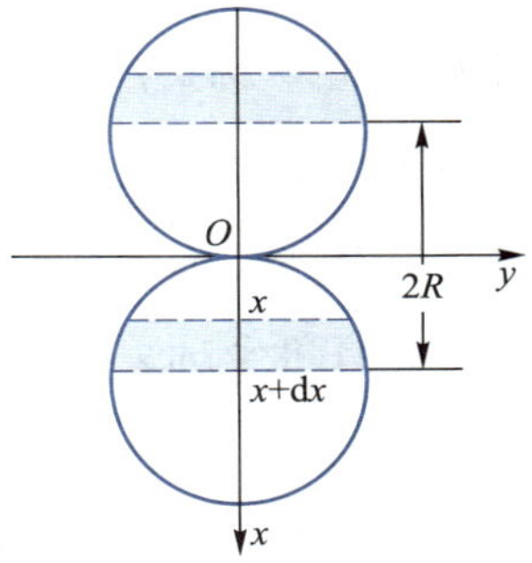

图 11-4

$$\begin{aligned}\Delta W&\approx\mathrm{d}W=10^3g(2R-x)\pi y^2\mathrm{d}x\\&=10^3g(2R-x)\pi(R^2-(x-R)^2)\mathrm{d}x,\end{aligned}$$

其中 g 是重力加速度. 所以

$$\begin{aligned}W&=10^3\int_0^{2R}g(2R-x)\pi(R^2-(x-R)^2)\mathrm{d}x\\&=10^3g\pi\int_0^{2R}(x^3-4Rx^2+4R^2x)\mathrm{d}x\\&=10^3g\pi\left(\frac{1}{4}x^4-\frac{4}{3}Rx^3+2R^2x^2\right)\Bigg|_0^{2R}\\&=\frac{4\times10^3}{3}\pi R^4g\ (\mathrm{J}).\end{aligned}$$

小结　在理解并掌握“微元法”的基础上，要能正确地使用根据“微元法”建立起来的下列计算公式.

1. 面积公式

(1) 封闭图形由 $y=f(x)$，$y=g(x)$，$x=a$，$x=b$ 所围成，其中 $f(x)$，$g(x)$ 在 $[a,b]$ 上连续，

面积微元是 $dQ=|f(x)-g(x)|dx$,面积为 $Q=\int_a^b|f(x)-g(x)|dx$.

(2) 封闭图形由曲线$\begin{cases}x=\varphi(t),\\y=\psi(t),\end{cases}\alpha\leqslant t\leqslant\beta$,$y=0,x=a,x=b$ 围成,其中 $\varphi(\alpha)=a,\varphi(\beta)=b$,则面积微元为 $dQ=|y|dx=|\psi(t)|\varphi'(t)dt$,面积为 $Q=\int_a^b|y|dx=\int_\alpha^\beta|\psi(t)|\varphi'(t)dt$.

(3) 曲边扇形由连续曲线 $\rho=\rho(\theta)$ 及射线 $\theta=\alpha,\theta=\beta(\alpha<\beta)$ 围成,则其面积微元是 $\frac{1}{2}\rho^2(\theta)d\theta$,面积为 $\int_\alpha^\beta\frac{1}{2}\rho^2(\theta)d\theta$.

2. 体积公式

(1) 平行截面面积已知的立体体积:设 V 为一立体,夹在垂直于 x 轴的平面 $x=a,x=b$ 之间,在$[a,b]$上任取一点 x,作垂直于 x 轴的平面截得 V 的面积 $Q(x)$为已知,则此立体的体积微元是 $dV=Q(x)dx$,体积为 $V=\int_a^bQ(x)dx$.

(2) 由曲线 $y=f(x)$,直线 $y=0,x=a,x=b$ 所围成的封闭图形绕 x 轴旋转一周所得旋转体的体积微元是 $\pi(f(x))^2dx$,体积为 $V_x=\int_a^b\pi(f(x))^2dx$.

(3) 由曲线 $y=f(x)$,直线 $y=0,x=a,x=b$ 所围成的封闭图形绕 y 轴旋转一周所得立体的体积微元是 $2\pi x|f(x)|dx$,体积公式为 $V_y=2\int_a^b\pi x|f(x)|dx$.

3. 弧长公式

弧微分公式 $ds=\sqrt{(dx)^2+(dy)^2}$.

(1) 直角坐标系下:曲线 $y=f(x),a\leqslant x\leqslant b$,则弧长微元 $ds=\sqrt{1+y'^2}dx$,弧长 $s=\int_a^b\sqrt{1+y'^2}dx$.

(2) 平面曲线由参数方程表示:

$$\begin{cases}x=\varphi(t),\\y=\psi(t),\end{cases}\quad\alpha\leqslant t\leqslant\beta,$$

则弧长微元 $ds=\sqrt{x'^2+y'^2}dt$,弧长 $s=\int_\alpha^\beta\sqrt{x'^2+y'^2}dt$.

(3) 极坐标系下:$\rho=\rho(\theta),\alpha\leqslant\theta\leqslant\beta$,其中 $\rho'(\theta)$ 在$[a,b]$上连续,则弧长微元 $ds=\sqrt{\rho^2+\rho'^2}d\theta$,弧长 $s=\int_\alpha^\beta\sqrt{\rho^2+\rho'^2}d\theta$.

4. 液体的压力:一块平面薄板铅直放在比重为 $\gamma=\rho g$ 的液体中,其中 ρ 是液体密度,g 是重力加速度,当建立如图 11-5 的坐标系(x 轴铅直向下,原点在液体表面)时,薄板在深度 x 处的宽度为 $f(x)$. 薄板单侧所受到的压力微元是 $dF=\gamma xf(x)dx$,压力是 $F=\int_a^b\gamma xf(x)dx$.

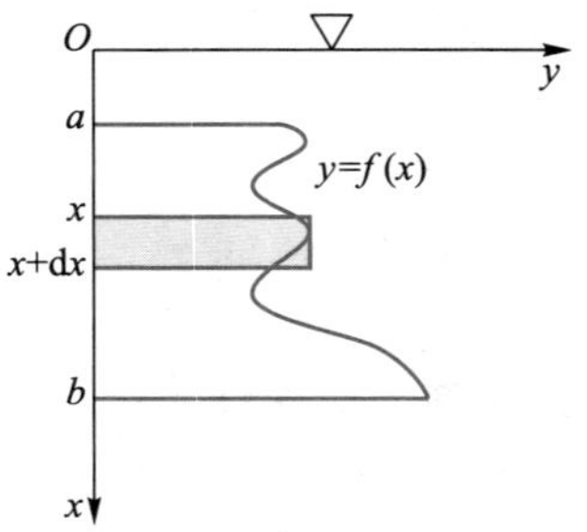

图 11-5

5. 变力做功:当力的方向与质点移动的方向相同时,质点在力的作用下从点 a 移动到点 b,力 $f(x)$ 所做功的微元是

$dW=f(x)dx$,做的功是 $W=\int_a^b f(x)dx$.

三、课内练习题

1. 选择题:

(1) 下列反常积分收敛的是(　　).

(A) $\int_1^{+\infty} x^{\frac{1}{2}}dx$　　(B) $\int_1^{+\infty} x^{-\frac{1}{2}}dx$

(C) $\int_1^{+\infty} x^{-1}dx$　　(D) $\int_1^{+\infty} x^{-\frac{3}{2}}dx$

(2) 反常积分 $\int_{-\infty}^{+\infty}\frac{x}{1+x^2}dx$ (　　).

(A) 收敛且等于 0　　(B) 收敛且等于 $\frac{\pi}{2}$

(C) 收敛且等于 π　　(D) 发散

(3) 设函数 $f(x)$,$g(x)$ 在区间 $[a,b]$ 上连续,且 $g(x)<f(x)<m$(m 为常数),则曲线 $y=f(x)$,$y=g(x)$,$x=a$,$x=b$ 所围图形绕直线 $y=m$ 旋转一周而成的旋转体体积是(　　).

(A) $\int_a^b \pi(2m-f(x)+g(x))(f(x)-g(x))dx$

(B) $\int_a^b \pi(2m-f(x)-g(x))(f(x)-g(x))dx$

(C) $\int_a^b \pi(m-f(x)+g(x))(f(x)-g(x))dx$

(D) $\int_a^b \pi(m-f(x)-g(x))(f(x)-g(x))dx$

2. 填空题:

(1) 若 $\int_0^{+\infty} e^{-t^2}dt=\frac{\sqrt{\pi}}{2}$,则 $\int_{-\infty}^{+\infty} x^2e^{-x^2}dx=$______.

(2) $\int_2^{+\infty}\frac{1}{x(x^2+1)}dx=$______.

(3) 由曲线 $y=\ln x$ 与两直线 $y=(e+1)-x$ 及 $y=0$ 所围成的平面图形的面积为______.

(4) 设曲线 L 由 $\begin{cases} x=\int_0^{t^2}\sqrt{1+u}\,du, \\ y=\int_0^{t^2}\sqrt{1-u}\,du \end{cases}$ 所确定,则该曲线对应于 $0\leqslant t\leqslant 1$ 的弧长为______.

(5) 函数 $y=\frac{x^2}{\sqrt{1-x^2}}$ 在 $\left[\frac{1}{2},\frac{\sqrt{3}}{2}\right]$ 上的平均值 $\overline{y}=$______.

3. 求由曲线 $y=\sin x\left(0\leqslant x\leqslant\dfrac{\pi}{2}\right)$ 与直线 $y=1,x=0$ 所围的平面图形的面积.

4. 求由曲线 $y=x^2,y=\dfrac{1}{2}(3-x)$ 与 x 轴所围的平面图形的面积.

5. 求由曲线 $y=\cos x,y=2,x=\dfrac{\pi}{2}$ 及 y 轴所围区域绕 x 轴旋转一周所成立体的体积.

6. 求上半圆弧 $y=\sqrt{2x-x^2}$ 与直线 $y=x$ 所围成的闭合图形绕直线 $y=-1$ 旋转一周所得旋转体的体积.

7. 求由曲线 $y=\mathrm{e}^x,y=\mathrm{e}^{-x}$ 及 $x=1$ 所围区域绕 x 轴旋转一周所成立体的体积.

8. (1) 求由曲线 $y=\sin x$ 与 $y=\cos x$ 及直线 $x=0,x=\pi$ 所围的封闭图形的面积；

(2) 求(1)中图形在 x 轴下方部分绕 y 轴旋转一周所得旋转体的体积.

9. 求 $y=x^2$ 与 $y^2=x$ 在第一象限所围图形绕 x 轴旋转一周所得旋转体的体积.

10. 计算曲线 $y=\ln(1-x^2)$ 上相应于 $0\leqslant x\leqslant\dfrac{1}{2}$ 的一段弧的弧长.

11. 判断反常积分 $\displaystyle\int_0^{+\infty}\frac{1}{x^2+4x+8}\mathrm{d}x$ 的敛散性,如果收敛,计算其值.

12. 计算下列反常积分：

(1) $\displaystyle\int_1^{+\infty}\frac{\mathrm{d}x}{x+x^2}$;　　　　(2) $\displaystyle\int_1^{\mathrm{e}}\frac{\mathrm{d}x}{x\sqrt[3]{\ln x}}$;

(3) $\displaystyle\int_0^1\sqrt{\frac{x}{1-x}}\mathrm{d}x$.

13. 证明 $\displaystyle\int_0^{+\infty}\frac{1}{1+x^4}\mathrm{d}x=\int_0^{+\infty}\frac{x^2}{1+x^4}\mathrm{d}x$,并求其值.

14. 有一半径为 4 m 的半球形水池蓄满了水,现在要将水全部抽到距水池原水面 6 m 高的水箱内,问将满池水抽尽至少需做多少功?

四、课外练习题

1. 求由 $x^2+\dfrac{y^2}{3}\leqslant 1$ 和 $\dfrac{x^2}{3}+y^2\leqslant 1$ 围成的图形的面积.

2. 求由曲线 $y=\mathrm{e}^x$ 及其上通过原点的切线和 y 轴所围成的平面图形绕 y 轴旋转一周所成立体的体积.

3. 已知曲线 $C_1:y=x^2,C_2:y=\dfrac{1}{2}x^2$,试求一条过原点的连续曲线 $C:y=f(x)(x\geqslant 0)$,使得过 C_1 上任一点 $P(x,y)$ 分别作 x 轴和 y 轴的垂线所生成的如图 11-6 所示的两块图形 A、B 的面积始终保持相等(假设 $f(x)$ 单调增加).

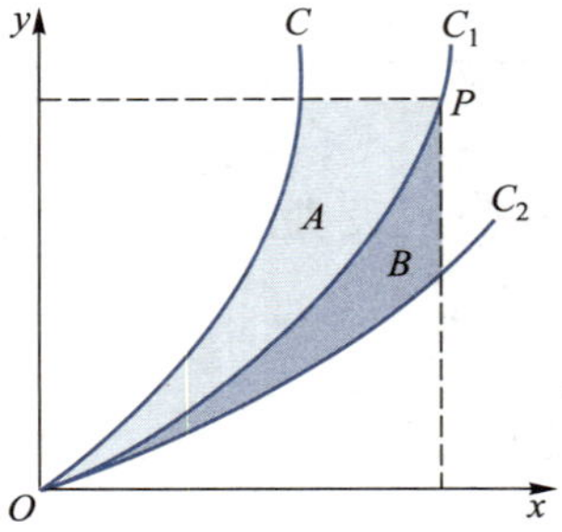

图 11-6

4. 在曲线 $y=x^2-12$ 上求一点 $P(x,y)(x>0,y<0)$,使过该

点的切线与曲线及两坐标轴所围图形的面积最小,并求出最小面积.

5. 求由上半圆周 $y=\sqrt{2x-x^2}$ 与直线 $y=x$ 所围成的图形绕直线 $x=2$ 旋转一周所得旋转体的体积.

6. 设函数 $f(x)$ 在 $[0,1]$ 上连续,证明存在 $x_0\in(0,1)$,使在 $[0,x_0]$ 上以 $|f(x_0)|$ 为半径的圆柱体体积等于在 $[x_0,1]$ 上以 $y=f(x)$ 为曲边的曲边梯形绕 x 轴旋转一周所得旋转体体积.

7. 设一容器由 $y\geqslant x^2$, $y\leqslant h(h>0)$ 绕 y 轴旋转一周而成,容器内盛水,水高为 $\dfrac{h}{2}$,问:将容器内水抽出容器外需做多少功?

8. 设函数 $f(x)$ 在 $[a,b]$ 连续,且在 (a,b) 内有 $f'(x)>0$,证明在 (a,b) 内存在唯一的 ξ,使曲线 $y=f(x)$ 与两直线 $y=f(\xi)$, $x=a$ 所围成的面积 A_1 是曲线 $y=f(x)$ 与两直线 $y=f(\xi)$, $x=b$ 所围成的面积 A_2 的三倍.

*9. 设当 $x\in[2,4]$ 时,成立不等式 $ax+b\geqslant\ln x$,其中 a,b 为常数. 试求 a 和 b,使得积分 $I=\int_2^4(ax+b-\ln x)\mathrm{d}x$ 取得最小值.

*10. 一涵洞最高点在水面下 5 m 处,涵洞为圆形,直径为 80 cm,有一与涵洞一样大小的铅直闸门将涵洞口挡住,求闸门上所受的水的静压力.

第十一讲
习题参考答案或提示

第十二讲　一阶微分方程

一、本讲要求

微分方程是含有未知函数及其导数的方程，对微分方程进行研究，找出未知函数，这就是解微分方程．一阶微分方程的类型较多，如何识别其类型，采用相应的解法是很重要的．具体要求：

1. 理解微分方程的解、通解、初值条件、特解等基本概念．
2. 掌握可分离变量方程、齐次方程、一阶线性方程、伯努利方程的识别及解法．
3. 了解用变量代换求解微分方程的基本思想，会用简单的变量代换求解某些微分方程．
4. 了解微分方程在几何与物理中的应用．

二、问题 · 分析 · 解答

问题 1　如何理解微分方程的解、通解、特解？彼此有何联系？

例 1　请判断下列结论是否正确：

(1) 微分方程的通解一定包含它的所有解；

(2) 所有微分方程都存在通解；

(3) 函数 $y=C_1\cos t+2C_2\cos t$（C_1,C_2 为两个任意常数）为方程 $y''+y=0$ 的通解；

(4) 微分方程 $y'=e^{x+y}$ 的通解为 $y=e^{x+y}+C$；

(5) 用可分离变量法解微分方程时，对方程变形可能会丢掉原方程的某些解．

解　(1) 错误．例如方程 $y'^2-4y=0$ 的通解为 $y=(x+C)^2$，但它不包含方程的解 $y=0$．

(2) 错误．例如方程 $y'^2+2=0$ 无实函数解，$y'^2+y^2=0$ 只有特解 $y=0$，无通解．

(3) 错误．$y=(C_1+2C_2)\cos t$，C_1,C_2 为任意常数，记 $C=C_1+2C_2$，则 $y=C\cos t$，其中只有一个常数，故不是二阶方程 $y''+y=0$ 的通解．

(4) 错误．对于 $y=e^{x+y}+C$，利用隐函数求导得 $y'=\dfrac{e^{x+y}}{1-e^{x+y}}$，$y=e^{x+y}+C$ 不满足微分方程 $y'=e^{x+y}$，所以 $y=e^{x+y}+C$ 不是方程的解，更不是方程的通解．

(5) 正确．例如对于方程 $x^2\mathrm{d}y=y^2\mathrm{d}x$，通过分离变量法求得通解为 $-\dfrac{1}{y}=-\dfrac{1}{x}+C$，在分离变量时，丢掉了 $x=0$，$y=0$ 两个特解．

例 2　下列函数是否为微分方程 $\dfrac{\mathrm{d}^2y}{\mathrm{d}x^2}+\omega^2y=0$ 的解，其中 $\omega>0$ 为常数，指出哪一个是方程的通解，并求方程满足初值条件 $y(0)=1$，$y'(0)=1$ 的特解．

(1) $y=\cos\omega x$；

(2) $y=C\sin\omega x$，其中 C 是任意常数；

(3) $y=C_1\cos\omega x+C_2\sin\omega x$，其中 C_1、C_2 为两个任意常数.

解　(1) $y=\cos\omega x$，$\frac{d^2y}{dx^2}=-\omega^2\cos\omega x$ 满足方程$\frac{d^2y}{dx^2}+\omega^2y=0$，故 $y=\cos\omega x$ 是方程的解，而且是特解.

(2) $y=C\sin\omega x$，$\frac{d^2y}{dx^2}=-C\omega^2\sin\omega x$ 满足方程$\frac{d^2y}{dx^2}+\omega^2y=0$，因此 $y=C\sin\omega x$ 是方程的解，但它只含一个任意常数，而$\frac{d^2y}{dx^2}+\omega^2y=0$ 是二阶微分方程，故 $y=C\sin\omega x$ 不是方程的通解.

(3) $y=C_1\cos\omega x+C_2\sin\omega x$，$\frac{d^2y}{dx^2}=-\omega^2(C_1\cos\omega x+C_2\sin\omega x)=-\omega^2y$，即$\frac{d^2y}{dx^2}+\omega^2y=0$，故 $y=C_1\cos\omega x+C_2\sin\omega x$ 是方程的解，而且含有 C_1，C_2 两个相互独立的任意常数，所以是通解. 在通解(3)中代入初值条件 $y(0)=1$，$y'(0)=1$，得 $C_1=1$，$C_2=\frac{1}{\omega}$，故满足 $y(0)=1$，$y'(0)=1$ 的特解为 $y=\cos\omega x+\frac{1}{\omega}\sin\omega x$.

例 3　设方程 $(2x+1)y''+(2x-1)y'-2y=0$ 有形如 $y_1=x+a$ 及 $y_2=e^{\lambda x}$ 的特解，试确定 a，λ 的值.

解　$y_1=x+a$ 及 $y_2=e^{\lambda x}$ 为微分方程的特解，应满足微分方程. 将 $y_1'=1$，$y_1''=0$ 代入微分方程得

$$(2x-1)-2(x+a)=0,$$

所以 $a=-\frac{1}{2}$. 将 $y_2'=\lambda e^{\lambda x}$，$y_2''=\lambda^2e^{\lambda x}$代入微分方程并整理得

$$(\lambda^2(2x+1)+\lambda(2x-1)-2)e^{\lambda x}=0,$$

从而 $\lambda^2(2x+1)+\lambda(2x-1)-2=0$，即

$$2(\lambda^2+\lambda)x+\lambda^2-\lambda-2=0,$$

由此得 $\lambda^2+\lambda=0$ 且 $\lambda^2-\lambda-2=0$，解得 $\lambda=-1$.

小结　1. 满足微分方程的函数称为该微分方程的解；而微分方程的通解中要含有任意常数，且要求含有独立的任意常数的个数与该方程的阶数相同，因此，要判断一个函数是否为某个微分方程的通解，一要判断是否为解，二要看其中独立的任意常数的个数是否与微分方程的阶数相同.

2. 根据题目所给初值条件，将通解中的任意常数确定具体数值后，便可得到特解.

问题 2　一阶微分方程有哪些常见类型？如何识别方程的类型？对于每种类型的方程如何求通解？

例 4　判别下列各方程的类型，并求通解：

(1) $xy'+y=1$；

(2) $y\,dx+(y-x)\,dy=0$；

(3) $y'+\frac{3}{x}y=xy^{-1}$.

分析 一阶微分方程常见的类型有四种：可分离变量方程、齐次方程、一阶线性微分方程、伯努利方程；识别方程的类型，须抓住各方程的特点，四种类型的一阶微分方程对应的求解方法分别为

① 可分离变量方程$\frac{dy}{dx}=f(x)\cdot g(y)$，分离变量 x,y 于方程两边，在两边同时求积分即可.

② 齐次方程$\frac{dy}{dx}=f\left(\frac{y}{x}\right)$，作变量代换，令 $u=\frac{y}{x},\frac{dy}{dx}=x\frac{du}{dx}+u$，原方程转化为可分离变量型求解.

③ 一阶线性微分方程 $y'+P(x)y=Q(x)$，代入公式

$$y=e^{-\int P(x)dx}\left(\int Q(x)e^{\int P(x)dx}dx+C\right).$$

④ 伯努利方程 $y'+P(x)y=Q(x)y^n$，作变量代换，令 $z=y^{1-n}$，原方程转化为一阶线性微分方程$\frac{dz}{dx}+(1-n)P(x)z=(1-n)Q(x)$求解.

解 (1)［法 1］ 通过移项等变形，方程化为 $y'=(1-y)\cdot\frac{1}{x}$，这是可分离变量方程，分离变量，得

$$\frac{dy}{1-y}=\frac{1}{x}dx;$$

积分，得

$$-\ln|1-y|=\ln|x|+C_1,$$

移项，得 $\ln|x|+\ln|1-y|=-C_1$，化简为 $\ln|x(1-y)|=-C_1$，去掉对数后得 $x(1-y)=\pm e^{-C_1}$，记 $\pm e^{-C_1}=C$，即 $x(1-y)=C$ 为所求通解.

［法 2］ 方程两边同除以 x，原方程化为 $y'+\frac{1}{x}\cdot y=\frac{1}{x}$，这是一阶线性微分方程，由通解公式得

$$\begin{aligned}y&=e^{-\int\frac{1}{x}dx}\left(\int\frac{1}{x}e^{\int\frac{1}{x}dx}dx+C\right)\\&=e^{-\ln|x|}\left(\int\frac{1}{x}\cdot e^{\ln|x|}dx+C\right).\end{aligned}$$

当 $x>0$ 时，$y=e^{-\ln x}\left(\int\frac{1}{x}\cdot e^{\ln x}dx+C\right)=\frac{1}{x}\left(\int\frac{1}{x}\cdot x dx+C\right)=\frac{1}{x}(x+C)=1+\frac{C}{x}$.

当 $x<0$ 时，$y=e^{-\ln(-x)}\left(\int\frac{1}{x}\cdot e^{\ln(-x)}dx+C\right)=-\frac{1}{x}\left(\int\left(-\frac{1}{x}\cdot x\right)dx+C\right)=\frac{1}{x}(x-C)=1-\frac{C}{x}$.

因此，$y=1+\frac{C}{x}$(C 为任意常数)为该微分方程的通解.

注 在上述解法中，指数上的积分有无绝对值符号对结果无影响，因此，在利用公式法求解一阶线性微分方程的过程中，出现在指数上的积分可以不要绝对值符号.

(2)［法 1］ 方程改写为$\frac{dy}{dx}=\frac{y}{x-y}=\frac{\frac{y}{x}}{1-\frac{y}{x}}$，这是齐次方程，令 $u=\frac{y}{x}$，$\frac{dy}{dx}=x\frac{du}{dx}+u$，代入原方程，得 $x\frac{du}{dx}+u=\frac{u}{1-u}$，分离变量，得

$$\left(\frac{1}{u^2}-\frac{1}{u}\right)du=\frac{dx}{x},$$

两边同时积分，得

$$-\frac{1}{u}-\ln|u|=\ln|x|+C_1,$$

即
$$\ln|ux|=-\frac{1}{u}-C_1,\quad ux=\pm e^{-C_1}\cdot e^{-\frac{1}{u}},$$

记 $C=\pm e^{-C_1}$，得 $ux=Ce^{-\frac{1}{u}}$，回代 $u=\frac{y}{x}$得 $y=Ce^{-\frac{x}{y}}$为所求通解.

［法 2］ 把方程改写为$\frac{dx}{dy}=\frac{x-y}{y}=\frac{1}{y}x-1$，即

$$\frac{dx}{dy}-\frac{1}{y}x=-1,$$

这是以 x 为未知函数的一阶线性微分方程，由通解公式得

$$\begin{aligned}x&=e^{\int\frac{1}{y}dy}\left(\int(-1)e^{-\int\frac{1}{y}dy}dy+C_1\right)\\&=e^{\ln y}\left(-\int e^{-\ln y}dy+C_1\right)\\&=y\left(-\int\frac{1}{y}dy+C_1\right)\\&=y(-\ln|y|+C_1).\end{aligned}$$

变形后为 $y=\pm e^{C_1}\cdot e^{-\frac{x}{y}}$，记$\pm e^{C_1}=C$，得 $y=Ce^{-\frac{x}{y}}$为所求通解.

［法 3］ 方程两边同乘$\frac{1}{y^2}$，并改写成$\frac{ydx-xdy}{y^2}+\frac{dy}{y}=0$，凑微分得

$$d\left(\frac{x}{y}\right)+d(\ln|y|)=0,$$

于是$\frac{x}{y}+\ln|y|=C_1$，记$\pm e^{C_1}=C$，得 $y=Ce^{-\frac{x}{y}}$为所求通解.

(3)［法 1］ 方程改写成 $y'=\frac{x}{y}-3\frac{y}{x}$，这是齐次方程. 令 $u=\frac{y}{x}$，$\frac{dy}{dx}=x\frac{du}{dx}+u$，代入原方程，得

$$x\frac{\mathrm{d}u}{\mathrm{d}x}=\frac{1}{u}-4u,$$

分离变量后积分并化简得

$$u^2=\frac{C}{x^8}+\frac{1}{4},$$

回代 $u=\frac{y}{x}$ 得

$$\frac{y^2}{x^2}=\frac{C}{x^8}+\frac{1}{4},$$

即 $y^2=\frac{x^2}{4}+\frac{C}{x^6}$ 为所求通解.

［法 2］ $y'+\frac{3}{x}y=xy^{-1}$ 属于 $n=-1$ 时的伯努利方程.

令 $z=y^2$，方程可化为 $z'+\frac{6}{x}z=2x$，这是一阶线性微分方程，于是

$$\begin{aligned}z&=\mathrm{e}^{-\int\frac{6}{x}\mathrm{d}x}\left(\int 2x\mathrm{e}^{\int\frac{6}{x}\mathrm{d}x}\mathrm{d}x+C\right)\\&=\mathrm{e}^{-6\ln x}\left(\int 2x\mathrm{e}^{6\ln x}\mathrm{d}x+C\right)\\&=\frac{1}{x^6}\left(\int 2x^7\mathrm{d}x+C\right)=\frac{x^2}{4}+\frac{C}{x^6}.\end{aligned}$$

故原方程的通解为 $y^2=\frac{x^2}{4}+\frac{C}{x^6}$.

例 5 求解初值问题 $\begin{cases}y'\tan x+y=-3,\\ y\left(\frac{\pi}{2}\right)=0.\end{cases}$

解 这是可分离变量方程，分离变量得 $\frac{\mathrm{d}y}{y+3}=-\cot x\mathrm{d}x$，两边积分得

$$\ln|y+3|=\ln\left|\frac{C_1}{\sin x}\right|,$$

即 $y+3=\frac{C}{\sin x}$，其中 $C=\pm C_1$，故通解为

$$y=\frac{C}{\sin x}-3.$$

代入初值条件 $y\left(\frac{\pi}{2}\right)=0$，得 $C=3$，因此满足初值条件 $y\left(\frac{\pi}{2}\right)=0$ 的方程的特解为 $y=\frac{3}{\sin x}-3$.

小结 对于求解一阶微分方程，识别方程的类型很重要，但往往不是一眼就能判断微分方程的类型，常常需要通过一些变形化成已知的类型. 同时也要注意到同一个方程可能属于多种不同类型，既可看作某类方程，又可看作另一类方程，一题多解，应选择解法最简捷的类

型去求解. 如例 4(2)既可以看作齐次方程,也可以看作以 y 为自变量、x 为因变量的一阶线性微分方程$\frac{dx}{dy}+P(y)x=Q(y)$,代入公式 $x=e^{-\int P(y)dy}\left(\int Q(y)e^{\int P(y)dy}dy+C\right)$ 进行求解. 这种以 y 为自变量、x 为因变量的一阶线性微分方程通常称为倒线性型.

问题 3 如何利用变量代换将微分方程转化为一阶微分方程中常见的四种类型?

例 6 求下列方程的通解:

(1) $\frac{dy}{dx}=x^2+2xy+y^2+2x+2y$;

(2) $y'=\frac{x+1-\sin y}{\cos y}$;

(3) $y'=\frac{y}{2x}+\frac{1}{2y}\tan\frac{y^2}{x}$;

(4) $(2x-5y+3)dx-(2x+4y-6)dy=0$.

解 (1) 将方程改写为

$$\frac{dy}{dx}=(x+y)^2+2(x+y),$$

令 $z=x+y$,得$\frac{dz}{dx}=z^2+2z+1$,分离变量得$\frac{dz}{(z+1)^2}=dx$,积分得

$$-\frac{1}{z+1}=x+C,$$

将 $z=x+y$ 代回,得原方程的通解为$(x+y+1)(x+C)=-1$.

(2) 将方程改写为

$$\cos y\cdot y'=x+1-\sin y,$$

即

$$(\sin y)'+\sin y=x+1,$$

令 $z=\sin y$,方程可化成一阶线性微分方程 $z'+z=x+1$,由通解公式得

$$z=e^{-\int dx}\left(\int(x+1)e^{\int dx}dx+C\right)=e^{-x}(xe^x+C),$$

从而原方程的通解为 $\sin y=e^{-x}(xe^x+C)=x+Ce^{-x}$.

(3) 原方程化为

$$yy'=\frac{1}{2}\left(\frac{y^2}{x}+\tan\frac{y^2}{x}\right),$$

令 $u=\frac{y^2}{x}$,则 $y^2=ux$,$2yy'=u+xu'$,代入微分方程整理得 $xu'=\tan u$,分离变量得

$$\cot u\,du=\frac{1}{x}dx,$$

两边积分,得

$$\ln|\sin u|=\ln|x|+C_1,$$

即$\frac{\sin u}{x}=\pm e^{C_1}$,将 $u=\frac{y^2}{x}$代回,则通解为 $\sin\frac{y^2}{x}=Cx$,其中,$C=\pm e^{C_1}$为任意常数.

（4）将方程整理为

$$\frac{\mathrm{d}y}{\mathrm{d}x}=\frac{2x-5y+3}{2x+4y-6},$$

令 $x=X+h,y=Y+k$，可得 $\frac{\mathrm{d}Y}{\mathrm{d}X}=\frac{2X-5Y+2h-5k+3}{2X+4Y+2h+4k-6}$，令 $\begin{cases}2h-5k+3=0,\\2h+4k-6=0,\end{cases}$ 解得 $h=1,k=1$. 因此，作变换 $x=X+1,y=Y+1$，原方程化为齐次方程

$$\frac{\mathrm{d}Y}{\mathrm{d}X}=\frac{2X-5Y}{2X+4Y}=\frac{2-5\frac{Y}{X}}{2+4\frac{Y}{X}}.$$

令 $\frac{Y}{X}=u$，得 $Y=uX,\frac{\mathrm{d}Y}{\mathrm{d}X}=u+X\frac{\mathrm{d}u}{\mathrm{d}X}$，代入齐次方程并化简，得

$$X\frac{\mathrm{d}u}{\mathrm{d}X}=\frac{2-7u-4u^2}{2+4u}=\frac{(1-4u)(u+2)}{2+4u},$$

即
$$\left(\frac{4}{3}\cdot\frac{1}{1-4u}-\frac{2}{3}\cdot\frac{1}{u+2}\right)\mathrm{d}u=\frac{\mathrm{d}X}{X},$$

两边积分得
$$X^3(1-4u)(u+2)^2=C,$$

即 $(X-4Y)(Y+2X)^2=C$，将 $X=x-1,Y=y-1$ 代入，得原方程的通解为

$$(x-4y+3)(2x+y-3)^2=C.$$

小结 有些一阶微分方程本身并不是一阶微分方程中常见的四种类型，但可通过变量代换化成一阶微分方程中常见的四种类型. 实际上齐次方程和伯努利方程的求解思路就是变量代换. 一般情况下，如何找出变量代换，需要根据方程的特点分析（例 6）.

问题 4 如何求解积分方程？

例 7 设函数 $f(x)$ 可微，且满足 $f(x)=\cos 2x+\int_0^x f(t)\sin t\mathrm{d}t$，求 $f(x)$.

分析 此类积分方程，一般解法是利用对变限积分求导，化成关于 $f(x)$ 的微分方程，然后求解.

解 方程两边对 x 求导，得 $f'(x)=-2\sin 2x+f(x)\sin x$，整理得

$$f'(x)-\sin x\cdot f(x)=-2\sin 2x,\quad 即\quad y'-y\sin x=-2\sin 2x,$$

由一阶线性微分方程的通解公式得

$$\begin{aligned}f(x)&=\mathrm{e}^{\int\sin x\mathrm{d}x}\left(\int\left(-2\sin 2x\cdot\mathrm{e}^{-\int\sin x\mathrm{d}x}\right)\mathrm{d}x+C\right)\\&=\mathrm{e}^{-\cos x}\left(\int\left(-4\sin x\cos x\cdot\mathrm{e}^{\cos x}\right)\mathrm{d}x+C\right)\\&=\mathrm{e}^{-\cos x}\left(\int 4\cos x\mathrm{d}\left(\mathrm{e}^{\cos x}\right)+C\right)\\&=\mathrm{e}^{-\cos x}\left(4\cos x\mathrm{e}^{\cos x}-4\mathrm{e}^{\cos x}+C\right)\\&=4(\cos x-1)+C\mathrm{e}^{-\cos x}.\end{aligned}$$

在 $f(x)=\cos 2x+\int_0^x f(t)\sin t\mathrm{d}t$ 中,令 $x=0$,得 $f(0)=1$,从而 $C=\mathrm{e}$,故 $f(x)=4(\cos x-1)+\mathrm{e}^{1-\cos x}$.

例 8 设可导函数 $f(x)$ 满足方程 $\int_0^x f(t)\mathrm{d}t=x+\int_0^x tf(x-t)\mathrm{d}t$,求 $f(x)$.

解 在等式右边的积分中,令 $x-t=u$,则方程化为

$$\int_0^x f(t)\mathrm{d}t=x+x\int_0^x f(u)\mathrm{d}u-\int_0^x uf(u)\mathrm{d}u,$$

两边对 x 求导,得

$$f(x)=1+\int_0^x f(u)\mathrm{d}u,$$

再对 x 求导,得

$$f'(x)=f(x),$$

解之得

$$f(x)=C\mathrm{e}^x.$$

在 $f(x)=1+\int_0^x f(u)\mathrm{d}u$ 中,令 $x=0$,得 $f(0)=1$,从而 $C=1$,故 $f(x)=\mathrm{e}^x$.

小结 形如例 7、8 这样的积分方程,通常通过变限求导的方法将积分方程转化为微分方程,积分方程中隐含初值条件,即把积分方程化为求带初值条件的微分方程的特解问题.

问题 5 如何利用一阶微分方程解决实际应用问题?

例 9 设曲线 $y=y(x)>0$ 在 $[0,x]$ 上所围成的曲边梯形的面积的值与 $y^{n+1}(x)$ 成正比(比例系数为 k),则该曲线所满足的一阶微分方程为____________.

解 由定积分的几何意义,曲线 $y=y(x)>0$ 在 $[0,x]$ 上所围成的曲边梯形的面积可表示为 $\int_0^x y(x)\mathrm{d}x$,因此,题中所给的等量关系可表示为

$$\int_0^x y(x)\mathrm{d}x=ky^{n+1}(x),$$

等式两边对 x 求导,可得

$$y=k(n+1)y^n y',$$

即曲线所满足的一阶微分方程为 $(n+1)ky^{n-1}y'=1$.

例 10 设曲线 L 位于 xOy 面的第一象限内,L 上的任意一点 M 处的切线总与 y 轴相交,记交点为 A,已知 $|MA|=|OA|$,且 L 过点 $\left(\frac{3}{2},\frac{3}{2}\right)$,求曲线 L 的方程.

解 先建立微分方程,记 $M(x,y)$ 为曲线 L 上任意一点,过 M 的曲线 L 的切线 MA 的方程为

$$Y-y=y'(X-x);$$

令 $X=0$ 可得 $Y=y-xy'$,故点 A 的坐标为 $(0,y-xy')$. 由 $|MA|=|OA|$,有

$$|y-xy'|=\sqrt{x^2+(y-y+xy')^2},$$

化简可得 $2y'-\frac{1}{x}y=-\frac{x}{y}$,这是 $n=-1$ 的伯努利方程. 令 $z=y^{1-(-1)}=y^2$ 代入上述方程可得

$$z'-\frac{1}{x}z=-x,$$

由一阶线性微分方程的通解公式得

$$z=-x^2+Cx,\quad 即\quad y^2=-x^2+Cx;$$

又由于所求曲线在第一象限内,故 $y=\sqrt{Cx-x^2}$;L 过点 $\left(\frac{3}{2},\frac{3}{2}\right)$,即 $y\big|_{x=\frac{3}{2}}=\frac{3}{2}$,代入可得 $C=3$,

故 $y=\sqrt{3x-x^2}\,(0<x<3)$.

例 11 设有一质量为 m 的质点做直线运动,从速度等于零的时刻起,有一个与该质点运动方向一致,大小与时间成正比(比例系数为 k_1)的力作用于它,此外它还受到一个与速度成正比(比例系数为 k_2)的阻力作用,求质点运动的速度与时间的函数关系.

解 由题意可建立微分方程 $m\dfrac{\mathrm{d}v}{\mathrm{d}t}=k_1t-k_2v$,初值条件为 $v(0)=0$. 此方程为一阶线性微分方程,化为标准形式$\dfrac{\mathrm{d}v}{\mathrm{d}t}+\dfrac{k_2}{m}v=\dfrac{k_1}{m}t$,代入公式可得

$$\begin{aligned}v&=\mathrm{e}^{-\int\frac{k_2}{m}\mathrm{d}t}\left(\int\frac{k_1}{m}t\mathrm{e}^{\int\frac{k_2}{m}\mathrm{d}t}\mathrm{d}t+C\right)\\&=\mathrm{e}^{-\frac{k_2}{m}t}\left(\frac{k_1}{k_2}t\mathrm{e}^{\frac{k_2}{m}t}-\frac{mk_1}{k_2^2}\mathrm{e}^{\frac{k_2}{m}t}+C\right)\\&=\frac{k_1}{k_2}t-\frac{mk_1}{k_2^2}+C\mathrm{e}^{-\frac{k_2}{m}t}.\end{aligned}$$

代入初值条件,得 $C=\dfrac{mk_1}{k_2^2}$,故速度与时间的函数关系为

$$v=\frac{k_1}{k_2}t-\frac{mk_1}{k_2^2}\left(1-\mathrm{e}^{-\frac{k_2}{m}t}\right).$$

例 12 在某一群人中推广新技术是通过其中已掌握新技术的人进行的. 设该人群的总人数为 N,在 $t=0$ 时刻已掌握新技术的人数为 x_0,在任意时刻 t 已掌握新技术的人数 $x(t)$ 的变化率与已掌握新技术人数和未掌握新技术人数之积成正比,比例常数为 $k>0$,求 $x(t)$.

解 根据题意,得

$$\begin{cases}\dfrac{\mathrm{d}x}{\mathrm{d}t}=kx(N-x),\\x(0)=x_0,\end{cases}$$

分离变量,得$\dfrac{\mathrm{d}x}{x(N-x)}=k\mathrm{d}t$,即$\dfrac{1}{N}\left(\dfrac{1}{x}+\dfrac{1}{N-x}\right)\mathrm{d}x=k\mathrm{d}t$;积分得

$$x=\frac{NC\mathrm{e}^{kNt}}{1+C\mathrm{e}^{kNt}}.$$

将 $x(0)=x_0$ 代入解得

$$C=\frac{x_0}{N-x_0},$$

故

$$x(t)=\frac{Nx_0\mathrm{e}^{kNt}}{N-x_0+x_0\mathrm{e}^{kNt}}.$$

小结 微分方程在解决实际问题时有着广泛的应用. 关键在于根据应用问题所给的条件建立微分方程,然后求解. 例 9—例 12 中给出了由几个比较简单的几何、物理问题列出微分方程的方法,但实际问题千变万化,不能一概而论,希望读者能够通过例题了解分析问题、

解决问题的基本思想与方法.

三、课内练习题

1. 选择题:

(1) 函数 $y=Cx^2$ 所满足的一阶微分方程为(　　).

(A) $xy'=x$　　(B) $xy'=2x$　　(C) $xy'=y$　　(D) $xy'=2y$

(2) 方程 $(1+e^x)yy'=e^x$ 的满足初值条件 $y(0)=0$ 的特解是(　　).

(A) $y^2=2\ln\dfrac{1+e^x}{2}$　　(B) $y^2=\ln\dfrac{1+e^x}{2}$

(C) $y=2\ln\dfrac{1+e^x}{2}$　　(D) $y^2=\ln\dfrac{e^x}{2}$

(3) 微分方程 $\dfrac{dy}{dx}+2xy=2x$ 的通解是(　　).

(A) $y=e^{-x^2}+C$　　(B) $y=e^{-x^2}+Cx$

(C) $y=Ce^{-x^2}+1$　　(D) $y=xe^{-x^2}+2$

2. 求下列微分方程的通解:

(1) $y'=2x(y-3)$;　　(2) $y'=\dfrac{y^2-x^2}{xy}$;

(3) $\dfrac{dy}{dx}+\cot x\cdot y=\csc x$;　　(4) $y dx-(x-y^2\cos y)dy=0$;

(5) $\dfrac{dy}{dx}+\dfrac{y}{x}=x^2y^3$;　　(6) $y'=\cos(x-y)$;

(7) $(x+y)^2y'=1$.

3. 求下列微分方程在给定初值条件下的特解:

(1) $y'=e^{2x-y}, y(0)=0$;　　(2) $\begin{cases}x'-3x=e^{-2t},\\ x(0)=1;\end{cases}$

(3) $\begin{cases}2y'=\dfrac{y}{x}+\dfrac{y^2}{x^2},\\ y(1)=-1;\end{cases}$　　(4) $\begin{cases}\dfrac{dy}{dx}=\dfrac{\ln x}{x}y^2-\dfrac{1}{x}y,\\ y(1)=1.\end{cases}$

4. 设函数 $f(x)$ 可微,且满足 $f(x)=x+\int_0^x f(u)du$,求 $f(x)$.

*5. 设 $f(x)$ 为连续函数, $\int_0^1 f(x)dx=\dfrac{3}{2}$,且满足 $\int_0^1 f(tx)dt=\dfrac{1}{2}f(x)+1(x\neq 0)$,求 $f(x)$.

6. 设 $y=\cos 2x$ 是方程 $y'+p(x)y=0$ 的解,求该方程满足 $y(0)=2$ 的特解.

*7. 一曲线过点 $(2,0)$,且在切点和纵坐标轴间的切线段有定长 2,求曲线方程.

*8. 设点 $P(x,y)$ 是连接点 $B(1,0)$ 和点 $A(0,1)$ 的一条上凸曲线上的任意一点,已知曲线与弦 AP 所围的面积为 x^3,求此曲线的方程.

*9. 设质量为 m 的质点在水平面内做直线运动,初速度 $v(0)=v_0$,已知阻力与速度成正比

（比例系数为 k），问经过多少时间质点的速度为$\frac{1}{3}v_0$？此时质点所经过的路程是多少？

四、课外练习题

1. 填空题：

(1) 已知曲线 $y=f(x)$ 过点 $(0,1)$，且其上任一点 (x,y) 处的切线斜率为 $\ln(1+x)$，则 $f(x)=$ ______.

(2) 微分方程 $\frac{\mathrm{d}y}{\mathrm{d}x}=\frac{y}{x}+\tan\frac{y}{x}$ 是 ______（填类型）微分方程，其通解为______.

(3) 微分方程 $y'=\frac{y^2}{xy-2}$的通解为______.

2. 求下列微分方程的通解：

(1) $xy'-y-\sqrt{x^2+y^2}=0\ (x>0)$；

(2) $(x^2+1)y'+2xy=4x^2$；

(3) $y'=\frac{y}{2x+y^2}$；

(4) $xy'-4y=x^2\sqrt{y}$；

(5) $y'=\frac{1}{2}+\tan(2y-x+1)$.

3. 求下列微分方程在给定初值条件下的特解：

(1) $(x+1)y'+1=2\mathrm{e}^{-y}$，$y(1)=0$；

(2) $y'\cos x+y\sin x=\cos^2 x$，$y(\pi)=1$.

4. 设函数 $f(x)$ 可微，且满足 $f(x)=\mathrm{e}^{2x}+\int_0^{2x} f\left(\frac{t}{2}\right)\mathrm{d}t$，求 $f(x)$.

5. 设 $y=\mathrm{e}^x$ 是方程 $xy'+p(x)y=x$ 的解，求该方程满足 $y(\ln 2)=0$ 的解.

*6. (1) 设函数 $f(x)$ 可微，且满足 $\int_1^x \frac{f(t)}{t^3 f(t)+t}\mathrm{d}t=f(x)-1$，求 $f(x)$；

(2) 设可微函数 $f(x)>0$，且满足 $f(x)=\mathrm{e}^{x^2}+\int_0^x \mathrm{e}^{x^2-t^2}f(t)\mathrm{d}t$，求 $f(x)$.

*7. 设 $\alpha\neq 0,\alpha\neq -2$，求微分方程 $xy'+\alpha y=1+x^2$ 满足初值条件 $y(1)=1$ 的解 $y(x,\alpha)$，并证明：$\lim\limits_{\alpha\to 0} y(x,\alpha)$ 是方程 $xy'=1+x^2$ 的解.

*8. 已知车间的容积为 30 m×30 m×6 m，车间内空气中 CO_2的体积分数为 0.12%. 现输入体积分数为 0.04% 的新鲜空气，假定新鲜空气进入车间后立即与车间内原有空气均匀混合，并且有等量的混合气体从车间内排出，问每分钟应输入多少这样的新鲜空气，才能在 30 min 后使车间体积分数不超过 0.06%？（CO_2的体积分数为 0.04%，其含义是 CO_2的纯含量为 0.04%.）

*9. 如图 12-1 所示，设曲线上任一点 $P(x,y)$ 处的切线及该点到原点 O 的连线 OP 与 y 轴围成的图形面积为 A，求此曲线方程.

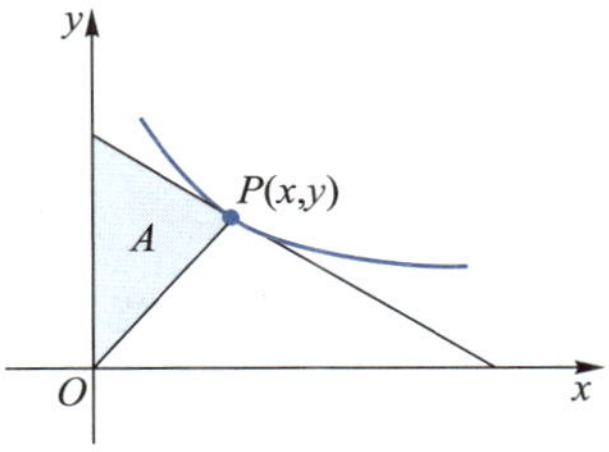

图 12-1

第十二讲
习题参考答案或提示

第十三讲　特殊类型的高阶微分方程

一、本讲要求

本讲包括可降阶的高阶微分方程和线性微分方程. 具体要求:

1. 掌握三种可降阶的高阶微分方程的解法.

2. 理解线性微分方程解的性质与结构.

3. 熟练掌握二阶常系数线性齐次微分方程的解法,并了解高阶常系数线性齐次微分方程的解法.

4. 掌握二阶常系数线性非齐次微分方程的解法.

5. 会解决简单的高阶微分方程的应用问题.

二、问题·分析·解答

问题 1　如何求解可降阶的高阶微分方程?

例 1　求下列微分方程的通解或特解:

(1) $y'''=x+e^x$;

(2) $xy''+2y'=0$;

(3) $\begin{cases}\dfrac{y''}{y'}-2y=0,\\ y(0)=0,y'(0)=1;\end{cases}$

(4) $y''=(y')^2+y'$.

分析　对于 $y^{(n)}=f(x)$, $y''=f(x,y')$(不显含 y 的方程), $y''=f(y,y')$(不显含 x 的方程)这三类特殊类型的高阶微分方程,可通过适当的代换,降低阶数,化成已学过的微分方程后求解.

解　(1) 方程两边对 x 接连积分三次,得

$$y''=\frac{1}{2}x^2+e^x+C_1,$$

$$y'=\frac{1}{6}x^3+e^x+C_1x+C_2,$$

$$y=\frac{1}{24}x^4+e^x+\frac{C_1}{2}x^2+C_2x+C_3.$$

即方程通解为 $y=\frac{1}{24}x^4+e^x+\frac{C_1}{2}x^2+C_2x+C_3$.

(2) 该方程不显含 y,令 $y'=z$,则 $y''=z'$,原方程化为 $xz'+2z=0$,分离变量得

$$\frac{dz}{z}=-\frac{2}{x}dx,$$

两边积分得 $\ln|z|=-2\ln|x|+C$，即 $zx^2=\pm e^C$，令 $C_1=\pm e^C$，则 $z=\dfrac{C_1}{x^2}$，将 $z=y'$ 代入即得

$$y'=\frac{C_1}{x^2},$$

积分得通解为 $y=-\dfrac{C_1}{x}+C_2$.

（3）该方程不显含 x，令 $y'=z$，则

$$y''=\frac{\mathrm{d}z}{\mathrm{d}x}=\frac{\mathrm{d}z}{\mathrm{d}y}\cdot\frac{\mathrm{d}y}{\mathrm{d}x}=z\frac{\mathrm{d}z}{\mathrm{d}y},$$

代入原方程得

$$\frac{\mathrm{d}z}{\mathrm{d}y}-2y=0,\quad 即\quad \mathrm{d}z=2y\mathrm{d}y,$$

积分得 $z=y^2+C_1$，用初值条件 $y(0)=0$，$z(0)=y'(0)=1$ 代入得 $C_1=1$，故 $z=y^2+1$，将 $z=y'$ 代入得 $\dfrac{\mathrm{d}y}{y^2+1}=\mathrm{d}x$，积分得

$$\arctan y=x+C_2.$$

再用初值条件代入得 $C_2=0$，故所求特解为 $\arctan y=x$，即 $y=\tan x$.

（4）该方程既不显含 x，也不显含 y，下面用两种方法求解.

[法 1] （不显含 y）令 $y'=z$，$y''=z'$，原方程化为 $z'=z^2+z$，分离变量得

$$\frac{\mathrm{d}z}{z(z+1)}=\mathrm{d}x,\quad 即\quad \left(\frac{1}{z}-\frac{1}{z+1}\right)\mathrm{d}z=\mathrm{d}x,$$

两边积分，得 $\ln\left|\dfrac{z}{z+1}\right|=x+C$，则

$$\frac{z}{z+1}=C_1e^x,\quad 其中\quad C_1=\pm e^C,$$

故 $z=\dfrac{C_1e^x}{1-C_1e^x}$，将 $z=y'$ 回代即得 $y'=\dfrac{C_1e^x}{1-C_1e^x}$，积分得通解为

$$y=-\ln|1-C_1e^x|+C_2.$$

[法 2] （不显含 x）令 $y'=z$，则 $y''=\dfrac{\mathrm{d}z}{\mathrm{d}x}=\dfrac{\mathrm{d}z}{\mathrm{d}y}\cdot\dfrac{\mathrm{d}y}{\mathrm{d}x}=z\dfrac{\mathrm{d}z}{\mathrm{d}y}$，

代入原方程得 $z\dfrac{\mathrm{d}z}{\mathrm{d}y}=z^2+z$，分离变量得

$$\frac{\mathrm{d}z}{z+1}=\mathrm{d}y,$$

积分得 $\ln|z+1|=y+C$，即

$$z=C_1e^y-1,\quad 其中\quad C_1=\pm e^C,$$

将 $z=y'$ 回代即得 $\dfrac{\mathrm{d}y}{C_1e^y-1}=\mathrm{d}x$，积分得 $\ln|C_1-e^{-y}|=x+\overline{C}$，即 $y=-\ln|C_1-C_2e^x|$，其中 $C_2=\pm e^{\overline{C}}$，故

通解为

$$y=-\ln|C_1-C_2e^x|.$$

小结 1. 由例 1(1)可知,对于 $y^{(n)}=f(x)$ 类型的方程,实际上不用写出代换,只需直接对 x 积分 n 次即可求得通解;由例 1(2)可知,对于 $y''=f(x,y')$ 这种不显含 y 的二阶微分方程,作代换 $z=y'$,则 $y''=z'$,即 $y''=f(x,y')$ 化为一阶微分方程 $\frac{dz}{dx}=f(x,z)$,解得 z 与 x 的关系式后,将 $z=y'$ 回代即可求出通解;由例 1(3)可知,对于 $y''=f(y,y')$ 这种不显含 x 的二阶微分方程,作代换 $z=y'$,则 $y''=\frac{dz}{dx}=\frac{dz}{dy}\cdot\frac{dy}{dx}=z\frac{dz}{dy}$,即 $y''=f(y,y')$ 化为一阶微分方程 $z\frac{dz}{dy}=f(y,z)$,解得 z 与 y 的关系式后,将 $z=y'$ 回代即可求出通解;由例 1(4)可知,对于 $y''=f(y')$ 这种既不显含 x 又不显含 y 的二阶微分方程,两种方法都可以使用.

2. 对于 $y''=f(x,y')$ 与 $y''=f(y,y')$,虽然都作代换 $z=y'$,但需要注意的是前者实为 $y'=z(x)$,故 $y''=f(x,y')$ 化为 $\frac{dz}{dx}=f(x,z)$,后者实为 $y'=z(y)$,因而 $y''=f(y,y')$ 化为 $z\frac{dz}{dy}=f(y,z)$.

3. 在求高阶微分方程满足定解条件的特解时,若在得到第一个任意常数 C_1 时,就代入定解条件,具体求出 C_1 的值,再继续求解往往比较容易(例 1(3)).

问题 2 线性微分方程解的结构定理包含哪些?如何使用这些定理?

例 2 验证 $y_1=(x-1)^2,y_2=(x+1)^2$ 是微分方程 $(x^2-1)y''-2xy'+2y=0$ 的解,并求此微分方程的通解.

解 将 $y'_1=2(x-1),y''_1=2$ 代入方程可得

$$2(x^2-1)-2x\cdot2(x-1)+2(x-1)^2=2x^2-2-4x^2+4x+2x^2-4x+2=0,$$

即 $y_1=(x-1)^2$ 满足微分方程,故 $y_1=(x-1)^2$ 为微分方程 $(x^2-1)y''-2xy'+2y=0$ 的解;同理,将 $y'_2=2(x+1),y''_2=2$ 代入方程亦可知 $y_2=(x+1)^2$ 为微分方程的解.

微分方程 $(x^2-1)y''-2xy'+2y=0$ 为二阶线性齐次微分方程,因为 $\frac{(x-1)^2}{(x+1)^2}\neq$ 常数,即 $y_1=(x-1)^2,y_2=(x+1)^2$ 线性无关,由二阶线性齐次微分方程解的结构定理知,此微分方程的通解为 $y=C_1(x-1)^2+C_2(x+1)^2$.

例 3 已知 $y_1=e^{3x}-xe^{2x},y_2=e^x-xe^{2x},y_3=-xe^{2x}$ 是某个二阶常系数线性非齐次微分方程的三个解,求此方程的通解.

分析 从二阶线性非齐次微分方程的三个特解中找出对应的二阶线性齐次微分方程的两个线性无关的解,再任选一个线性非齐次方程的特解便可构成通解.

解 由题意知,$y_1-y_3=e^{3x},y_2-y_3=e^x$ 为对应的二阶线性齐次微分方程的解,且 $\frac{e^{3x}}{e^x}\neq$ 常数,即二者线性无关;由二阶线性非齐次微分方程解的结构定理知,所求通解为 $y=C_1e^{3x}+C_2e^x-xe^{2x}$.

小结 线性微分方程解的结构定理包括:

(1) 线性齐次微分方程与线性非齐次微分方程的解之间的关系:

若 $y_1^*(x),y_2^*(x)$ 为线性非齐次微分方程 $ay''+by'+cy=f(x)$ 的两个特解,则 $y_1^*(x)-$

$y_2^*(x)$为对应的线性齐次微分方程 $ay''+by'+cy=0$ 的一个解.

（2）线性齐次微分方程及线性非齐次微分方程的通解结构定理：

就二阶常系数线性微分方程来说，设 $y_1(x)$，$y_2(x)$为齐次微分方程 $ay''+by'+cy=0$ 的两个线性无关的解，y^* 为对应的非齐次微分方程 $ay''+by'+cy=f(x)$ 的一个特解，则 $C_1y_1(x)+C_2y_2(x)$为齐次微分方程的通解，$C_1y_1(x)+C_2y_2(x)+y^*$ 为非齐次微分方程的通解.

（3）线性微分方程解的叠加原理：

若 $y_1^*(x)$，$y_2^*(x)$分别为二阶线性非齐次微分方程 $ay''+by'+cy=f_1(x)$、$ay''+by'+cy=f_2(x)$的特解，则 $y_1^*(x)+y_2^*(x)$为二阶线性非齐次微分方程 $ay''+by'+cy=f_1(x)+f_2(x)$的一个特解.

问题 3 如何求二阶常系数线性微分方程的通解？

例 4 求解下列微分方程：

（1）$y''-9y=0$；

（2）$\dfrac{d^2x}{dt^2}-4\dfrac{dx}{dt}+3x=0$；

（3）$\begin{cases} y''+2y'+2y=0, \\ y(0)=2, y'(0)=-1. \end{cases}$

分析 对于二阶常系数线性齐次微分方程 $ay''+by'+cy=0$，只需求出特征根，便可求得通解，将初值条件代入通解，求出任意常数，便可求得特解.

解 （1）特征方程为 $r^2-9=0$，特征根为 $r_1=r_2=3$（二重根），所以通解为

$$y=(C_1+C_2x)e^{3x}.$$

（2）特征方程为 $r^2-4r+3=0$，特征根为 $r_1=3, r_2=1$，所以通解为

$$x=C_1e^{3t}+C_2e^t.$$

（3）特征方程为 $r^2+2r+2=0$，特征根为 $r_{1,2}=-1\pm i$，所以通解为

$$y=e^{-x}(C_1\cos x+C_2\sin x).$$

代入初值条件，得$\begin{cases} C_1=2, \\ -C_1+C_2=-1, \end{cases}$即 $C_1=2, C_2=1$，故所求解为

$$y=e^{-x}(2\cos x+\sin x).$$

例 5 用观察法求下列线性非齐次微分方程的一个特解 y^*.

（1）$y''+7y'+3y=6$；

（2）$y''+3y=x$；

（3）$y''+y'+y=x$.

解 （1）显然，$y=C$（C 为常数）可能为解. 因为 y''及 y'皆为 0，从而只要 $3y=6$ 即可，可见 $y=2$ 是解，即 $y^*=2$.

（2）当 $y=ax$ 时 $y''=0$，从而只要 $3y=x$ 即可得解，可见 $y^*=\dfrac{x}{3}$.

（3）用 $y=x$ 代入方程左边时得 $x+1$，它比方程右边多 1，所以令 $y=x-1$，代入方程左边恰好为 x，故 $y^*=x-1$.

例 6 确定下列线性非齐次微分方程的特解 y^* 的形式：

(1) $y''-3y'+2y=e^x$;

(2) $y''-2y'+y=e^x$;

(3) $y''+y'=xe^{2x}$;

(4) $y''+2y'=-5\sin x$;

(5) $y''-2y'+2y=e^x(5\cos x+8\sin x)$.

分析 二阶常系数线性非齐次微分方程特解 y^* 的形式需根据非齐次项 $f(x)$ 的形式来确定(见后面小结).

解 (1) $f(x)=e^x$,这里 $e^{\alpha x}$ 中的 $\alpha=1$,特征方程 $r^2-3r+2=0$ 的根为 $r=1,r=2$. 可见 $\alpha=1$ 是特征单根,故 $y^*=Axe^x$.

(2) $e^{\alpha x}$ 中的 $\alpha=1$ 为特征方程 $r^2-2r+1=0$ 的二重根,故 $y^*=x^2Ae^{\alpha x}=Ax^2e^x$.

(3) $f(x)=xe^{2x}$,这里 $e^{\alpha x}$ 中的 $\alpha=2$,特征方程 $r^2+r=0$ 的根为 $r=0,r=-1$,$\alpha=2$ 不是特征根,故 $y^*=(Ax+B)e^{2x}$.

(4) $f(x)=-5\sin x=e^{0x}(0\cdot\cos x+(-5)\sin x)$,这里 $\alpha=0,\beta=1$,故 $\alpha+\beta i=i$;$P_n(x)=0$,$Q_m(x)=-5$,都是 0 次多项式,即 $n=m=0$.

特征方程 $r^2+2r=0$ 的根为 $r=0,r=-2$. 可见 $\alpha+\beta i=i$ 不是特征根,故

$$y^*=x^0e^{0x}(A\cos x+B\sin x)=A\cos x+B\sin x.$$

(5) $f(x)=e^x(5\cos x+8\sin x)$,这里 $\alpha=1,\beta=1$,故 $\alpha+\beta i=1+i$;$P_n(x)=5$,$Q_m(x)=8$,都是 0 次多项式,即 $n=m=0$.

特征方程 $r^2-2r+2=0$ 的根为 $r_{1,2}=1\pm i$. 可见 $\alpha+\beta i=1+i$ 是特征根,故

$$y^*=xe^x(A\cos x+B\sin x).$$

例 7 求微分方程 $y''-4y'+5y=2e^{2x}\sin x$ 的通解.

解 特征方程 $r^2-4r+5=0$,特征根为 $r_{1,2}=2\pm i$,故对应齐次方程的通解为

$$\bar{y}=e^{2x}(C_1\cos x+C_2\sin x),$$

$f(x)=2e^{2x}\sin x$,这里 $\alpha=2,\beta=1$,$2+i$ 是特征根,故设原方程的一个特解为

$$y^*=xe^{2x}(A\cos x+B\sin x),$$

代入原方程并比较系数得 $A=-1,B=0$,即原方程的特解为

$$y^*=-xe^{2x}\cos x.$$

故原方程的通解为

$$y=e^{2x}(C_1\cos x+C_2\sin x)-xe^{2x}\cos x.$$

例 8 求微分方程 $y''+3y'+2y=e^{-x}+\sin x$ 的通解.

解 特征方程 $r^2+3r+2=0$,特征根为 $r_1=-2,r_2=-1$,故对应齐次方程的通解为

$$\bar{y}=C_1e^{-2x}+C_2e^{-x}.$$

非齐次项 $f(x)=e^{-x}+\sin x$,根据叠加原理,分别求出 $y''+3y'+2y=e^{-x}$ 的特解 y_1^* 和 $y''+3y'+2y=\sin x$ 的特解 y_2^*,则 $y^*=y_1^*+y_2^*$ 是原方程的一个特解.

-1 是特征单根,故设 $y_1^*=Axe^{-x}$,代入 $y''+3y'+2y=e^{-x}$ 得 $A=1$,从而 $y_1^*=xe^{-x}$,i 不是特征根,故设 $y_2^*=B_1\cos x+B_2\sin x$,代入 $y''+3y'+2y=\sin x$ 得

$$(B_1+3B_2)\cos x+(-3B_1+B_2)\sin x=\sin x,$$

比较系数得

$$\begin{cases}B_1+3B_2=0,\\-3B_1+B_2=1,\end{cases}\text{解之得 } B_1=-\frac{3}{10},B_2=\frac{1}{10},$$

从而

$$y_2^*=-\frac{3}{10}\cos x+\frac{1}{10}\sin x.$$

综上得原方程的特解

$$y^*=y_1^*+y_2^*=xe^{-x}-\frac{3}{10}\cos x+\frac{1}{10}\sin x,$$

从而原方程的通解为

$$y=C_1e^{-2x}+C_2e^{-x}+xe^{-x}-\frac{3}{10}\cos x+\frac{1}{10}\sin x.$$

注 也可以直接设 $y''+3y'+2y=e^{-x}+\sin x$ 的一个特解为

$$y^*=y_1^*+y_2^*=Axe^{-x}+(B_1\cos x+B_2\sin x),$$

代入 $y''+3y'+2y=e^{-x}+\sin x$，比较系数解出 A,B_1,B_2 后，同样可得 $y^*=xe^{-x}-\frac{3}{10}\cos x+\frac{1}{10}\sin x$.

小结 1. 二阶常系数线性齐次微分方程 $ay''+by'+cy=0$ 的求解方法归纳如下：写出对应的特征方程 $ar^2+br+c=0$，解得特征根 r_1,r_2，根据特征根的情况确定通解：

① 当 $r_1\neq r_2$ 时，通解为 $y=C_1e^{r_1x}+C_2e^{r_2x}$；

② 当 $r_1=r_2=r$ 时，通解为 $y=(C_1+C_2x)e^{rx}$；

③ 当 $r_{1,2}=\alpha\pm i\beta$ 时，通解为 $y=e^{\alpha x}(C_1\cos\beta x+C_2\sin\beta x)$.

2. 二阶常系数线性非齐次微分方程 $ay''+by'+cy=f(x)$ 的求解方法归纳如下：先求出对应齐次方程 $ay''+by'+cy=0$ 的通解 $\bar{y}$，再求出非齐次方程的一个特解 y^*，则非齐次方程的通解为 $y=\bar{y}+y^*$. 其中特解 y^* 可用待定系数法求得，首先根据非齐次项 $f(x)$ 的形式来确定 y^* 的形式（表 13-1），然后将 y^* 代入原方程确定其中的系数. 对于有些很简单的 $f(x)$，可以直接根据解的概念，观察方程得到 y^*（例 5）.

表 13-1 二阶常系数线性非齐次微分方程的特解形式

$f(x)=P_n(x)e^{\alpha x}$	$e^{\alpha x}$ 中的 α 不是特征根	$y^*=Q_n(x)e^{\alpha x}$
	$e^{\alpha x}$ 中的 α 是特征单根	$y^*=xQ_n(x)e^{\alpha x}$
	$e^{\alpha x}$ 中的 α 是特征重根	$y^*=x^2Q_n(x)e^{\alpha x}$
$f(x)=(P_n(x)\cos\beta x+P_m(x)\sin\beta x)e^{\alpha x}$	$\alpha\pm i\beta$ 不是特征根	$y^*=(Q_L^1(x)\cos\beta x+Q_L^2(x)\sin\beta x)e^{\alpha x}$
	$\alpha\pm i\beta$ 是特征根	$y^*=x(Q_L^1(x)\cos\beta x+Q_L^2(x)\sin\beta x)e^{\alpha x}$

其中，$Q_n(x)$ 是 n 次多项式；$Q_L^1(x)$，$Q_L^2(x)$ 都是 L 次多项式，其中 $L=\max\{m,n\}$. 若 $f(x)=f_1(x)+f_2(x)$，可利用叠加原理（例 8）.

问题 4 已知微分方程的解，如何反求其微分方程？

例 9 设 $y=e^x(C_1\sin x+C_2\cos x)$（$C_1,C_2$ 为任意常数）为某二阶常系数线性齐次微分方程的通解，求该微分方程.

分析 根据该方程通解的形式反向推出特征根，依据特征根得到特征方程，由特征方程写出对应的微分方程.

解 由 $y=e^x(C_1\sin x+C_2\cos x)$ 为该二阶常系数线性齐次微分方程的通解可知，$\alpha\pm\beta i=1\pm i$ 为特征根，故特征方程为 $(r-(1-i))(r-(1+i))=0$，即 $(r-1)^2-i^2=r^2-2r+2=0$，由此反推得二阶常系数线性齐次微分方程为 $y''-2y'+2y=0$.

例 10 已知 $y_1=xe^x+e^{2x}$，$y_2=xe^x-e^{-x}$，$y_3=xe^x+e^{2x}-e^{-x}$ 是某二阶线性非齐次微分方程的三个特解，求该微分方程.

解 由题意知，$y_3-y_2=e^{2x}$，$y_1-y_3=e^{-x}$ 是对应线性齐次微分方程的两个解，所以有特征根 $r_1=2$，$r_2=-1$，从而特征方程为

$$(r-2)(r+1)=0,\quad 即\quad r^2-r-2=0,$$

于是相应的线性齐次微分方程为 $y''-y'-2y=0$.

设所求二阶线性非齐次微分方程为 $y''-y'-2y=f(x)$，因为 $y_1=xe^x+e^{2x}$ 是非齐次方程的特解，应满足方程，将其代入非齐次方程可得 $f(x)=e^x-2xe^x$，因此所求方程为 $y''-y'-2y=e^x-2xe^x$.

例 11 设二阶常系数线性微分方程 $y''+ay'+by=ce^{2x}$ 有特解 $y=2e^{3x}+xe^{2x}$，求此微分方程的通解.

分析 此题有两种解法：一是把已知的特解代入原方程后比较系数，解出 a,b,c，然后解方程求通解；二是根据二阶常系数线性非齐次微分方程解的结构及所给的特解形式来确定线性齐次微分方程的特征根，从而得到通解. 前者计算量较大，采用后一种方法较为便捷.

解 线性微分方程的非齐次项 $f(x)=ce^{2x}$，由待定系数法得到的线性非齐次微分方程的特解中只能含有指数函数 e^{2x}. 而所给特解中含有 e^{3x} 项，说明此项是由对应线性齐次微分方程的通解中对应的项得到的，因此 3 是线性齐次微分方程的一个特征根，又所给特解中第二项 xe^{2x} 含有 x，因此 2 也是齐次线性微分方程的一个特征根，从而原方程的通解为：

$$y=C_1e^{2x}+C_2e^{3x}+2e^{3x}+xe^{2x}=C_1e^{2x}+(C_2+2)e^{3x}+xe^{2x}.$$

小结 由上面三个例题可见，在已知常系数线性齐次或非齐次微分方程的某些解，要反求出微分方程时，并没有复杂的计算过程，依据的是常系数线性齐次或非齐次微分方程解的结构定理和解法，因此，要深刻理解并熟练掌握常系数线性齐次或非齐次微分方程解的结构定理和解法.

问题 5 如何求解欧拉方程？

例 12 求解微分方程 $x^2y''+xy'+y=2\sin(\ln x)$.

解 这是欧拉方程. 令 $x=e^t$，即 $t=\ln x$，则原方程化为 $\dfrac{d^2y}{dt^2}+y=2\sin t$，特征方程为 $r^2+1=0$，特征根为 $r=\pm i$，所以对应的齐次微分方程的通解为 $y=C_1\cos t+C_2\sin t$. 因 $f(t)=2\sin t$，可设特解为 $y^*=t(A\cos t+B\sin t)$，代入方程，解得 $A=-1$，$B=0$，即 $y^*=-t\cos t$.

所以 $\dfrac{d^2y}{dt^2}+y=2\sin t$ 的通解为 $y=C_1\cos t+C_2\sin t-t\cos t$，从而原方程的通解为

$$y=C_1\cos(\ln x)+C_2\sin(\ln x)-\ln x\cdot\cos(\ln x).$$

小结 形如 $ax^2y''+bxy'+cy=f(x)$ 的微分方程称为欧拉方程，其求解方法是作代换：$x=$

e^t,化成以 t 为自变量的二阶常系数线性微分方程 $a_1\dfrac{d^2y}{dt^2}+b_1\dfrac{dy}{dt}+c_1y=f(e^t)$,求解后再将 $t=\ln x$ 回代即可.

问题 6　积分方程如何转化成二阶微分方程?

例 13　设 $\varphi(x)$ 连续,且满足 $\varphi(x)=e^x+\int_0^x t\varphi(t)dt-x\int_0^x\varphi(t)dt$,求 $\varphi(x)$.

分析　在第十二讲中已讲解过积分方程,通常通过变限求导的方法将积分方程转化为微分方程,这里也一样处理,只是可能需要多次求导,转化成高阶微分方程.

解　将积分方程两边同时对 x 求导,得

$$\varphi'(x)=e^x+x\varphi(x)-\int_0^x\varphi(t)dt-x\varphi(x)=e^x-\int_0^x\varphi(t)dt,$$

再对 x 求导,得

$$\varphi''(x)=e^x-\varphi(x).$$

在上面两个积分方程中令 $x=0$,得 $\varphi(0)=1,\varphi'(0)=1$. 所以原题可归结为求初值问题 $\begin{cases}\varphi''(x)+\varphi(x)=e^x,\\ \varphi(0)=1,\varphi'(0)=1\end{cases}$ 的解.

特征方程为 $r^2+1=0$,则 $r_{1,2}=\pm i$,对应齐次方程的通解为

$$\bar{y}=C_1\cos x+C_2\sin x.$$

易求出 $\varphi''(x)+\varphi(x)=e^x$ 的一个特解 $\varphi^*=\dfrac{e^x}{2}$,所以原方程的通解为

$$\varphi(x)=C_1\cos x+C_2\sin x+\frac{e^x}{2}.$$

代入 $\varphi(0)=1,\varphi'(0)=1$,求得 $C_1=C_2=\dfrac{1}{2}$,故

$$\varphi(x)=\frac{1}{2}\cos x+\frac{1}{2}\sin x+\frac{e^x}{2}.$$

问题 7　如何利用高阶微分方程解决实际应用问题?

例 14　设 $y=y(x)$ 是一向上凸的连续曲线,其上任一点 (x,y) 处的曲率为 $\dfrac{1}{\sqrt{1+y'^2}}$,且此曲线上点 $(0,1)$ 处的切线方程为 $y=x+1$,求该曲线方程.

解　因曲线向上凸,故 $y''<0$,所以曲线 $y=y(x)$ 的曲率为

$$\left|\frac{y''}{\sqrt{(1+y'^2)^3}}\right|=\frac{-y''}{\sqrt{(1+y'^2)^3}},$$

由题意知

$$\frac{-y''}{\sqrt{(1+y'^2)^3}}=\frac{1}{\sqrt{1+y'^2}},\text{即}\frac{y''}{1+y'^2}=-1,$$

此方程为可降阶的微分方程,令 $z=y',z'=y''$,方程化为 $\dfrac{z'}{1+z^2}=-1$,分离变量得 $\dfrac{dz}{1+z^2}=-dx$,解之

得 $\arctan z=C_1-x, C_1-x\in\left(-\frac{\pi}{2},\frac{\pi}{2}\right)$，因为 $y=y(x)$ 在点 $(0,1)$ 处的切线方程为 $y=x+1$，所以 $y'(0)=1$，代入上式得 $C_1=\frac{\pi}{4}$，于是 $\arctan z=\frac{\pi}{4}-x$，即 $y'=\tan\left(\frac{\pi}{4}-x\right)$，积分得 $y=\ln\left|\cos\left(\frac{\pi}{4}-x\right)\right|+C_2$. 因为曲线过点 $(0,1)$，即 $y(0)=1$，代入上式，得 $C_2=1+\frac{1}{2}\ln 2$，故所求曲线方程为

$$y=\ln\left|\cos\left(\frac{\pi}{4}-x\right)\right|+1+\frac{1}{2}\ln 2,\ x\in\left(-\frac{\pi}{4},\frac{3\pi}{4}\right).$$

例 15 一条长为 l 的均匀链条，放置在一水平而无摩擦力的桌面上，使得链条在桌边悬挂下来的长度为 b，问链条全部滑离桌面需多长时间？

解 [法 1] 设在时刻 t 时，链条垂下的长度为 $s=s(t)$. 以 ρ 表示链条的线密度，则链条所受的力为 ρsg. 故微分方程为 $m\frac{\mathrm{d}^2s}{\mathrm{d}t^2}=\rho sg$，其中 $m=\rho l$，即 $l\frac{\mathrm{d}^2s}{\mathrm{d}t^2}=sg$，初值条件为 $s(0)=b$，$s'(0)=0$，此方程为可降阶的微分方程.

令 $\frac{\mathrm{d}s}{\mathrm{d}t}=z$，则 $\frac{\mathrm{d}^2s}{\mathrm{d}t^2}=\frac{\mathrm{d}z}{\mathrm{d}t}=\frac{\mathrm{d}z}{\mathrm{d}s}\cdot\frac{\mathrm{d}s}{\mathrm{d}t}=z\frac{\mathrm{d}z}{\mathrm{d}s}$，故原方程化为 $lz\frac{\mathrm{d}z}{\mathrm{d}s}=sg$，分离变量，得 $lz\mathrm{d}z=sg\mathrm{d}s$；故得 $lz^2=gs^2+C_1$，即

$$l\left(\frac{\mathrm{d}s}{\mathrm{d}t}\right)^2=gs^2+C_1,$$

由条件 $s(0)=b, s'(0)=0$，求得 $C_1=-gb^2$. 所以 $\left(\frac{\mathrm{d}s}{\mathrm{d}t}\right)^2=\frac{g}{l}(s^2-b^2)$，即

$$\frac{\mathrm{d}s}{\mathrm{d}t}=\sqrt{\frac{g}{l}}\sqrt{s^2-b^2},$$

分离变量，得

$$\frac{\mathrm{d}s}{\sqrt{s^2-b^2}}=\sqrt{\frac{g}{l}}\mathrm{d}t,$$

积分得

$$\ln(s+\sqrt{s^2-b^2})=\sqrt{\frac{g}{l}}t+C_2.$$

再由初值条件 $s(0)=b$，得 $C_2=\ln b$，故得，

$$t=\sqrt{\frac{l}{g}}(\ln(s+\sqrt{s^2-b^2})-\ln b),$$

当 $s=l$ 时，链条全部滑离桌面，此时

$$t=\sqrt{\frac{l}{g}}\ln\frac{l+\sqrt{l^2-b^2}}{b},$$

即链条全部滑离桌面需要时间为 $\sqrt{\frac{l}{g}}\ln\frac{l+\sqrt{l^2-b^2}}{b}$.

[法 2] 运动微分方程可化为$\frac{d^2s}{dt^2}=\frac{g}{l}s$,初值条件为 $s(0)=b,s'(0)=0$. 此方程为二阶常系数齐次线性微分方程,其特征方程 $r^2-\frac{g}{l}=0$ 的根为 $r_{1,2}=\pm\sqrt{\frac{g}{l}}$,故方程的通解为

$$s=C_1e^{\sqrt{\frac{g}{l}}t}+C_2e^{-\sqrt{\frac{g}{l}}t},$$

对 t 求导可得

$$\frac{ds}{dt}=C_1\sqrt{\frac{g}{l}}e^{\sqrt{\frac{g}{l}}t}-C_2\sqrt{\frac{g}{l}}e^{-\sqrt{\frac{g}{l}}t},$$

由初值条件,得$\begin{cases}C_1+C_2=b,\\C_1-C_2=0,\end{cases}$解得 $C_1=C_2=\frac{b}{2}$. 所以方程的特解为

$$s=\frac{b}{2}\left(e^{\sqrt{\frac{g}{l}}t}+e^{-\sqrt{\frac{g}{l}}t}\right),$$

令 $e^{\sqrt{\frac{g}{l}}t}=x$,则 $s=\frac{b}{2}\left(x+\frac{1}{x}\right)$,化简得 $bx^2-2sx+b=0$,解得 $x_1=\frac{s+\sqrt{s^2-b^2}}{b}$,$x_2=\frac{s-\sqrt{s^2-b^2}}{b}$(舍去).

故 $e^{\sqrt{\frac{g}{l}}t}=\frac{s+\sqrt{s^2-b^2}}{b}$,因此,$t=\sqrt{\frac{l}{g}}\ln\frac{s+\sqrt{s^2-b^2}}{b}$. 当 $s=l$ 时,$t=\sqrt{\frac{l}{g}}\ln\frac{l+\sqrt{l^2-b^2}}{b}$.

小结 利用微分方程解决实际应用问题,最关键的就是列微分方程,主要采用的方法有:一是利用几何规律(如切线斜率、曲线弧长、曲边梯形面积、曲率等)列出微分方程;二是利用物理规律(如牛顿第二运动定律、电路的回路电压定律、物体的冷却规律等)列出微分方程;三是利用微小增量分析法,即从局部的微小量的变化中寻求微分与各个变量和已知量之间的关系,建立微分方程. 利用微分方程解决实际应用问题,实际上就是数学建模的思想方法,在学习其他数学课程后,会了解更多的数学建模方法,从而提高创新思维和解决问题的能力.

三、课内练习题

1. 选择题:

(1) 在下列方程中,是线性微分方程的有(　　)个.

① $y'=x^2+y$;　　② $x(y')^2-4yy'+3xy=0$;

③ $xy''+2y'+x^2y=0$;　　④ $xy'''+5y''+2y=0$.

(A) 1　　(B) 2　　(C) 3　　(D) 4

(2) 设 y_1,y_2 是二阶线性齐次微分方程 $y''+p(x)y'+q(x)y=0$ 的两个特解,C_1,C_2 为任意常数,则 $C_1y_1+C_2y_2$(　　).

(A) 一定是微分方程的通解　　(B) 不可能是微分方程的通解

(C) 是微分方程的解　　(D) 不是微分方程的解

(3) 设微分方程 $y''+p(x)y'+q(x)y=f(x)$ 有三个线性无关的解 y_1,y_2 和 y_3,设 C_1,C_2 为任意常数,则该方程的通解为(　　).

(A) $C_1y_1+C_2y_2+y_3$

(B) $C_1y_1+C_2y_2-(C_1+C_2)y_3$

(C) $C_1y_1+C_2y_2-(1-C_1-C_2)y_3$

(D) $C_1y_1+C_2y_2+(1-C_1-C_2)y_3$

(4) $y=C_1e^x+C_2e^{-x}$是微分方程(　　)的通解.

(A) $y''+y=0$

(B) $y''-y=0$

(C) $y''+y'=0$

(D) $y''-y'=0$

(5) 微分方程 $y''-y=e^x+1$ 的特解形式为(　　).

(A) Ae^x+B

(B) Axe^x+Bx

(C) Ae^x+Bx

(D) Axe^x+B

2. 填空题:

(1) 二阶微分方程 $y''=e^{3x}+\sin x$ 的通解为____________.

(2) 二阶微分方程 $y''+3y'=0$ 的通解为____________.

(3) 微分方程 $y''-2y'+5y=2e^x\sin 2x$ 的特解形式为____________.

(4) 以 $y=e^{-x}(C_1\cos 2x+C_2\sin 2x)$为通解的微分方程是____________.

(5) 已知微分方程 $y''+by'+cy=3e^{-2x}$ 有特解 $y=e^x(1-xe^{-3x})$,则该方程的通解为____________.

3. 求下列微分方程的通解:

(1) $y''-7y'+12y=0$;

(2) $y''+4y'+4y=0$;

(3) $y''+4y=0$.

4. 求下列微分方程的通解:

(1) $y''-y'=3$;

(2) $y''+y'-6y=4e^{2x}$;

(3) $y''+2y'+y=xe^{-x}$;

(4) $y''+y=-2\sin x$;

(5) $y''+y'+2y=3\cos x-\sin x$;

(6) $y''+4y'+4y=8(x^2+e^{-2x})$.

5. 求解下列定解问题:

(1) $\begin{cases} y''+(y')^2e^x=0, \\ y(0)=1, y'(0)=1. \end{cases}$

(2) $\begin{cases} y''=\dfrac{3}{2}y^2, \\ y(0)=1, y'(0)=1. \end{cases}$

(3) $\begin{cases} y''+9y=\cos x, \\ y\left(\dfrac{\pi}{2}\right)=0, y'\left(\dfrac{\pi}{2}\right)=0. \end{cases}$

6. 求欧拉方程 $x^2y''+3xy'+5y=0$ 的通解.

7. 设 $y=e^{2x}+(x+1)e^x$ 是微分方程 $y''+ay'+by=ce^x$ 的一个特解,求常数 a,b,c 的值及该方程的通解.

*8. 设函数 $f(x)$ 连续且满足 $f(x)=e^x-\int_0^x(x-u)f(u)\,du$，求 $f(x)$.

*9. 已知 $y'''-y'=1$，问哪一条曲线在原点处有拐点，且以 x 轴作为它的切线.

*10. 一条凸曲线位于上半平面，其上任一点 $M(x,y)$ 处的曲率等于此曲线在该点的法线段 MN 的长度，其中 N 是法线与 x 轴的交点，且曲线在点 $(1,1)$ 处与直线 $y=x$ 相切，求此曲线所满足的微分方程及初值条件.

*11. 一质量为 m 的物体，在黏性液体中静止自由下落，假如液体阻力和运动速度成正比，比例系数为 k，试求物体运动的规律.

四、课外练习题

1. 填空题：

(1) 微分方程 $yy''-(y')^2=0$ 的通解为__________.

(2) 微分方程 $y''-2y'+2y=2e^{-x}\sin x$ 的特解形式为__________.

(3) 设 $y=e^{2x}$ 是微分方程 $y''-ay'+6y=0$ 的一个特解，则此方程的通解为__________.

(4) 以 $y=C_1e^x+C_2e^{2x}+e^x$ 为通解的微分方程是__________.

2. 求下列微分方程的通解：

(1) $y''-2y'+y=6xe^x$；

(2) $y''+y=4\sin x$；

(3) $y''-y=2e^x-x^2$；

(4) $y''+4y'+5y=1+e^{2x}$.

3. 求解下列定解问题：

(1) $\begin{cases}(1-x^2)y''-xy'=0,\\ y(0)=0,y'(0)=0;\end{cases}$

(2) $\begin{cases}x^2y''=y'+1,\\ y(1)=2,y'(1)=-1.\end{cases}$

*4. 求方程 $(x+1)y''+y'=\ln(x+1)$ 的通解.

5. 求方程 $yy''-(y')^2+y'=0$ 的通解.

*6. 求微分方程 $y''+2ay'+a^2y=e^x$（a 为实数）的通解.

*7. 设 $f(x)$ 在 $[1,+\infty)$ 上有二阶导数，且满足 $x\int_1^x\frac{f'(t)}{t}dt=2f(x)-x$，求 $f(x)$.

*8. 已知 $f(x)$ 过原点且有二阶导数，又满足 $\int_0^1 xf(xt)\,dt=f'(x)$，求证 $f(x)\equiv 0$.

*9. 设物体 A 从点 $(0,1)$ 出发，以速度 v 沿 y 轴正向运动；物体 B 从点 $(-1,0)$ 向 A 同时出发，其速度为 $2v$，方向始终指向 A，试建立物体 B 的运动轨迹所满足的微分方程.

*10. 已知某曲线在第一象限内且通过坐标原点，曲线上任一点 M 处的切线段 MT，点 M 的纵坐标 PM 以及 x 轴所围成的三角形 PMT 的面积与曲边三角形 OPM 的面积之比恒为常数 $k\left(k>\frac{1}{2}\right)$，又设点 M 处的导数恒为正值，试求该曲线的方程.

*11. 质量为 1 g 的质点被一力从某中心沿直线推开，这个力和从这个中心到质点的距离成正比（比例系数为 4），介质的阻力和运动的速度成正比（比例系数为 3）. 在运动开始时，质点和中心间的距离为 1 cm，而速度为 0，求质点的运动规律.

第十三讲

习题参考答案或提示

第十四讲　向量代数与空间解析几何

一、本讲要求

1. 理解向量的概念和表示，熟练掌握向量的数乘、数量积、向量积和混合积运算，了解向量的投影.

2. 熟练掌握两个向量垂直、平行的条件，掌握向量的运算与一些几何概念间的联系.

3. 掌握平面方程（点法式、截距式、一般式）、直线方程（对称式、一般式、参数式），能根据已知条件建立平面方程和直线方程，会求平面与平面、直线与直线、平面与直线的夹角，会求点到平面、点到直线以及两直线之间的距离.

4. 了解曲面方程和空间曲线方程的概念. 掌握圆柱面、圆锥面、旋转抛物面、球面等常用的二次曲面方程与图形. 会求曲线在平面上的投影曲线方程.

二、问题 · 分析 · 解答

问题 1　向量的运算有哪些？向量的数量积、向量积与实数的乘法有类似的运算性质吗？

例 1　已知 $|\boldsymbol{a}|=2$，$|\boldsymbol{b}|=3$，且 $\boldsymbol{a}\perp\boldsymbol{b}$，求 $(2\boldsymbol{a}+\boldsymbol{b})\cdot(-3\boldsymbol{a}+4\boldsymbol{b})$.

解　因为 $\boldsymbol{a}\perp\boldsymbol{b}$，所以 $\boldsymbol{a}\cdot\boldsymbol{b}=0$. 于是，由数量积的运算律及已知条件，得

$$\begin{aligned}(2\boldsymbol{a}+\boldsymbol{b})\cdot(-3\boldsymbol{a}+4\boldsymbol{b})&=-6\boldsymbol{a}\cdot\boldsymbol{a}+8\boldsymbol{a}\cdot\boldsymbol{b}-3\boldsymbol{b}\cdot\boldsymbol{a}+4\boldsymbol{b}\cdot\boldsymbol{b}\\&=-6|\boldsymbol{a}|^2+5\boldsymbol{a}\cdot\boldsymbol{b}+4|\boldsymbol{b}|^2=12.\end{aligned}$$

例 2　已知 $|\boldsymbol{a}|=1$，$|\boldsymbol{b}|=2$，$|\boldsymbol{a}\times\boldsymbol{b}|=\sqrt{3}$，求 $\boldsymbol{a}\cdot\boldsymbol{b}$.

解　由向量积的定义，$|\boldsymbol{a}\times\boldsymbol{b}|=|\boldsymbol{a}||\boldsymbol{b}|\sin(\widehat{\boldsymbol{a},\boldsymbol{b}})=\sqrt{3}$，于是

$$\sin(\widehat{\boldsymbol{a},\boldsymbol{b}})=\frac{\sqrt{3}}{2},\quad 故\quad (\widehat{\boldsymbol{a},\boldsymbol{b}})=\frac{\pi}{3}或\frac{2\pi}{3},$$

因此

$$\boldsymbol{a}\cdot\boldsymbol{b}=|\boldsymbol{a}||\boldsymbol{b}|\cos(\widehat{\boldsymbol{a},\boldsymbol{b}})=\pm1.$$

例 3　证明：平行四边形两对角线长的平方之和等于四边长的平方之和.

证明　设平行四边形两边分别对应向量 $\boldsymbol{a},\boldsymbol{b}$，则对角线向量分别为 $\boldsymbol{a}+\boldsymbol{b},\boldsymbol{a}-\boldsymbol{b}$，对角线的长分别为 $|\boldsymbol{a}+\boldsymbol{b}|,|\boldsymbol{a}-\boldsymbol{b}|$，从而对角线长的平方和为

$$\begin{aligned}|\boldsymbol{a}+\boldsymbol{b}|^2+|\boldsymbol{a}-\boldsymbol{b}|^2&=(\boldsymbol{a}+\boldsymbol{b})\cdot(\boldsymbol{a}+\boldsymbol{b})+(\boldsymbol{a}-\boldsymbol{b})\cdot(\boldsymbol{a}-\boldsymbol{b})\\&=2(\boldsymbol{a}\cdot\boldsymbol{a})+2(\boldsymbol{b}\cdot\boldsymbol{b})=2|\boldsymbol{a}|^2+2|\boldsymbol{b}|^2,\end{aligned}$$

恰好是四边长的平方之和.

小结　1. 设 $\boldsymbol{a},\boldsymbol{b},\boldsymbol{c}$ 是向量，而 λ,μ 是实数. 向量有如下几种基本运算：

(1) 加法：$\boldsymbol{a}+\boldsymbol{b}$ 是一个向量，是由 $\boldsymbol{a},\boldsymbol{b}$ 按平行四边形法则或三角形法则确定的.

(2) 数乘:$\lambda\boldsymbol{a}$ 是一个向量,其大小为 $|\lambda\boldsymbol{a}|=|\lambda||\boldsymbol{a}|$,而当 $\lambda>0$ 时,$\lambda\boldsymbol{a}$ 与 $\boldsymbol{a}$ 同向;当 $\lambda<0$ 时,$\lambda\boldsymbol{a}$ 与 $\boldsymbol{a}$ 反向.

(3) 数量积:$\boldsymbol{a}\cdot\boldsymbol{b}$ 是一个实数,且

$\boldsymbol{a}\cdot\boldsymbol{b}=|\boldsymbol{a}||\boldsymbol{b}|\cos(\widehat{\boldsymbol{a},\boldsymbol{b}})=|\boldsymbol{a}|(\boldsymbol{b})_{\boldsymbol{a}}=|\boldsymbol{b}|(\boldsymbol{a})_{\boldsymbol{b}}$,其中 $(\boldsymbol{b})_{\boldsymbol{a}}=|\boldsymbol{b}|\cos(\widehat{\boldsymbol{a},\boldsymbol{b}})$ 为 $\boldsymbol{b}$ 在 $\boldsymbol{a}$ 上的投影.

(4) 向量积:$\boldsymbol{a}\times\boldsymbol{b}$ 是一个向量,其大小为 $|\boldsymbol{a}\times\boldsymbol{b}|=|\boldsymbol{a}||\boldsymbol{b}|\sin(\widehat{\boldsymbol{a},\boldsymbol{b}})$,方向与 $\boldsymbol{a},\boldsymbol{b}$ 都垂直,且 $\boldsymbol{a},\boldsymbol{b},\boldsymbol{a}\times\boldsymbol{b}$ 服从右手系.

$|\boldsymbol{a}\times\boldsymbol{b}|$ 是以 $\boldsymbol{a},\boldsymbol{b}$ 为邻边的平行四边形的面积.

(5) 混合积:$[\boldsymbol{a}\quad\boldsymbol{b}\quad\boldsymbol{c}]$ 是一个实数,且 $[\boldsymbol{a}\quad\boldsymbol{b}\quad\boldsymbol{c}]=\boldsymbol{a}\cdot(\boldsymbol{b}\times\boldsymbol{c})$.

$|[\boldsymbol{a}\quad\boldsymbol{b}\quad\boldsymbol{c}]|$ 是以 $\boldsymbol{a},\boldsymbol{b},\boldsymbol{c}$ 为相邻棱的平行六面体的体积.

2. 向量的运算与几何概念间联系的几个常用结论如下:

(1) $\boldsymbol{a}/\!/\boldsymbol{b}$ 当且仅当 $\boldsymbol{a}\times\boldsymbol{b}=\boldsymbol{0}$;当 $\boldsymbol{b}\neq\boldsymbol{0}$ 时,$\boldsymbol{a}/\!/\boldsymbol{b}$ 当且仅当存在实数 k,使得 $\boldsymbol{a}=k\boldsymbol{b}$;

(2) $\boldsymbol{a}\perp\boldsymbol{b}$ 当且仅当 $\boldsymbol{a}\cdot\boldsymbol{b}=0$;

(3) $\cos(\widehat{\boldsymbol{a},\boldsymbol{b}})=\dfrac{\boldsymbol{a}\cdot\boldsymbol{b}}{|\boldsymbol{a}||\boldsymbol{b}|}$;

(4) $\boldsymbol{a},\boldsymbol{b},\boldsymbol{c}$ 共面当且仅当 $[\boldsymbol{a}\quad\boldsymbol{b}\quad\boldsymbol{c}]=0$.

3. 向量的数量积运算有对加法的分配律、与数相乘的结合律、交换律,向量积运算有对加法的分配律、与数相乘的结合律和反交换律($\boldsymbol{a}\times\boldsymbol{b}=-\boldsymbol{b}\times\boldsymbol{a}$),但数量积和向量积运算都没有消去律,即当 $\boldsymbol{a}\neq\boldsymbol{0}$,$\boldsymbol{a}\cdot\boldsymbol{b}=\boldsymbol{a}\cdot\boldsymbol{c}$ 时,不一定有 $\boldsymbol{b}=\boldsymbol{c}$;当 $\boldsymbol{a}\neq\boldsymbol{0}$,$\boldsymbol{a}\times\boldsymbol{b}=\boldsymbol{a}\times\boldsymbol{c}$ 时,也不一定有 $\boldsymbol{b}=\boldsymbol{c}$. 请读者自行举反例说明.

问题 2 如何借助空间直角坐标系来表示向量及其运算?

例 4 设向量 $\boldsymbol{a}=(1,2,3)$,$\boldsymbol{b}=(1,1,0)$,若非负实数 β 使向量 $\boldsymbol{a}+\beta\boldsymbol{b}$ 与 $\boldsymbol{a}-\beta\boldsymbol{b}$ 垂直,求 β.

解 因为 $\boldsymbol{a}=(1,2,3)$,$\boldsymbol{b}=(1,1,0)$,所以

$$\boldsymbol{a}+\beta\boldsymbol{b}=(1+\beta,2+\beta,3),\quad \boldsymbol{a}-\beta\boldsymbol{b}=(1-\beta,2-\beta,3),$$

又因为 $\boldsymbol{a}+\beta\boldsymbol{b}\perp\boldsymbol{a}-\beta\boldsymbol{b}$,所以

$$(1+\beta,2+\beta,3)\cdot(1-\beta,2-\beta,3)=(1+\beta)(1-\beta)+(2+\beta)(2-\beta)+9=0,$$

得 $\beta=\sqrt{7}$.

例 5 已知 $A(1,1,1)$,$B(5,4,-1)$,$C(2,3,5)$,$D(6,0,-3)$,求

(1) $\triangle ABC$ 的面积;

(2) 四面体 $ABCD$ 的体积.

解 (1) $\overrightarrow{AB}=(4,3,-2)$,$\overrightarrow{AC}=(1,2,4)$,则

$$\overrightarrow{AB}\times\overrightarrow{AC}=(4,3,-2)\times(1,2,4)=\begin{vmatrix}\boldsymbol{i}&\boldsymbol{j}&\boldsymbol{k}\\4&3&-2\\1&2&4\end{vmatrix}=16\boldsymbol{i}-18\boldsymbol{j}+5\boldsymbol{k},$$

故 $S_{\triangle ABC}=\dfrac{1}{2}|\overrightarrow{AB}\times\overrightarrow{AC}|=\dfrac{\sqrt{605}}{2}$.

(2) 混合积 $[\overrightarrow{AB}\quad\overrightarrow{AC}\quad\overrightarrow{AD}]=\begin{vmatrix}4&3&-2\\1&2&4\\5&-1&-4\end{vmatrix}=78$,故四面体 $ABCD$ 的体积

$$V=\frac{1}{6}|[\overrightarrow{AB}\quad\overrightarrow{AC}\quad\overrightarrow{AD}]|=\frac{78}{6}=13.$$

例 6 若 $\boldsymbol{a}/\!/\boldsymbol{b}$,$\boldsymbol{b}=(3,4,1)$,又向量 $\boldsymbol{a}$ 在 x 轴上的投影为 -2,求向量 $\boldsymbol{a}$.

解 由 $\boldsymbol{a}/\!/\boldsymbol{b}$ 得 $\boldsymbol{a}=\lambda\boldsymbol{b}=(3\lambda,4\lambda,\lambda)$. 又 $\boldsymbol{a}$ 在 x 轴上的投影 $a_x=3\lambda=-2$,所以 $\lambda=-\frac{2}{3}$,因此有 $\boldsymbol{a}=\left(-2,-\frac{8}{3},-\frac{2}{3}\right)$.

小结 借助空间直角坐标系,我们能更方便地表示向量及其运算.

把以 $A(x_1,y_1,z_1)$ 为起点,$B(x_2,y_2,z_2)$ 为终点的向量记为 $\overrightarrow{AB}$,则有

$$\overrightarrow{AB}=(x_2-x_1,y_2-y_1,z_2-z_1).$$

设向量 $\boldsymbol{a}$ 的坐标表示式为 $\boldsymbol{a}=a_x\boldsymbol{i}+a_y\boldsymbol{j}+a_z\boldsymbol{k}=(a_x,a_y,a_z)$,类似地,设 $\boldsymbol{b}=(b_x,b_y,b_z)$,$\boldsymbol{c}=(c_x,c_y,c_z)$ 且 λ 为一实数,则有

1. $\boldsymbol{a}$ 的模 $|\boldsymbol{a}|=\sqrt{a_x^2+a_y^2+a_z^2}$;

$\boldsymbol{a}$ 的方向余弦 $\cos\alpha=\frac{a_x}{|\boldsymbol{a}|}$,$\cos\beta=\frac{a_y}{|\boldsymbol{a}|}$,$\cos\gamma=\frac{a_z}{|\boldsymbol{a}|}$;

$\boldsymbol{a}$ 的单位向量 $\frac{\boldsymbol{a}}{|\boldsymbol{a}|}=\left(\frac{a_x}{|\boldsymbol{a}|},\frac{a_y}{|\boldsymbol{a}|},\frac{a_z}{|\boldsymbol{a}|}\right)=(\cos\alpha,\cos\beta,\cos\gamma)$.

2. 向量运算用坐标表示:

加法:$\boldsymbol{a}+\boldsymbol{b}=(a_x+b_x,a_y+b_y,a_z+b_z)$;

数乘:$\lambda\boldsymbol{a}=(\lambda a_x,\lambda a_y,\lambda a_z)$;

数量积:$\boldsymbol{a}\cdot\boldsymbol{b}=a_xb_x+a_yb_y+a_zb_z$.

非零向量 $\boldsymbol{a}\perp\boldsymbol{b}$ 当且仅当 $a_xb_x+a_yb_y+a_zb_z=0$.

向量积:$\boldsymbol{a}\times\boldsymbol{b}=\begin{vmatrix}\boldsymbol{i}&\boldsymbol{j}&\boldsymbol{k}\\a_x&a_y&a_z\\b_x&b_y&b_z\end{vmatrix}$.

非零向量 $\boldsymbol{a}/\!/\boldsymbol{b}$ 当且仅当 $\frac{a_x}{b_x}=\frac{a_y}{b_y}=\frac{a_z}{b_z}$(若分母为 0,则规定分子也为 0).

混合积:$[\boldsymbol{a}\quad\boldsymbol{b}\quad\boldsymbol{c}]=\begin{vmatrix}a_x&a_y&a_z\\b_x&b_y&b_z\\c_x&c_y&c_z\end{vmatrix}$.

$\boldsymbol{a},\boldsymbol{b},\boldsymbol{c}$ 三向量共面当且仅当 $\begin{vmatrix}a_x&a_y&a_z\\b_x&b_y&b_z\\c_x&c_y&c_z\end{vmatrix}=0$.

问题 3 如何建立平面方程?

例 7 求下列各平面的方程:

(1) 过点 $A(1,1,1)$ 和 $B(0,1,-1)$ 且与平面 $x+y+z=0$ 垂直;

(2) 与原点距离为 6,且在 x 轴,y 轴,z 轴上的截距之比 $a:b:c=-1:3:2$.

解　(1) 所求平面的法向量 $\boldsymbol{n}$ 既垂直于向量$\overrightarrow{AB}$,又垂直于已给平面的法向量 $\boldsymbol{n}_1=(1,1,1)$,故可取

$$\boldsymbol{n}=\overrightarrow{AB}\times\boldsymbol{n}_1=(-1,0,-2)\times(1,1,1)=(2,-1,-1),$$

所求平面方程为 $2(x-1)-(y-1)-(z-1)=0$,即 $2x-y-z=0$.

(2) 因为所求平面的截距满足 $a:b:c=-1:3:2$,所以可设该平面方程为$\frac{x}{-t}+\frac{y}{3t}+\frac{z}{2t}=1$,又原点到平面的距离为 6,故$\frac{1}{6}=\sqrt{\frac{1}{t^2}+\frac{1}{9t^2}+\frac{1}{4t^2}}$,由此求得 $t=\pm7$,因此 $a=-7,b=21,c=14$ 或 $a=7,b=-21,c=-14$,所求平面方程为

$$\frac{x}{-7}+\frac{y}{21}+\frac{z}{14}=1\quad 或\quad \frac{x}{7}+\frac{y}{-21}+\frac{z}{-14}=1,$$

即 $-6x+2y+3z-42=0$ 或 $6x-2y-3z-42=0$.

例 8　求平行于平面 $x+y+z=1$ 且与球面 $x^2+y^2+z^2=4$ 相切的平面方程.

解　设所求平面方程为 $Ax+By+Cz+D=0$,因为该平面与 $x+y+z=1$ 平行,所以可取法向量为 $\boldsymbol{n}=(A,B,C)=(1,1,1)$,于是平面方程为 $x+y+z+D=0$.

又因该平面与球面 $x^2+y^2+z^2=4$ 相切,所以球心$(0,0,0)$到该平面的距离为 2,即

$$\frac{|0+0+0+D|}{\sqrt{1^2+1^2+1^2}}=2,$$

得 $|D|=2\sqrt{3}$. 所以,要求的平面方程为

$$x+y+z+2\sqrt{3}=0\quad 或\quad x+y+z-2\sqrt{3}=0.$$

小结　要建立平面方程,首先应熟练掌握平面方程的形式:

(1) 点法式:$A(x-x_0)+B(y-y_0)+C(z-z_0)=0$;

(2) 一般式:$Ax+By+Cz+D=0$;

(3) 截距式:$\frac{x}{a}+\frac{y}{b}+\frac{z}{c}=1$.

其次,根据所给条件,确定建立方程所需的要素. 例如,点法式中的定点(x_0,y_0,z_0)和法向量(A,B,C).

问题 4　如何建立直线方程?

例 9　求下列直线方程:

(1) 过点$(2,-5,3)$且与平面 $\pi_1:2x-y+3z-1=0$ 和 $\pi_2:5x+4y-z-7=0$ 都平行;

(2) 过点 $M_0(-1,-4,3)$且与两直线 $L_1:\begin{cases}2x-4y+z-1=0,\\x+3y+5=0\end{cases}$ 和 $L_2:\begin{cases}x=2+4t,\\y=-1-t,\\z=-3+2t\end{cases}$ 都垂直;

(3) 过点$(-1,2,3)$,垂直于直线 $l:\begin{cases}5x-2y-2=0,\\3x-z+2=0\end{cases}$ 且平行于平面 $\pi:7x+8y+9z+10=0$;

(4) 过定点 $M_0(1,2,5)$且与直线 $L_1:\frac{x-1}{2}=\frac{y-1}{3}=\frac{z-5}{2}$相交,并和 y 轴成$\frac{\pi}{4}$角.

解　(1) 由题意可知，所求直线的方向向量 $\boldsymbol{s}$ 同时垂直于平面 π_1 的法向量 $\boldsymbol{n}_1$ 和平面 π_2 的法向量 $\boldsymbol{n}_2$，而 $\boldsymbol{n}_1=(2,-1,3)$，$\boldsymbol{n}_2=(5,4,-1)$，因此

$$\boldsymbol{s}=\boldsymbol{n}_1\times\boldsymbol{n}_2=(2,-1,3)\times(5,4,-1)=(-11,17,13),$$

从而直线方程为 $\dfrac{x-2}{-11}=\dfrac{y+5}{17}=\dfrac{z-3}{13}$.

(2) 直线方程为两个平面交线的形式，L_1 的方向向量同时垂直于两个平面的法向量，故 L_1 的方向向量为

$$\boldsymbol{s}_1=(2,-4,1)\times(1,3,0)=(-3,1,10),$$

直线 L_2 的方向向量为 $\boldsymbol{s}_2=(4,-1,2)$，则 L 的方向向量

$$\boldsymbol{s}=\boldsymbol{s}_1\times\boldsymbol{s}_2=(-3,1,0)\times(4,-1,2)=(12,46,-1),$$

从而 L 的方程为 $\dfrac{x+1}{12}=\dfrac{y+4}{46}=\dfrac{z-3}{-1}$.

(3) 由题意可知，所求直线的方向向量 $\boldsymbol{s}$ 同时垂直于已知直线 l 的方向向量 $\boldsymbol{s}_1$ 和平面 π 的法向量 $(7,8,9)$，而 $\boldsymbol{s}_1=(5,-2,0)\times(3,0,-1)=(2,5,6)$. 因此

$$\boldsymbol{s}=(2,5,6)\times(7,8,9)=(-3,24,-19)$$

从而所求直线的方程为 $\dfrac{x+1}{3}=\dfrac{y-2}{-24}=\dfrac{z-3}{19}$.

(4) 设 $\boldsymbol{s}=(l,m,n)$ 是所求直线 L 的方向向量，则 L 的方程为

$$\frac{x-1}{l}=\frac{y-2}{m}=\frac{z-5}{n},$$

由已知条件得

$$\frac{|\boldsymbol{s}\cdot\boldsymbol{j}|}{|\boldsymbol{s}|\,|\boldsymbol{j}|}=\cos\frac{\pi}{4}=\frac{1}{\sqrt{2}},$$

及

$$\begin{vmatrix}1-1 & 2-1 & 5-5\\ l & m & n\\ 2 & 3 & 2\end{vmatrix}=0\ (\text{因两直线共面}),$$

于是得方程组

$$\begin{cases}l^2+n^2=m^2,\\ 2(n-l)=0,\end{cases}$$

解得 $n=l$，$m=\pm\sqrt{2}l$. 因此，可取方向向量 $\boldsymbol{s}=(1,\pm\sqrt{2},1)$，从而所求的直线方程为

$$\frac{x-1}{1}=\frac{y-2}{\pm\sqrt{2}}=\frac{z-5}{1}.$$

例 10　已知直线 $L:\dfrac{x+2}{1}=\dfrac{y-2}{7}=\dfrac{z}{5}$，求：

(1) L 在平面 $z=1$ 上的投影直线 L_1 的方程；

(2) 点 $M(1,2,1)$ 到 L_1 的距离.

分析　平面 $z=1$ 与 xOy 面平行，故 L 在 $z=0$ 上的投影柱面即为 L 在平面 $z=1$ 上的投影

柱面. 又因点 M 在 $z=1$ 上,故 M 到 L_1 的距离为 xOy 平面上点(1,2)到 L 在 xOy 面上的投影直线的距离.

解 (1) 将 L 化为一般式方程 $\begin{cases}7x-y+16=0,\\5x-z+10=0,\end{cases}$ 消去 z,得到在 xOy 面上投影柱面方程为 $7x-y+16=0$,故所求投影直线为

$$L_1:\begin{cases}7x-y+16=0,\\z=1.\end{cases}$$

(2) 因 M 在 $z=1$ 上,故 M 到 L_1 的距离就相当于 xOy 面上点(1,2)到 xOy 面上直线 $7x-y+16=0$ 的距离,于是 $d=\dfrac{|7\times1-2+16|}{\sqrt{7^2+(-1)^2}}=\dfrac{21}{\sqrt{50}}=\dfrac{21}{5\sqrt2}$.

或者直接用空间点 $M(1,2,1)$ 到 L_1 的距离公式. 在 L_1 上取一点 $M_1(-2,2,1)$,L_1 的方向向量 $\boldsymbol{s}=(-1,7,0)$,故

$$d=\frac{|\overrightarrow{MM_1}\times\boldsymbol{s}|}{|\boldsymbol{s}|}=\frac{|-21\boldsymbol{k}|}{\sqrt{50}}=\frac{21}{5\sqrt2}.$$

小结 建立直线方程,首先要熟练掌握直线方程的形式:

(1) 对称式(点向式或标准方程):$\dfrac{x-x_0}{l}=\dfrac{y-y_0}{m}=\dfrac{z-z_0}{n}$;

(2) 两点式:$\dfrac{x-x_1}{x_2-x_1}=\dfrac{y-y_1}{y_2-y_1}=\dfrac{z-z_1}{z_2-z_1}$;

(3) 一般式:$\begin{cases}A_1x+B_1y+C_1z+D_1=0,\\A_2x+B_2y+C_2z+D_2=0;\end{cases}$

(4) 参数式:$\begin{cases}x=lt+x_0,\\y=mt+y_0,(t\text{ 是参数}).\\z=nt+z_0\end{cases}$

其次,根据所给条件,确定建立方程所需的要素. 例如,确定对称式中的定点(x_0,y_0,z_0)和方向向量(l,m,n).

问题 5 如何利用平面束方法来确定平面方程?

例 11 一平面过直线 $L_1:\begin{cases}x-2y+6=0,\\x+y+z+1=0\end{cases}$ 且与直线 $L_2:\begin{cases}x=1+t,\\y=2+t,\\z=3+2t\end{cases}$ 之间的夹角为 $\dfrac{\pi}{6}$,求该平面方程.

分析 此题即为在过直线 L_1 的平面中,找出一个与 L_2 夹角为 $\dfrac{\pi}{6}$ 的平面,所以可以利用平面束方程求解.

解 设过 L_1 的平面束方程为 $x-2y+6+\lambda(x+y+z+1)=0$,即

$$(1+\lambda)x+(\lambda-2)y+\lambda z+\lambda+6=0.$$

记 $\boldsymbol{n}=(1+\lambda,\lambda-2,\lambda)$,由于 L_2 的方向向量 $\boldsymbol{s}_2=(1,1,2)$,故

$$\cos\left(\frac{\pi}{2}-\frac{\pi}{6}\right)=\frac{|\boldsymbol{n}\cdot\boldsymbol{s}_2|}{|\boldsymbol{n}||\boldsymbol{s}_2|},$$

即

$$\sin\frac{\pi}{6}=\frac{|4\lambda-1|}{\sqrt{6}\sqrt{(1+\lambda)^2+(\lambda-2)^2+\lambda^2}}.$$

化简得

$$23\lambda^2-10\lambda-13=0,$$

解得 $\lambda=1$ 或 $\lambda=-\dfrac{13}{23}$，故所求平面方程为

$$2x-y+z+7=0 \quad 或 \quad 10x-59y-13z+125=0.$$

例 12 求直线 $L:\begin{cases}2y+3z-5=0,\\x-2y-z+7=0\end{cases}$ 在平面 Π：$2x+y-z+8=0$ 上的投影直线方程.

分析 经过 L 且与平面 Π 垂直的平面 Π_1 与平面 Π 的交线即为所求投影直线，平面 Π_1 可用平面束表示.

解 设经过直线 L 的平面束方程（除 $x-2y-z+7=0$ 外，注意它与 Π 不垂直）为

$$(2y+3z-5)+\lambda(x-2y-z+7)=0,$$

整理可得

$$\lambda x+(2-2\lambda)y+(3-\lambda)z-5+7\lambda=0,$$

由题意可知所求的投影直线即为与平面 Π 垂直的平面与平面 Π 的交线，因此对应的 λ 应满足

$$(\lambda,2-2\lambda,3-\lambda)\cdot(2,1,-1)=-1+\lambda=0,$$

故可得 $\lambda=1$.将其代入可得所求垂直平面，即 Π_1：$x+2z+2=0$，

从而所求投影直线方程为 $\begin{cases}x+2z+2=0,\\2x+y-z+8=0.\end{cases}$

小结 给定一条直线

$$L:\begin{cases}A_1x+B_1y+C_1z+D_1=0,\\A_2x+B_2y+C_2z+D_2=0,\end{cases}$$

则过 L 的所有平面构成的集合称为由直线 L 决定的平面束. 这个平面束中所有平面的方程具有形式

$$\lambda(A_1x+B_1y+C_1z+D_1)+\mu(A_2x+B_2y+C_2z+D_2)=0 \qquad (*)$$

其中 λ,μ 是实参数，且 $\lambda^2+\mu^2\neq0$.

当我们根据已知条件知道平面 Π 过定直线 L 时，我们就可以写出 Π 的方程形式（$*$），然后进一步根据已知条件定出参数 λ,μ，这样就确定了平面 Π 的方程.

方程形式（$*$）含有两个不同时为零的参数. 为了解题方便，通常使用含有一个参数的形式，例如

$$\lambda(A_1x+B_1y+C_1z+D_1)+(A_2x+B_2y+C_2z+D_2)=0$$

此时，意味着 $A_1x+B_1y+C_1z+D_1=0$ 肯定不是所求平面 Π，必要时应验证这一点.

问题 6 如何利用向量来判定有关平面与平面，平面与直线，直线与直线之间的位置关系？如何求点到平面、点到直线及两直线间的距离？

例 13 求 a,使直线 $L:\frac{x-a}{3}=\frac{y}{-2}=\frac{z+1}{a}$ 在平面 $\Pi:3x+4y-az=3a-1$ 上.

解 直线 L 的方向向量 $\boldsymbol{s}=(3,-2,a)$,平面 Π 的法向量 $\boldsymbol{n}=(3,4,-a)$,则

$$\boldsymbol{s}\cdot\boldsymbol{n}=9-8-a^2=0,得\ a=\pm1,$$

由于直线 L 在平面 Π 上,因而 L 上的点 $(a,0,-1)$ 也在 Π 上,应满足平面 Π 的方程,即 $3a+4\cdot0-a\cdot(-1)=3a-1$,得 $a=-1$.

例 14 当 λ 取何值时,直线 $L_1:\frac{x+2}{2}=\frac{y}{-3}=\frac{z-1}{4}$ 与 $L_2:\frac{x-3}{\lambda}=\frac{y-1}{4}=\frac{z-7}{2}$ 相交.

解 设 $P_1(-2,0,1)$,$\boldsymbol{s}_1=(2,-3,4)$;$P_2(3,1,7)$,$\boldsymbol{s}_2=(\lambda,4,2)$,则 P_1,P_2 分别是直线 L_1,L_2 上的点,$\boldsymbol{s}_1,\boldsymbol{s}_2$ 分别是直线 L_1,L_2 的方向向量. L_1 与 L_2 相交的充要条件是 $\overrightarrow{P_1P_2},\boldsymbol{s}_1,\boldsymbol{s}_2$ 共面且 $\boldsymbol{s}_1$ 与 $\boldsymbol{s}_2$ 不平行,即混合积

$$[\overrightarrow{P_1P_2}\quad \boldsymbol{s}_1\quad \boldsymbol{s}_2]=\begin{vmatrix}5&1&6\\2&-3&4\\\lambda&4&2\end{vmatrix}=0,$$

由此解得 $\lambda=3$. 故当 $\lambda=3$ 时,L_1 与 L_2 不平行且共面,从而相交.

例 15 设 $L_1:\begin{cases}x=-3t+3,\\y=t+1,\\z=t+5\end{cases}$ 与 $L_2:\frac{x-1}{1}=\frac{y+2}{2}=\frac{z}{1}$,问下列结论正确的是(   ).

(A) L_1 与 L_2 平行　　　　(B) L_1 与 L_2 垂直不相交

(C) L_1 与 L_2 垂直相交　　　　(D) L_1 与 L_2 异面不垂直

如果 L_1 与 L_2 不相交,求两条直线 L_1 与 L_2 之间的距离.

解 L_1,L_2 的方向向量分别是 $\boldsymbol{s}_1=(-3,1,1)$,$\boldsymbol{s}_2=(1,2,1)$,则 $\boldsymbol{s}_1\cdot\boldsymbol{s}_2=0$,故 $\boldsymbol{s}_1\perp\boldsymbol{s}_2$. 因此(A)、(D)不正确.

又分别在 L_1,L_2 取点 $P_1(3,1,5)$,$P_2(1,-2,0)$,则 $[\overrightarrow{P_1P_2}\quad \boldsymbol{s}_1\quad \boldsymbol{s}_2]=\begin{vmatrix}-2&-3&-5\\-3&1&1\\1&2&1\end{vmatrix}=25\neq0$,故 L_1 与 L_2 异面,即不相交. 因而(B)正确.

根据两条直线的距离公式,得 L_1 与 L_2 之间的距离为

$$d=\frac{|[\overrightarrow{P_1P_2}\quad \boldsymbol{s}_1\quad \boldsymbol{s}_2]|}{|\boldsymbol{s}_1\times\boldsymbol{s}_2|}=\frac{|25|}{|(-1,4,-7)|}=\frac{25}{\sqrt{66}}.$$

小结 1. 设平面 Π_1 的法向量为 $\boldsymbol{n}_1$,平面 Π_2 的法向量为 $\boldsymbol{n}_2$,则

$$\Pi_1/\!/\Pi_2\Leftrightarrow\boldsymbol{n}_1/\!/\boldsymbol{n}_2,$$
$$\Pi_1\perp\Pi_2\Leftrightarrow\boldsymbol{n}_1\perp\boldsymbol{n}_2.$$

平面 Π_1 与平面 Π_2 之间夹角的余弦值为 $\cos\theta=\frac{|\boldsymbol{n}_1\cdot\boldsymbol{n}_2|}{|\boldsymbol{n}_1||\boldsymbol{n}_2|}\left(0\leqslant\theta\leqslant\frac{\pi}{2}\right)$.

2. 设平面 Π 的法向量为 $\boldsymbol{n}$,直线 L 的方向向量为 $\boldsymbol{s}$,则

$$\Pi/\!/L\Leftrightarrow\boldsymbol{n}\perp\boldsymbol{s},$$

$$\Pi \perp L \Leftrightarrow \boldsymbol{n} /\!/ \boldsymbol{s}.$$

平面的法向量 $\boldsymbol{n}$ 与直线的方向向量 $\boldsymbol{s}$ 之间夹角的余弦值为 $\cos\theta=\dfrac{|\boldsymbol{n}\cdot\boldsymbol{s}|}{|\boldsymbol{n}||\boldsymbol{s}|}$，则平面 Π 与直线 L 的夹角为 $\dfrac{\pi}{2}-\theta$.

3. 设直线 L_1 的方向向量为 $\boldsymbol{s}_1$，直线 L_2 的方向向量为 $\boldsymbol{s}_2$，则

$$L_1 /\!/ L_2 \Leftrightarrow \boldsymbol{s}_1 /\!/ \boldsymbol{s}_2,$$

$$L_1 \perp L_2 \Leftrightarrow \boldsymbol{s}_1 \perp \boldsymbol{s}_2.$$

直线 L_1 与直线 L_2 之间夹角的余弦值为 $\cos\theta=\dfrac{|\boldsymbol{s}_1\cdot\boldsymbol{s}_2|}{|\boldsymbol{s}_1||\boldsymbol{s}_2|}$.

问题 7 如何求空间曲线 $L:\begin{cases}F(x,y,z)=0,\\G(x,y,z)=0\end{cases}$ 在平面上的投影曲线？

例 16 下列结论哪一个正确？

空间曲线 $L:\begin{cases}x^2+y^2+4z^2=1,\\x^2=y^2+z^2\end{cases}$ 在 xOy 面上的投影曲线方程为(　　).

(A) $5x^2-3y^2=1$　　(B) $\begin{cases}x^2+y^2=1\\z=0\end{cases}$　　(C) $\begin{cases}5x^2-3y^2=1\\z=0\end{cases}$

解 (A) 错误. $5x^2-3y^2=1$ 是母线平行于 z 轴的柱面方程，不是曲线方程；

(B) 错误. 空间曲线 L 是两个曲面的交线，$\begin{cases}x^2+y^2=1,\\z=0\end{cases}$ 是第一个曲面与 $z=0$ 的交线方程，不是 L 的投影曲线方程；

(C) 正确. 要求空间曲线在 xOy 面上的投影曲线，需将曲线方程中 z 消去，先求出经过该曲线且母线与 z 轴平行的柱面方程，再写出投影曲线方程.

由方程组 $\begin{cases}x^2+y^2+4z^2=1,\\x^2=y^2+z^2\end{cases}$ 消去 z，得到 $5x^2-3y^2=1$，故 $\begin{cases}5x^2-3y^2=1,\\z=0\end{cases}$ 为 L 在 xOy 面上的投影曲线方程.

例 17 求由曲线 $\begin{cases}(z-1)(z+1)=2y,\\x=0\end{cases}$ 绕 y 轴旋转一周所得旋转曲面与半球面 $y=\sqrt{4-x^2-z^2}$ 所围成的立体在 zOx 面上的投影区域.

分析 首先求出旋转曲面方程，其次两个曲面围成的立体在 zOx 面上的投影区域即为两个曲面的交线在 zOx 面上的投影曲线所围成的区域，因此，只需求出两个曲面的交线在 zOx 面上的投影曲线.

解 曲线 $\begin{cases}(z-1)(z+1)=2y,\\x=0\end{cases}$ 绕 y 轴旋转一周所得旋转曲面方程为

$$\left(\pm\sqrt{x^2+z^2}\right)^2-1=2y,\quad 即\quad x^2+z^2-1=2y.$$

由 $\begin{cases}x^2+z^2-1=2y,\\y=\sqrt{4-x^2-z^2}\end{cases}$ 消去 y，得到

$$x^2+z^2=3.$$

所以曲线$\begin{cases}x^2+z^2-1=2y,\\ y=\sqrt{4-x^2-z^2}\end{cases}$在 zOx 面上的投影曲线为$\begin{cases}x^2+z^2=3,\\ y=0,\end{cases}$于是所求投影区域为 zOx 面上的圆域$\begin{cases}x^2+z^2\leqslant 3,\\ y=0.\end{cases}$

例 18 求曲线

$$L:\begin{cases}x+y+2z=1,\\ y=x^2+z^2\end{cases}$$

在平面Π:$x+y+z=0$ 上的投影曲线.

解 设(x,y,z)为曲线 L 上任意一点,(X,Y,Z)为(x,y,z)在平面Π上的投影点,则它们满足下列方程组:

$$\begin{cases}\dfrac{X-x}{1}=\dfrac{Y-y}{1}=\dfrac{Z-z}{1}, & ①\\ x+y+2z=1, & ②\\ y=x^2+z^2. & ③\end{cases}$$

从方程组消去 x,y,z 后,得到(X,Y,Z)满足的方程,即为投影柱面方程.

由①,令$\dfrac{X-x}{1}=\dfrac{Y-y}{1}=\dfrac{Z-z}{1}=t$ 得

$$x=X-t,\quad y=Y-t,\quad z=Z-t,$$

代入②和③,得

$$\begin{cases}(X-t)+(Y-t)+2(Z-t)=1, & ④\\ Y-t=(X-t)^2+(Z-t)^2, & ⑤\end{cases}$$

从④得 $t=\dfrac{1}{4}(X+Y+2Z-1)$,代入⑤,得

$$5X^2+Y^2+4Z^2-2XY-8XZ+4X-8Y+4Z-1=0,$$

因而 L 在平面Π上的投影曲线为

$$\begin{cases}5x^2+y^2+4z^2-2xy-8xz+4x-8y+4z-1=0,\\ x+y+z=0.\end{cases}$$

小结 1. 给定曲线 L:$\begin{cases}F(x,y,z)=0,\\ G(x,y,z)=0,\end{cases}$由该方程组消去 z,得到一个不含 z 的方程 $\Phi(x,y)=0$,此方程表示母线平行于 z 轴的柱面,显然此柱面通过 L,因此 L 在 xOy 面上的投影曲线方程为$\begin{cases}\Phi(x,y)=0,\\ z=0.\end{cases}$在其他坐标平面上的投影曲线可类似求得.

2. 设给定的曲线和平面分别为

$$L:\begin{cases}F(x,y,z)=0,\\ G(x,y,z)=0,\end{cases}\quad \Pi:Ax+By+Cz+D=0.$$

以 L 为准线,以Π的法向量(A,B,C)为母线方向作一个柱面,设其方程为 $H(x,y,z)=0$,则

曲线 L 在平面 Π 上的投影曲线为 $\begin{cases}H(x,y,z)=0,\\Ax+By+Cz+D=0.\end{cases}$ 具体做法参见例 18.

3. 上述几个例题中出现球面(例 17, $y=\sqrt{4-x^2-z^2}$)、椭球面(例 16, $x^2+y^2+4z^2=1$)、圆锥面(例 16, $x^2=y^2+z^2$)、椭圆抛物面(例 18, $y=x^2+z^2$),对于这些二次曲面方程,读者要熟悉,在后面的多元函数积分学中经常会用到.

4. 在例 17 中,我们用到了求 zOx 面上的曲线绕 y 轴旋转一周而得的旋转曲面,一般地,yOz 面上的曲线 $L:\begin{cases}F(y,z)=0,\\x=0\end{cases}$ 绕 z 轴旋转一周而得的旋转曲面方程为 $F(\pm\sqrt{x^2+y^2},z)=0$. 其他情形类似可得,比如:要求曲线 $\begin{cases}z=\mathrm{e}^{-x^2},\\y=0\end{cases}$ 绕 z 轴旋转一周而得的旋转曲面方程,只需将 x 换为 $\pm\sqrt{x^2+y^2}$,故可得旋转曲面方程为 $z=\mathrm{e}^{-(x^2+y^2)}$.

三、课内练习题

1. 选择题:

(1) 设 $\boldsymbol{a}+\boldsymbol{b}+\boldsymbol{c}=\mathbf{0}$, $|\boldsymbol{a}|=3$, $|\boldsymbol{b}|=1$, $|\boldsymbol{c}|=2$, 则 $\boldsymbol{a}\cdot\boldsymbol{b}+\boldsymbol{b}\cdot\boldsymbol{c}+\boldsymbol{c}\cdot\boldsymbol{a}=($ $)$.

(A) -1　　(B) 7　　(C) -7　　(D) 1

(2) 设 $|\boldsymbol{a}|=1$, $|\boldsymbol{b}|=2$, $|\boldsymbol{a}\times\boldsymbol{b}|=\sqrt{3}$, 则 $\boldsymbol{a}\cdot\boldsymbol{b}=($ $)$.

(A) 0　　(B) ±2　　(C) 3　　(D) ±1

(3) 设 $|\boldsymbol{a}|=1$, $|\boldsymbol{b}|=\sqrt{2}$, $(\widehat{\boldsymbol{a},\boldsymbol{b}})=\dfrac{\pi}{4}$, 则 $|\boldsymbol{a}+\boldsymbol{b}|=($ $)$.

(A) 1　　(B) $1+\sqrt{2}$　　(C) 2　　(D) $\sqrt{5}$

(4) 设 $|\boldsymbol{a}|=2$, $|\boldsymbol{b}|=\sqrt{3}$, $|\boldsymbol{a}+\boldsymbol{b}|=1+\sqrt{6}$, 则 $|\boldsymbol{a}\times\boldsymbol{b}|=($ $)$.

(A) 1　　(B) $\sqrt{3}$　　(C) 2　　(D) $\sqrt{6}$

(5) 设 $\boldsymbol{a}=(-1,3,0)$, $\boldsymbol{b}=(3,1,0)$, $|\boldsymbol{c}|=r$, $\boldsymbol{a}=\boldsymbol{b}\times\boldsymbol{c}$, 则 r 的最小值是(　　).

(A) 1　　(B) 3　　(C) $\sqrt{2}$　　(D) $\dfrac{1}{2}$

(6) 直线 $L_1:\dfrac{x+2}{2}=\dfrac{y}{-3}=\dfrac{z-1}{4}$ 与 $L_2:\begin{cases}x=3t+3,\\y=4t+1,\\z=t+7\end{cases}$ (　　).

(A) 垂直　　(B) 平行　　(C) 相交　　(D) 异面但不垂直

(7) 点 $M(-3,-7,-1)$ 关于(　　)的对称点是 $M'(3,7,-1)$.

(A) 原点 O　　(B) xOy 面

(C) z 轴　　(D) 平面 $x+y-z=0$

(8) 直线 $\dfrac{x-1}{1}=\dfrac{y}{-4}=\dfrac{z}{1}$ 与直线 $\dfrac{x}{2}=\dfrac{y+2}{-2}=\dfrac{z}{-1}$ 的夹角是(　　).

(A) $\dfrac{\pi}{6}$　　(B) $\dfrac{\pi}{4}$　　(C) $\dfrac{\pi}{3}$　　(D) $\dfrac{3\pi}{4}$

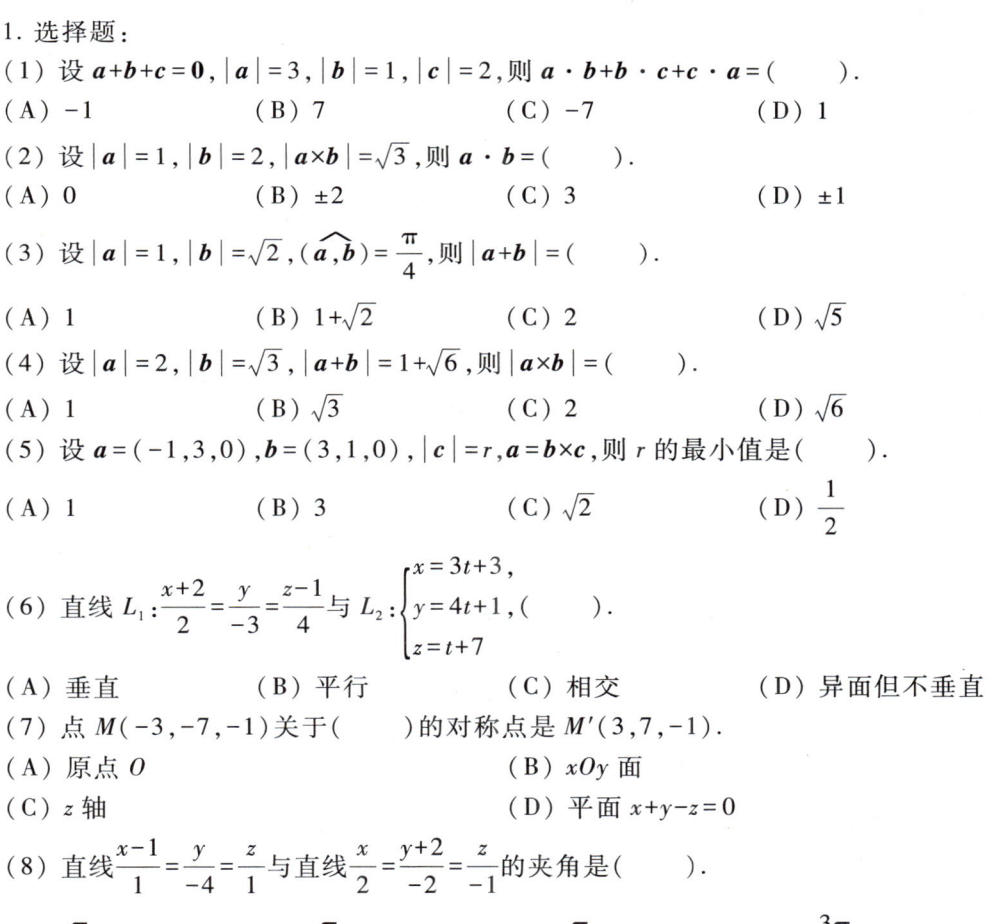

(9) 平面 $2x-y+z=3$ 与直线 $\begin{cases}x=t-1,\\y=t+2,\\z=2t-3\end{cases}$ 的夹角是(　　).

(A) $\dfrac{\pi}{6}$　　(B) $\dfrac{\pi}{4}$　　(C) $\dfrac{\pi}{3}$　　(D) $\dfrac{\pi}{2}$

(10) 设直线 $L:\begin{cases}x+3y+2z+1=0,\\2x-y-10z+3=0\end{cases}$ 与平面 $\Pi:Ax-2y+z-2=0$ 垂直,则 A 等于(　　).

(A) 1　　(B) 2　　(C) 3　　(D) 4

(11) 在下列陈述中,错误的是(　　).

(A) $x^2+y^2+2z^2=1$ 的图形是椭球面

(B) $(x-1)^2+(y-1)^2=4$ 的图形是母线平行于 z 轴的圆柱面

(C) $(x-y)^2+(y-z)^2=0$ 的图形是直线

(D) 在空间直角坐标系中,方程 $x^2+y^2=0$ 的图形是原点

2. 填空题:

(1) 若 $\boldsymbol{a}/\!/\boldsymbol{b}$,$\boldsymbol{b}=(3,4,1)$,且 $\boldsymbol{a}$ 在 x 轴上的投影为 -2,则 $\boldsymbol{a}=$__________.

(2) 若 $\boldsymbol{a}=(1,1,1)$,$\boldsymbol{b}=\left(\dfrac{1}{\sqrt{2}},0,\dfrac{1}{\sqrt{2}}\right)$,则 $(\boldsymbol{a})_{\boldsymbol{b}}=$__________,同时垂直于 $\boldsymbol{a}$ 与 $\boldsymbol{b}$ 的单位向量为__________.

(3) 已知 $A(1,2,3)$,$B(3,2,1)$,$C(1,1,1)$,则三角形 ABC 的面积 $S_{\triangle ABC}=$__________.

(4) 若 $A(1,1,1)$,$B(5,4,-1)$,$C(2,3,5)$,$D(6,0,-3)$,则四面体 $ABCD$ 的体积 $V=$__________.

(5) 一平面过点 $P_1(1,0,2)$ 与 $P_2(6,-3,2)$ 且与直线 $L:\dfrac{x}{4}=\dfrac{y-1}{-1}=\dfrac{z-1}{2}$ 平行,则此平面方程为__________.

(6) 直线 $\dfrac{x-1}{1}=\dfrac{y}{-4}=\dfrac{z}{1}$ 在 xOy 面上的投影直线为__________.

(7) 过点 $M_0(0,0,1)$ 且与平面 $3x+4y+5z=1$ 平行的平面方程为__________.

(8) 将曲线 $\begin{cases}3x^2+5y^2=1,\\z=0\end{cases}$ 绕 x 轴旋转一周所得的旋转曲面方程为__________.

(9) 抛物线 $\begin{cases}y^2=-2pz,\\x=0\end{cases}$ 绕 z 轴旋转一周所成的旋转曲面方程为__________.

(10) 曲线 $\begin{cases}x^2+y^2=1,\\x+y+z=1\end{cases}$ 在 yOz 面上的投影曲线为__________.

3. 已知 $\boldsymbol{a},\boldsymbol{b},\boldsymbol{c}$ 都是单位向量,且满足 $\boldsymbol{a}+\boldsymbol{b}+\boldsymbol{c}=\boldsymbol{0}$,求 $\boldsymbol{a}\cdot\boldsymbol{b}+\boldsymbol{b}\cdot\boldsymbol{c}+\boldsymbol{c}\cdot\boldsymbol{a}$.

4. 写出向量 $\boldsymbol{a}=\dfrac{1}{3}(2\boldsymbol{i}+2\boldsymbol{j}-\boldsymbol{k})$ 的坐标、模及方向余弦.

5. 设 $\boldsymbol{a}=(2,2,1)$,$\boldsymbol{b}=(8,-4,1)$,求 $\boldsymbol{b}$ 在 $\boldsymbol{a}$ 方向上的投影向量.

6. 设矢量 $\overrightarrow{OM}$ 与矢量 $\boldsymbol{i},\boldsymbol{j}$ 的夹角分别为 $\dfrac{\pi}{3},\dfrac{\pi}{4}$,且 $\overrightarrow{OM}$ 在 z 轴上的投影为 -8,求 M 的坐标.

7. 设 $\boldsymbol{a}=(4,-3,2)$，u 轴的正向与三个坐标轴的正向构成相等的锐角，试求

(1) $\boldsymbol{a}$ 在 u 轴上的投影；

(2) $\boldsymbol{a}$ 与 u 轴正向的夹角.

8. $\boldsymbol{a}=(3,-2,1)$，$\boldsymbol{b}=(-1,m,-5)$，分别求出 m 的值，使得

(1) $\boldsymbol{a}\perp\boldsymbol{b}$；

(2) $\boldsymbol{b}$ 在 $\boldsymbol{a}$ 上的投影为 4；

(3) 以 $\boldsymbol{a},\boldsymbol{b}$ 为邻边的平行四边形的面积为 $\sqrt{300}$.

9. 设平面 $\Pi_1:4x-y-2z-3=0$，$\Pi_2:4x-y-2z-5=0$，求与平面 Π_1 和 Π_2 等距离的平面方程.

10. 求过直线 $L_1:z=3x+7,y=6z-3$，且平行于直线 $L_2:\dfrac{x-1}{2}=\dfrac{y}{3}=z-1$ 的平面方程.

11. 求过点 $(2,0,-3)$ 且平行于直线 $\begin{cases}3x-y+2z-7=0,\\x+3y-2z-3=0\end{cases}$ 的直线方程.

12. 一直线通过点 $P(1,2,3)$ 且与 $\boldsymbol{a}=(6,6,7)$ 平行，求点 $A(3,4,2)$ 到该直线的距离.

13. 求点 $P(3,1,1)$ 在直线 $L:x=3t,y=t-1,z=t+1$ 上的投影点的坐标.

14. 求直线 $L_1:\dfrac{x+3}{6}=1-y=z+3$ 与直线 $L_2:\begin{cases}x+5y+z=0,\\x+y-z+4=0\end{cases}$ 之间的距离.

15. 求点 $M(2,2,2)$ 关于直线 $L:\dfrac{x-1}{3}=\dfrac{y+4}{2}=z-3$ 的对称点 M_1 的坐标.

16. 设直线 $L:\begin{cases}x+3y+2z+1=0,\\2x-y-10z+3=0,\end{cases}$ 平面 $\Pi:4x-2y+z-2=0$，证明直线 L 垂直于平面 Π.

17. 设有直线 $L_1:\dfrac{x-1}{1}=\dfrac{y-5}{-2}=\dfrac{z+8}{1}$ 与 $L_2:\begin{cases}x-y=6,\\2y+z=3,\end{cases}$ 求 L_1 与 L_2 的夹角.

18. 设直线 $L:\dfrac{x+2}{3}=\dfrac{y-2}{-1}=\dfrac{z+1}{2}$ 和平面 $\Pi:2x+3y+3z-8=0$，试判定它们的位置关系，若相交，求出交点.

19. 设直线 $L_1:\begin{cases}2x-2y-z+8=0,\\x+2y-2z+1=0\end{cases}$ 和 $L_2:\begin{cases}4x+y+3z-21=0,\\2x+2y-3z+15=0,\end{cases}$ 求分别与直线 L_1,L_2 平行且与 L_1,L_2 等距离的平面方程.

20. 求曲线 $\begin{cases}4x^2+9y^2=36z,\\z=4\end{cases}$ 在坐标面 $z=0,y=0,x=0$ 上的投影曲线的方程.

21. 求曲线 $\begin{cases}x^2+y^2+z^2=a^2,\\x^2+y^2-ax=0\end{cases}$ 在坐标面 $z=0,y=0,x=0$ 上的投影曲线的方程.

22. 已知平面 $\Pi:x+2y-3z+4=0$，点 $O(0,0,0)$，$A(1,1,4)$，$B(1,0,-2)$，$C(2,0,2)$，$D(0,0,4)$，$E(1,3,0)$，$F(-1,0,1)$，试区分上述各点哪些在平面的某一侧，哪些在平面的另一侧，哪些在平面上.

23. 判别点 $M(2,-1,1)$ 和 $N(1,2,-3)$ 在由下列相交平面所构成的同一个二面角内，还是分别在相邻二面角内，或是在对顶的二面角内？

(1) $\Pi_1: 3x-y+2z-3=0$ 与 $\Pi_2: x-2y-z+4=0$;

(2) $\Pi_1: 2x-y+5z-1=0$ 与 $\Pi_2: 3x-2y+6z-1=0$.

四、课外练习题

1. 设 $\boldsymbol{a}$ 与三坐标轴的夹角都是 α,求 α 的值.

2. 用向量方法证明,以平行四边形对角线作为邻边所作的新的平行四边形的面积等于原平行四边形面积的两倍.

3. 设 $\boldsymbol{a},\boldsymbol{b},\boldsymbol{c}$ 两两成 $\frac{\pi}{3}$ 角,且 $|\boldsymbol{a}|=4$, $|\boldsymbol{b}|=2$, $|\boldsymbol{c}|=6$,求 $|\boldsymbol{a}+\boldsymbol{b}+\boldsymbol{c}|$.

4. 已知向量 $\boldsymbol{\alpha},\boldsymbol{\beta},\boldsymbol{\gamma}$ 不共线,证明:$\boldsymbol{\alpha}+\boldsymbol{\beta}+\boldsymbol{\gamma}=\boldsymbol{0}$ 的充要条件是 $\boldsymbol{\alpha}\times\boldsymbol{\beta}=\boldsymbol{\beta}\times\boldsymbol{\gamma}=\boldsymbol{\gamma}\times\boldsymbol{\alpha}$.

5. 若 $\boldsymbol{\alpha}+3\boldsymbol{\beta}$ 与 $7\boldsymbol{\alpha}-5\boldsymbol{\beta}$ 垂直,$\boldsymbol{\alpha}-4\boldsymbol{\beta}$ 与 $7\boldsymbol{\alpha}-2\boldsymbol{\beta}$ 垂直,求 $\boldsymbol{\alpha}$ 与 $\boldsymbol{\beta}$ 的夹角.

6. 求 $\boldsymbol{a}=(3,-12,4)$ 在 $\boldsymbol{b}=(1,0,-2)\times(1,3,4)$ 上的投影.

7. 求以 $\boldsymbol{a}=(2,1,-1)$ 和 $\boldsymbol{b}=(1,1,0)$ 为邻边的平行四边形的对角线夹角的正弦.

*8. 已知 $\boldsymbol{a}=(2,4,-4)$, $\boldsymbol{b}=(-1,2,-2)$,求 $\boldsymbol{a}$ 与 $\boldsymbol{b}$ 的角平分线上相反的两个方向向量,且使其模等于 $\sqrt{32}$.

*9. 对于任意向量 $\boldsymbol{a},\boldsymbol{b},\boldsymbol{c}$,试用几何意义解释向量 $\boldsymbol{a}-\boldsymbol{b},\boldsymbol{b}-\boldsymbol{c},\boldsymbol{c}-\boldsymbol{a}$ 是共面的,并证明之.

10. 已知三角形的顶点 $A(4,0,0)$, $B(0,-12,0)$, $C(0,0,3)$,求 BC 边上高线的方程.

11. 已知直线 $L: \frac{x+2}{1}=\frac{y-2}{7}=\frac{z}{5}$,求:

(1) L 在平面 $z=1$ 上的投影 L_1 的方程;(2) 点 $M(1,2,1)$ 到 L_1 的距离 d.

12. 求过点 $M(1,2,5)$ 且与直线 $L_1: \frac{x-1}{2}=\frac{y-1}{3}=\frac{z-5}{2}$ 相交并和向量 $\boldsymbol{j}=(0,1,0)$ 成 45° 角的直线 L 的方程.

13. 求准线为 $L: \begin{cases} x+y-z-2=0, \\ x-y+z=0, \end{cases}$ 母线平行于直线 $x=y=z$ 的柱面方程.

14. 求准线为 $L: \begin{cases} 4x^2-y^2=1, \\ z=0, \end{cases}$ 母线方向为 $(0,1,1)$ 的柱面方程.

第十四讲

习题参考答案或提示

第十五讲　多元函数微分法

一、本讲要求

1. 理解多元函数的概念，了解二元函数的极限、连续的概念.

2. 理解多元函数的偏导数、全微分的概念，弄清函数连续、偏导数存在与函数可微等概念之间的关系.

3. 熟练掌握复合函数、隐函数所确定的函数的偏导数的求法.

4. 理解方向导数与梯度的概念，并掌握其计算方法.

二、问题 · 分析 · 解答

问题 1　如何求二重极限？如何证明二重极限不存在？

例 1　求下列二重极限：

(1) $\lim\limits_{\substack{x\to0\\y\to0}}\dfrac{\sqrt{x^2+y^2+1}-1}{x^2+y^2}$；　(2) $\lim\limits_{\substack{x\to1\\y\to0}}\dfrac{y\cos\dfrac{1}{xy}}{\ln(x+e^y)}$；　(3) $\lim\limits_{\substack{x\to3\\y\to0}}(1+\sin(xy))^{\frac{1}{y}}$.

解　(1) 设 $t=x^2+y^2$，则

$$\lim_{\substack{x\to0\\y\to0}}\frac{\sqrt{x^2+y^2+1}-1}{x^2+y^2}=\lim_{t\to0^+}\frac{\sqrt{t+1}-1}{t}=\lim_{t\to0^+}\frac{\frac{t}{2}}{t}=\frac{1}{2}.$$

(2) $\lim\limits_{\substack{x\to1\\y\to0}}\dfrac{y\cos\dfrac{1}{xy}}{\ln(x+e^y)}=\dfrac{\lim\limits_{\substack{x\to1\\y\to0}}y\cos\dfrac{1}{xy}}{\lim\limits_{\substack{x\to1\\y\to0}}\ln(x+e^y)}=\dfrac{0}{\ln 2}=0.$

(3) 这是 1^∞ 型未定式，可利用一元函数中的第二个重要极限求解.

$$\lim_{\substack{x\to3\\y\to0}}(1+\sin(xy))^{\frac{1}{y}}=\lim_{\substack{x\to3\\y\to0}}\left((1+\sin(xy))^{\frac{1}{\sin(xy)}}\right)^{\frac{\sin(xy)}{xy}\cdot x}=e^{1\times3}=e^3.$$

小结　求二重极限时可转化为一元函数的极限或利用一元函数极限中的等价无穷小代换、分子分母有理化(例 1(1))、无穷小与有界函数的乘积仍为无穷小(例 1(2))、初等函数的连续性、两个重要极限(例 1(3))、夹逼定理等结论.

例 2　证明下列函数的二重极限不存在：

(1) $\lim\limits_{(x,y)\to(0,0)}\dfrac{2x-y}{x+y}$；　(2) $\lim\limits_{(x,y)\to(0,0)}\dfrac{x^2y}{x^4+y^2}$.

证明　当 (x,y) 沿直线 $y=kx(k\neq-1)$ 趋于 $(0,0)$ 时，有

$$\lim_{\substack{(x,y)\to(0,0)\\y=kx}}\frac{2x-y}{x+y}=\lim_{x\to 0}\frac{2x-kx}{x+kx}=\frac{2-k}{1+k},$$

因为极限值随着 k 的值的不同而改变，说明(x,y)沿不同路径趋于$(0,0)$时，函数趋于不同的值，所以$\lim\limits_{(x,y)\to(0,0)}\frac{2x-y}{x+y}$不存在.

(2) **分析** 当(x,y)沿直线 $y=kx$ 趋于$(0,0)$时，有

$$\lim_{\substack{(x,y)\to(0,0)\\y=kx}}\frac{x^2y}{x^4+y^2}=\lim_{x\to 0}\frac{x^2\cdot kx}{x^4+(kx)^2}=\lim_{x\to 0}\frac{kx}{x^2+k^2}=0,$$

说明(x,y)沿着 $y=kx$ 趋于$(0,0)$时，无论 k 取何值，函数均趋于 0，但是这并不能断定该函数的极限为 0，因为不能保证(x,y)以任何方式趋于$(0,0)$时，函数均趋于 0.

证明 **[法 1]** 当(x,y)沿直线 $y=0$ 趋于$(0,0)$时，有

$$\lim_{\substack{(x,y)\to(0,0)\\y=0}}\frac{x^2y}{x^4+y^2}=\lim_{x\to 0}\frac{x^2\cdot 0}{x^4+0^2}=0.$$

当点(x,y)沿曲线 $y=x^2$ 趋于$(0,0)$时，有

$$\lim_{\substack{(x,y)\to(0,0)\\y=x^2}}\frac{x^2y}{x^4+y^2}=\lim_{x\to 0}\frac{x^4}{x^4+x^4}=\frac{1}{2}.$$

因为(x,y)沿两条不同路径趋于$(0,0)$时，函数趋于不同的值，所以$\lim\limits_{(x,y)\to(0,0)}\frac{x^2y}{x^4+y^2}$不存在.

[法 2] 当点(x,y)沿曲线 $y=kx^2$ 趋于$(0,0)$时，有

$$\lim_{\substack{(x,y)\to(0,0)\\y=kx^2}}\frac{x^2y}{x^4+y^2}=\lim_{x\to 0}\frac{x^2\cdot kx^2}{x^4+(kx^2)^2}=\frac{k}{1+k^2},$$

因为极限值随着 k 的值的不同而改变，所以$\lim\limits_{(x,y)\to(0,0)}\frac{x^2y}{x^4+y^2}$不存在.

小结 二元函数的极限$\lim\limits_{(x,y)\to(x_0,y_0)}f(x,y)=A$ 是指点(x,y)以任何路径趋于(x_0,y_0)时，函数均趋于 A. 若(x,y)沿不同路径趋于(x_0,y_0)时，函数趋于不同的值，或(x,y)沿特殊路径趋于(x_0,y_0)时，函数极限不存在，则可断定此二元函数的极限不存在.

问题 2 如何判断二元函数的连续性？

例 3 设函数 $f(x,y)=\begin{cases}\dfrac{x^2-y^2}{x^2+y^2}, & (x,y)\neq(0,0),\\ 0, & (x,y)=(0,0).\end{cases}$

(1) $f(x,y)$在点$(0,0)$处是否连续？

(2) 判断 $f(x,y)$的连续性.

解 (1) **[法 1]** 因为$\lim\limits_{\substack{(x,y)\to(0,0)\\y=kx}}f(x,y)=\lim\limits_{\substack{(x,y)\to(0,0)\\y=kx}}\frac{x^2-y^2}{x^2+y^2}=\lim\limits_{x\to 0}\frac{x^2-k^2x^2}{x^2+k^2x^2}=\frac{1-k^2}{1+k^2}$，极限值随着 k 的值的不同而改变，所以$\lim\limits_{\substack{x\to 0\\y\to 0}}f(x,y)$不存在，因此 $f(x,y)$在点$(0,0)$处不连续.

［法 2］　由 $\lim\limits_{\substack{(x,y)\to(0,0)\\y=0}} f(x,y)=\lim\limits_{x\to 0}\dfrac{x^2}{x^2}=1\neq f(0,0)=0$ 可知，函数在点(0,0)的极限即使存在，也一定不等于该点的函数值，故根据连续的定义知，$f(x,y)$ 在点(0,0)处不连续.

(2) 当 $(x,y)\neq(0,0)$ 时，根据多元初等函数的连续性知，$f(x,y)$ 连续. 结合(1)易知，$f(x,y)$ 在除点(0,0)外的其他点处都连续.

小结　判断二元函数的连续性与一元函数类似，可根据多元函数连续的定义和多元初等函数的连续性. 需要注意的是，讨论分段函数的分段点处的连续性时，需从定义出发.

问题 3　在一元函数中连续、可导、可微之间的关系为“可微⇔可导⇒连续”，那么，在二元函数中连续、可偏导、可微之间有怎样的关系呢？

例 4　设函数 $z=f(x,y)=\begin{cases}1, & xy=0,\\ 0, & xy\neq 0,\end{cases}$ 试证明 $f(x,y)$ 在点(0,0)处偏导数存在，但是 $f(x,y)$ 在点(0,0)处不连续.

证明　因为

$$\left.\frac{\partial f}{\partial x}\right|_{\substack{x=0\\y=0}}=\lim_{\Delta x\to 0}\frac{f(0+\Delta x,0)-f(0,0)}{\Delta x}=\lim_{\Delta x\to 0}\frac{1-1}{\Delta x}=0,$$

$$\left.\frac{\partial f}{\partial y}\right|_{\substack{x=0\\y=0}}=\lim_{\Delta y\to 0}\frac{f(0,0+\Delta y)-f(0,0)}{\Delta y}=\lim_{\Delta y\to 0}\frac{1-1}{\Delta y}=0,$$

所以 $f(x,y)$ 在点(0,0)处偏导数存在. 但是，

当 (x,y) 沿 x 轴趋于(0,0)时，有 $\lim\limits_{\substack{(x,y)\to(0,0)\\y=0}} f(x,y)=\lim\limits_{x\to 0}1=1$；

当 (x,y) 沿直线 $y=x$ 趋于(0,0)时，有 $\lim\limits_{\substack{(x,y)\to(0,0)\\y=x}} f(x,y)=\lim\limits_{x\to 0}0=0$，

因为 (x,y) 沿两条不同路径趋于点(0,0)时，函数趋于不同的值，所以极限 $\lim\limits_{(x,y)\to(0,0)} f(x,y)$ 不存在，故 $z=f(x,y)$ 在点(0,0)处不连续.

例 5　设函数 $z=f(x,y)=\sqrt{|xy|}$，试证明 $f(x,y)$ 在点(0,0)处的偏导数存在，但不可微.

证明　首先求 $f(x,y)$ 在点(0,0)处的偏导数，

$$\left.\frac{\partial f}{\partial x}\right|_{\substack{x=0\\y=0}}=\lim_{\Delta x\to 0}\frac{f(0+\Delta x,0)-f(0,0)}{\Delta x}=\lim_{\Delta x\to 0}\frac{0-0}{\Delta x}=0,$$

$$\left.\frac{\partial f}{\partial y}\right|_{\substack{x=0\\y=0}}=\lim_{\Delta y\to 0}\frac{f(0,0+\Delta y)-f(0,0)}{\Delta y}=\lim_{\Delta y\to 0}\frac{0-0}{\Delta y}=0,$$

根据微分的定义知，$f(x,y)$ 在点(0,0)处可微，等价于

$$\Delta z=\left.\frac{\partial f}{\partial x}\right|_{\substack{x=0\\y=0}}\Delta x+\left.\frac{\partial f}{\partial y}\right|_{\substack{x=0\\y=0}}\Delta y+o(\rho),\quad 即\quad \Delta z=o(\rho)$$

成立. 而

$$\lim_{\substack{\Delta x\to 0\\ \Delta y\to 0}}\frac{\Delta z}{\rho}=\lim_{\substack{\Delta x\to 0\\ \Delta y\to 0}}\frac{f(0+\Delta x,0+\Delta y)-f(0,0)}{\sqrt{(\Delta x)^2+(\Delta y)^2}}=\lim_{\substack{\Delta x\to 0\\ \Delta y\to 0}}\frac{\sqrt{|\Delta x\Delta y|}}{\sqrt{(\Delta x)^2+(\Delta y)^2}},$$

当 Δx、Δy 沿着直线 $\Delta y=k\Delta x$ 趋于零时，上述极限化为

$$\lim_{\substack{\Delta x\to 0\\ \Delta y=k\Delta x\to 0}}\frac{\sqrt{|\Delta x\Delta y|}}{\sqrt{(\Delta x)^2+(\Delta y)^2}}=\lim_{\Delta x\to 0}\frac{\sqrt{|k(\Delta x)^2|}}{\sqrt{(\Delta x)^2(1+k^2)}}=\frac{\sqrt{|k|}}{\sqrt{1+k^2}},$$

因为极限值与 k 有关，所以 $\lim\limits_{\substack{\Delta x\to 0\\ \Delta y\to 0}}\dfrac{\Delta z}{\rho}$ 不存在，故 $\Delta z\neq o(\rho)$，从而 $f(x,y)$ 在点 $(0,0)$ 处不可微.

综上，$f(x,y)=\sqrt{|xy|}$ 在点 $(0,0)$ 处的偏导数存在，但不可微.

例 6 设函数 $z=f(x,y)=\begin{cases}(x^2+y^2)\cos\dfrac{1}{\sqrt{x^2+y^2}}, & x^2+y^2\neq 0,\\ 0, & x^2+y^2=0,\end{cases}$ 证明 $f(x,y)$ 在点 $(0,0)$ 处可微，但偏导数不连续.

证明 首先求函数在点 $(0,0)$ 处的偏导数，

$$\left.\frac{\partial f}{\partial x}\right|_{\substack{x=0\\ y=0}}=\lim_{\Delta x\to 0}\frac{f(0+\Delta x,0)-f(0,0)}{\Delta x}=\lim_{\Delta x\to 0}\frac{(\Delta x)^2\cos\dfrac{1}{\sqrt{(\Delta x)^2}}}{\Delta x}=0,$$

同理 $\left.\dfrac{\partial f}{\partial y}\right|_{\substack{x=0\\ y=0}}=0$. 又

$$\lim_{\substack{\Delta x\to 0\\ \Delta y\to 0}}\frac{\Delta z-\left.\dfrac{\partial f}{\partial x}\right|_{\substack{x=0\\ y=0}}\Delta x-\left.\dfrac{\partial f}{\partial y}\right|_{\substack{x=0\\ y=0}}\Delta y}{\rho}=\lim_{\substack{\Delta x\to 0\\ \Delta y\to 0}}\frac{\left((\Delta x)^2+(\Delta y)^2\right)\cos\dfrac{1}{\sqrt{(\Delta x)^2+(\Delta y)^2}}}{\sqrt{(\Delta x)^2+(\Delta y)^2}}$$

$$=\lim_{\substack{\Delta x\to 0\\ \Delta y\to 0}}\sqrt{(\Delta x)^2+(\Delta y)^2}\cos\frac{1}{\sqrt{(\Delta x)^2+(\Delta y)^2}}=0,$$

由微分的定义知，$f(x,y)$ 在点 $(0,0)$ 处可微.

再判断函数的偏导数是否连续.

当 $x^2+y^2\neq 0$ 时，

$$\frac{\partial f}{\partial x}=2x\cos\frac{1}{\sqrt{x^2+y^2}}+\frac{x}{\sqrt{x^2+y^2}}\sin\frac{1}{\sqrt{x^2+y^2}},$$

对于

$$\lim_{\substack{x\to 0\\ y\to 0}}\frac{\partial f}{\partial x}=\lim_{\substack{x\to 0\\ y\to 0}}\left(2x\cos\frac{1}{\sqrt{x^2+y^2}}+\frac{x}{\sqrt{x^2+y^2}}\sin\frac{1}{\sqrt{x^2+y^2}}\right),$$

由于 $\lim\limits_{\substack{x\to 0\\ y\to 0}}2x\cos\dfrac{1}{\sqrt{x^2+y^2}}=0$，$\lim\limits_{\substack{x\to 0\\ y\to 0}}\dfrac{x}{\sqrt{x^2+y^2}}\sin\dfrac{1}{\sqrt{x^2+y^2}}$ 不存在，所以 $\lim\limits_{\substack{x\to 0\\ y\to 0}}\dfrac{\partial f}{\partial x}$ 不存在，同理 $\lim\limits_{\substack{x\to 0\\ y\to 0}}\dfrac{\partial f}{\partial y}$ 不存在，因此，$f(x,y)$ 在点 $(0,0)$ 处的偏导数不连续.

小结 教材中已经证明：函数可微→函数连续，函数可微→偏导数存在，偏导数连续→函数可微. 但是偏导数存在，函数未必连续（例 4，与一元函数结论不同）；函数连续，偏导数未必存在，函数未必可微（与一元函数结论一样）；偏导数存在，函数未必可微（例 5）；函数可微，偏导数未必连续（例 6）. 总结如图 15-1 所示：

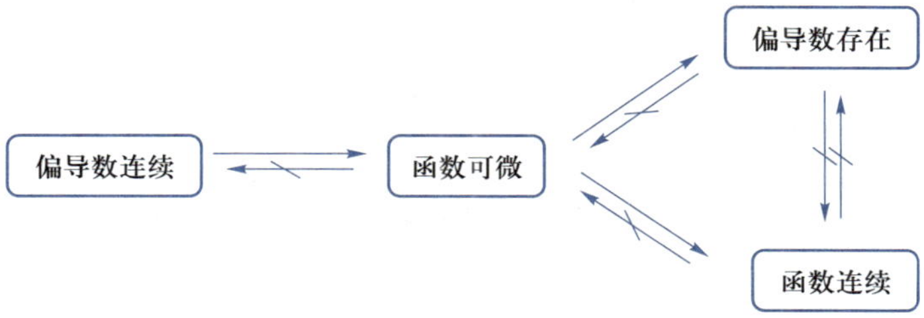

图 15-1

其中"→"表示从左往右一定成立,"⟵̸"表示从右往左不一定成立,其他箭头意义类似.

问题 4　怎样正确使用$\dfrac{\partial u}{\partial x}$,$\dfrac{\mathrm{d}u}{\mathrm{d}x}$等符号?

例 7　设 $z=\varphi(x^2+y^2)$,$u=x^2+y^2$,下列正确的是(　　).

(A) $\dfrac{\partial z}{\partial x}=\dfrac{\partial\varphi}{\partial u}\dfrac{\partial u}{\partial x}$　(B) $\dfrac{\partial z}{\partial x}=\dfrac{\mathrm{d}\varphi}{\mathrm{d}u}\dfrac{\mathrm{d}u}{\mathrm{d}x}$　(C) $\dfrac{\partial z}{\partial x}=\dfrac{\mathrm{d}\varphi}{\mathrm{d}u}\dfrac{\partial u}{\partial x}$　(D) $\dfrac{\partial z}{\partial x}=\dfrac{\partial\varphi}{\partial u}\dfrac{\mathrm{d}u}{\mathrm{d}x}$

解　(C)正确.因为 φ 只有一个变量 u,而 u 有两个自变量 x,y.

例 8　设 $z=f(x^2+y^2,\mathrm{e}^x y)+\varphi(xy)$,则$\dfrac{\partial z}{\partial x}=2xf_1+\mathrm{e}^x yf_2+y\varphi_1$,$\dfrac{\partial z}{\partial y}=2yf_1+\mathrm{e}^x f_2+x\varphi_2$,这样的解答正确吗?

解　不正确.本题中,f 具有两个中间变量 $u=x^2+y^2$ 和 $v=\mathrm{e}^x y$,用 f_1,f_2 分别表示 f 对这两个中间变量 u,v 的偏导数,即 $f_1=\dfrac{\partial f}{\partial u}$,$f_2=\dfrac{\partial f}{\partial v}$,这是对的,但是 $\varphi(xy)$,中间变量只有一个 $\omega=xy$,即 $\varphi(\omega)$是一元函数,φ 对 ω 求的是导数,而不是偏导数,所以不能出现 φ_1,φ_2,而应该用 φ'来表示,此时 $\varphi'=\dfrac{\mathrm{d}\varphi}{\mathrm{d}\omega}$.所以正确结果是

$$\frac{\partial z}{\partial x}=2xf_1+\mathrm{e}^x yf_2+y\varphi',\quad \frac{\partial z}{\partial y}=2yf_1+\mathrm{e}^x f_2+x\varphi'.$$

小结　若 $u=u(x,y)$,则 u 是关于 x,y 的函数,此时如果对 x 求导,则把 y 看成常量,应该用记号$\dfrac{\partial u}{\partial x}$,$u_x$,$u_1$;若 $u=u(x)$,则 u 只是关于 x 的函数,如果对 x 求导,应该用记号$\dfrac{\mathrm{d}u}{\mathrm{d}x}$,$u'$.

问题 5　怎样正确使用复合函数的求导法则?

例 9　设 $z=xy+xF\left(\dfrac{y}{x}\right)$,其中 $F(u)$为可微函数,求$\dfrac{\partial z}{\partial x}$.

解　因为 z 中抽象函数 F 由 $F(u)$和 $u=\dfrac{y}{x}$复合而成,求$\dfrac{\partial z}{\partial x}$时,将 y 看成常量,有

$$\frac{\partial z}{\partial x}=y+F+xF'\cdot\left(-\frac{y}{x^2}\right)=y+F-\frac{y}{x}F'.$$

例 10　设 $z=f(x^3y,3x+y^2)$,其中函数 f 具有二阶连续偏导数,求$\dfrac{\partial^2 z}{\partial x\partial y}$.

解　[法 1]　令 $u=x^3y$,$v=3x+y^2$,则 $z=f(u,v)$,根据函数关系(图 15-2),有

$$\frac{\partial z}{\partial x}=\frac{\partial z}{\partial u}\frac{\partial u}{\partial x}+\frac{\partial z}{\partial v}\frac{\partial v}{\partial x}=f_u\cdot 3x^2y+f_v\cdot 3=3x^2yf_u+3f_v,$$

$$\frac{\partial^2 z}{\partial x\partial y}=\frac{\partial}{\partial y}(3x^2yf_u+3f_v)=3x^2\frac{\partial}{\partial y}(y\cdot f_u)+3\cdot\frac{\partial}{\partial y}(f_v),$$

注意到 f_u,f_v 仍是以 u,v 为中间变量的复合函数,其函数关系(图 15-3)与 f 类似. 所以

$$\begin{aligned}\frac{\partial}{\partial y}(y\cdot f_u)&=y'\cdot f_u+y\cdot\frac{\partial}{\partial y}(f_u)\\&=f_u+y\cdot\left(f_{uu}\cdot\frac{\partial u}{\partial y}+f_{uv}\cdot\frac{\partial v}{\partial y}\right)\\&=f_u+y\cdot(x^3f_{uu}+2yf_{uv}),\end{aligned}$$

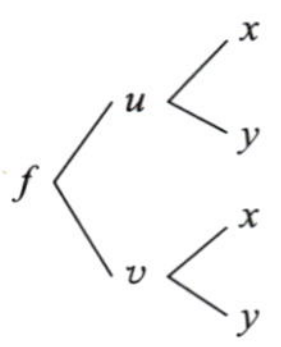

图 15-2

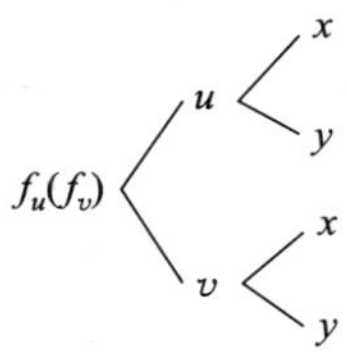

图 15-3

同理$\frac{\partial}{\partial y}(f_v)=x^3f_{vu}+2yf_{vv}$,故

$$\begin{aligned}\frac{\partial^2 z}{\partial x\partial y}&=3x^2(f_u+y\cdot(x^3f_{uu}+2yf_{uv}))+3(x^3f_{vu}+2yf_{vv})\\&=3x^2f_u+3x^5yf_{uu}+6x^2y^2f_{uv}+3x^3f_{vu}+6yf_{vv}.\end{aligned}$$

又 f 具有二阶连续偏导数,所以 $f_{uv}=f_{vu}$,故

$$\frac{\partial^2 z}{\partial x\partial y}=3x^2f_u+3x^5yf_{uu}+(6x^2y^2+3x^3)f_{uv}+6yf_{vv}.$$

[法 2] 与[法 1]同样的解题思路,应用简记法表示(1 表示 f 的第一个变量,2 表示 f 的第二个变量).

$$\frac{\partial z}{\partial x}=3x^2yf_1+3f_2,$$

$$\begin{aligned}\frac{\partial^2 z}{\partial x\partial y}&=3x^2(f_1+y\cdot(x^3f_{11}+2yf_{12}))+3(x^3f_{21}+2yf_{22})\\&=3x^2f_1+3x^5yf_{11}+(6x^2y^2+3x^3)f_{12}+6yf_{22}.\end{aligned}$$

例 11 设变换$\begin{cases}u=x-2y,\\v=x+ay\end{cases}$可把方程 $6\frac{\partial^2 z}{\partial x^2}+\frac{\partial^2 z}{\partial x\partial y}-\frac{\partial^2 z}{\partial y^2}=0$(其中 z 有二阶连续偏导数)简化为$\frac{\partial^2 z}{\partial u\partial v}=0$,求常数 a.

解 根据变换式及所给方程中的偏导数形式,我们可选 x,y 为自变量,u,v 为中间变量,$z=z(u,v)$,$u=x-2y$,$v=x+ay$. 因此,根据一阶偏导数

$$\frac{\partial z}{\partial x}=\frac{\partial z}{\partial u}\frac{\partial u}{\partial x}+\frac{\partial z}{\partial v}\frac{\partial v}{\partial x}=\frac{\partial z}{\partial u}+\frac{\partial z}{\partial v},$$

$$\frac{\partial z}{\partial y}=\frac{\partial z}{\partial u}\frac{\partial u}{\partial y}+\frac{\partial z}{\partial v}\frac{\partial v}{\partial y}=-2\frac{\partial z}{\partial u}+a\frac{\partial z}{\partial v}$$

求出二阶偏导数，得

$$\frac{\partial^2 z}{\partial x^2}=\frac{\partial^2 z}{\partial u^2}+2\frac{\partial^2 z}{\partial u\partial v}+\frac{\partial^2 z}{\partial v^2},$$

$$\frac{\partial^2 z}{\partial x\partial y}=-2\frac{\partial^2 z}{\partial u^2}+(a-2)\frac{\partial^2 z}{\partial u\partial v}+a\frac{\partial^2 z}{\partial v^2},$$

$$\frac{\partial^2 z}{\partial y^2}=4\frac{\partial^2 z}{\partial u^2}-4a\frac{\partial^2 z}{\partial u\partial v}+a^2\frac{\partial^2 z}{\partial v^2},$$

将所求二阶偏导数代入方程，得

$$6\frac{\partial^2 z}{\partial x^2}+\frac{\partial^2 z}{\partial x\partial y}-\frac{\partial^2 z}{\partial y^2}=(10+5a)\frac{\partial^2 z}{\partial u\partial v}+(6+a-a^2)\frac{\partial^2 z}{\partial v^2}=0.$$

依题意，应有 $10+5a\neq 0$，$6+a-a^2=0$，解得 $a=3$. 即当 $a=3$ 时，原方程简化为 $\frac{\partial^2 z}{\partial u\partial v}=0$.

小结 1. 复合函数求导或求偏导的关键是分清复合层次，可用复合关系图表示出函数的复合层次；分清每一步是对哪个变量求导或求偏导，哪个变量是中间变量，哪个变量是自变量. 对某个自变量求导或求偏导时，可应用口诀“连线相乘，分线相加，单路全导，叉路偏导”.

2. 求复合函数的高阶偏导数时，要注意，中间变量的偏导数仍是复合函数，要用复合函数的求导法则.

3. f 具有二阶连续偏导数时，$f_{uv}=f_{vu}$. 若题中没有给出“f 具有二阶连续偏导数”这一条件，则含有两个不同顺序的混合偏导数的项不能合并。

4. 例 11 中的方程称为偏微分方程，通过变量代换可化简原方程，但其本质仍是复合函数求偏导数的问题. 也可以尝试以 x,y 作为中间变量，直接根据结果进行计算化简.

问题 6 如何求隐函数的一阶、二阶偏导数？

例 12 设 $z=z(x,y)$ 由方程 $xz-e^z+2xy=0$ 所确定，求(1) $\frac{\partial z}{\partial x},\frac{\partial z}{\partial y}$；(2) $\frac{\partial^2 z}{\partial x\partial y}$.

解 (1) **[法 1]** 设 $F(x,y,z)=xz-e^z+2xy$，则 $F_x=z+2y$，$F_y=2x$，$F_z=x-e^z$.

$$\frac{\partial z}{\partial x}=-\frac{F_x}{F_z}=-\frac{z+2y}{x-e^z}=\frac{z+2y}{e^z-x},\quad \frac{\partial z}{\partial y}=-\frac{F_y}{F_z}=-\frac{2x}{x-e^z}=\frac{2x}{e^z-x}.$$

[法 2] 方程两边对 x 求偏导数，得

$$z+x\frac{\partial z}{\partial x}-e^z\cdot\frac{\partial z}{\partial x}+2y=0,\quad \text{解得}\quad \frac{\partial z}{\partial x}=\frac{z+2y}{e^z-x}.$$

同理，方程两边对 y 求偏导数，得

$$x\frac{\partial z}{\partial y}-e^z\cdot\frac{\partial z}{\partial y}+2x=0,\quad \text{解得}\quad \frac{\partial z}{\partial y}=\frac{2x}{e^z-x}.$$

［法 3］ 利用一阶微分形式的不变性，同时求出$\frac{\partial z}{\partial x}$，$\frac{\partial z}{\partial y}$. 将方程两边求全微分，得

$$x\mathrm{d}z+z\mathrm{d}x-\mathrm{e}^z\mathrm{d}z+2x\mathrm{d}y+2y\mathrm{d}x=0,$$

解得

$$\mathrm{d}z=\frac{z+2y}{\mathrm{e}^z-x}\mathrm{d}x+\frac{2x}{\mathrm{e}^z-x}\mathrm{d}y.$$

根据微分的定义有$\frac{\partial z}{\partial x}=\frac{z+2y}{\mathrm{e}^z-x}$，$\frac{\partial z}{\partial y}=\frac{2x}{\mathrm{e}^z-x}$.

（2）［法 1］ 根据（1）所求$\frac{\partial z}{\partial x}=\frac{z+2y}{\mathrm{e}^z-x}$，对 y 求偏导数，此时注意 z 是关于 x,y 的函数，有

$$\frac{\partial^2 z}{\partial x\partial y}=\frac{\partial\left(\frac{z+2y}{\mathrm{e}^z-x}\right)}{\partial y}=\frac{\left(\frac{\partial z}{\partial y}+2\right)(\mathrm{e}^z-x)-(z+2y)\left(\mathrm{e}^z\frac{\partial z}{\partial y}\right)}{(\mathrm{e}^z-x)^2},$$

将（1）中所求$\frac{\partial z}{\partial y}=\frac{2x}{\mathrm{e}^z-x}$代入，化简得

$$\frac{\partial^2 z}{\partial x\partial y}=\frac{2\mathrm{e}^z(\mathrm{e}^z-x-xz-2xy)}{(\mathrm{e}^z-x)^3}.$$

［法 2］ 将原方程两边对 x 求偏导数（（1）中［法 2］已求），得

$$z+x\frac{\partial z}{\partial x}-\mathrm{e}^z\cdot\frac{\partial z}{\partial x}+2y=0.$$

再将上述方程两边对 y 求偏导数，得

$$\frac{\partial z}{\partial y}+x\frac{\partial^2 z}{\partial x\partial y}-\mathrm{e}^z\frac{\partial z}{\partial y}\frac{\partial z}{\partial x}-\mathrm{e}^z\frac{\partial^2 z}{\partial x\partial y}+2=0,$$

即$\frac{\partial^2 z}{\partial x\partial y}=\frac{\mathrm{e}^z\frac{\partial z}{\partial y}\frac{\partial z}{\partial x}-\frac{\partial z}{\partial y}-2}{x-\mathrm{e}^z}$. 将（1）中所求$\frac{\partial z}{\partial x}$，$\frac{\partial z}{\partial y}$代入，得

$$\frac{\partial^2 z}{\partial x\partial y}=\frac{2\mathrm{e}^z(\mathrm{e}^z-x-xz-2xy)}{(\mathrm{e}^z-x)^3}.$$

例 13 设 $z=z(x,y)$ 由 $F\left(x+\frac{z}{y},y+\frac{z}{x}\right)=0$ 给出，证明 $x\frac{\partial z}{\partial x}+y\frac{\partial z}{\partial y}+xy=z$.

证明 设 $G(x,y,z)=F\left(x+\frac{z}{y},y+\frac{z}{x}\right)$，则 $G_x=F_1-\frac{z}{x^2}F_2$，$G_y=-\frac{z}{y^2}F_1+F_2$，$G_z=\frac{1}{y}F_1+\frac{1}{x}F_2$，根据隐函数求导公式有

$$\frac{\partial z}{\partial x}=-\frac{G_x}{G_z}=-\frac{F_1-\frac{z}{x^2}F_2}{\frac{1}{y}F_1+\frac{1}{x}F_2}=\frac{\frac{z}{x^2}F_2-F_1}{\frac{F_1}{y}+\frac{F_2}{x}},\quad \frac{\partial z}{\partial y}=-\frac{G_y}{G_z}=\frac{\frac{z}{y^2}F_1-F_2}{\frac{F_1}{y}+\frac{F_2}{x}}.$$

因此

$$x\frac{\partial z}{\partial x}+y\frac{\partial z}{\partial y}+xy=\frac{x\left(\frac{z}{x^2}F_2-F_1\right)}{\frac{F_1}{y}+\frac{F_2}{x}}+\frac{y\left(\frac{z}{y^2}F_1-F_2\right)}{\frac{F_1}{y}+\frac{F_2}{x}}+xy=z-xy+xy=z.$$

此题也可以应用例 12(1)中另外两种方法,读者可以尝试.

例 14 设 $u=u(x,y)$,$v=v(x,y)$是由方程组$\begin{cases}v^2-u^2=2x,\\uv=y\end{cases}$确定的隐函数,求$\frac{\partial u}{\partial x},\frac{\partial v}{\partial x},\frac{\partial u}{\partial y},\frac{\partial v}{\partial y}$.

解 **[法 1]** 将方程组中 u,v 看作 x,y 的函数,两边对 x 求偏导数,并化简,得

$$\begin{cases}v\frac{\partial v}{\partial x}-u\frac{\partial u}{\partial x}=1,\\u\frac{\partial v}{\partial x}+v\frac{\partial u}{\partial x}=0,\end{cases}$$

解得$\frac{\partial u}{\partial x}=-\frac{u}{u^2+v^2},\frac{\partial v}{\partial x}=\frac{v}{u^2+v^2}$.

再将方程组两边对 y 求偏导数,并化简,得

$$\begin{cases}v\frac{\partial v}{\partial y}-u\frac{\partial u}{\partial y}=0,\\u\frac{\partial v}{\partial y}+v\frac{\partial u}{\partial y}=1,\end{cases}$$

解得$\frac{\partial u}{\partial y}=\frac{v}{u^2+v^2},\frac{\partial v}{\partial y}=\frac{u}{u^2+v^2}$.

[法 2] 对方程组两边求全微分,并化简$\begin{cases}v\mathrm{d}v-u\mathrm{d}u=\mathrm{d}x,\\u\mathrm{d}v+v\mathrm{d}u=\mathrm{d}y.\end{cases}$解此方程组,有

$$\mathrm{d}u=\frac{v\mathrm{d}y-u\mathrm{d}x}{u^2+v^2}=\frac{-u}{u^2+v^2}\mathrm{d}x+\frac{v}{u^2+v^2}\mathrm{d}y,$$

$$\mathrm{d}v=\frac{v\mathrm{d}x+u\mathrm{d}y}{u^2+v^2}=\frac{v}{u^2+v^2}\mathrm{d}x+\frac{u}{u^2+v^2}\mathrm{d}y,$$

故

$$\frac{\partial u}{\partial x}=\frac{-u}{u^2+v^2},\quad \frac{\partial u}{\partial y}=\frac{v}{u^2+v^2},\quad \frac{\partial v}{\partial x}=\frac{v}{u^2+v^2},\quad \frac{\partial v}{\partial y}=\frac{u}{u^2+v^2}.$$

本题也可套用教材中关于方程组确定的隐函数的偏导数公式解题.

例 15 设 $w=f(x,y,u)$,其中 f 具有二阶连续偏导数,$u=u(x,y)$是由方程 $u^5-5xy+5u=1$ 所确定的,求$\frac{\partial w}{\partial x},\frac{\partial^2 w}{\partial x^2}$.

解 因为 $w=f(x,y,u)$,所以$\frac{\partial w}{\partial x}=f_1+f_3\cdot\frac{\partial u}{\partial x}$. 下面求$\frac{\partial u}{\partial x}$.

将方程 $u^5-5xy+5u=1$ 两边对 x 求偏导数,得

$$5u^4\frac{\partial u}{\partial x}-5y+5\frac{\partial u}{\partial x}=0,$$

解得

$$\frac{\partial u}{\partial x}=\frac{y}{1+u^4},$$

所以

$$\frac{\partial w}{\partial x}=f_1+\frac{y}{1+u^4}f_3,$$

$$\frac{\partial^2 w}{\partial x^2}=f_{11}+f_{13}\cdot\frac{\partial u}{\partial x}+\left(-\frac{y\cdot 4u^3\cdot\frac{\partial u}{\partial x}}{(1+u^4)^2}\right)f_3+\frac{y}{1+u^4}\left(f_{31}+f_{33}\cdot\frac{\partial u}{\partial x}\right).$$

因为 f 具有二阶连续偏导数，所以 $f_{13}=f_{31}$，化简上述表达式，得

$$\frac{\partial^2 w}{\partial x^2}=f_{11}+\frac{2y}{1+u^4}f_{31}+\frac{y^2}{(1+u^4)^2}f_{33}-\frac{4y^2u^3}{(1+u^4)^3}f_3.$$

小结 一般地，求由方程所确定的隐函数的偏导数有三种方法：利用隐函数求导法则、多元复合函数的求导法则、全微分形式的不变性，解题时可根据题目选择合适的方法. 对于方程组的情形类似.

问题 7 如何求方向导数和梯度？沿哪个方向，函数的方向导数最大？

例 16 设 $u=xy^2z$ 在点 $P_0(1,-1,2)$ 处可微，

(1) 求 u 在点 P_0 处沿从 P_0 指向 $P(2,1,-1)$ 的方向的方向导数；

(2) 问 u 在点 P_0 处沿什么方向的方向导数最大，最大值是多少？

解 (1) 向量 $\overrightarrow{P_0P}=(1,2,-3)$，其方向余弦为

$$(\cos\alpha,\cos\beta,\cos\gamma)=\frac{(1,2,-3)}{\sqrt{1^2+2^2+(-3)^2}}=\frac{(1,2,-3)}{\sqrt{14}}=\left(\frac{\sqrt{14}}{14},\frac{2\sqrt{14}}{14},\frac{-3\sqrt{14}}{14}\right),$$

而

$$\left.\frac{\partial u}{\partial x}\right|_{(1,-1,2)}=(y^2z)\big|_{(1,-1,2)}=2,\quad \left.\frac{\partial u}{\partial y}\right|_{(1,-1,2)}=(2xyz)\big|_{(1,-1,2)}=-4,\quad \left.\frac{\partial u}{\partial z}\right|_{(1,-1,2)}=(xy^2)\big|_{(1,-1,2)}=1,$$

故

$$\begin{aligned}\left.\frac{\partial u}{\partial l}\right|_{(1,-1,2)}&=\left.\frac{\partial u}{\partial x}\right|_{(1,-1,2)}\cos\alpha+\left.\frac{\partial u}{\partial y}\right|_{(1,-1,2)}\cos\beta+\left.\frac{\partial u}{\partial z}\right|_{(1,-1,2)}\cos\gamma\\&=2\times\frac{\sqrt{14}}{14}+(-4)\times\frac{2\sqrt{14}}{14}+1\times\left(\frac{-3\sqrt{14}}{14}\right)\\&=-\frac{9\sqrt{14}}{14}.\end{aligned}$$

(2) u 在点 $P_0(1,-1,2)$ 处沿梯度方向的方向导数最大，梯度为

$$\mathbf{grad}\,u(1,-1,2)=(2,-4,1),$$

函数在点 P_0 处沿梯度方向的方向导数即方向导数的最大值为

$$|\mathbf{grad}\,u(1,-1,2)|=\sqrt{2^2+(-4)^2+1^2}=\sqrt{21}.$$

小结 设函数 $u=f(x,y,z)$ 在点 (x_0,y_0,z_0) 处可微，则

$$\frac{\partial u}{\partial l}=u_x(x_0,y_0,z_0)\cos\alpha+u_y(x_0,y_0,z_0)\cos\beta+u_z(x_0,y_0,z_0)\cos\gamma,$$

$$\mathbf{grad}\,u(x_0,y_0,z_0)=(u_x(x_0,y_0,z_0),u_y(x_0,y_0,z_0),u_z(x_0,y_0,z_0)),$$

其中 $(\cos\alpha,\cos\beta,\cos\gamma)$ 为方向 l 的方向余弦. 沿梯度方向时方向导数最大，且最大值为梯度的模.

三、课内练习题

1. 选择题：

(1) 若 $f(x,y)$ 在 (x_0,y_0) 处不连续，则(　　).

(A) $\lim\limits_{(x,y)\to(x_0,y_0)} f(x,y)$ 必不存在　　(B) $f(x_0,y_0)$ 必不存在

(C) $f(x,y)$ 在 (x_0,y_0) 处必不可微　　(D) $f_x(x_0,y_0),f_y(x_0,y_0)$ 必不存在

(2) $z=f(x,y)$ 在 (x_0,y_0) 处的两个偏导数 f_x,f_y 都存在是 $f(x,y)$ 在该点可微的(　　).

(A) 必要而非充分条件　　(B) 充分而非必要条件

(C) 充要条件　　(D) 既非充分也非必要条件

(3) 设 $f(x,y)=\begin{cases}\dfrac{xy}{x^2+y^2}, & (x,y)\neq(0,0),\\ 0, & (x,y)=(0,0)\end{cases}$ 在点 $(0,0)$ 处(　　).

(A) 连续，偏导数存在　　(B) 连续，偏导数不存在

(C) 不连续，偏导数存在　　(D) 不连续，偏导数不存在

(4) 设 $u=x^{y^z}$，则 $\left.\dfrac{\partial u}{\partial y}\right|_{(3,2,2)}=$ (　　).

(A) $4\ln 3$　　(B) $8\ln 3$　　(C) $324\ln 3$　　(D) $162\ln 3$

(5) 函数 $u=x^2+2y^2+3z^2+xy+3x-2y-6z$ 在原点沿 $(1,2,1)$ 方向的方向导数为(　　).

(A) $-\dfrac{7}{2}$　　(B) $\dfrac{1}{2}$　　(C) $\dfrac{\sqrt{6}}{6}$　　(D) $-\dfrac{7\sqrt{6}}{6}$

2. 填空题：

(1) 函数 $f(x,y)=\dfrac{\ln(9-x^2-y^2)}{\sqrt{4x-y^2}}$ 的定义域为__________.

(2) $\lim\limits_{\substack{x\to0\\ y\to2}}(1+xy)^{\frac{1}{x}}=$__________.

(3) 设函数 $f(x,y)=(x-2)\arctan\sqrt{\dfrac{y}{x}}+y^2$，则 $f_y(2,1)=$__________.

(4) 设函数 $f(x,y)=\begin{cases}\dfrac{x^3+y}{x^2+y^2}, & (x,y)\neq(0,0),\\ 0, & (x,y)=(0,0),\end{cases}$ 则 $f_x(0,0)=$__________.

(5) 设函数 $z=e^{x^2y}$,则$\frac{\partial z}{\partial x}=$______.

(6) 设函数 $z=x^y$,则$\frac{\partial^2 z}{\partial y\partial x}=$______.

(7) 设函数 $u=\frac{y}{x^2+z^2}$,u 的全微分 $du\big|_{(1,1,2)}=$______.

(8) 设函数 $z=xyf\left(\frac{y}{x}\right)$,$f(u)$可导,则 $x\frac{\partial z}{\partial x}+y\frac{\partial z}{\partial y}=$______.

(9) 设函数 $y=y(x)$由方程 $\sin y+e^x=xy^2$ 所确定,则$\frac{dy}{dx}=$______.

(10) 设函数$f(x,y,z)=x^3-xy^2-z$,则 $\mathbf{grad}\,f(1,1,0)=$______.

3. 求下列函数的极限:

(1) $\lim\limits_{\substack{x\to0\\y\to0}}\frac{xy}{\sqrt{xy+4}-2}$;

(2) $\lim\limits_{\substack{x\to0\\y\to0}}\left(x\sin\frac{1}{y}+y\sin\frac{1}{x}\right)$;

(3) $\lim\limits_{\substack{x\to0\\y\to0}}\frac{\arctan(x^2y)}{x\ln(1-2xy)}$;

(4) $\lim\limits_{\substack{x\to0\\y\to0}}\frac{3-\sqrt{xy+4}}{e^{xy}+\sin(xy)}$;

(5) $\lim\limits_{\substack{x\to0\\y\to0}}\frac{x^3+y^4}{x^2+y^2}$.

4. 证明下列函数的极限不存在:

(1) $\lim\limits_{\substack{x\to0\\y\to0}}\frac{x+2y}{x-3y}$;

(2) $\lim\limits_{\substack{x\to0\\y\to0}}\cos\frac{y}{x^2}$.

5. 求下列函数的导数或偏导数:

(1) 设 $z=\arcsin(y\sqrt{x})$,求$\frac{\partial z}{\partial x},\frac{\partial z}{\partial y}$.

(2) 设 $z=(1+x)^{xy}$,求$\frac{\partial z}{\partial x},\frac{\partial z}{\partial y}$.

(3) 设 $z=\ln(1+x^2+y^2)$,$x=e^{2t}$,$y=t^2$,求$\frac{dz}{dt}$.

(4) 设 $z=y^2f(x^2,x+y)$,$y=\varphi(x)$,其中 f,φ 均是可微函数,求$\frac{dz}{dx}$.

(5) 设 $z=f(e^x\sin y,x^2+y^2)$,其中 f 具有二阶连续偏导数,求$\frac{\partial z}{\partial x},\frac{\partial^2 z}{\partial x\partial y}$.

(6) 设 $u=f(2x-y)+g(x,xy)$,其中 f 二阶可导,g 具有二阶连续偏导数,求$\frac{\partial^2 u}{\partial x\partial y}$.

6. 求下列函数的全微分:

(1) 设 $z=\arctan\frac{y}{x}$,求 dz.

(2) 设 $u=(xy^2)^{\frac{1}{z}}$,求$du\big|_{(1,1,1)}$.

(3) 设 $z=f(xy,e^{x^2+2y})$,求 dz.

7. 求隐函数的偏导数及相关计算:

(1) 设 $z=z(x,y)$ 是由方程 $x^2+y^2+z^2-8z=0$ 所确定的隐函数,求 $\frac{\partial z}{\partial x},\frac{\partial^2 z}{\partial x\partial y}$.

(2) 已知 $F\left(\frac{x}{z},\frac{y}{z}\right)=0$,且 F 可微,求 $x\frac{\partial z}{\partial x}+y\frac{\partial z}{\partial y}$.

(3) 已知 $f(x,y,z)=x^3y^2z$,其中 $z=z(x,y)$ 为由方程 $x^3+y^3+z^3-3xyz=0$ 所确定的隐函数,求 $f_x(-1,1,-1)$.

(4) 设 $z=z(x,y)$ 是由方程 $x^2+y^2-z=\varphi(x+y+z)$ 所确定的函数,其中 φ 具有二阶导数,且 $\varphi'\neq-1$.

① 求 dz;② 记 $u(x,y)=\frac{1}{x-y}\left(\frac{\partial z}{\partial x}-\frac{\partial z}{\partial y}\right)$,求 $\frac{\partial u}{\partial x}$.

(5) 设方程组 $\begin{cases}u^2-v+x=0,\\u+v^2-y=0,\end{cases}$ 求 $\frac{\partial u}{\partial x},\frac{\partial u}{\partial y},\frac{\partial v}{\partial x},\frac{\partial v}{\partial y}$.

8. 求方向导数、梯度:

(1) 设函数 $u=\ln(x^2+y^2+z^2)$,求 u 在点 $M_0(1,2,3)$ 处的梯度.

(2) 设函数 $f(x,y,z)=x^2y^3z$,求 f 在点 $(1,1,1)$ 处沿着 $\boldsymbol{l}=\boldsymbol{i}+\boldsymbol{k}$ 的方向导数.

(3) 求函数 $u=(x-y)^2+(z-x)^2-2(y-z)^2$ 在点 $M(1,2,2)$ 处的方向导数的最大值.

9. 函数 $z=f(x,y)=\begin{cases}x-y+\frac{xy^3}{x^2+y^4}, & x^2+y^2\neq0,\\0, & x^2+y^2=0\end{cases}$ 在点(0,0)处是否连续?是否存在一阶偏导数?沿任何方向的方向导数是否存在?是否可微?

四、课外练习题

1. 求下列极限:

(1) $\lim\limits_{\substack{x\to0\\y\to0}}\frac{\sqrt{(1+2x^2)(1+4y^2)}-1}{x^2+2y^2}$;　　*(2) $\lim\limits_{\substack{x\to\infty\\y\to\infty}}\frac{x^2+xy+y^2}{x^4+y^4}\sin(x^4+y^4)$.

2. 判断 $\lim\limits_{\substack{x\to0\\y\to0}}\frac{x^2+y^2}{x^2y^2+(x-y)^2}$ 是否存在.

*3. 设函数 $f(x,y)=\begin{cases}\frac{x^3-\sin y^3}{x^2+y^2}, & (x,y)\neq(0,0),\\0, & (x,y)=(0,0),\end{cases}$ 试讨论 $f(x,y)$ 在点(0,0)处是否连续?是否存在一阶偏导数?是否可微?

*4. 已知函数 $F(u,v,w)$ 可微,$F_u(0,0,0)=1,F_v(0,0,0)=2,F_w(0,0,0)=3$,函数 $z=f(x,y)$ 由 $F(2x-y+3z,4x^2-y^2+z^2,xyz)=0$ 所确定,且满足 $f(1,2)=0$,求 $f_x(1,2)$.

5. 已知函数 $z=f\left(y-\varphi(x),\frac{y}{x}\right)$,$\varphi$ 的二阶导数存在,f 的二阶偏导数连续,求 $\frac{\partial z}{\partial x},\frac{\partial^2 z}{\partial x^2}$.

6. 已知 $z=yf(x+y,x-y)+g(xy)$，f 的二阶偏导数连续，g 的二阶导数存在，求 $\dfrac{\partial^2 z}{\partial x\partial y}$.

*7. 设 $f(x,y)=\int_x^y x\mathrm{e}^{-(y-t)^2}\mathrm{d}t$，求 $f_{xy}(1,2)$.

8. 设 $z=z(x,y)$ 由方程 $z=x^2+\int_{\sqrt{z}}^{y-x}\mathrm{e}^{t^2}\mathrm{d}t$ 所确定，求 $\dfrac{\partial z}{\partial x},\dfrac{\partial z}{\partial y},\mathrm{d}z$.

9. 已知 $z=xyf(xy)+\varphi(x^2-y^2,y^2-x^2)$ 及对 $\varphi(u,v)$ 有 $\dfrac{\partial\varphi}{\partial u}=\dfrac{\partial\varphi}{\partial v}$，求证 $x\dfrac{\partial z}{\partial x}-y\dfrac{\partial z}{\partial y}=0$.

*10. 设函数 $z=f(x,y)$ 由方程 $z^3+xz=2y$ 所确定，求 $f(x,y)$ 在点 $(1,-1)$ 处沿 xOy 面内任意方向的方向导数的取值范围.

第十五讲
习题参考答案或提示

第十六讲　多元函数微分法的应用

一、本讲要求

1. 掌握求空间曲线的切线和法平面、曲面的切平面与法线的方法.
2. 掌握二元函数的极值、条件极值和最值的求法和应用.

二、问题·分析·解答

问题 1　如何求空间曲线的切线和法平面方程?

例 1　在曲线$\begin{cases}x=t,\\ y=t^2,\\ z=t^3\end{cases}$上求一点,使过该点的切线平行于平面 $3x+4y-z=1$.

解　设所求点的坐标为$(x(t_0),y(t_0),z(t_0))$,则曲线过该点的切向量为 $\boldsymbol{T}=(1,2t_0,3t_0^2)$,又平面 $3x+4y-z=1$ 的法向量为 $\boldsymbol{n}=(3,4,-1)$,根据题意,有 $\boldsymbol{T}\perp\boldsymbol{n}$,即

$$\boldsymbol{T}\cdot\boldsymbol{n}=1\times3+2t_0\times4+3t_0^2\times(-1)=0,$$

解得 $t_0=3$ 或 $t_0=-\dfrac{1}{3}$,所以所求点为$(3,9,27)$或$\left(-\dfrac{1}{3},\dfrac{1}{9},-\dfrac{1}{27}\right)$.

例 2　求曲线$\begin{cases}y^2=4x\\ z^2=2-x\end{cases}$在点$(1,-2,1)$处的切线及法平面方程.

解　**[法 1]**　曲线$\begin{cases}y^2=4x,\\ z^2=2-x\end{cases}$为两个曲面 $y^2=4x,z^2=2-x$ 的交线,所求切线为两个曲面在点$(1,-2,1)$处切平面的交线,故曲线在点$(1,-2,1)$处切线的方向向量 $\boldsymbol{T}$ 垂直于两个曲面在点$(1,-2,1)$处切平面的法向量 $\boldsymbol{n}_1$ 和 $\boldsymbol{n}_2$. 而

$$\boldsymbol{n}_1=(4,-2y,0)\big|_{(1,-2,1)}=(4,4,0),\quad \boldsymbol{n}_2=(1,0,2z)\big|_{(1,-2,1)}=(1,0,2).$$

所以

$$\boldsymbol{T}=\boldsymbol{n}_1\times\boldsymbol{n}_2=\begin{vmatrix}\boldsymbol{i}&\boldsymbol{j}&\boldsymbol{k}\\4&4&0\\1&0&2\end{vmatrix}=4(2,-2,-1),$$

故点$(1,-2,1)$处的切线方程为

$$\frac{x-1}{2}=\frac{y+2}{-2}=\frac{z-1}{-1},$$

法平面方程为 $2(x-1)-2(y+2)-(z-1)=0$,即 $2x-2y-z=5$.

[法 2]　该曲线可看成参数方程$\begin{cases}x=x,\\ y=-2\sqrt{x},\\ z=\sqrt{2-x},\end{cases}$故曲线在点$(1,-2,1)$处的切向量为(1,

$y'(1),z'(1))$. 因为 $y=-2\sqrt{x}$,所以 $y'=-\frac{1}{\sqrt{x}}$,故 $y'(1)=-1$;同理,因为 $z=\sqrt{2-x}$,所以 $z'(1)=-\frac{1}{2}$.

故曲线在点$(1,-2,1)$处的切向量为$\left(1,-1,-\frac{1}{2}\right)$. 从而,点$(1,-2,1)$处的切线方程为 $\frac{x-1}{2}=\frac{y+2}{-2}=\frac{z-1}{-1}$,法平面方程为 $2x-2y-z=5$.

小结 求空间曲线的切线和法平面方程,关键是求切线的方向向量和法平面的法向量,而切线的方向向量即为法平面的法向量.

1. 若曲线方程为参数方程$\begin{cases}x=x(t),\\ y=y(t),\\ z=z(t),\end{cases}$ $t=t_0$ 对应点 $M_0(x_0,y_0,z_0)$处的切向量为$(x'(t_0),y_0'(t_0),z_0'(t_0))$. 从而,曲线在 M_0 处的切线方程为

$$\frac{x-x_0}{x'(t_0)}=\frac{y-y_0}{y'(t_0)}=\frac{z-z_0}{z'(t_0)},$$

法平面方程为

$$x'(t_0)(x-x_0)+y'(t_0)(y-y_0)+z'(t_0)(z-z_0)=0.$$

2. 若曲线方程为$\begin{cases}y=y(x),\\ z=z(x),\end{cases}$则$\begin{cases}x=x,\\ y=y(x),\\ z=z(x)\end{cases}$为曲线的参数方程,在点 $M_0(x_0,y_0,z_0)$处的切向量为$(1,y'(x_0),z'(x_0))$(例 2 法 2),从而,曲线在点 M_0 处的切线方程为

$$\frac{x-x_0}{1}=\frac{y-y_0}{y'(x_0)}=\frac{z-z_0}{z'(x_0)},$$

法平面方程为

$$(x-x_0)+y'(x_0)(y-y_0)+z'(x_0)(z-z_0)=0.$$

3. 若曲线方程为 $\Gamma:\begin{cases}F(x,y,z)=0,\\ G(x,y,z)=0,\end{cases}$在点 $M_0(x_0,y_0,z_0)$处的切向量为$\begin{vmatrix}\boldsymbol{i} & \boldsymbol{j} & \boldsymbol{k}\\ F_x & F_y & F_z\\ G_x & G_y & G_z\end{vmatrix}$(例 2 法 1),据此可写出切线和法平面方程;也可分别求出两曲面在点 M_0 处的切平面,两切平面的交线即为曲线在点 M_0 处的切线.

问题 2 如何求曲面的切平面和法线方程?

例 3 求曲面 $e^{xz}+e^{yz}=2e^{-2}$在点$(-1,-1,2)$处的切平面与法线方程.

解 设 $F(x,y,z)=e^{xz}+e^{yz}-2e^{-2}$,则在点$(-1,-1,2)$处的法向量为

$\boldsymbol{n}=(F_x(-1,-1,2),F_y(-1,-1,2),F_z(-1,-1,2))=(2e^{-2},2e^{-2},-2e^{-2})=2e^{-2}(1,1,-1)$,
曲面在点$(-1,-1,2)$处的切平面方程为

$$1\cdot(x-(-1))+1\cdot(y-(-1))+(-1)\cdot(z-2)=0,$$

即

$$x+y-z+4=0.$$

曲面在点(-1,-1,2)处的法线方程为

$$\frac{x+1}{1}=\frac{y+1}{1}=\frac{z-2}{-1}.$$

例 4 在曲面 $z=x^2+4y^2$ 上求一点 M,使曲面在该点的切平面经过点 $N(5,2,1)$ 且与直线 $L:\frac{x-1}{2}=\frac{y-2}{1}=\frac{z-3}{4}$ 平行.

解 设点 M 的坐标为 (x,y,z),则 $z=x^2+4y^2$. 又设曲面在点 M 的切平面的法向量为 $\boldsymbol{n}$,则

$$\boldsymbol{n}=(z_x,z_y,-1)=(2x,8y,-1),$$

根据题意,$\overrightarrow{MN}=(5-x,2-y,1-z)$ 在切平面上,而切平面与直线 L 平行,因此$\overrightarrow{MN}$、直线 L 的方向向量 $\boldsymbol{s}=(2,1,4)$ 均垂直于切平面的法向量,即$\overrightarrow{MN}\cdot\boldsymbol{n}=0,\boldsymbol{s}\cdot\boldsymbol{n}=0$. 因此,$(x,y,z)$满足

$$\begin{cases}(5-x)\cdot 2x+(2-y)\cdot 8y-(1-z)=0,\\ 2\cdot 2x+1\cdot 8y-4=0,\\ z=x^2+4y^2,\end{cases}$$

解方程组,得点 M 为 $(-1,1,5)$ 或 $(3,-1,13)$.

例 5 证明:曲面 $e^{2x-z}=f(\pi y-\sqrt{2}z)$(其中 $f(u)$ 可微)为柱面.

分析 要证明一个曲面为柱面,只要证明曲面的所有切平面都平行于某一定直线,也就是所有切平面的法向量与某一定直线垂直,即可知曲面必为柱面.

证明 令 $F(x,y,z)=e^{2x-z}-f(\pi y-\sqrt{2}z)$,则 $F_x=2e^{2x-z},F_y=-\pi f',F_z=\sqrt{2}f'-e^{2x-z}$,由于

$$(F_x,F_y,F_z)\cdot\left(1,\frac{2\sqrt{2}}{\pi},2\right)=2e^{2x-z}-2\sqrt{2}f'+2\sqrt{2}f'-2e^{2x-z}=0.$$

即曲面上任一点 (x,y,z) 的切平面的法向量垂直于常向量$\left(1,\frac{2\sqrt{2}}{\pi},2\right)$,故所给曲面为柱面.

小结 求空间曲面的切平面和法线方程,关键是求出切平面的法向量和法线的方向向量,而切平面的法向量即为法线的方向向量.

1. 若曲面方程为 $F(x,y,z)=0$,在点 $M_0(x_0,y_0,z_0)$ 处,法向量为 $(F_x(x_0,y_0,z_0),F_y(x_0,y_0,z_0),F_z(x_0,y_0,z_0))$,则切平面方程为

$$F_x(x_0,y_0,z_0)(x-x_0)+F_y(x_0,y_0,z_0)(y-y_0)+F_z(x_0,y_0,z_0)(z-z_0)=0,$$

法线方程为

$$\frac{x-x_0}{F_x(x_0,y_0,z_0)}=\frac{y-y_0}{F_y(x_0,y_0,z_0)}=\frac{z-z_0}{F_z(x_0,y_0,z_0)}.$$

2. 若曲面方程为 $z=f(x,y)$,在点 $M_0(x_0,y_0,z_0)$ 处,法向量为 $(f_x(x_0,y_0),f_y(x_0,y_0),-1)$,则切平面方程为

$$f_x(x_0,y_0)(x-x_0)+f_y(x_0,y_0)(y-y_0)-(z-z_0)=0,$$

法线方程为

$$\frac{x-x_0}{f_x(x_0,y_0)}=\frac{y-y_0}{f_y(x_0,y_0)}=\frac{z-z_0}{-1}.$$

问题 3 如何求多元函数的极值、最值和条件极值?

例 6 求函数 $f(x,y)=3(x-2y)^2+x^3-8y^3$ 的极值.

解 由 $\begin{cases}f_x(x,y)=6(x-2y)+3x^2=0,\\ f_y(x,y)=-12(x-2y)-24y^2=0\end{cases}$ 解得驻点 $P_1(-4,2)$,$P_2(0,0)$. 因为

$$A=f_{xx}(x,y)=6x+6,\quad B=f_{xy}(x,y)=-12,\quad C=f_{yy}(x,y)=-48y+24.$$

在点 P_1 处,$A=-18,B=-12,C=-72,AC-B^2=1\ 152>0$ 且 $A<0$,所以,$f(-4,2)=64$ 为极大值.

在点 P_2 处,$A=6,B=-12,C=24,AC-B^2$,所以使用此方法不能说明 $f(0,0)$ 是否为极值.

下面用极值的定义来判断. 设 $\mathring{U}(0,\delta)=\left\{(x,y)\mid 0<\sqrt{x^2+y^2}<\delta\right\}$ 为点 $P_2(0,0)$ 的某个去心邻域. 若对于任意 $P(x,y)\in\mathring{U}(0,\delta)$,有 $f(x,y)>f(0,0)$ ($f(x,y)<f(0,0)$),则 $f(0,0)$ 为极小(大)值,否则 $f(0,0)$ 不是极值.

(1) 取 $(x_n,y_n)=\left(\frac{1}{n},0\right)$ $(n\in\mathbf{N}_+)$,当 n 充分大时,显然有 $(x_n,y_n)\in\mathring{U}(0,\delta)$,且

$$f(x_n,y_n)=f\left(\frac{1}{n},0\right)=\frac{1}{n^2}\left(3+\frac{1}{n}\right)>0;$$

(2) 取 $(x_n,y_n)=\left(\frac{2}{n}-\frac{1}{n^2},\frac{1}{n}\right)$ $(n\in\mathbf{N}_+)$,当 n 充分大时,显然有 $(x_n,y_n)\in\mathring{U}(0,\delta)$,且

$$f(x_n,y_n)=f\left(\frac{2}{n}-\frac{1}{n^2},\frac{1}{n}\right)=\frac{-9n^2+6n-1}{n^6}<0.$$

综合(1),(2),在点 $P_2(0,0)$ 的任意小的去心邻域内,既有使得函数值大于零的点,又有使得函数值小于零的点,故点 $P_2(0,0)$ 不是极值点.

例 7 求函数 $f(x,y)=x^2+y^2-xy$ 在区域 $D:x^2+y^2\leqslant 4$ 上的最大值、最小值.

解 (1) 先求 $f(x,y)$ 在 D 内的可能的极值点. 解方程组

$$\begin{cases}f_x=2x-y=0,\\ f_y=2y-x=0,\end{cases}$$

得驻点 $(0,0)$,且 $f(0,0)=0$.

(2) 再求 $f(x,y)$ 在 D 的边界上的可能极值点,实际上等价于求 $f(x,y)$ 在条件 $x^2+y^2=4$ 下的极值点,可转化为有条件极值问题,应用拉格朗日乘数法.

令 $L(x,y,\lambda)=x^2+y^2-xy+\lambda(x^2+y^2-4)$,由方程组

$$\begin{cases}L_x=2x-y+2\lambda x=0,\\ L_y=2y-x+2\lambda y=0,\\ L_\lambda=x^2+y^2-4=0,\end{cases}$$

解得$\begin{cases}x=\sqrt{2},\\y=\sqrt{2},\end{cases}$$\begin{cases}x=-\sqrt{2},\\y=-\sqrt{2},\end{cases}$$\begin{cases}x=\sqrt{2},\\y=-\sqrt{2},\end{cases}$及$\begin{cases}x=-\sqrt{2},\\y=\sqrt{2},\end{cases}$故边界上可能的极值点为

$$(\sqrt{2},\sqrt{2}),(-\sqrt{2},-\sqrt{2}),(\sqrt{2},-\sqrt{2}),(-\sqrt{2},\sqrt{2}).$$

且
$$f(\sqrt{2},\sqrt{2})=f(-\sqrt{2},-\sqrt{2})=2,f(\sqrt{2},-\sqrt{2})=f(-\sqrt{2},\sqrt{2})=6.$$

综合(1),(2),比较大小,可知函数$f(x,y)$在点$(0,0)$处取得最小值0,在点$(\sqrt{2},-\sqrt{2})$,$(-\sqrt{2},\sqrt{2})$处取得最大值6.

例 8　在椭圆$9x^2+16y^2=288$上求一点$P(a,b)(a>0,b>0)$,使过该点的切线与椭圆及两坐标轴围成的图形面积最小.

解　由于椭圆面积一定,所以只需求过点P的切线与坐标轴围成的三角形面积最小即可.

令$f(x,y)=9x^2+16y^2-288$,则$f_x\big|_P=18a,f_y\big|_P=32b$,则过点$P$的切线方程为

$$18a(x-a)+32b(y-b)=0,$$

其截距式方程为

$$\frac{x}{\dfrac{18a^2+32b^2}{18a}}+\frac{y}{\dfrac{18a^2+32b^2}{32b}}=1.$$

该切线与坐标轴围成的三角形面积为

$$S=\frac{1}{2}\cdot\frac{(18a^2+32b^2)^2}{18a\cdot 32b}=\frac{2\cdot(288)^2}{18a\cdot 32b}=\frac{288}{ab},$$

求S最小,即求ab最大.

令$L(a,b,\lambda)=ab+\lambda(9a^2+16b^2-288)(a>0,b>0)$,解方程组

$$\begin{cases}L_a=b+18\lambda a=0,\\L_b=a+32\lambda b=0,\\L_\lambda=9a^2+16b^2-288=0,\end{cases}$$

得唯一驻点$a=4,b=3$,根据问题的实际意义,点$(4,3)$即为所求.

例 9　试求椭球面$x^2+2y^2+4z^2=1$与平面$x+y+z=\sqrt{7}$之间的最短距离.

解　[法 1]　(极值方法)

设$M(x,y,z)$为椭球面上任一点,则M到已知平面的距离为

$$d=\frac{|x+y+z-\sqrt{7}|}{\sqrt{3}},$$

问题转化为求d在条件$x^2+2y^2+4z^2=1$的最值,等价于求d^2在条件$x^2+2y^2+4z^2=1$下的最值(如果直接对函数d使用拉格朗日乘数法构造辅助函数,就会出现绝对值函数而无法直接求偏导数).令

$$L(x,y,z,\lambda)=\frac{1}{3}(x+y+z-\sqrt{7})^2+\lambda(x^2+2y^2+4z^2-1),$$

解方程组

$$\begin{cases}L_x=\dfrac{2}{3}(x+y+z-\sqrt{7})+2\lambda x=0,\\ L_y=\dfrac{2}{3}(x+y+z-\sqrt{7})+4\lambda y=0,\\ L_z=\dfrac{2}{3}(x+y+z-\sqrt{7})+8\lambda z=0,\\ L_\lambda=x^2+2y^2+4z^2-1=0,\end{cases}$$

得 $x=\dfrac{2\sqrt{7}}{7},y=\dfrac{\sqrt{7}}{7},z=\dfrac{\sqrt{7}}{14}$及 $x=-\dfrac{2\sqrt{7}}{7},y=-\dfrac{\sqrt{7}}{7},z=-\dfrac{\sqrt{7}}{14}$，于是

$$d\left(\frac{2\sqrt{7}}{7},\frac{\sqrt{7}}{7},\frac{\sqrt{7}}{14}\right)=\frac{\sqrt{21}}{6},\quad d\left(-\frac{2\sqrt{7}}{7},-\frac{\sqrt{7}}{7},-\frac{\sqrt{7}}{14}\right)=\frac{\sqrt{21}}{2},$$

所以，最短距离为$\dfrac{\sqrt{21}}{6}$.

[法 2] （几何方法）

当椭球面上点 M 处的切平面方程与已知平面平行时，其中的一个切点与平面的距离即为所求的最短距离.

椭球面上任一点 $M(x,y,z)$ 处的法向量 $\boldsymbol{n}=(2x,4y,8z)$，设过点 M 的切平面平行于已知平面，则

$$\frac{2x}{1}=\frac{4y}{1}=\frac{8z}{1}=t,$$

即 $x=\dfrac{t}{2},y=\dfrac{t}{4},z=\dfrac{t}{8}$，代入椭球面方程得

$$\frac{t^2}{4}+\frac{t^2}{8}+\frac{t^2}{16}=1,$$

解得 $t=\pm\dfrac{4\sqrt{7}}{7}$，故切点为$\left(\dfrac{2\sqrt{7}}{7},\dfrac{\sqrt{7}}{7},\dfrac{\sqrt{7}}{14}\right)$，$\left(-\dfrac{2\sqrt{7}}{7},-\dfrac{\sqrt{7}}{7},-\dfrac{\sqrt{7}}{14}\right)$，同[法 1]可知最短距离为$\dfrac{\sqrt{21}}{6}$.

小结 1. 多元函数求极值的方法与一元函数类似. 首先，要求出多元函数可能的极值点，即驻点和偏导数不存在的点；其次，根据取得极值的充分条件，判断驻点是否为极值点；最后，对于偏导数不存在的点、驻点中 $AC-B^2=0$ 的点，应用定义或几何意义进行判断（例 6）.

2. 多元函数的最值问题也与一元函数类似.

(1) 有界闭区域 D 上的多元连续函数必有最大值和最小值，最值点可能在 D 内也可能在 D 的边界上. 求出 D 内及边界上所有可能的极值点，比较上述点对应函数值的大小，即可找到最大值和最小值（函数在边界上的极值问题，可转化为有条件极值问题）（例 7）.

(2) 对于实际问题，如果可断定函数的最大值（最小值）存在，而函数在 D 内偏导数存在且只有唯一驻点，则该点即为所求的最大（小）值点（例 8、例 9）.

3. 条件极值问题，通常应用拉格朗日乘数法构造辅助函数，找出可能的极值点，由实际问题判定极值点（例 7、例 8、例 9）.

问题 4 如何利用极值证明多元函数的某些不等式？

例 10 求证：当 $n\geqslant1, x\geqslant0, y\geqslant0$ 时，不等式 $\dfrac{x^n+y^n}{2}\geqslant\left(\dfrac{x+y}{2}\right)^n$ 成立.

证明 令 $x+y=s$（把 x,y 先限制在 xOy 面的第一象限的一条直线 $x+y=s$ 上，当 $s\geqslant0$ 变动时就把整个第一象限都考虑进去了）. 记 $z=f(x,y)=\dfrac{x^n+y^n}{2}$，求在 $x+y=s$ 条件下 $f(x,y)$ 的极值.

令 $L(x,y,\lambda)=\dfrac{x^n+y^n}{2}+\lambda(x+y-s)$，解方程组

$$\begin{cases}L_x=\dfrac{n}{2}x^{n-1}+\lambda=0,\\ L_y=\dfrac{n}{2}y^{n-1}+\lambda=0,\\ L_\lambda=x+y-s=0,\end{cases}$$

得驻点 $x=y=\dfrac{s}{2}$，此时 $z=\left(\dfrac{s}{2}\right)^n$，而当 $x=0,y=s$ 或 $x=s,y=0$ 时，得 $\dfrac{s^n}{2}\geqslant\left(\dfrac{s}{2}\right)^n$. 显然，此处唯一的驻点只能是最小值点，故

$$\frac{(x+y)^n}{2}\geqslant\left(\frac{s}{2}\right)^n=\left(\frac{x+y}{2}\right)^n.$$

小结 利用极值证明多元函数的某些不等式时，若不等式的一边含有 $x+y$ 或 $x+y+z$ 等，令 $x+y=s$ 或 $x+y+z=s$，而把另一边看作函数，让此函数在上述等式的限制下求极值，便可得到不等式.

三、课内练习题

1. 选择题：

（1）空间曲线 $\begin{cases}x=a\sin^2t,\\ y=b\sin t\cos t,\\ z=\cos^2t\end{cases}$ 在 $t=\dfrac{\pi}{4}$ 处的法平面（　　）.

（A）平行于 z 轴　　（B）平行于 y 轴

（C）平行于 xOy 面　　（D）平行于 yOz 面

（2）若曲面 $F(x,y,z)=0$ 在点 (x_0,y_0,z_0) 的切平面经过坐标原点，那么在点 (x_0,y_0,z_0)（　　）是成立的.

（A）$x_0F_x(x_0,y_0,z_0)+y_0F_y(x_0,y_0,z_0)+z_0F_z(x_0,y_0,z_0)=0$

（B）$\dfrac{F_x(x_0,y_0,z_0)}{x_0}=\dfrac{F_y(x_0,y_0,z_0)}{y_0}=\dfrac{F_z(x_0,y_0,z_0)}{z_0}$

(C) $\dfrac{F_x(x_0,y_0,z_0)}{x_0}+\dfrac{F_y(x_0,y_0,z_0)}{y_0}+\dfrac{F_z(x_0,y_0,z_0)}{z_0}=1$

(D) $(x_0,y_0,z_0)=(0,0,0)$

(3) 对于函数 $f(x,y)=x^2+xy$,原点$(0,0)$(　　).

(A) 不是驻点　　(B) 是驻点但非极值点

(C) 是极大值点　　(D) 是极小值点

(4) 函数 $z=f(x,y)$ 在点 $P_0(x_0,y_0)$ 处可微,且 $f_x(x_0,y_0)=f_y(x_0,y_0)=0$,则 $z=f(x,y)$ 在 $P_0(x_0,y_0)$ 处(　　).

(A) 必有极大值　　(B) 必有极小值

(C) 可能取得极值　　(D) 必无极值

2. 填空题:

(1) 曲线 $x=(t+1)^2,y=t^3,z=1+t^2$ 在 $t=1$ 所对应点处的法平面方程为____________.

(2) 曲线 $y=2x^2,z=x^3$ 在点$(1,2,1)$处的切线方程为____________.

(3) 曲面 $x^2-4y^2+2z^2=6$ 在点$(2,2,3)$处的法线方程为____________.

(4) 曲面 $z=x^2-y^2$ 在点$(1,2,-3)$处的切平面方程为____________.

(5) 函数 $f(x,y)=x^2-xy+y^2+3x$ 的极小值为____________.

(6) 函数 $z=xy$ 在闭区域 $x\geqslant 0,y\geqslant 0,x+y\leqslant 1$ 上的最大值为____________.

3. 求曲线 $x=3t-t^3,y=3t^2,z=3t+t^3$ 在点$(2,3,4)$处的切线和法平面方程.

4. 求曲线 $y^2=2x,z^2=\dfrac{3}{4}-x$ 在点$\left(\dfrac{1}{2},-1,-\dfrac{1}{2}\right)$处的切线与法平面方程.

5. 求曲面 $e^{2z}+xy=z+3$ 在点$(2,1,0)$处的切平面与法线方程.

6. 在椭球面 $x^2+2y^2+z^2=1$ 上求一点,使该点处的切平面与平面 $x-2\sqrt{2}y+2z=0$ 平行,并求此切平面.

7. 试证曲面 $z=xe^{\frac{y}{x}}$ 上所有点处的切平面都通过一定点.

8. 求下列函数的极值点:

(1) $f(x,y)=3xy-x^3-y^3$;

(2) $f(x,y)=x^3-4x^2+2xy-y^2+1$.

9. 设 $f(x,y)=3x+4y-ax^2-2ay^2-2bxy$. 若 $f(x,y)$ 有唯一极小值,则 a,b 应满足什么条件?

10. 求函数 $z=x^2-y^2$ 在闭区域 $x^2+4y^2\leqslant 4$ 上的最大值和最小值.

11. 在所有内接于椭球面$\dfrac{x^2}{a^2}+\dfrac{y^2}{b^2}+\dfrac{z^2}{c^2}=1$ 的长方体(各边平行于坐标轴)中,求其体积的最大值.

12. 证明:对任何正数 x,y,z,皆有 $xyz^3\leqslant 27\left(\dfrac{x+y+z}{5}\right)^5$.

四、课外练习题

1. 求曲线$\begin{cases}x^2+y^2+z^2=2,\\x+y+z=0\end{cases}$在点$(1,-1,0)$处的切线及法平面方程.

2. 求曲面 $z=\frac{x^2}{2}+y^2$ 平行于平面 $2x+2y-z=0$ 的切平面方程.

3. 过直线 $\begin{cases}10x+2y-2z=27,\\ x+y-z=0\end{cases}$ 作曲面 $3x^2+y^2-z^2=27$ 的切平面,求此切平面的方程.

4. 确定正数 k,使曲面 $xyz=k$ 与椭球面 $\frac{x^2}{a^2}+y^2+\frac{z^2}{b^2}=1$ 在某点处相切,写出切点坐标.

5. 设函数 $z=z(x,y)$ 由方程 $\varphi(cx-az,cy-bz)=0$ 所确定,φ 有偏导数,且不为零,证明 $a\frac{\partial z}{\partial x}+b\frac{\partial z}{\partial y}=c$,并由此说明曲面 $z=z(x,y)$ 为一柱面.

6. 设函数 $z=z(x,y)$ 由方程 $x^2-6xy+10y^2-2yz-z^2+18=0$ 所确定,求函数 $z=z(x,y)$ 的极值.

7. 求函数 $f(x,y)=x^2+12xy+8y^2$ 在 $x^2+2y^2\leqslant 6$ 上的最大值.

*8. 证明:当 $x\geqslant 0,y\geqslant 0$ 时,$\mathrm{e}^{x+y-2}\geqslant\frac{1}{12}(x^2+3y^2)$.

*9. 已知 $f(x,y)$ 在点 $(0,0)$ 的某个邻域内连续,且 $\lim\limits_{(x,y)\to(0,0)}\frac{f(x,y)-xy^2}{1-\cos\sqrt{x^2+y^2}}=1$. 试证:点 $(0,0)$ 既是 $f(x,y)$ 的驻点也是 $f(x,y)$ 的极小值点.

*10. 设 $\Sigma_1:\frac{x^2}{a^2}+\frac{y^2}{b^2}+\frac{z^2}{c^2}=1$,其中 $a>b>c>0$,$\Sigma_2:z^2=x^2+y^2$,Γ 为 Σ_1 与 Σ_2 的交线,求椭球面 Σ_1 在 Γ 上各点的切平面到原点的距离的最大值、最小值.

第十六讲
习题参考答案或提示

第十七讲　二重积分的概念与计算

一、本讲要求

二重积分概念是定积分概念的推广，其实质也是“分割、近似、求和、取极限”．但是，二重积分的被积函数是二元函数，积分区域是平面区域，而二重积分的计算问题最终都归结为两次定积分的计算．具体要求：

1．理解二重积分的概念和性质．

2．熟练掌握在直角坐标系下二重积分的计算方法，掌握在极坐标系下二重积分的计算方法，并能恰当地选择坐标系和积分次序计算二重积分．

3．会用二重积分的换元法则．

4．会把一些几何和物理问题归结为二重积分的计算问题．

二、问题 · 分析 · 解答

问题 1　二重积分 $\iint\limits_D f(x,y)\mathrm{d}x\mathrm{d}y$ 的几何意义：以 $z=f(x,y)$ 为曲顶，以 D 为底，母线平行于 z 轴的曲顶柱体的体积，这个结论是否正确？当被积函数 $f(x,y)\equiv1$ 时，如何解释二重积分 $\iint\limits_D \mathrm{d}x\mathrm{d}y$ 的几何意义？

例 1　试用二重积分表示下列立体的体积：

（1）由曲面 $x^2+y^2+z^2=R^2(z\geqslant0)$ 和 $z=0$ 围成的立体；

（2）由曲面 $z=\sqrt{x^2+y^2}$ 和 $x^2+y^2=2-z$ 围成的立体．

解　本例的关键是正确画出立体图形及该图形在坐标面（xOy 面）上的投影区域（即二重积分的积分区域）．

（1）如图 17-1 所示，

$$V=\iint\limits_D\sqrt{R^2-x^2-y^2}\,\mathrm{d}x\mathrm{d}y，其中\ D:\begin{cases}x^2+y^2\leqslant R^2,\\ z=0.\end{cases}$$

（2）如图 17-2 所示，

$$V=\iint\limits_D\left((2-x^2-y^2)-\sqrt{x^2+y^2}\right)\mathrm{d}x\mathrm{d}y，其中\ D:\begin{cases}x^2+y^2\leqslant 1,\\ z=0.\end{cases}$$

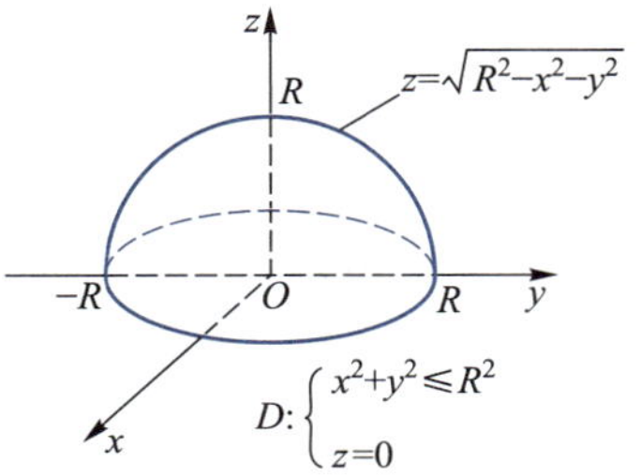

图 17-1

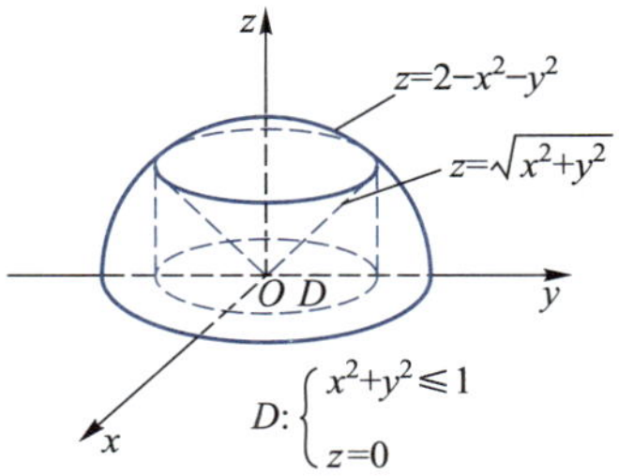

图 17-2

例 2 用二重积分表示下列平面区域的面积 A:

(1) 区域由 $y=0, y=x^3(x>0)$ 及 $x+y=2$ 所围成;

(2) 区域由 $(x-2)^2+(y-3)^2=4$ 所围成.

解 因当被积函数 $f(x,y)\equiv 1$ 时,二重积分 $\iint\limits_D 1\mathrm{d}x\mathrm{d}y = D$ 的面积,故

(1) $A=\iint\limits_D \mathrm{d}\sigma$, 其中 D:由 $y=0, y=x^3(x>0)$ 及 $x+y=2$ 围成的区域;

(2) $A=\iint\limits_D \mathrm{d}\sigma$, 其中 D:由 $(x-2)^2+(y-3)^2=4$ 围成的区域.

小结 在问题 1 中关于二重积分的几何意义应加上“$f(x,y)\geqslant 0$”这个条件. 当 $f(x,y)\equiv 1$ 时, $\iint\limits_D \mathrm{d}x\mathrm{d}y = D$ 的面积. 结合定积分的几何意义,有两种方法可以计算平面区域 D 的面积 A. 一是利用二重积分: $A=\iint\limits_D \mathrm{d}x\mathrm{d}y$, 二是利用定积分:设 D 由 $x=a, x=b, y=f(x), y=g(x)$ 围成,则 $A=\int_a^b |f(x)-g(x)|\mathrm{d}x$. 由二重积分化成二次积分的方法知这两种方法实际上是一样的,即 $\iint\limits_D \mathrm{d}x\mathrm{d}y=\int_a^b |f(x)-g(x)|\mathrm{d}x$, 请读者自己推导.

问题 2 如何将直角坐标系下的二重积分化为二次积分?如何选取积分次序?

例 3 将二重积分 $\iint\limits_D f(x,y)\mathrm{d}\sigma$ 化为两种不同次序下的二次积分,其中区域 D 是由 $y^2=x$ 与 $y=x-2$ 所围成的区域.

分析 将二重积分化为二次积分一般分为以下三步:

(1) 正确画出积分区域的图形;

(2) 根据区域图形的特点选择积分的次序(是先对 x 还是先对 y 积分);

(3) 根据选定的积分次序确定两个定积分的上、下限.

解 积分区域 D 如图 17-3 所示.

先对 y 积分时,由于 x 在不同区间 $[0,1]$, $[1,4]$ 变化时, y 的表达式是不同的,所以要把区域分为两个区域: $D=D_1+$

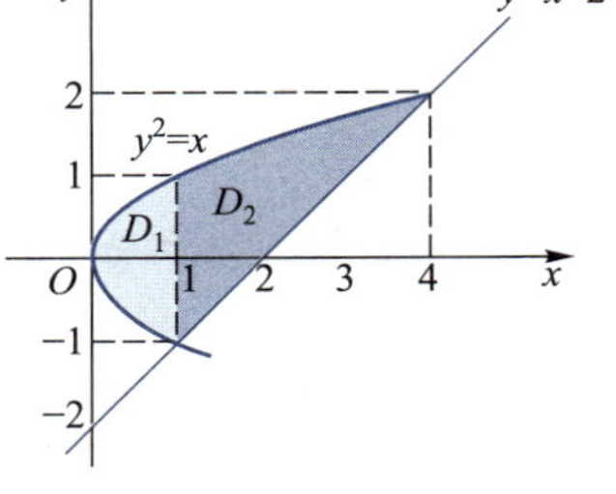

图 17-3

D_2. 根据二重积分的积分区域可加性有

$$\iint_D f(x,y)\,\mathrm{d}\sigma=\iint_{D_1} f(x,y)\,\mathrm{d}\sigma+\iint_{D_2} f(x,y)\,\mathrm{d}\sigma$$

$$=\int_0^1 \mathrm{d}x\int_{-\sqrt{x}}^{\sqrt{x}} f(x,y)\,\mathrm{d}y+\int_1^4 \mathrm{d}x\int_{x-2}^{\sqrt{x}} f(x,y)\,\mathrm{d}y.$$

先对 x 积分时,有 $\iint_D f(x,y)\,\mathrm{d}\sigma=\int_{-1}^2 \mathrm{d}y\int_{y^2}^{y+2} f(x,y)\,\mathrm{d}x.$

可见此题先对 x 积分比先对 y 积分简便.

例 4 交换下列积分的积分次序:

(1) $\int_0^1 \mathrm{d}x\int_{x-1}^{1-x} f(x,y)\,\mathrm{d}y$;

(2) $\int_{\frac{1}{2}}^1 \mathrm{d}x\int_{\frac{1}{x}}^2 f(x,y)\,\mathrm{d}y+\int_1^2 \mathrm{d}x\int_x^2 f(x,y)\,\mathrm{d}y.$

解 由于二次积分的上、下限是由积分区域确定的,因此要交换积分次序,首先由所给二次积分的上、下限还原二重积分的积分区域 D,然后由 D 再重新确定交换积分次序后的二次积分的上、下限.

(1) 积分区域 $D:\begin{cases}x-1\leqslant y\leqslant 1-x,\\0\leqslant x\leqslant 1\end{cases}$ 如图 17-4 所示,现在考虑先对 x 积分,后对 y 积分,则分为两块进行,$D=D_1+D_2$,所以

$$\int_0^1 \mathrm{d}x\int_{x-1}^{1-x} f(x,y)\,\mathrm{d}y=\int_{-1}^0 \mathrm{d}y\int_0^{1+y} f(x,y)\,\mathrm{d}x+\int_0^1 \mathrm{d}y\int_0^{1-y} f(x,y)\,\mathrm{d}x.$$

(2) 积分区域 D 如图 17-5 所示,所以

$$\int_{\frac{1}{2}}^1 \mathrm{d}x\int_{\frac{1}{x}}^2 f(x,y)\,\mathrm{d}y+\int_1^2 \mathrm{d}x\int_x^2 f(x,y)\,\mathrm{d}y=\int_1^2 \mathrm{d}y\int_{\frac{1}{y}}^y f(x,y)\,\mathrm{d}x.$$

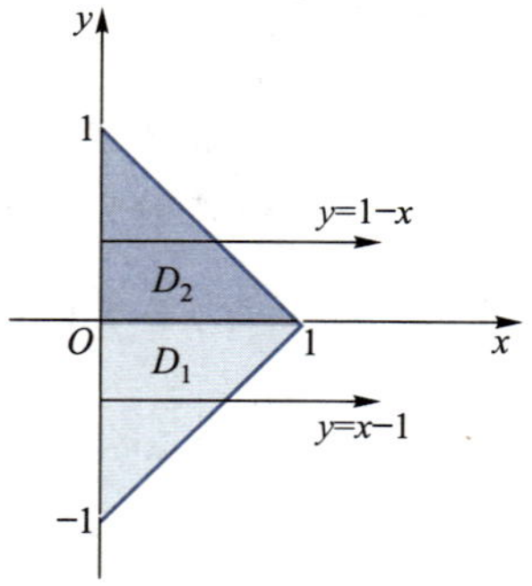

图 17-4

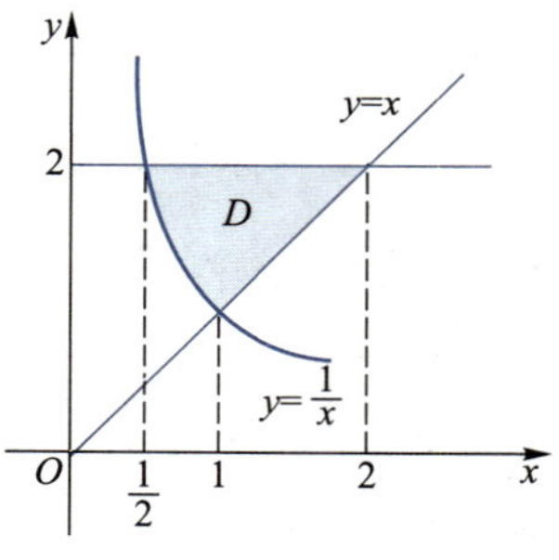

图 17-5

例 5 计算下列积分:

(1) $\int_0^1 \mathrm{d}x\int_x^1 \mathrm{e}^{-y^2}\mathrm{d}y$;

(2) $\iint_D \sin x^2\,\mathrm{d}x\mathrm{d}y$, 其中 D 是由直线 $y=x,y=0$ 和 $x=1$ 围成的区域;

(3) $\iint\limits_D \sqrt{1-\sin^2(x+y)}\,dxdy$, 其中 D 是由直线 $y=x, y=0, x=\frac{\pi}{2}$ 围成的区域;

(4) $\int_0^a dx \int_0^x \sqrt[4]{\frac{a-x}{a-y}} f''(y)\,dy \ (a>0)$.

解 (1) 若直接计算此二次积分是行不通的,e^{-y^2} 的原函数不是初等函数. 因此可先交换积分次序,然后再计算.

积分区域如图 17-6 所示,交换积分次序得

$$\int_0^1 dx \int_x^1 e^{-y^2} dy = \int_0^1 e^{-y^2} dy \int_0^y dx = \int_0^1 y e^{-y^2} dy$$

$$= -\frac{1}{2}\int_0^1 e^{-y^2} d(-y^2) = -\frac{1}{2} e^{-y^2}\Big|_0^1 = \frac{1}{2}\left(1-\frac{1}{e}\right).$$

(2) 区域 D 如图 17-7 所示.

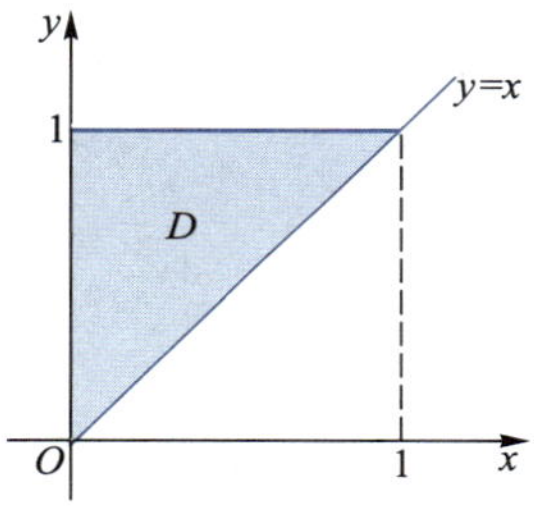

图 17-6

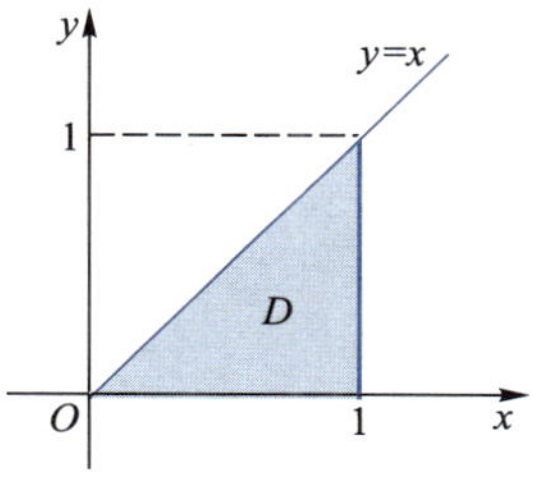

图 17-7

若先对 x 积分,则

$$\iint\limits_D \sin x^2 d\sigma = \int_0^1 dy \int_y^1 \sin x^2 dx.$$

但由于 $\sin x^2$ 的原函数不是初等函数,所以要先对 y 积分,即

$$\iint\limits_D \sin x^2 dxdy = \int_0^1 dx \int_0^x \sin x^2 dy = \int_0^1 x\sin x^2 dx$$

$$= -\frac{1}{2}\cos x^2\Big|_0^1 = \frac{1}{2}(1-\cos 1).$$

(3) $\iint\limits_D \sqrt{1-\sin^2(x+y)}\,dxdy = \iint\limits_D |\cos(x+y)|\,dxdy$, 被积函数带绝对值,需先去掉绝对值再计算. 为此,将积分区域 D 分为 D_1, D_2 两部分,如图 17-8 所示.

$$\iint\limits_D |\cos(x+y)|\,dxdy = \iint\limits_{D_1} \cos(x+y)\,dxdy + \iint\limits_{D_2} (-\cos(x+y))\,dxdy$$

$$= \int_0^{\frac{\pi}{4}} dy \int_y^{\frac{\pi}{2}-y} \cos(x+y)\,dx - \int_{\frac{\pi}{4}}^{\frac{\pi}{2}} dx \int_{\frac{\pi}{2}-x}^{x} \cos(x+y)\,dy$$

$$= \int_0^{\frac{\pi}{4}} (1-\sin 2y)\,dy - \int_{\frac{\pi}{4}}^{\frac{\pi}{2}} (\sin 2x - 1)\,dx = \frac{\pi}{2} - 1.$$

(4) 积分区域如图 17-9 所示. 因被积函数含有抽象函数 $f''(y)$,先对 y 积分时,计算复杂,且难以进行下去,故考虑交换积分次序.

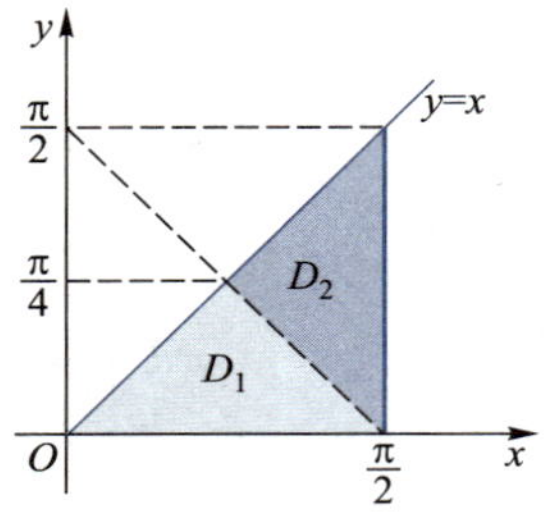

图 17-8

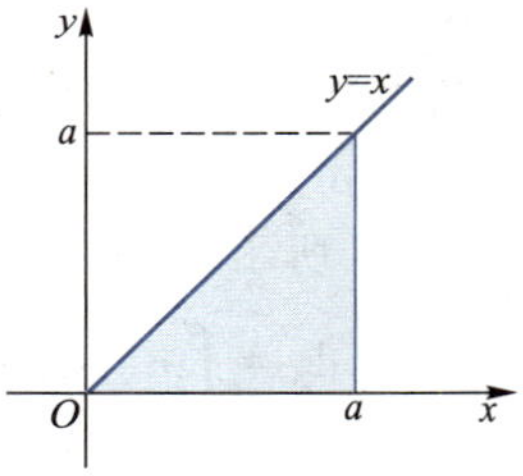

图 17-9

$$\begin{aligned}\int_0^a \mathrm{d}x\int_0^x \sqrt[4]{\frac{a-x}{a-y}}f''(y)\,\mathrm{d}y &= \int_0^a \mathrm{d}y\int_y^a \sqrt[4]{\frac{a-x}{a-y}}f''(y)\,\mathrm{d}x\\ &= \int_0^a f''(y)\left(-\frac{4}{5}\sqrt[4]{\frac{(a-x)^5}{a-y}}\right)\Bigg|_y^a \mathrm{d}y\\ &= \frac{4}{5}\int_0^a (a-y)f''(y)\,\mathrm{d}y\\ &= \frac{4}{5}af'(y)\Big|_0^a - \frac{4}{5}\int_0^a y\,\mathrm{d}f'(y)\\ &= \frac{4}{5}af'(a) - \frac{4}{5}af'(0) - \frac{4}{5}af'(a) + \frac{4}{5}\int_0^a f'(y)\,\mathrm{d}y\\ &= \frac{4}{5}f(a) - \frac{4}{5}af'(0) - \frac{4}{5}f(0).\end{aligned}$$

小结 从上例可以看出,在计算二重积分时,选取适当的积分次序是非常重要的,不仅影响计算过程的复杂程度,而且还可能影响积分能否计算. 如何选择积分次序取决于两方面的因素:一是被积函数,应选择每一层积分都能“积得出”的次序;二是积分区域,应尽量选择不使积分区域分块的次序.

问题 3 如何将二重积分在极坐标系下化为二次积分?在何种情况下选择在极坐标系下计算二重积分?

例 6 将下列二重积分化为极坐标系下的二次积分:

(1) $\iint\limits_D f(x,y)\,\mathrm{d}\sigma$,其中 D 是由 $(x-a)^2+y^2\leqslant a^2$ 及 $y\geqslant x$ 围成的区域;

(2) $\iint\limits_D f(x,y)\,\mathrm{d}\sigma$,其中 D 是由 $\left(x-\frac{a}{2}\right)^2+y^2=\left(\frac{a}{2}\right)^2$ 及 $x^2+y^2=a^2$ 围成的区域在 $y\geqslant 0$ 的部分.

解 (1) 令$\begin{cases}x=\rho\cos\theta,\\ y=\rho\sin\theta,\end{cases}$则$\begin{cases}(x-a)^2+y^2=a^2,\\ y=x\end{cases}$化为

$$\begin{cases}\rho=2a\cos\theta,\\ \rho\cos\theta=\rho\sin\theta\end{cases}(\rho\geqslant 0).$$

由图 17-10 知 θ 从$\frac{\pi}{4}$变到$\frac{\pi}{2}$,$\rho(\theta)$从 0 变到 $2a\cos\theta$,故

$$\iint\limits_D f(x,y)\mathrm{d}\sigma=\iint\limits_D f(\rho\cos\theta,\rho\sin\theta)\rho\mathrm{d}\rho\mathrm{d}\theta$$
$$=\int_{\frac{\pi}{4}}^{\frac{\pi}{2}}\mathrm{d}\theta\int_0^{2a\cos\theta}f(\rho\cos\theta,\rho\sin\theta)\rho\mathrm{d}\rho.$$

(2) 画出积分区域 $D=D_1+D_2$(图 17-11),由于 θ 在不同区域变化时,$\rho(\theta)$的表达式是不同的,所以把区域分为 D_1 和 D_2 两部分,且在极坐标系下区域

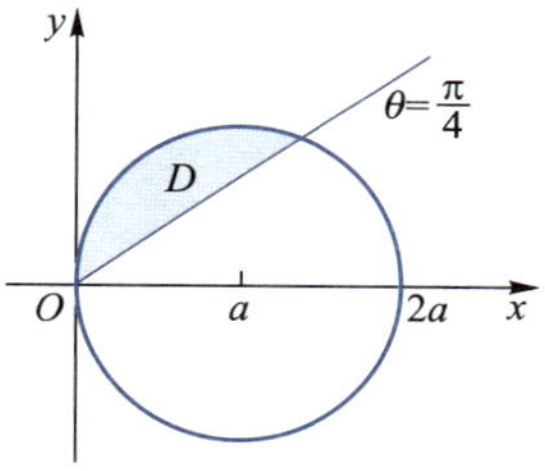

图 17-10

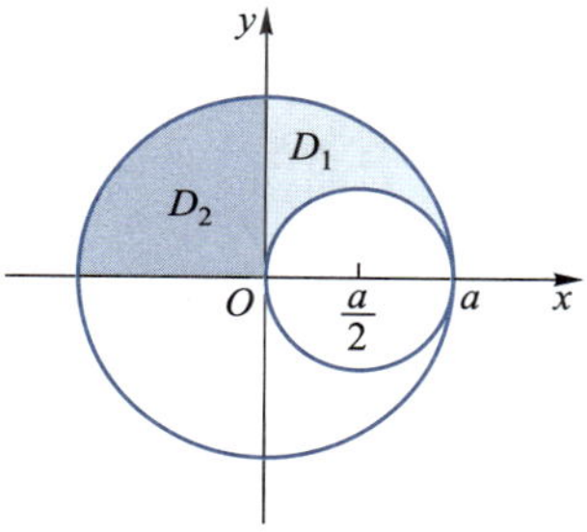

图 17-11

$$D_1:\begin{cases}a\cos\theta\leqslant\rho(\theta)\leqslant a,\\ 0\leqslant\theta\leqslant\frac{\pi}{2},\end{cases}\qquad D_2:\begin{cases}0\leqslant\rho(\theta)\leqslant a,\\ \frac{\pi}{2}\leqslant\theta\leqslant\pi.\end{cases}$$

故 $\iint\limits_D f(x,y)\mathrm{d}\sigma=\iint\limits_{D_1}f(x,y)\mathrm{d}\sigma+\iint\limits_{D_2}f(x,y)\mathrm{d}\sigma$

$$=\int_0^{\frac{\pi}{2}}\mathrm{d}\theta\int_{a\cos\theta}^{a}f(\rho\cos\theta,\rho\sin\theta)\rho\mathrm{d}\rho+\int_{\frac{\pi}{2}}^{\pi}\mathrm{d}\theta\int_0^{a}f(\rho\cos\theta,\rho\sin\theta)\rho\mathrm{d}\rho.$$

例 7 计算下列积分:

(1) $\iint\limits_D|xy|\mathrm{d}x\mathrm{d}y$, 其中 D 是由 $x^2+y^2=16(x\geqslant 0,y\geqslant 0)$,$y=x$ 及 $y=0$ 围成的区域;

(2) $\iint\limits_{\substack{1\leqslant x^2+y^2\leqslant 4\\ 0\leqslant y\leqslant x}}\arctan\frac{y}{x}\mathrm{d}x\mathrm{d}y$;

(3) $\int_0^{\frac{R}{\sqrt{2}}}\mathrm{e}^{-y^2}\mathrm{d}y\int_0^{y}\mathrm{e}^{-x^2}\mathrm{d}x+\int_{\frac{R}{\sqrt{2}}}^{R}\mathrm{e}^{-y^2}\mathrm{d}y\int_0^{\sqrt{R^2-y^2}}\mathrm{e}^{-x^2}\mathrm{d}x$.

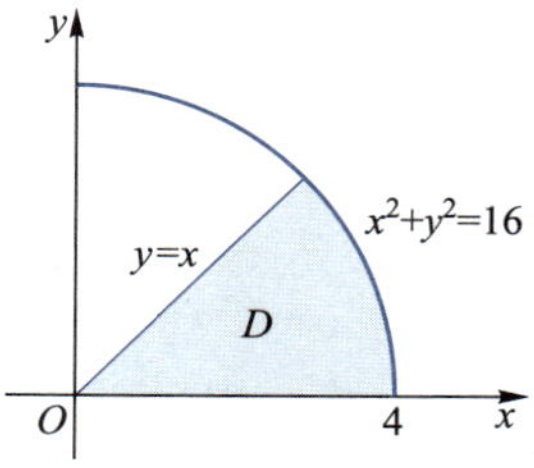

图 17-12

解 (1) 积分区域 D 如图 17-12 所示.

[法 1] 先对 y 后对 x 积分:

$$\iint_D |xy|\mathrm{d}x\mathrm{d}y = \int_0^{2\sqrt{2}}\mathrm{d}x\int_0^x xy\mathrm{d}y + \int_{2\sqrt{2}}^4\mathrm{d}x\int_0^{\sqrt{16-x^2}} xy\mathrm{d}y$$

$$= \int_0^{2\sqrt{2}}\frac{1}{2}x^3\mathrm{d}x + \int_{2\sqrt{2}}^4\frac{x}{2}(16-x^2)\mathrm{d}x$$

$$= \frac{1}{8}x^4\Big|_0^{2\sqrt{2}} + \left(4x^2-\frac{1}{8}x^4\right)\Big|_{2\sqrt{2}}^4 = 16.$$

[法 2] 先对 x 后对 y 积分：

$$\iint_D |xy|\mathrm{d}x\mathrm{d}y = \int_0^{2\sqrt{2}}\mathrm{d}y\int_y^{\sqrt{16-y^2}} xy\mathrm{d}x$$

$$= \int_0^{2\sqrt{2}}\frac{1}{2}y(16-y^2-y^2)\mathrm{d}y$$

$$= \left(4y^2-\frac{1}{4}y^4\right)\Big|_0^{2\sqrt{2}} = 16.$$

[法 3] 用极坐标计算：

$$\iint_D |xy|\mathrm{d}x\mathrm{d}y = \int_0^{\frac{\pi}{4}}\mathrm{d}\theta\int_0^4\rho^2\sin\theta\cos\theta\rho\mathrm{d}\rho$$

$$= \int_0^{\frac{\pi}{4}}64\cos\theta\sin\theta\mathrm{d}\theta = 32\sin^2\theta\Big|_0^{\frac{\pi}{4}} = 16.$$

(2) 积分区域 $D:\begin{cases}1\leqslant x^2+y^2\leqslant 4,\\ 0\leqslant y\leqslant x\end{cases}$如图 17-13 所示.

$$\iint\limits_{\substack{1\leqslant x^2+y^2\leqslant 4\\ 0\leqslant y\leqslant x}}\arctan\frac{y}{x}\mathrm{d}x\mathrm{d}y = \iint_D\theta\rho\mathrm{d}\rho\mathrm{d}\theta = \int_0^{\frac{\pi}{4}}\mathrm{d}\theta\int_1^2\theta\rho\mathrm{d}\rho$$

$$= \frac{3}{2}\int_0^{\frac{\pi}{4}}\theta\mathrm{d}\theta = \frac{3}{64}\pi^2.$$

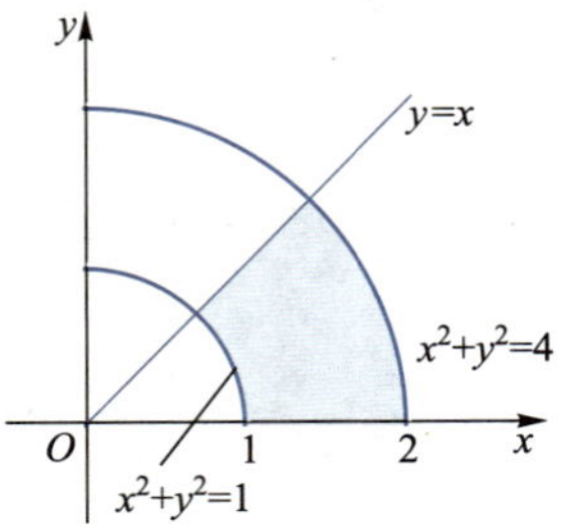

图 17-13

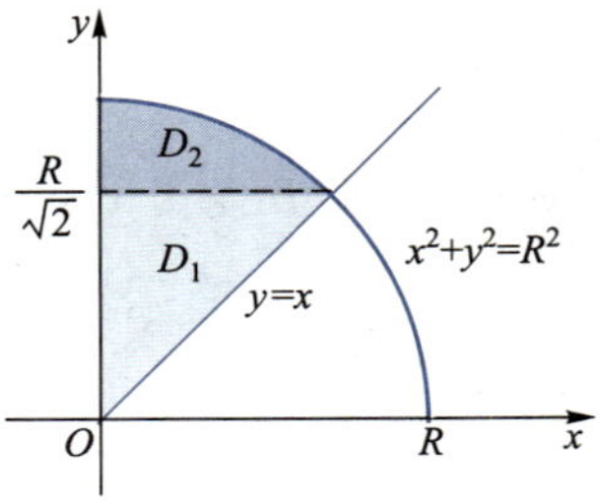

图 17-14

(3) 积分区域 D 如图 17-14 所示. 在直角坐标系中，无论先对 x 还是先对 y 积分，$\mathrm{e}^{-(x^2+y^2)}$ 的原函数均不是初等函数. 但可选用极坐标系：

$$\int_0^{\frac{R}{\sqrt{2}}}e^{-y^2}dy\int_0^y e^{-x^2}dx+\int_{\frac{R}{\sqrt{2}}}^R e^{-y^2}dy\int_0^{\sqrt{R^2-y^2}}e^{-x^2}dx=\iint\limits_D e^{-(x^2+y^2)}dxdy$$

$$=\int_{\frac{\pi}{4}}^{\frac{\pi}{2}}d\theta\int_0^R e^{-\rho^2}\rho d\rho=\frac{\pi}{8}(1-e^{-R^2}).$$

小结 一般情况下,当积分区域为圆域、环域或是它们的一部分,且被积函数为 x^2+y^2 或 $\frac{y}{x}$ 的函数时,利用极坐标系计算二重积分较为简单.

在极坐标系下化二重积分为二次积分时,先要把面积元素 $d\sigma$ 替换为极坐标系下的面积元素 $\rho d\rho d\theta$,把被积函数 $f(x,y)$ 替换为 $f(\rho\cos\theta,\rho\sin\theta)$,然后再定出二次积分的上下限(一般先对 ρ 积分).

问题 4 如何利用被积函数的奇偶性和积分区域的对称性,简化二重积分的计算?

例 8 计算下列二重积分:

(1) $\iint\limits_D(x+y)dxdy$,其中 D 是由 $y=x^2,y=4x^2$ 及 $y=1$ 围成的区域;

(2) $\iint\limits_D(|x|+|y|)dxdy$,其中 D 是由 $|x|+|y|\leqslant1$ 确定的区域.

解 (1)积分区域 D 如图 17-15 所示.

$$\iint\limits_D(x+y)dxdy=\iint\limits_D xdxdy+\iint\limits_D ydxdy.$$

右边第一项 $\iint\limits_D xdxdy$ 中被积函数是 x 的奇函数,积分区域关于 y 轴对称,故 $\iint\limits_D xdxdy=0$. 而第二项 $\iint\limits_D ydxdy$ 中被积函数是 x 的偶函数,积分区域关于 y 轴对称,这时 $\iint\limits_D ydxdy=2\iint\limits_{D_1}ydxdy$,其中 $D_1:(x,y)\in D$ 且 $x\geqslant0$,故

$$\iint\limits_D(x+y)dxdy=2\iint\limits_{D_1}ydxdy=2\int_0^1 ydy\int_{\frac{\sqrt{y}}{2}}^{\sqrt{y}}dx$$

$$=2\int_0^1 y\left(\sqrt{y}-\frac{\sqrt{y}}{2}\right)dy=\int_0^1 y^{\frac{3}{2}}dy=\frac{2}{5}.$$

(2)积分区域 D 如图 17-16 所示,其边界曲线为 $|x|+|y|=1$,D 在第一象限的部分记为 D_1. 因为 D 是关于 x 轴和 y 轴都对称的区域,而被积函数关于 x 和关于 y 都是偶函数,因此

$$\iint\limits_D(|x|+|y|)dxdy=4\iint\limits_{D_1}(x+y)dxdy$$

$$=4\int_0^1 dx\int_0^{1-x}(x+y)dy$$

$$=4\int_0^1\left(x(1-x)+\frac{1}{2}(1-x)^2\right)dx=\frac{4}{3}.$$

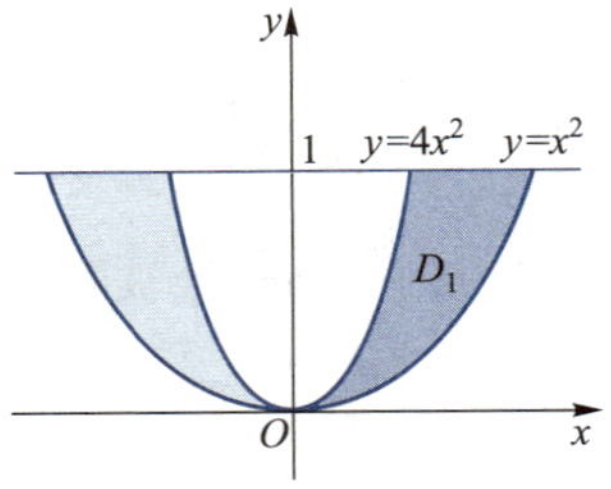

图 17-15

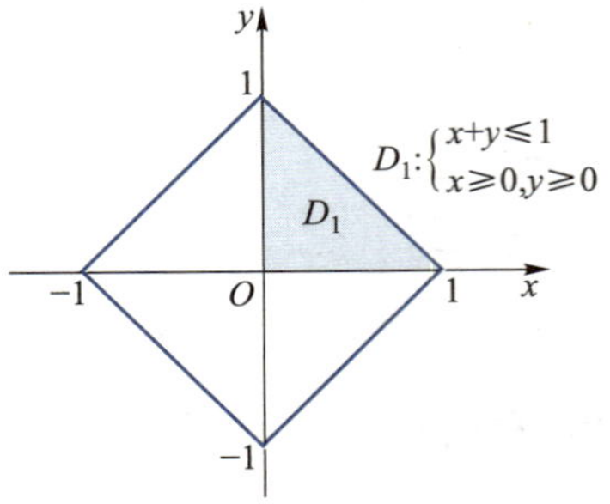

图 17-16

例 9 计算二重积分 $\iint\limits_D\left(\frac{x^2}{a^2}+\frac{y^2}{b^2}\right)\mathrm{d}x\mathrm{d}y$，其中 D 为由 $x^2+y^2\leqslant R^2$ 确定的区域.

解 由于积分区域 D 是圆域，故考虑用极坐标计算，但被积函数在极坐标系下表示形式并不简单，所以设法将被积函数变形为 x^2+y^2 的函数.

由于 D 关于直线 $y=x$ 对称，所以由轮换对称性有

$$\begin{aligned}\iint\limits_D\left(\frac{x^2}{a^2}+\frac{y^2}{b^2}\right)\mathrm{d}x\mathrm{d}y&=\iint\limits_D\left(\frac{y^2}{a^2}+\frac{x^2}{b^2}\right)\mathrm{d}x\mathrm{d}y\\&=\frac{1}{2}\iint\limits_D\left(\frac{x^2}{a^2}+\frac{y^2}{b^2}\right)+\left(\frac{y^2}{a^2}+\frac{x^2}{b^2}\right)\mathrm{d}x\mathrm{d}y\\&=\frac{1}{2}\left(\frac{1}{a^2}+\frac{1}{b^2}\right)\iint\limits_D(x^2+y^2)\mathrm{d}x\mathrm{d}y\\&=\frac{1}{2}\left(\frac{1}{a^2}+\frac{1}{b^2}\right)\iint\limits_D\rho^2\rho\mathrm{d}\rho\mathrm{d}\theta=2\left(\frac{1}{a^2}+\frac{1}{b^2}\right)\int_0^{\frac{\pi}{2}}\mathrm{d}\theta\int_0^R\rho^3\mathrm{d}\rho\\&=2\left(\frac{1}{a^2}+\frac{1}{b^2}\right)\frac{\pi}{2}\frac{1}{4}\rho^4\Big|_0^R=\frac{\pi}{4}\left(\frac{1}{a^2}+\frac{1}{b^2}\right)R^4.\end{aligned}$$

小结 若 $f(x,y)$ 关于变量 x 为奇函数，积分区域 D 关于 y 轴对称，则可设 $D:c\leqslant y\leqslant d$，$-\varphi(y)\leqslant x\leqslant\varphi(y)$，于是

$$\iint\limits_D f(x,y)\mathrm{d}\sigma=\int_c^d\mathrm{d}y\int_{-\varphi(y)}^{\varphi(y)}f(x,y)\mathrm{d}x=0\text{（奇函数在对称区间上的定积分必为 0）}.$$

因此，二重积分中关于被积函数奇偶性、积分区域对称性的结论实际上是把二重积分化为二次积分后，由奇偶函数在对称区间上定积分的性质推得的.

二重积分的对称性有下列常用结论：

设 $f(x,y)$ 在有界闭区域 D 上可积，$D=D_1\cup D_2$，

(1) 若 D_1 与 D_2 关于 y 轴对称，则

$$\iint\limits_D f(x,y)\mathrm{d}x\mathrm{d}y=\begin{cases}2\iint\limits_{D_1}f(x,y)\mathrm{d}x\mathrm{d}y, & \text{当 } f(-x,y)=f(x,y) \text{ 时（即 } f(x,y) \text{ 关于 } x \text{ 为偶函数），}\\0, & \text{当 } f(-x,y)=-f(x,y) \text{ 时（即 } f(x,y) \text{ 关于 } x \text{ 为奇函数）.}\end{cases}$$

（2）若 D_1 与 D_2 关于 x 轴对称，则

$$\iint_D f(x,y)\mathrm{d}x\mathrm{d}y=\begin{cases}2\iint_{D_1} f(x,y)\mathrm{d}x\mathrm{d}y, & \text{当} f(x,-y)=f(x,y) \text{时(即} f(x,y) \text{关于} y \text{为偶函数)},\\ 0, & \text{当} f(x,-y)=-f(x,y) \text{时(即} f(x,y) \text{关于} y \text{为奇函数)}.\end{cases}$$

（3）若 D_1 与 D_2 关于原点对称，则

$$\iint_D f(x,y)\mathrm{d}x\mathrm{d}y=\begin{cases}2\iint_{D_1} f(x,y)\mathrm{d}x\mathrm{d}y, & \text{当} f(-x,-y)=f(x,y) \text{时(即} f(x,y) \text{关于}(x,y) \text{为偶函数)},\\ 0, & \text{当} f(-x,-y)=-f(x,y) \text{时(即} f(x,y) \text{关于}(x,y) \text{为奇函数)}.\end{cases}$$

（4）若积分区域 D 关于直线 $y=x$ 对称，即 $(x,y)\in D\Leftrightarrow(y,x)\in D$，则

$$\iint_D f(x,y)\mathrm{d}x\mathrm{d}y=\iint_D f(y,x)\mathrm{d}x\mathrm{d}y\text{(称为轮换对称性)}.$$

又若 $D=D_1\cup D_2$，且 D_1 与 D_2 关于直线 $y=x$ 对称，则

$$\iint_{D_1} f(x,y)\mathrm{d}x\mathrm{d}y=\iint_{D_2} f(y,x)\mathrm{d}x\mathrm{d}y.$$

在使用对称性简化运算时，一定要考虑全面，必须兼顾被积函数的奇偶性和积分区域的对称性两个方面. 通常，当积分区域具有某种对称性时，再考虑被积函数的奇偶性，从而判断是否能用对称性简化运算.

问题 5 如何用二重积分的换元法来简化计算？

例 10 计算二重积分 $\iint_D \frac{2x+y}{x^{\frac{3}{2}}}\mathrm{d}x\mathrm{d}y$，其中 D 由 $y^2=2x, x+y=4, x+y=12$ 围成.

解 ［法 1］ 积分区域 D 如图 17-17 所示. 在直角坐标系下先对 y 后对 x 积分，有

$$\begin{aligned}\iint_D \frac{2x+y}{x^{\frac{3}{2}}}\mathrm{d}x\mathrm{d}y&=\int_2^8\mathrm{d}x\int_{4-x}^{\sqrt{2x}}\frac{2x+y}{x^{\frac{3}{2}}}\mathrm{d}y+\int_8^{18}\mathrm{d}x\int_{-\sqrt{2x}}^{12-x}\frac{2x+y}{x^{\frac{3}{2}}}\mathrm{d}y\\&=\int_2^8\frac{1}{2x^{\frac{3}{2}}}(3x^2+4\sqrt{2}x^{\frac{3}{2}}-6x-16)\mathrm{d}x+\\&\quad\int_8^{18}\frac{1}{2x^{\frac{3}{2}}}(-3x^2+4\sqrt{2}x^{\frac{3}{2}}+22x+144)\mathrm{d}x\\&=32\sqrt{2}.\end{aligned}$$

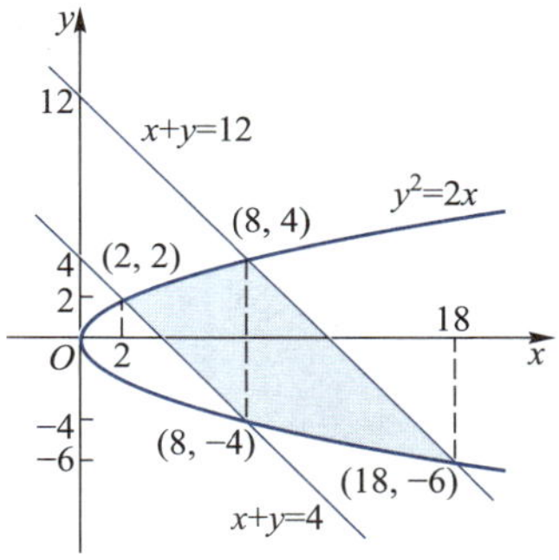

图 17-17

［法 2］ 由于积分区域 D 的边界是由曲线 $y=\sqrt{2x}, y=-\sqrt{2x}$ 以及直线 $x+y=4, x+y=12$ 围成，故作变换 $\begin{cases}u=\frac{y}{\sqrt{x}},\\ v=x+y,\end{cases}$ 此变换把 xy 面上的积分区域 D 变成了 uv 面上的积分区域 D'，

$$D':\begin{cases}-\sqrt{2}\leqslant u\leqslant\sqrt{2},\\ 4\leqslant v\leqslant 12.\end{cases}$$

$$J=\frac{\partial(x,y)}{\partial(u,v)}=\frac{1}{\dfrac{\partial(u,v)}{\partial(x,y)}}=\frac{1}{\begin{vmatrix}-\dfrac{1}{2}x^{-\frac{3}{2}}y & x^{-\frac{1}{2}}\\ 1 & 1\end{vmatrix}}=-\frac{2x^{\frac{3}{2}}}{2x+y}.$$

于是

$$\iint\limits_{D}\frac{2x+y}{x^{\frac{3}{2}}}\mathrm{d}x\mathrm{d}y=\iint\limits_{D'}\frac{2x+y}{x^{\frac{3}{2}}}\left|\frac{\partial(x,y)}{\partial(u,v)}\right|\mathrm{d}u\mathrm{d}v$$

$$=2\iint\limits_{D'}\mathrm{d}u\mathrm{d}v=32\sqrt{2}.$$

显然,法 2 要简洁得多.

小结　对积分 $\iint\limits_{D_{xy}}f(x,y)\mathrm{d}x\mathrm{d}y$, 若 $x=x(u,v)$, $y=y(u,v)$ 具有一阶连续偏导数, $J=\dfrac{\partial(x,y)}{\partial(u,v)}=\begin{vmatrix}\dfrac{\partial x}{\partial u} & \dfrac{\partial x}{\partial v}\\ \dfrac{\partial y}{\partial u} & \dfrac{\partial y}{\partial v}\end{vmatrix}\neq 0$,该变换使 D_{xy} 与 D_{uv} 一一对应,则有

$$\iint\limits_{D_{xy}}f(x,y)\mathrm{d}x\mathrm{d}y=\iint\limits_{D_{uv}}f[x(u,v),y(u,v)]\,|J|\,\mathrm{d}u\mathrm{d}v.$$

在计算 D_{xy} 的面积时, $S=\iint\limits_{D_{xy}}\mathrm{d}x\mathrm{d}y=\iint\limits_{D_{uv}}|J|\,\mathrm{d}u\mathrm{d}v$.

例 11　求抛物面 $z=x^2+y^2$ 介于平面 $z=0$ 及 $z=1$ 之间的曲面面积 A.

解　因为曲面在 xOy 面上的投影区域为 $D:x^2+y^2\leqslant 1$,面积元素 $\mathrm{d}A=\sqrt{1+z_x^2+z_y^2}\,\mathrm{d}x\mathrm{d}y=\sqrt{1+4x^2+4y^2}\,\mathrm{d}x\mathrm{d}y$,所以

$$\begin{aligned}A&=\iint\limits_{D}\sqrt{1+4x^2+4y^2}\,\mathrm{d}x\mathrm{d}y\\&=4\int_0^{\frac{\pi}{2}}\mathrm{d}\varphi\int_0^1\sqrt{1+4\rho^2}\,\rho\,\mathrm{d}\rho\\&=4\cdot\frac{\pi}{2}\cdot\frac{1}{12}(1+4\rho^2)^{\frac{3}{2}}\Big|_0^1\\&=\frac{\pi}{6}(5\sqrt{5}-1).\end{aligned}$$

注　本例是利用二重积分计算曲面面积,关键是准确表示出曲面在某一坐标面上的投影区域并对应写出面积元素,便可用二重积分表示曲面面积.

(1) 设曲面 Σ 的方程为 $z=f(x,y)$,在 xOy 面上的投影区域为 D_{xy},面积元素为 $\mathrm{d}A=\sqrt{1+f_x^2+f_y^2}\,\mathrm{d}x\mathrm{d}y$,则曲面面积为 $A=\iint\limits_{D_{xy}}\sqrt{1+f_x^2+f_y^2}\,\mathrm{d}x\mathrm{d}y$.

(2) 设曲面 Σ 的方程为 $x=g(y,z)$,在 yOz 面上的投影区域为 D_{yz},面积元素为 $A=$

$\sqrt{1+g_y^2+g_z^2}\,dydz$，则曲面面积为 $A=\iint\limits_{D_{yz}}\sqrt{1+g_y^2+g_z^2}\,dydz$.

（3）设曲面 Σ 的方程为 $y=h(x,z)$，在 zOx 面上的投影区域为 D_{zx}，面积元素为 $dA=\sqrt{1+h_x^2+h_z^2}\,dxdz$，则曲面面积为 $A=\iint\limits_{D_{xz}}\sqrt{1+h_x^2+h_z^2}\,dxdz$.

三、课内练习题

1. 选择题：

（1）$\int_{-1}^{1}dy\int_{0}^{\sqrt{1-y^2}}f(x,y)dx=$（　　）.

（A）$\int_{-1}^{1}dx\int_{0}^{\sqrt{1-x^2}}f(x,y)dy$　　（B）$\int_{0}^{1}dx\int_{-\sqrt{1-x^2}}^{\sqrt{1-x^2}}f(x,y)dy$

（C）$2\int_{0}^{1}dx\int_{0}^{\sqrt{1-x^2}}f(x,y)dy$　　（D）$\int_{0}^{1}dx\int_{-1}^{1}f(x,y)dy$

（2）$\iint\limits_{x^2+y^2\leqslant 1}f(x,y)dxdy=$（　　）.

（A）$\int_{0}^{2\pi}d\theta\int_{0}^{1}f(\theta,\rho)d\rho$　　（B）$\int_{0}^{2\pi}d\theta\int_{0}^{1}f(\rho\cos\theta,\rho\sin\theta)d\rho$

（C）$\int_{0}^{1}d\theta\int_{0}^{2\pi}f(\rho\cos\theta,\rho\sin\theta)d\rho$　　（D）$\int_{0}^{2\pi}d\theta\int_{0}^{1}\rho f(\rho\cos\theta,\rho\sin\theta)d\rho$

（3）二次积分 $\int_{0}^{\frac{\pi}{2}}d\theta\int_{0}^{\cos\theta}f(\rho\cos\theta,\rho\sin\theta)\rho d\rho$ 可以写成（　　）.

（A）$\int_{0}^{1}dy\int_{0}^{\sqrt{y-y^2}}f(x,y)dx$　　（B）$\int_{0}^{1}dy\int_{0}^{\sqrt{1-y^2}}f(x,y)dx$

（C）$\int_{0}^{1}dx\int_{0}^{1}f(x,y)dy$　　（D）$\int_{0}^{1}dx\int_{0}^{\sqrt{x-x^2}}f(x,y)dy$

（4）设 $D:x^2+y^2\leqslant 1;D_1:x^2+y^2\leqslant 1,x\geqslant 0,y\geqslant 0$，则下列各式中错误的是（　　）.

（A）$\iint\limits_{D}x\ln(x^2+y^2+1)d\sigma=0$　　（B）$\iint\limits_{D}\sqrt{1-x^2-y^2}d\sigma=4\iint\limits_{D_1}\sqrt{1-x^2-y^2}d\sigma$

（C）$\iint\limits_{D}xyd\sigma=4\iint\limits_{D_1}xyd\sigma$　　（D）$\iint\limits_{D}|xy|d\sigma=4\iint\limits_{D_1}xyd\sigma$

（5）球体 $x^2+y^2+z^2\leqslant 4a^2$ 在柱面 $x^2+y^2=2ax$ 内的那部分的体积可表示为（　　）.

（A）$\iint\limits_{x^2+y^2\leqslant 2ax}\sqrt{4a^2-x^2-y^2}\,dxd$　　（B）$2\iint\limits_{x^2+y^2\leqslant 2ax}\sqrt{4a^2-x^2-y^2}\,dxdy$

（C）$\iint\limits_{x^2+y^2\leqslant 4a^2}(x^2+y^2-2ax)dxdy$　　（D）$2\iint\limits_{x^2+y^2\leqslant 4a^2}(x^2+y^2-2ax)dxdy$

2. 填空题：

（1）交换积分次序：$\int_{0}^{1}dx\int_{x}^{\sqrt{2x-x^2}}f(x,y)dy=$ ________.

(2) 交换积分次序：$\int_0^1 dy \int_y^{2y} f(x,y)dx =$ ______.

(3) 交换积分次序：$\int_0^2 dx \int_0^{\frac{x^2}{2}} f(x,y)dy + \int_2^{2\sqrt{2}} dx \int_0^{\sqrt{8-x^2}} f(x,y)dy =$ ______.

(4) $\iint\limits_{|x|+|y|\leq 1} (xy - 3x + 4y + 1)dxdy =$ ______.

(5) 设区域 D 由 $y=kx \quad (k>0), y=0, x=1$ 所围成，且 $\iint\limits_D xy^2 dxdy = \frac{1}{15}$，则 $k=$ ______.

3. 计算积分 $\iint\limits_D \frac{d\sigma}{(x-y)^2}$，其中 $D=\{(x,y) \mid 1\leq x\leq 2, 3\leq y\leq 4\}$.

4. 计算二重积分 $\iint\limits_D y d\sigma$，其中 D 是由抛物线 $y^2=x$ 及直线 $y=x-2$ 所围成的闭区域.

5. 计算二重积分 $\iint\limits_D e^{x+y} dxdy$，其中 D 是由 $y=e^x, x=0, y=2$ 所围成的区域.

6. 计算二重积分 $\iint\limits_D \frac{\sin x}{x} dxdy$，其中 D 是由直线 $y=x$ 及抛物线 $y=x^2$ 所围成的区域.

7. 计算二次积分 $\int_0^1 dy \int_y^{\sqrt{y}} e^{\frac{y}{x}} dx$.

8. 计算二重积分 $I = \iint\limits_D (x+y)^2 d\sigma$，其中 $D: x\leq x^2+y^2\leq 2x$.

9. 计算二重积分 $I = \iint\limits_D (2x+y)^2 d\sigma$，其中 $D: x^2+y^2\leq 1$.

10. 计算二重积分 $\iint\limits_D |x-y| d\sigma$，其中 D 由 $y=\sqrt{4-x^2}\,(x\geq 0)$ 及 $x=0, y=0$ 围成.

11. 利用二重积分计算曲线 $x^2+y^2=a^2$ 和 $x^2+y^2=2ax$ 围成的公共部分的面积.

12. 求由曲面 $z=8-x^2-y^2, z=x^2+y^2$ 所围立体的体积.

13. 设 Σ 为平面 $x+y+z=4$ 被圆柱面 $x^2+y^2=4$ 截下的有限部分，求 Σ 的面积.

14. 设函数 $f(x,y)$ 连续，且 $f(x,y) = x + \iint\limits_D f(u,v) dudv$，其中 D 由 $y=x, y=x^2$ 所围成，求$f(x,y)$.

四、课外练习题

1. 计算下列二重积分：

(1) $\iint\limits_D \sin\frac{\pi x}{2y} dxdy$，其中 D 是由 $y=\sqrt{x}, y=x, y=2$ 围成的区域；

(2) $\iint\limits_D (\sqrt{x^2+y^2} + x^3) d\sigma$，其中 $D: 2y\leq x^2+y^2\leq 4$；

(3) $\iint\limits_D \arctan\frac{y}{x} d\sigma$，其中 D 是由 $1\leq x^2+y^2\leq 4, x\geq 0, y\geq 0$ 所确定区域.

2. 计算下列二次积分：

（1）$\int_0^{\frac{\pi}{6}} \mathrm{d}y \int_y^{\frac{\pi}{6}} \frac{\cos x}{x} \mathrm{d}x$；

（2）$\int_0^R \mathrm{d}y \int_0^{\sqrt{R^2-y^2}} \mathrm{e}^{-x^2-y^2} \mathrm{d}x$；

（3）$\int_0^1 \mathrm{d}y \int_y^1 \frac{y}{\sqrt{1+x^3}} \mathrm{d}x$.

3. 计算 $I=\iint\limits_D \cos\left(\frac{x-y}{x+y}\right) \mathrm{d}x\mathrm{d}y$，其中 D 由 $x=0, y=0, x+y=1$ 所围成.

4. 计算 $I=\iint\limits_D \sin|x-y| \mathrm{d}x\mathrm{d}y$，其中 $D: x+y \leqslant \frac{\pi}{2}, x \geqslant 0, y \geqslant 0$.

5. 计算二重积分 $\iint\limits_D y\left(1+x\mathrm{e}^{\frac{1}{2}(x^2+y^2)}\right) \mathrm{d}x\mathrm{d}y$ 的值，其中 D 是由直线 $y=x, y=-1, x=1$ 围成的平面区域.

6. 求由锥面 $z=\sqrt{x^2+y^2}$，柱面 $x^2+y^2=x$ 及平面 $z=0$ 围成立体的体积.

7. 证明：$\int_0^a \mathrm{d}x \int_0^x \frac{f'(y)}{\sqrt{(a-x)(x-y)}} \mathrm{d}y = \pi(f(a)-f(0))$.

*8. 计算 $\int_0^1 \mathrm{d}x \int_0^x \sqrt{1+y^2} \mathrm{d}y + 3\int_0^1 \mathrm{d}y \int_1^{\sqrt{2-y^2}} \sqrt{x^2+y^2} \mathrm{d}x$.

*9. 设函数 $f(x)$ 在 $[0,1]$ 上连续，$\int_0^1 f(x) \mathrm{d}x = A$，求 $\int_0^1 \mathrm{d}x \int_x^1 f(x) f(y) \mathrm{d}y$.

*10. 计算 $I=\iint\limits_D \left(\sqrt[3]{x}\cos y^2 + \max(x^2+y^2, 2y)\right) \mathrm{d}x\mathrm{d}y$，其中 $D=\{(x,y) \mid -1 \leqslant x \leqslant 1, 0 \leqslant y \leqslant 2\}$.

*11. 设 $f(x)$ 是 $[0,1]$ 上的正值连续函数，且单调减少，$D=\{(x,y) \mid 0 \leqslant x \leqslant 1, 0 \leqslant y \leqslant 1\}$，试证：$\iint\limits_D x f^2(x) f(y) \mathrm{d}x\mathrm{d}y \leqslant \iint\limits_D y f^2(x) f(y) \mathrm{d}x\mathrm{d}y$.

第十七讲

习题参考答案或提示

第十八讲　三重积分的概念与计算

一、本讲要求

1. 理解三重积分的概念和性质.

2. 掌握三重积分在直角坐标系、柱面坐标系和球面坐标系中的计算方法,并能恰当地选择坐标系和积分次序计算三重积分.

3. 会用三重积分解决有关几何、物理问题.

二、问题·分析·解答

问题 1　如何将三重积分化为三次积分?

例 1　试将 $I=\iiint\limits_{\Omega} f(x,y,z)\,\mathrm{d}V$ 分别在直角坐标系(用"先一后二"和"先二后一"两种方法)、柱面坐标系和球面坐标系下化成三次积分.

(1) $\Omega: z\geqslant x^2+y^2, z\leqslant 1, y\geqslant 0$;

(2) $\Omega: x^2+y^2+z^2\leqslant 4, x^2+y^2\leqslant 3z$;

(3) Ω 是由 $z=\sqrt{x^2+y^2}$ 和 $x^2+y^2+z^2=1$ 所围成的区域.

解　(1) 积分区域 Ω 如图 18-1 所示.

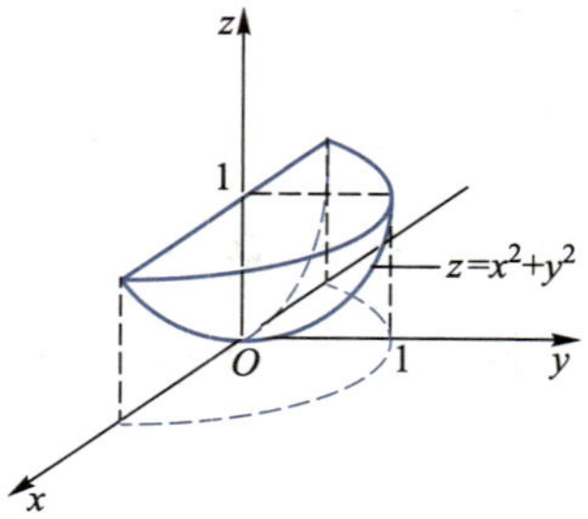

图 18-1

在直角坐标系中,Ω 在 xOy 面上的投影区域为 $D_{xy}: x^2+y^2\leqslant 1, y\geqslant 0$,因此,利用"先一后二"法得

$$I=\iint\limits_{D_{xy}}\mathrm{d}x\mathrm{d}y\int_{x^2+y^2}^{1} f(x,y,z)\,\mathrm{d}z$$

$$=\int_{-1}^{1}\mathrm{d}x\int_{0}^{\sqrt{1-x^2}}\mathrm{d}y\int_{x^2+y^2}^{1} f(x,y,z)\,\mathrm{d}z.$$

又 Ω 被 $z(0\leqslant z\leqslant 1)$ 为常数的水平面所截得的区域为 $D_z: x^2+y^2\leqslant z, y\geqslant 0$,因此,利用"先二后一"法得

$$I=\int_0^1\mathrm{d}z\iint\limits_{D_z} f(x,y,z)\,\mathrm{d}x\mathrm{d}y$$

$$=\int_0^1\mathrm{d}z\int_{-\sqrt{z}}^{\sqrt{z}}\mathrm{d}x\int_0^{\sqrt{z-x^2}} f(x,y,z)\,\mathrm{d}y.$$

在柱面坐标系中,体积元素为 $\mathrm{d}V=\rho\mathrm{d}\rho\mathrm{d}\theta\mathrm{d}z$,由于 $\rho^2\leqslant z\leqslant 1, 0\leqslant\rho\leqslant 1, 0\leqslant\theta\leqslant\pi$,因此

$$I=\int_0^{\pi}\mathrm{d}\theta\int_0^1\rho\,\mathrm{d}\rho\int_{\rho^2}^1 f(\rho\cos\theta,\rho\sin\theta,z)\,\mathrm{d}z.$$

在球面坐标系中,积分区域 Ω 需分为两部分,即 $\Omega=\Omega_1+\Omega_2$,其中

$$\Omega_1:\begin{cases}0\leqslant r\leqslant \dfrac{1}{\cos\varphi},\\ 0\leqslant\varphi\leqslant\dfrac{\pi}{4},\\ 0\leqslant\theta\leqslant\pi,\end{cases}\qquad \Omega_2:\begin{cases}0\leqslant r\leqslant \dfrac{\cos\varphi}{\sin^2\varphi},\\ \dfrac{\pi}{4}\leqslant\varphi\leqslant\dfrac{\pi}{2},\\ 0\leqslant\theta\leqslant\pi.\end{cases}$$

而 $\mathrm{d}V=r^2\sin\varphi\mathrm{d}r\mathrm{d}\varphi\mathrm{d}\theta$,因此

$$\begin{aligned}I&=\iiint_{\Omega_1}f(r\sin\varphi\cos\theta,r\sin\varphi\sin\theta,r\cos\varphi)r^2\sin\varphi\mathrm{d}r\mathrm{d}\varphi\mathrm{d}\theta+\\&\quad\iiint_{\Omega_2}f(r\sin\varphi\cos\theta,r\sin\varphi\sin\theta,r\cos\varphi)r^2\sin\varphi\mathrm{d}r\mathrm{d}\varphi\mathrm{d}\theta\\&=\int_0^{\pi}\mathrm{d}\theta\int_0^{\frac{\pi}{4}}\sin\varphi\mathrm{d}\varphi\int_0^{\frac{1}{\cos\varphi}}f(r\sin\varphi\cos\theta,r\sin\varphi\sin\theta,r\cos\varphi)r^2\mathrm{d}r+\\&\quad\int_0^{\pi}\mathrm{d}\theta\int_{\frac{\pi}{4}}^{\frac{\pi}{2}}\sin\varphi\mathrm{d}\varphi\int_0^{\frac{\cos\varphi}{\sin^2\varphi}}f(r\sin\varphi\cos\theta,r\sin\varphi\sin\theta,r\cos\varphi)r^2\mathrm{d}r.\end{aligned}$$

(2) 积分区域 Ω 如图 18-2 所示.

在直角坐标系中,曲面 $x^2+y^2+z^2=4$ 和 $x^2+y^2=3z$ 的交线为 $\begin{cases}x^2+y^2\leqslant3,\\ z=1,\end{cases}$ 该交线在 xOy 面上的投影曲线所围成的区域为 Ω 在 xOy 面上的投影区域 $D_{xy}:\begin{cases}x^2+y^2\leqslant3,\\ z=0.\end{cases}$ 因此,利用"先一后二"法得

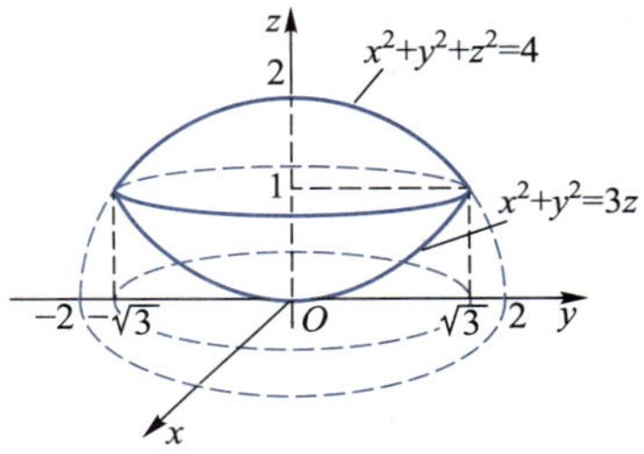

图 18-2

$$\begin{aligned}I&=\iint_{D_{xy}}\mathrm{d}x\mathrm{d}y\int_{\frac{x^2+y^2}{3}}^{\sqrt{4-x^2-y^2}}f(x,y,z)\mathrm{d}z\\&=\int_{-\sqrt{3}}^{\sqrt{3}}\mathrm{d}x\int_{-\sqrt{3-x^2}}^{\sqrt{3-x^2}}\mathrm{d}y\int_{\frac{x^2+y^2}{3}}^{\sqrt{4-x^2-y^2}}f(x,y,z)\mathrm{d}z.\end{aligned}$$

又 Ω 被 $z(0\leqslant z\leqslant1)$ 为常数的水平面所截得的区域为 $D_{z_1}:x^2+y^2\leqslant3z$,被 $z(1\leqslant z\leqslant2)$ 为常数的水平面所截得的区域为 $D_{z_2}:x^2+y^2\leqslant4-z^2$. 因此,利用"先二后一"法得

$$\begin{aligned}I&=\int_0^1\mathrm{d}z\iint_{D_{z_1}}f(x,y,z)\mathrm{d}x\mathrm{d}y+\int_1^2\mathrm{d}z\iint_{D_{z_2}}f(x,y,z)\mathrm{d}x\mathrm{d}y\\&=\int_0^1\mathrm{d}z\int_{-\sqrt{3z}}^{\sqrt{3z}}\mathrm{d}x\int_{-\sqrt{3z-x^2}}^{\sqrt{3z-x^2}}f(x,y,z)\mathrm{d}y+\int_1^2\mathrm{d}z\int_{-\sqrt{4-z^2}}^{\sqrt{4-z^2}}\mathrm{d}x\int_{-\sqrt{4-x^2-z^2}}^{\sqrt{4-x^2-z^2}}f(x,y,z)\mathrm{d}y.\end{aligned}$$

在柱面坐标系中,积分区域 Ω 为 $\begin{cases}\rho^2+z^2\leqslant4,\\ \rho^2\leqslant3z,\end{cases}$ 而体积元素为 $\mathrm{d}V=\rho\mathrm{d}\rho\mathrm{d}\theta\mathrm{d}z$,由于 $\dfrac{\rho^2}{3}\leqslant z\leqslant\sqrt{4-\rho^2}$, $0\leqslant\rho\leqslant\sqrt{3}$, $0\leqslant\theta\leqslant2\pi$,因此

$$I=\int_0^{2\pi}\mathrm{d}\theta\int_0^{\sqrt{3}}\rho\mathrm{d}\rho\int_{\frac{\rho^2}{3}}^{\sqrt{4-\rho^2}}f(\rho\cos\theta,\rho\sin\theta,z)\mathrm{d}z.$$

在球面坐标系中,积分区域 Ω 需分为两部分,即 $\Omega=\Omega_1+\Omega_2$,其中

$$\Omega_1:\begin{cases}0\leqslant r\leqslant 2,\\ 0\leqslant\varphi\leqslant\dfrac{\pi}{3},\\ 0\leqslant\theta\leqslant 2\pi,\end{cases}\quad \Omega_2:\begin{cases}0\leqslant r\leqslant\dfrac{3\cos\varphi}{\sin^2\varphi},\\ \dfrac{\pi}{3}\leqslant\varphi\leqslant\dfrac{\pi}{2},\\ 0\leqslant\theta\leqslant 2\pi,\end{cases}$$

而 $\mathrm{d}V=r^2\sin\varphi\mathrm{d}r\mathrm{d}\varphi\mathrm{d}\theta$,因此

$$\begin{aligned}I&=\iiint\limits_{\Omega_1}f(r\sin\varphi\cos\theta,r\sin\varphi\sin\theta,r\cos\varphi)r^2\sin\varphi\mathrm{d}r\mathrm{d}\varphi\mathrm{d}\theta+\\&\quad\iiint\limits_{\Omega_2}f(r\sin\varphi\cos\theta,r\sin\varphi\sin\theta,r\cos\varphi)r^2\sin\varphi\mathrm{d}r\mathrm{d}\varphi\mathrm{d}\theta\\&=\int_0^{2\pi}\mathrm{d}\theta\int_0^{\frac{\pi}{3}}\sin\varphi\mathrm{d}\varphi\int_0^2 f(r\sin\varphi\cos\theta,r\sin\varphi\sin\theta,r\cos\varphi)r^2\mathrm{d}r+\\&\quad\int_0^{2\pi}\mathrm{d}\theta\int_{\frac{\pi}{3}}^{\frac{\pi}{2}}\sin\varphi\mathrm{d}\varphi\int_0^{\frac{3\cos\varphi}{\sin^2\varphi}}f(r\sin\varphi\cos\theta,r\sin\varphi\sin\theta,r\cos\varphi)r^2\mathrm{d}r.\end{aligned}$$

(3) 积分区域 Ω 如图 18-3 所示.

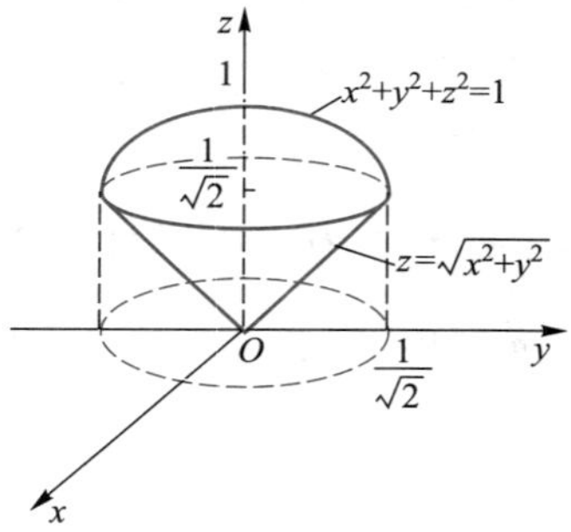

图 18-3

在直角坐标系中,由曲面 $x^2+y^2+z^2=1$ 和 $z=\sqrt{x^2+y^2}$ 的交线 $\begin{cases}x^2+y^2\leqslant\dfrac{1}{2},\\ z=\dfrac{1}{\sqrt{2}}\end{cases}$ 在 xOy 面上的投影曲线围成的区域为 Ω 在 xOy 面上的投影区域 $D_{xy}:\begin{cases}x^2+y^2\leqslant\dfrac{1}{2},\\ z=0.\end{cases}$

因此,利用"先一后二"法得

$$\begin{aligned}I&=\iint\limits_{D_{xy}}\mathrm{d}x\mathrm{d}y\int_{\sqrt{x^2+y^2}}^{\sqrt{1-x^2-y^2}}f(x,y,z)\mathrm{d}z\\&=\int_{-\frac{1}{\sqrt{2}}}^{\frac{1}{\sqrt{2}}}\mathrm{d}x\int_{-\sqrt{\frac{1}{2}-x^2}}^{\sqrt{\frac{1}{2}-x^2}}\mathrm{d}y\int_{\sqrt{x^2+y^2}}^{\sqrt{1-x^2-y^2}}f(x,y,z)\mathrm{d}z.\end{aligned}$$

又 Ω 被 $z\left(0\leqslant z\leqslant\dfrac{1}{\sqrt{2}}\right)$ 为常数的水平面所截得的区域为 $D_{z_1}:x^2+y^2\leqslant z^2$,被 $z\left(\dfrac{1}{\sqrt{2}}\leqslant z\leqslant 1\right)$ 为常数的水平面所截得的区域为 $D_{z_2}:x^2+y^2\leqslant 1-z^2$. 因此,利用"先二后一"法得

$$\begin{aligned}I&=\int_0^{\frac{1}{\sqrt{2}}}\mathrm{d}z\iint\limits_{D_{z_1}}f(x,y,z)\mathrm{d}x\mathrm{d}y+\int_{\frac{1}{\sqrt{2}}}^1\mathrm{d}z\iint\limits_{D_{z_2}}f(x,y,z)\mathrm{d}x\mathrm{d}y\\&=\int_0^{\frac{1}{\sqrt{2}}}\mathrm{d}z\int_{-\sqrt{z}}^{\sqrt{z}}\mathrm{d}x\int_{-\sqrt{z^2-x^2}}^{\sqrt{z^2-x^2}}f(x,y,z)\mathrm{d}y+\int_{\frac{1}{\sqrt{2}}}^1\mathrm{d}z\int_{-\sqrt{1-z^2}}^{\sqrt{1-z^2}}\mathrm{d}x\int_{-\sqrt{1-x^2-z^2}}^{\sqrt{1-x^2-z^2}}f(x,y,z)\mathrm{d}y.\end{aligned}$$

在柱面坐标系中，体积元素为 $\mathrm{d}V=\rho\mathrm{d}\rho\mathrm{d}\theta\mathrm{d}z$，由于 $\rho\leqslant z\leqslant\sqrt{1-\rho^2}$，$0\leqslant\rho\leqslant\frac{1}{\sqrt{2}}$，$0\leqslant\theta\leqslant2\pi$，所以

$$I=\int_0^{2\pi}\mathrm{d}\theta\int_0^{\frac{1}{\sqrt{2}}}\rho\mathrm{d}\rho\int_{\rho}^{\sqrt{1-\rho^2}}f(\rho\cos\theta,\rho\sin\theta,z)\mathrm{d}z.$$

在球面坐标系中，积分区域

$$\Omega:\begin{cases}0\leqslant r\leqslant1,\\0\leqslant\varphi\leqslant\frac{\pi}{4},\\0\leqslant\theta\leqslant2\pi.\end{cases}$$

而 $\mathrm{d}V=r^2\sin\varphi\mathrm{d}r\mathrm{d}\varphi\mathrm{d}\theta$，因此

$$\begin{aligned}I&=\iiint\limits_{\Omega}f(r\sin\varphi\cos\theta,r\sin\varphi\sin\theta,r\cos\varphi)r^2\sin\varphi\mathrm{d}r\mathrm{d}\varphi\mathrm{d}\theta\\&=\int_0^{2\pi}\mathrm{d}\theta\int_0^{\frac{\pi}{4}}\sin\varphi\mathrm{d}\varphi\int_0^1f(r\sin\varphi\cos\theta,r\sin\varphi\sin\theta,r\cos\varphi)r^2\mathrm{d}r.\end{aligned}$$

例 2 将三次积分 $I=\int_0^1\mathrm{d}x\int_{-\sqrt{1-x^2}}^{\sqrt{1-x^2}}\mathrm{d}y\int_{\sqrt{x^2+y^2}}^1f(x,y,z)\mathrm{d}z$ 改为柱面坐标系和球面坐标系下的三次积分.

解 由所给的直角坐标系下的三次积分还原得积分区域 $\Omega:z\geqslant\sqrt{x^2+y^2}$，$z\leqslant1$，$x\geqslant0$.

故在柱面坐标系中，体积元素为 $\mathrm{d}V=\rho\mathrm{d}\rho\mathrm{d}\theta\mathrm{d}z$，由于 $\rho\leqslant z\leqslant1$，$0\leqslant\rho\leqslant1$，$-\frac{\pi}{2}\leqslant\theta\leqslant\frac{\pi}{2}$，所以

$$I=\int_{-\frac{\pi}{2}}^{\frac{\pi}{2}}\mathrm{d}\theta\int_0^1\rho\mathrm{d}\rho\int_{\rho}^1f(\rho\cos\theta,\rho\sin\theta,z)\mathrm{d}z.$$

在球面坐标系中，积分区域 $\Omega:\begin{cases}0\leqslant r\leqslant\frac{1}{\cos\varphi},\\0\leqslant\varphi\leqslant\frac{\pi}{4},\\-\frac{\pi}{2}\leqslant\theta\leqslant\frac{\pi}{2},\end{cases}$ 而 $\mathrm{d}V=r^2\sin\varphi\mathrm{d}r\mathrm{d}\varphi\mathrm{d}\theta$，

因此

$$\begin{aligned}I&=\iiint\limits_{\Omega}f(r\sin\varphi\cos\theta,r\sin\varphi\sin\theta,r\cos\varphi)r^2\sin\varphi\mathrm{d}r\mathrm{d}\varphi\mathrm{d}\theta\\&=\int_{-\frac{\pi}{2}}^{\frac{\pi}{2}}\mathrm{d}\theta\int_0^{\frac{\pi}{4}}\sin\varphi\mathrm{d}\varphi\int_0^{\frac{1}{\cos\varphi}}f(r\sin\varphi\cos\theta,r\sin\varphi\sin\theta,r\cos\varphi)r^2\mathrm{d}r.\end{aligned}$$

小结 在直角坐标系中三重积分化成三次积分有两种方法：

一是“先一后二”法，或称“细棒法”，即先积一个变量，后积剩下的两个变量.

设积分区域 Ω 在 xOy 面上的投影区域为 D_{xy}，过 D_{xy} 中任一点 (x,y) 作平行于 z 轴的直线，交 Ω 的边界曲面于两点 $(x,y,z_1(x,y))$，$(x,y,z_2(x,y))$ $(z_1\leqslant z_2)$，则

$$\iiint_{\Omega} f(x,y,z)\,\mathrm{d}x\mathrm{d}y\mathrm{d}z = \iint_{D_{xy}} \mathrm{d}x\mathrm{d}y \int_{z_1(x,y)}^{z_2(x,y)} f(x,y,z)\,\mathrm{d}z.$$

二是“先二后一”法，或称“切片法”，即先积两个变量，后积余下的一个变量.

设积分区域 Ω 中变量 z 的变化区间为 $[c,d]$，过 $[c,d]$ 中任一点 z 作平行于 xOy 面的平面，交 Ω 得截面 D_z，则

$$\iiint_{\Omega} f(x,y,z)\,\mathrm{d}x\mathrm{d}y\mathrm{d}z = \int_c^d \mathrm{d}z \iint_{D_z} f(x,y,z)\,\mathrm{d}x\mathrm{d}y.$$

两种方法比较起来前者常用、易掌握，后者对有些积分用起来比较简单.

在上述“先一后二”或“先二后一”法中，把其中的二重积分按极坐标化成二次积分，就得到在柱面坐标系下三重积分化成三次积分的表达式.

问题 2　计算三重积分时，如何选取合适的坐标系？

例 3　计算三重积分 $I = \iiint_{\Omega} \dfrac{\mathrm{d}x\mathrm{d}y\mathrm{d}z}{(1+x+y+z)^3}$，其中 Ω 由 $x+y+z=1, x=0, y=0, z=0$ 围成.

分析　因为 Ω 在 xOy 面上的投影区域 D 是三角形区域，故选择在直角坐标系下计算.

解　Ω 在 xOy 面上的投影区域 D_{xy} 由 $x+y=1, x=0, y=0$ 围成，因此

$$\begin{aligned}
I &= \int_0^1 \mathrm{d}x \int_0^{1-x} \mathrm{d}y \int_0^{1-x-y} \frac{1}{(1+x+y+z)^3}\mathrm{d}z = \int_0^1 \mathrm{d}x \int_0^{1-x} \left(-\frac{1}{2}\cdot\frac{1}{(1+x+y+z)^2}\right)\Bigg|_0^{1-x-y} \mathrm{d}y \\
&= -\frac{1}{2}\int_0^1 \mathrm{d}x \int_0^{1-x} \left(\frac{1}{4} - \frac{1}{(1+x+y)^2}\right)\mathrm{d}y = -\frac{1}{2}\int_0^1 \left(\frac{1}{4}y + \frac{1}{1+x+y}\right)\Bigg|_0^{1-x} \mathrm{d}x \\
&= -\frac{1}{2}\int_0^1 \left(\frac{3}{4} - \frac{1}{4}x - \frac{1}{1+x}\right)\mathrm{d}x = -\frac{1}{2}\left(\frac{3}{4}x - \frac{1}{8}x^2 - \ln(1+x)\right)\Bigg|_0^1 \\
&= \frac{1}{2}\left(\ln 2 - \frac{5}{8}\right).
\end{aligned}$$

注　若先将 $x+y+z=1$ 代入被积函数得 $I = \iiint_{\Omega} \dfrac{\mathrm{d}x\mathrm{d}y\mathrm{d}z}{(1+x+y+z)^3} = \iiint_{\Omega} \dfrac{1}{8}\mathrm{d}x\mathrm{d}y\mathrm{d}z$ 后再计算，行吗？不行！因为被积函数是定义在 $\Omega(x+y+z=1, x=0, y=0, z=0$ 所围成区域$)$上，而不是定义在 Ω 的表面$(x+y+z=1, x=0, y=0, z=0)$上，故不能用 Ω 的表面方程代入被积函数，这是读者需要注意的.

例 4　计算 $I = \iiint_{\Omega} z^2\mathrm{d}V$，其中 Ω 是 $x^2+y^2+z^2 \leqslant R^2$ 和 $x^2+y^2+z^2 \leqslant 2Rz$ 的公共部分.

分析　积分区域 Ω 如图 18-4 所示. 因为被积函数为 z^2，不含有 x, y，且平行于 xOy 面的平面与 Ω 相交时截面 D_Z 均为圆，故若用“先二后一”法，先计算 x, y 的二重积分时就化为求 D_Z 的面积，十分简便.

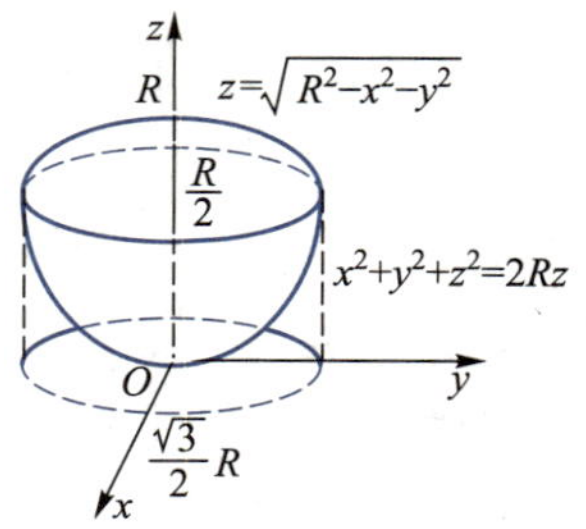

图 18-4

解　Ω 向 z 轴投影得 z 轴上的一个区间 $[0,R]$，过 $[0,R]$ 中任一点作平行于 xOy 面的平面交 Ω 得截面 D_Z.

当 $0 \leqslant z \leqslant \dfrac{R}{2}$ 时，$D_1(z): x^2+y^2 \leqslant 2Rz - z^2$；

当$\frac{R}{2}\leqslant z\leqslant R$时，$D_2(z):x^2+y^2\leqslant R^2-z^2$，

故

$$I=\iiint\limits_{\Omega_1}z^2\mathrm{d}V+\iiint\limits_{\Omega_2}z^2\mathrm{d}V=\int_0^{\frac{R}{2}}z^2\mathrm{d}z\iint\limits_{D_1(z)}\mathrm{d}\sigma+\int_{\frac{R}{2}}^{R}z^2\mathrm{d}z\iint\limits_{D_2(z)}\mathrm{d}\sigma$$
$$=\int_0^{\frac{R}{2}}z^2(2Rz-z^2)\pi\mathrm{d}z+\int_{\frac{R}{2}}^{R}z^2(R^2-z^2)\pi\mathrm{d}z=\frac{59}{480}\pi R^5.$$

例 5　求$I=\iiint\limits_{\Omega}z\mathrm{e}^{x^2+y^2}\mathrm{d}V$，$\Omega$是由$z=\sqrt{x^2+y^2}$，$z=h(h>0)$所围成的区域.

分析　积分区域Ω如图 18-5 所示. 因为被积函数中含有x^2+y^2，Ω夹在$z=0$，$z=h$之间，适合用柱面坐标计算，

解
$$I=\int_0^{2\pi}\mathrm{d}\theta\int_0^h\rho\mathrm{d}\rho\int_\rho^h z\mathrm{e}^{\rho^2}\mathrm{d}z$$
$$=\frac{1}{2}\int_0^{2\pi}\mathrm{d}\theta\int_0^h\mathrm{e}^{\rho^2}\rho(h^2-\rho^2)\mathrm{d}\rho$$
$$=\frac{1}{2}\int_0^{2\pi}\mathrm{d}\theta\left(h^2\int_0^h\mathrm{e}^{\rho^2}\rho\mathrm{d}\rho-\int_0^h\mathrm{e}^{\rho^2}\rho^3\mathrm{d}\rho\right)$$
$$=\frac{1}{2}\int_0^{2\pi}\mathrm{d}\theta\left(\frac{h^2}{2}\int_0^h\mathrm{e}^{\rho^2}\mathrm{d}\rho^2-\frac{1}{2}\int_0^h\mathrm{e}^{\rho^2}\rho^2\mathrm{d}\rho^2\right)$$
$$=\frac{\pi}{2}(\mathrm{e}^{h^2}-h^2-1).$$

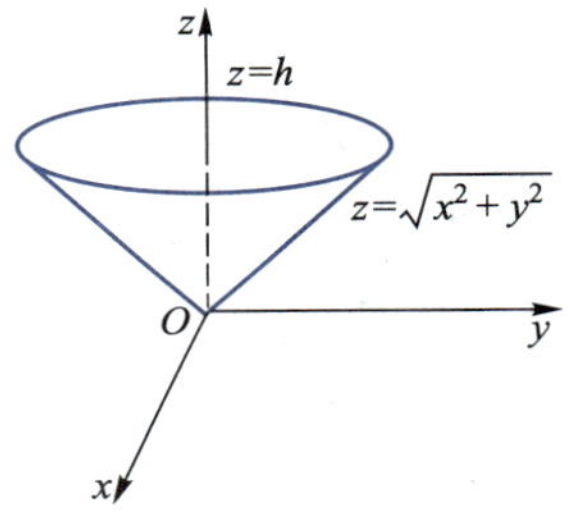

图 18-5

例 6　求$I=\iiint\limits_{\Omega}z\sqrt{x^2+y^2+z^2}\mathrm{d}V$，$\Omega$是由$x^2+y^2+z^2\leqslant 1$及$z\geqslant\sqrt{3(x^2+y^2)}$所确定的区域.

分析　积分区域Ω如图 18-6 所示. 因为Ω是由球面与锥面围成，适合用球面坐标计算.

解
$$I=\int_0^{2\pi}\mathrm{d}\theta\int_0^{\frac{\pi}{6}}\sin\varphi\cos\varphi\mathrm{d}\varphi\int_0^1 r^4\mathrm{d}r$$
$$=\frac{2\pi}{5}\int_0^{\frac{\pi}{6}}\sin\varphi\cos\varphi\mathrm{d}\varphi$$
$$=\frac{2\pi}{5}\cdot\frac{1}{2}\sin^2\varphi\Big|_0^{\frac{\pi}{6}}$$
$$=\frac{\pi}{20}.$$

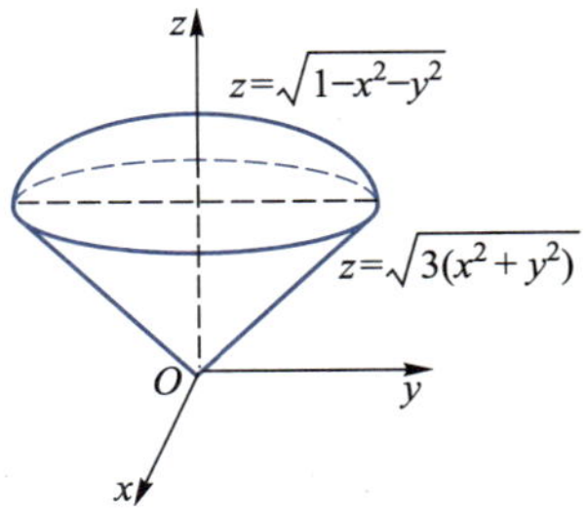

图 18-6

小结　一般情况下，若积分区域Ω在xOy面上的投影区域D是x-型区域或y-型区域，说明积分限比较简单，可以用直角坐标计算；当积分区域Ω为圆柱形区域，Ω的投影区域是圆域，被积函数为x^2+y^2或$\frac{y}{x}$的函数时，用柱面坐标计算比较方便；当积分区域Ω是球形或是球面与锥面围成的部分，被积函数为$x^2+y^2+z^2$的函数时，适合用球面坐标计算.

问题 3　如何利用积分区域的对称性和被积函数的奇偶性简化三重积分的计算？

例 7　设 $\Omega: x^2+y^2+z^2 \leqslant R^2$，$\Omega_1: \begin{cases} x^2+y^2+z^2 \leqslant R^2, \\ z \geqslant 0, \end{cases}$ $\Omega_2: \begin{cases} x^2+y^2+z^2 \leqslant R^2, \\ x \geqslant 0, y \geqslant 0, z \geqslant 0. \end{cases}$ 下列等式是否成立？说明理由.

(1) $\iiint\limits_{\Omega} x\mathrm{d}V = 0$, $\iiint\limits_{\Omega} z\mathrm{d}V = 0$;

(2) $\iiint\limits_{\Omega_1} z\mathrm{d}V = 4\iiint\limits_{\Omega_2} z\mathrm{d}V$, $\iiint\limits_{\Omega_1} x\mathrm{d}V = 4\iiint\limits_{\Omega_2} x\mathrm{d}V$;

(3) $\iiint\limits_{\Omega_1} xy\mathrm{d}V = \iiint\limits_{\Omega_1} yz\mathrm{d}V = \iiint\limits_{\Omega_1} zx\mathrm{d}V = 0$;

(4) $\iiint\limits_{\Omega_2} xy\mathrm{d}V = \iiint\limits_{\Omega_2} yz\mathrm{d}V = \iiint\limits_{\Omega_2} zx\mathrm{d}V$.

解　和定积分、二重积分一样，简化三重积分的计算，不仅要考虑积分区域的对称性，还必须同时考虑被积函数在所讨论区域上的奇偶性.

(1) 中两个等式成立. 理由是：第一个等式中被积函数关于 x 是奇函数，而积分区域关于 yOz 面对称，故三重积分等于零. 同理，第二个等式中被积函数关于 z 是奇函数，而积分区域关于 xOy 面对称，故三重积分等于零.

(2) 中第一个等式成立，因为被积函数 $f(x,y,z)=z$ 关于 x,y 均为偶函数（为什么？），而积分区域 Ω_1 又关于 yOz 面及 zOx 面对称，故有等式 $\iiint\limits_{\Omega_1} z\mathrm{d}V = 4\iiint\limits_{\Omega_2} z\mathrm{d}V$.

但第二个等式不成立，即 $\iiint\limits_{\Omega_1} x\mathrm{d}V \neq 4\iiint\limits_{\Omega_2} x\mathrm{d}V$. 因为虽然 Ω_1 是 Ω_2 的 4 倍，但被积函数 $f(x,y,z)=x$ 在 Ω_1 中是关于 x 的奇函数，且 Ω_1 对称于 yOz 面，故 $\iiint\limits_{\Omega_1} x\mathrm{d}V = 0$，但在 Ω_2 中 x 非负且不恒为 0（第一卦限），故 $\iiint\limits_{\Omega_2} x\mathrm{d}V > 0$.

(3) 中等式成立，理由仿照(1)，(2)自己说明.

(4) 中等式成立. 因为积分区域 Ω_2 及被积函数关于变量 x,y,z 是轮换对称的，比如把 x 换 y，y 换 z，z 换 x 后，积分 $\iiint\limits_{\Omega_2} xy\mathrm{d}V$，$\iiint\limits_{\Omega_2} yz\mathrm{d}V$，$\iiint\limits_{\Omega_2} zx\mathrm{d}V$ 之间的差别，仅仅在于记号的不同（被积函数与积分区域都相同），而积分的值与积分变量用什么符号是无关的. 因此 $\iiint\limits_{\Omega_2} xy\mathrm{d}V = \iiint\limits_{\Omega_2} yz\mathrm{d}V = \iiint\limits_{\Omega_2} zx\mathrm{d}V$.

例 8　计算 $\iiint\limits_{x^2+y^2+z^2 \leqslant 1} \mathrm{e}^{|z|}\mathrm{d}V$.

解　［法 1］　被积函数 $\mathrm{e}^{|z|}$ 只与 z 有关，积分区域又为球体，可采用“先二后一”法.

$$\iiint\limits_{x^2+y^2+z^2 \leqslant 1} \mathrm{e}^{|z|}\mathrm{d}V = \int_{-1}^{1} \mathrm{e}^{|z|}\mathrm{d}z \iint\limits_{D_z} \mathrm{d}x\mathrm{d}y$$

$$= \int_{-1}^{1} e^{|z|} \pi (1 - z^2) dz$$

$$= 2\pi \int_{0}^{1} e^{z} (1 - z^2) dz$$

$$= 2\pi.$$

其中 $D_z: x^2+y^2 \leqslant 1-z^2$.

[法 2] 由于被积函数 $e^{|z|}$ 关于 z 是偶函数,积分区域 $x^2+y^2+z^2 \leqslant 1$ 关于 xOy 面对称,故

$$\iiint_{x^2+y^2+z^2 \leqslant 1} e^{|z|} dV = 2 \iiint_{\substack{x^2+y^2+z^2 \leqslant 1 \\ z \geqslant 0}} e^{z} dV$$

$$\xlongequal{\text{球坐标系}} 2 \int_0^{2\pi} d\theta \int_0^1 dr \int_0^{\frac{\pi}{2}} e^{r\cos\varphi} r^2 \sin\varphi d\varphi$$

$$= 4\pi \int_0^1 dr \int_0^{\frac{\pi}{2}} (-re^{r\cos\theta}) d(r\cos\theta)$$

$$= 4\pi \int_0^1 (e^r - 1) r dr = 2\pi.$$

例 9 计算 $I_i = \iiint\limits_{\Omega_i} (x+y+z)^2 dV$, 其中 $\Omega_1: 0 \leqslant x \leqslant 1, 0 \leqslant y \leqslant 1, 0 \leqslant z \leqslant 1$; $\Omega_2: x^2+y^2+z^2 \leqslant R^2$.

解 (1) 区域 Ω_1 关于变量 x, y, z 具有轮换对称性,故

$$I_1 = \iiint_{\Omega_1} (x+y+z)^2 dV$$

$$= \iiint_{\Omega_1} (x^2+y^2+z^2+2xy+2xz+2yz) dxdydz$$

$$= \iiint_{\Omega_1} (3x^2+6xy) dxdydz$$

$$= \int_0^1 dz \int_0^1 dx \int_0^1 (3x^2+6xy) dy = \frac{5}{2}.$$

(2) 区域 Ω_2 关于三个坐标面对称,而 $2xy, 2xz$ 关于 x 为奇函数,$2yz$ 关于 y 为奇函数,故

$$I_2 = \iiint_{\Omega_2} (x+y+z)^2 dV$$

$$= \iiint_{\Omega_2} (x^2+y^2+z^2+2xy+2xz+2yz) dxdydz$$

$$= \iiint_{\Omega_2} (x^2+y^2+z^2) dxdydz$$

$$= \int_0^{2\pi} d\varphi \int_0^{\pi} d\theta \int_0^{R} r^4 \sin\theta dr = \frac{4}{5}\pi R^5.$$

小结 三重积分的对称性有如下常用结论：

设 $f(x,y,z)$ 在有界闭区域 Ω 上可积，$\Omega=\Omega_1\cup\Omega_2$.

(1) 若 Ω_1 与 Ω_2 关于 xOy 面对称，则

$$\iiint\limits_{\Omega} f(x,y,z)\,\mathrm{d}x\mathrm{d}y\mathrm{d}z=\begin{cases}2\iiint\limits_{\Omega_1} f(x,y,z)\,\mathrm{d}x\mathrm{d}y\mathrm{d}z, & \text{当 } f(x,y,-z)=f(x,y,z) \text{ 时（即 } f(x,y,z) \text{ 关于 } z \text{ 为偶函数），}\\ 0, & \text{当 } f(x,y,-z)=-f(x,y,z) \text{ 时（即 } f(x,y,z) \text{ 关于 } z \text{ 为奇函数）.}\end{cases}$$

(2) 若 Ω_1 与 Ω_2 关于 yOz 面对称，则

$$\iiint\limits_{\Omega} f(x,y,z)\,\mathrm{d}x\mathrm{d}y\mathrm{d}z=\begin{cases}2\iiint\limits_{\Omega_1} f(x,y,z)\,\mathrm{d}x\mathrm{d}y\mathrm{d}z, & \text{当 } f(-x,y,z)=f(x,y,z) \text{ 时（即 } f(x,y,z) \text{ 关于 } x \text{ 为偶函数），}\\ 0, & \text{当 } f(-x,y,z)=-f(x,y,z) \text{ 时（即 } f(x,y,z) \text{ 关于 } x \text{ 为奇函数）.}\end{cases}$$

(3) 若 Ω_1 与 Ω_2 关于 zOx 面对称，则

$$\iiint\limits_{\Omega} f(x,y,z)\,\mathrm{d}x\mathrm{d}y\mathrm{d}z=\begin{cases}2\iiint\limits_{\Omega_1} f(x,y,z)\,\mathrm{d}x\mathrm{d}y\mathrm{d}z, & \text{当 } f(x,-y,z)=f(x,y,z) \text{ 时（即 } f(x,y,z) \text{ 关于 } y \text{ 为偶函数），}\\ 0, & \text{当 } f(x,-y,z)=-f(x,y,z) \text{ 时（即 } f(x,y,z) \text{ 关于 } y \text{ 为奇函数）.}\end{cases}$$

(4) 若将 x 换为 y，y 换为 z，z 换为 x，积分区域 Ω 不变，则将被积函数中的变量作同样变换后所获得的积分值与原积分值相同（称为"轮换对称性"）.即

$$\iiint\limits_{\Omega} f(x,y,z)\,\mathrm{d}V=\iiint\limits_{\Omega} f(y,z,x)\,\mathrm{d}V.$$

在计算三重积分时，当发现积分区域 Ω 关于 xOy 面（yOz 面或 zOx 面）对称时，就应考虑被积函数关于变量 z（x 或 y）有没有奇偶性，能否使用对称性、奇偶性简化运算；当发现将 x 换为 y，y 换为 z，z 换为 x，积分区域 Ω 不变时，就应考虑是否使用轮换对称性简化运算.

问题 4 如何利用三重积分求空间立体的体积和重心？

例 10 求半径为 R，球心在点 $(0,0,R)$ 的球面与顶点在原点、半顶角为 α 的内接锥面所围成的位于锥面内部的立体体积.

解 作出立体 Ω 的图形（图 18-7）. 球面方程为 $x^2+y^2+(z-R)^2=R^2$，锥面方程为 $z=\cot\alpha\sqrt{x^2+y^2}$，体积 $V=\iiint\limits_{\Omega}\mathrm{d}V$.

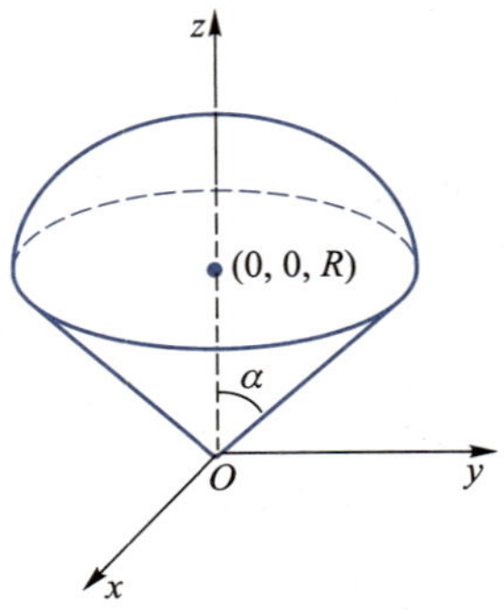

图 18-7

选择球面坐标计算，令

$$\begin{cases}x=r\sin\varphi\cos\theta,\\ y=r\sin\varphi\sin\theta,\\ z=r\cos\varphi,\end{cases}$$

代入球面坐标方程得积分区域

$$\Omega:\begin{cases}0\leqslant\theta\leqslant2\pi,\\ 0\leqslant\varphi\leqslant\alpha,\\ 0\leqslant r\leqslant2R\cos\varphi.\end{cases}$$

于是

$$
\begin{aligned}
V &= \iiint_{\Omega} \mathrm{d}V \\
&= \iiint_{\Omega} r^2 \sin\varphi \mathrm{d}r\mathrm{d}\varphi\mathrm{d}\theta = \int_0^{2\pi}\mathrm{d}\theta\int_0^{\alpha}\mathrm{d}\varphi\int_0^{2R\cos\varphi} r^2\sin\varphi\mathrm{d}r \\
&= 2\pi\int_0^{\alpha}\frac{8}{3}R^3\sin\varphi\cos^3\varphi\mathrm{d}\varphi = \frac{16}{3}\pi R^3\int_0^{\alpha}(-\cos^3\varphi)\mathrm{d}(\cos\varphi) \\
&= -\frac{16}{12}\pi R^3\cos^4\varphi\Big|_0^{\alpha} = \frac{4}{3}\pi R^3(1-\cos^4\alpha).
\end{aligned}
$$

本例也可看成曲顶柱体,利用二重积分求体积:

$$
\begin{aligned}
V &= \iint_D (R+\sqrt{R^2-x^2-y^2})\mathrm{d}x\mathrm{d}y - \iint_D \cot\alpha\sqrt{x^2+y^2}\mathrm{d}x\mathrm{d}y \\
&= \iint_D (R+\sqrt{R^2-x^2-y^2}-\cot\alpha\sqrt{x^2+y^2})\mathrm{d}x\mathrm{d}y,
\end{aligned}
$$

其中 $D: x^2+y^2 \leqslant (R\sin 2\alpha)^2$.

例 11 设有半径为 R 的球体,P_0 是球面上一个定点,球体上任一点的密度与该点到 P_0 距离的平方成正比 $k(k>0)$,求球体的重心.

分析 本题需要自己建立坐标系,通常有两种方法:一是将球心放在原点,点 P_0 放在坐标轴上;二是将点 P_0 放在原点,球心放在坐标轴上. 我们选择后一种方法.

解 将点 P_0 放在原点,球心坐标为 $(0,0,R)$,球面方程为 $x^2+y^2+z^2=2Rz$.

设 Ω 的重心坐标为 $(\overline{x},\overline{y},\overline{z})$,显然 $\overline{x}=\overline{y}=0$.

$$
M = \iiint_{\Omega} k(x^2+y^2+z^2)\mathrm{d}V = 4k\int_0^{\frac{\pi}{2}}\mathrm{d}\theta\int_0^{\frac{\pi}{2}}\mathrm{d}\varphi\int_0^{2R\cos\varphi} r^4\sin\varphi\mathrm{d}r = \frac{32}{15}k\pi R^5,
$$

$$
M_z = \iiint_{\Omega} zk(x^2+y^2+z^2)\mathrm{d}V = 4k\int_0^{\frac{\pi}{2}}\mathrm{d}\theta\int_0^{\frac{\pi}{2}}\mathrm{d}\varphi\int_0^{2R\cos\varphi} r^5\sin\varphi\cos\varphi\mathrm{d}r = \frac{8}{3}k\pi R^6.
$$

故 $\overline{z}=\dfrac{M_z}{M}=\dfrac{5}{4}R$,重心坐标为 $\left(0,0,\dfrac{5}{4}R\right)$.

小结 1. 计算空间曲面所围立体的体积,有两种方法:

一是利用三重积分,将立体 Ω 的体积用三重积分 $\iiint\limits_{\Omega}\mathrm{d}V$ 表示(例 10). 二是利用二重积分,将立体 Ω 视为曲顶柱体用二重积分表示其体积.

2. 计算空间立体的重心,根据重心的计算公式计算即可(例 11). 当物体质量是均匀分布的,即密度函数为常数时,此时的重心为形心. 需要注意,可以先利用物体本身的对称性判断重心的大致位置.

三、课内练习题

1. 选择题:

(1) 设 $L=\iiint\limits_{x^2+y^2+z^2\leqslant 2}(x+2y^2+3z^3)\mathrm{d}V, M=\iiint\limits_{x^2+y^2+z^2\leqslant 2}(2x+3y^2+z^3)\mathrm{d}V, N=\iiint\limits_{x^2+y^2+z^2\leqslant 2}(3x+y^2+2z^3)\mathrm{d}V$,则(　　).

(A) $L<M<N$　　(B) $N<L<M$

(C) $M<L<N$　　(D) $L<N<M$

(2) Ω 是由曲面 $z=x^2+y^2$ 及平面 $y=x, y=0, z=1$ 在第一卦限所围成的闭区域,函数 $f(x,y,z)$ 在 Ω 上连续,则 $\iiint\limits_{\Omega}f(x,y,z)\mathrm{d}x\mathrm{d}y\mathrm{d}z=$(　　).

(A) $\int_0^1\mathrm{d}y\int_y^{\sqrt{1-y^2}}\mathrm{d}x\int_{x^2+y^2}^1 f(x,y,z)\mathrm{d}z$　　(B) $\int_0^{\frac{\sqrt{2}}{2}}\mathrm{d}x\int_y^{\sqrt{1-y^2}}\mathrm{d}y\int_{x^2+y^2}^1 f(x,y,z)\mathrm{d}z$

(C) $\int_0^{\frac{\sqrt{2}}{2}}\mathrm{d}y\int_y^{\sqrt{1-y^2}}\mathrm{d}x\int_{x^2+y^2}^1 f(x,y,z)\mathrm{d}z$　　(D) $\int_0^{\frac{\sqrt{2}}{2}}\mathrm{d}y\int_y^{\sqrt{1-y^2}}\mathrm{d}x\int_0^1 f(x,y,z)\mathrm{d}z$

(3) 设空间区域 $\Omega_1: x^2+y^2+z^2\leqslant R^2, z\geqslant 0$;$\Omega_2: x^2+y^2+z^2\leqslant R^2, x\geqslant 0, y\geqslant 0, z\geqslant 0$,则有(　　).

(A) $\iiint\limits_{\Omega_1}x\mathrm{d}V=4\iiint\limits_{\Omega_2}x\mathrm{d}V$　　(B) $\iiint\limits_{\Omega_1}y\mathrm{d}V=4\iiint\limits_{\Omega_2}y\mathrm{d}V$

(C) $\iiint\limits_{\Omega_1}z\mathrm{d}V=4\iiint\limits_{\Omega_2}z\mathrm{d}V$　　(D) $\iiint\limits_{\Omega_1}xyz\mathrm{d}V=4\iiint\limits_{\Omega_2}xyz\mathrm{d}V$

2. 设 Ω 是由柱面 $x^2+y^2=1$ 与平面 $z=0, z=1$ 所围成的区域,将三重积分 $\iiint\limits_{\Omega}f(x,y,z)\mathrm{d}V$ 分别在直角坐标系和柱面坐标系下化为三次积分.

3. 设 Ω 为由曲面 $z=\sqrt{x^2+y^2}$ 及平面 $z=1, x=0, y=0$ 在第一卦限围成的区域,将三重积分 $I=\iiint\limits_{\Omega}f(x^2+y^2+z^2)\mathrm{d}V$ 分别在柱面坐标系和球面坐标系下化为三次积分.

4. 设 Ω 为区域 $\sqrt{x^2+y^2}\leqslant z\leqslant\sqrt{1-x^2-y^2}$,将三重积分 $\iiint\limits_{\Omega}f(x,y,z)\mathrm{d}V$ 分别在直角坐标系、柱面坐标系和球面坐标系下化为三次积分.

5. 计算三重积分 $I=\iiint\limits_{\Omega}\dfrac{1}{(1+x+y+z)^3}\mathrm{d}x\mathrm{d}y\mathrm{d}z$,其中 Ω 为三个坐标面与平面 $x+y+z=1$ 所围区域.

6. 计算三重积分 $I=\iiint\limits_{\Omega}xz\mathrm{d}x\mathrm{d}y\mathrm{d}z$,其中 Ω 是由平面 $z=0, z=y, y=1$ 以及抛物柱面 $y=x^2$ 所围区域.

7. 计算三重积分 $I=\iiint\limits_{\Omega}(x^2+y^2)\mathrm{d}V$,其中 Ω 是由 $\begin{cases}y^2=2z,\\x=0\end{cases}$ 绕 z 轴旋转一周而成的曲面与

$z=8$ 所围成的区域.

8. 计算 $\iiint\limits_{\Omega} z\sqrt{x^2+y^2}\,dxdydz$，其中 Ω 是由圆柱面 $(x-1)^2+y^2=1(y\geqslant 0)$ 与平面 $y=0,z=0$，$z=a(a>0)$ 所围成的区域.

9. 计算 $I=\iiint\limits_{\Omega}\sqrt{x^2+y^2+z^2}\,dxdydz$，其中 $\Omega=\{(x,y,z)\mid x^2+y^2+z^2\leqslant 4,\sqrt{x^2+y^2}\leqslant z\}$.

10. 计算 $\iiint\limits_{\Omega}\dfrac{1}{\sqrt{x^2+y^2+z^2}}dxdydz$，其中 Ω 是由曲面 $z=1+\sqrt{1-x^2-y^2}$ 与平面 $z=1,y=0$ 所围成的 $y\geqslant 0$ 的部分.

11. 计算三重积分 $\iiint\limits_{\Omega} z\,dV$，其中 Ω 是由旋转抛物面 $z=x^2+y^2$ 与平面 $z=1$ 所围成的闭区域.

12. 利用三重积分求由 $x^2+y^2+z^2=1,x^2+y^2+z^2=4$ 及 $z=\sqrt{x^2+y^2}$ 所围立体的体积.

13. 求抛物柱面 $x=y^2$ 和平面 $x=z,z=0$ 及 $x=1$ 围成的均匀立体的重心(质心)坐标.

四、课外练习题

1. 计算三重积分 $I=\iiint\limits_{\Omega} xy\,dV$，其中 Ω 是由双曲抛物面 $z=xy$，平面 $x+y=1$ 及 $z=0$ 围成的区域.

2. 计算三重积分 $I=\iiint\limits_{\Omega}(2y+z)\,dxdydz$，其中 Ω 由 $z=\sqrt{2-x^2-y^2}$ 与 $z=x^2+y^2$ 所围成.

3. 计算三重积分 $I=\iiint\limits_{\Omega} e^z\,dV$，其中 Ω 由锥面 $z=\sqrt{x^2+y^2}$ 与抛物面 $z=2-x^2-y^2$ 所围成.

4. 计算三重积分 $\iiint\limits_{\Omega}\dfrac{\cos(\sqrt{x^2+y^2+z^2})}{\sqrt{x^2+y^2+z^2}}dV$，其中 Ω 为 $\pi^2\leqslant x^2+y^2+z^2\leqslant 4\pi^2$.

5. 计算三重积分 $\iiint\limits_{\Omega} z\,dV$，其中 Ω 是由不等式 $x^2+y^2+(z-1)^2\leqslant 1,x^2+y^2\leqslant z^2$ 所确定的区域.

6. 计算三重积分 $\iiint\limits_{\Omega}\left|z-\sqrt{x^2+y^2}\right|dV$，其中 Ω 是由圆柱面 $x^2+y^2=2$ 与平面 $z=0,z=1$ 所围成的区域.

7. 设在均匀材料的半球体上，拼接一个由同样材料制成的、底圆半径与球半径同为 R 的圆锥体. 试确定圆锥体的高度 H，以使所成物体的质心恰好在半球的球心处.

*8. 设 $f(u)$ 具有连续导数，求 $\lim\limits_{t\to 0}\dfrac{1}{\pi t^4}\iiint\limits_{x^2+y^2+z^2\leqslant t} f(\sqrt{x^2+y^2+z^2})\,dxdydz$.

*9. 设函数 $f(x)$ 在 $[-1,1]$ 上连续，$\iiint\limits_{\Omega}[3z^2+f(\sqrt{x^2+y^2})]\,dxdydz=f(t)$，其中 $\Omega:0\leqslant z\leqslant$

$h, x^2+y^2 \leqslant t^2 (t \geqslant 0)$,求 $f(t)$.

*10. 试证 $\int_0^x \left(\int_0^v \left(\int_0^u f(t)\,\mathrm{d}t \right) \mathrm{d}u \right) \mathrm{d}v = \frac{1}{2} \int_0^x (x-t)^2 f(t)\,\mathrm{d}t$.

第十八讲

习题参考答案或提示

第十九讲　曲线积分的概念与计算

一、本讲要求

1. 理解两类曲线积分的概念、性质，知道两类曲线积分的区别和关系.
2. 熟练掌握曲线积分化为定积分的计算方法.
3. 熟练掌握格林公式及曲线积分与路径无关的条件，并能应用它们计算曲线积分.
4. 掌握曲线积分的一些简单应用.

二、问题·分析·解答

问题 1　如何将对弧长的（第一类）曲线积分化为定积分进行计算？计算时应注意什么？

例 1　设 L 为半圆周 $x^2+y^2=a^2(x>0)$ 上点 $A(0,a)$ 与 $B\left(\frac{a}{\sqrt{2}},-\frac{a}{\sqrt{2}}\right)$ 之间的一段曲线，则 $\int_L x\mathrm{d}s=\int_0^{\frac{a}{\sqrt{2}}}\frac{ax}{\sqrt{a^2-x^2}}\mathrm{d}x=\left(1-\frac{1}{\sqrt{2}}\right)a^2$，此解法正确吗？

解　此法不正确. 若化为以 x 为变量的定积分，需将 L 分为 $\widehat{AC}$，$\widehat{CB}$ 两段，其中点 $C(a,0)$（图 19-1）.

$$\widehat{AC}:\ y=\sqrt{a^2-x^2}\quad (0\leqslant x\leqslant a),$$

$$\widehat{CB}:\ y=-\sqrt{a^2-x^2}\quad \left(\frac{a}{\sqrt{2}}\leqslant x\leqslant a\right).$$

$$\mathrm{d}s=\sqrt{(\mathrm{d}x)^2+(\mathrm{d}y)^2}=\frac{a}{\sqrt{a^2-x^2}}\mathrm{d}x.$$

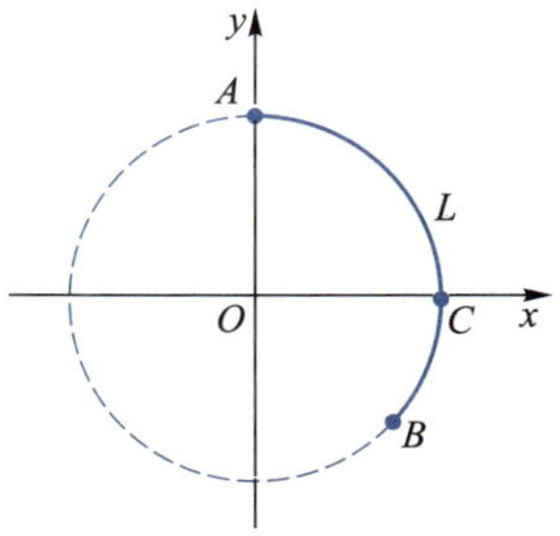

图 19-1

于是

$$\int_L x\mathrm{d}s=\int_{\widehat{AC}}x\mathrm{d}s+\int_{\widehat{CB}}x\mathrm{d}s$$
$$=\int_0^a\frac{ax}{\sqrt{a^2-x^2}}\mathrm{d}x+\int_{\frac{a}{\sqrt{2}}}^a\frac{ax}{\sqrt{a^2-x^2}}\mathrm{d}x$$
$$=\left(1+\frac{1}{\sqrt{2}}\right)a^2.$$

此题也可以化为以 y 为积分变量的定积分，或取 L 为参数方程 $x=a\cos\theta,y=a\sin\theta$，化为以 θ 为积分变量的定积分. 其中取 L 为参数方程时最简单. 请自己练习，加以比较.

例 2　计算 $I=\int_L\sqrt{x^2+y^2}\mathrm{d}s$，其中 $L:x^2+y^2=ax\ (a>0)$.

解　［法 1］　直角坐标系：化为以 x 为积分变量的定积分，L 由上半圆周 L_1 和下半圆周

L_2 构成,即

$$L_1:y=\sqrt{ax-x^2},0\leqslant x\leqslant a,\quad \mathrm{d}s=\sqrt{(\mathrm{d}x)^2+(\mathrm{d}y)^2}=\frac{a}{2\sqrt{ax-x^2}}\mathrm{d}x,$$

$$L_2:y=-\sqrt{ax-x^2},0\leqslant x\leqslant a,\quad \mathrm{d}s=\sqrt{(\mathrm{d}x)^2+(\mathrm{d}y)^2}=\frac{a}{2\sqrt{ax-x^2}}\mathrm{d}x\ ,$$

于是

$$\begin{aligned} I &= \int_{L_1}\sqrt{x^2+y^2}\,\mathrm{d}s+\int_{L_2}\sqrt{x^2+y^2}\,\mathrm{d}s \\ &= 2\int_0^a\sqrt{ax}\,\frac{a}{2\sqrt{ax-x^2}}\mathrm{d}x \\ &= a\sqrt{a}\int_0^a\frac{1}{\sqrt{a-x}}\mathrm{d}x \\ &= a\sqrt{a}\left(-2\sqrt{a-x}\right)\Big|_0^a=2a^2. \end{aligned}$$

[法 2] 将积分曲线写成参数方程:L 为 $x=\frac{a}{2}+\frac{a}{2}\cos\theta,y=\frac{a}{2}\sin\theta,0\leqslant\theta\leqslant 2\pi$. $\mathrm{d}s=\sqrt{(\mathrm{d}x)^2+(\mathrm{d}y)^2}=\frac{a}{2}\mathrm{d}\theta$,于是

$$\begin{aligned} I &= \int_0^{2\pi}\frac{a}{\sqrt{2}}\sqrt{1+\cos\theta}\,\frac{a}{2}\mathrm{d}\theta \\ &= \frac{a^2}{2}\int_0^{2\pi}\left|\cos\frac{\theta}{2}\right|\mathrm{d}\theta \\ &= \frac{a^2}{2}\left(\int_0^{\pi}\cos\frac{\theta}{2}\mathrm{d}\theta-\int_{\pi}^{2\pi}\cos\frac{\theta}{2}\mathrm{d}\theta\right) \\ &= \frac{a^2}{2}\left(2\sin\frac{\theta}{2}\Big|_0^{\pi}-2\sin\frac{\theta}{2}\Big|_{\pi}^{2\pi}\right)=2a^2. \end{aligned}$$

[法 3] 极坐标系:L 为 $\rho=a\cos\theta,-\frac{\pi}{2}\leqslant\theta\leqslant\frac{\pi}{2}$. 故 $\mathrm{d}s=\sqrt{\rho^2(\theta)+\rho'^2(\theta)}\,\mathrm{d}\theta=a\mathrm{d}\theta$,于是

$$I=\int_{-\frac{\pi}{2}}^{\frac{\pi}{2}}\rho a\mathrm{d}\theta=a^2\int_{-\frac{\pi}{2}}^{\frac{\pi}{2}}\cos\theta\mathrm{d}\theta=2a^2.$$

例 3 计算 $I=\oint_L(z+y^2)\,\mathrm{d}s$, L 为球面 $x^2+y^2+z^2=R^2$ 与平面 $x+y+z=0$ 的交线.

解 [法 1] 将空间曲线 L 化为参数方程的形式:由 $\begin{cases}x^2+y^2+z^2=R^2,\\ x+y+z=0\end{cases}$ 消去 x 得 $\left(y+\frac{z}{2}\right)^2+\frac{3}{4}z^2=\frac{R^2}{2}$,所以相交曲线 L 的参数方程为

$$\begin{cases} x=-\dfrac{R}{\sqrt{2}}\sin t-\dfrac{R}{\sqrt{6}}\cos t, \\ y=\dfrac{R}{\sqrt{2}}\sin t-\dfrac{R}{\sqrt{6}}\cos t, \quad 0\leqslant t\leqslant 2\pi. \\ z=\dfrac{2}{\sqrt{6}}R\cos t, \end{cases}$$

故

$$\begin{aligned} ds &= \sqrt{x'^2(t)+y'^2(t)+z'^2(t)}\,dt \\ &= \sqrt{R^2\cos^2 t+R^2\sin^2 t}\,dt \\ &= R\,dt, \end{aligned}$$

于是

$$\begin{aligned} I &= \oint_L (z+y^2)\,ds \\ &= \int_0^{2\pi}\left(\frac{2R}{\sqrt{6}}\cos t+\frac{R^2}{2}\sin^2 t+\frac{R^2}{6}\cos^2 t-\frac{2R^2}{\sqrt{2}\sqrt{6}}\sin t\cos t\right)R\,dt \\ &= \int_0^{2\pi}R\left(\frac{R^2}{2}\sin^2 t+\frac{R^2}{6}\cos^2 t\right)dt \\ &= \frac{2\pi}{3}R^3. \end{aligned}$$

［法 2］ 曲线 L 是 $x^2+y^2+z^2=R^2$ 与 $x+y+z=0$ 的交线，即为平面 $x+y+z=0$ 上半径为 R 的圆，其特点是 x,y,z 轮换后曲线 L 的方程不变. 又由于

$$I=\oint_L (z+y^2)\,ds=\oint_L z\,ds+\oint_L y^2\,ds,$$

故利用曲线 L 中变量 x,y,z 的轮换对称性，得

$$\oint_L x\,ds=\oint_L y\,ds=\oint_L z\,ds,\quad \oint_L x^2\,ds=\oint_L y^2\,ds=\oint_L z^2\,ds,$$

所以

$$\oint_L z\,ds=\frac{1}{3}\oint_L (x+y+z)\,ds=\frac{1}{3}\oint_L 0\,ds=0,$$

$$\begin{aligned} \oint_L y^2\,ds &= \frac{1}{3}\oint_L (x^2+y^2+z^2)\,ds=\frac{1}{3}\oint_L R^2\,ds \\ &= \frac{1}{3}R^2\cdot(L\text{ 的长度})=\frac{2}{3}\pi R^3, \end{aligned}$$

于是 $I=\oint_L (z+y^2)\,ds=\dfrac{2}{3}\pi R^3$.

小结 1. 对弧长的曲线积分化为定积分计算时应注意以下几点：

(1) 在对弧长的曲线积分中，$ds=\sqrt{(dx)^2+(dy)^2}$ 是弧微分，$ds>0$. 选用不同的坐标系计

算时，$\mathrm{d}s$ 的形式是不同的，如

$$\mathrm{d}s=\sqrt{1+y'^2(x)}\,\mathrm{d}x,\quad \mathrm{d}s=\sqrt{x'^2(t)+y'^2(t)}\,\mathrm{d}t,\quad \mathrm{d}s=\sqrt{\rho^2(\theta)+\rho'^2(\theta)}\,\mathrm{d}\theta .$$

（2）对弧长的曲线积分与曲线的方向无关，化为定积分计算时，积分下限必须小于积分上限.

（3）在计算对弧长的曲线积分时，由于参变量选择不同，化为定积分时有繁有简. 要注意选择适当的参变量简化计算.

2. 在例 3 中，显然利用变量 x,y,z 的轮换对称性来计算比法 1 要简捷得多. 对弧长的曲线积分对称性的结论实际上是由定积分的对称性得到的，在计算第一类曲线积分时，可直接用下列结论：

（1）设曲线 L 关于 y 轴对称，其中 $L_1=\{(x,y)\in L\mid x\geqslant 0\}$ 是 L 的右半段，则

$$\int_L f(x,y)\,\mathrm{d}s=\begin{cases}0, & f\text{ 关于 } x \text{ 是奇函数},\\ 2\int_{L_1} f(x,y)\,\mathrm{d}s, & f\text{ 关于 } x \text{ 是偶函数}.\end{cases}$$

（2）设曲线 L 关于 x 轴对称，其中 $L_2=\{(x,y)\in L\mid y\geqslant 0\}$ 是 L 的上半段，则

$$\int_L f(x,y)\,\mathrm{d}s=\begin{cases}0, & f\text{ 关于 } y \text{ 是奇函数},\\ 2\int_{L_2} f(x,y)\,\mathrm{d}s, & f\text{ 关于 } y \text{ 是偶函数}.\end{cases}$$

（3）设曲线 L 关于原点对称，其中 L_1 是 L 的右半平面或上半平面部分，则

$$\int_L f(x,y)\,\mathrm{d}s=\begin{cases}0, & f\text{ 关于}(x,y)\text{ 是奇函数},\\ 2\int_{L_1} f(x,y)\,\mathrm{d}s, & f\text{ 关于}(x,y)\text{ 是偶函数}.\end{cases}$$

（4）设曲线 L 关于 $y=x$ 对称，则

$$\int_L f(x,y)\,\mathrm{d}s=\int_L f(y,x)\,\mathrm{d}s\quad（称为轮换对称性）.$$

问题 2 将对坐标的（第二类）曲线积分化为定积分计算应注意什么？另外还有哪些方法可以计算对坐标的曲线积分？

对坐标的曲线积分的计算与对弧长的曲线积分的计算一样都是化成某一变量的定积分计算. 但不同的是，对坐标的曲线积分与积分路径的方向有关，即

$$\int_{L_{AB}} P\mathrm{d}x+Q\mathrm{d}y=-\int_{L_{BA}} P\mathrm{d}x+Q\mathrm{d}y.$$

所以化为定积分计算时必须使定积分的下限对应于积分路径的起点，上限对应于积分路径的终点，下限不一定要小于上限. 另外，也可以利用格林公式把对坐标的曲线积分化为二重积分计算.

例 4 计算 $\int_L (x^2+2xy)\,\mathrm{d}y$，其中 L 是椭圆 $\dfrac{x^2}{a^2}+\dfrac{y^2}{b^2}=1$ 由点 $A(a,0)$，经点 $C(0,b)$ 到点 $B(-a,0)$ 的弧段.

解 **［法 1］** 化为以 x 为积分变量的定积分.

$L:\dfrac{x^2}{a^2}+\dfrac{y^2}{b^2}=1\ (y\geqslant 0)$，即 $y=b\sqrt{1-\dfrac{x^2}{a^2}}$，起点 $A(a,0)$ 对应于 $x=a$，终点 $B(-a,0)$ 对应于 $x=$

$-a$，则

$$\int_L (x^2+2xy)\mathrm{d}y=\int_a^{-a}\left(x^2+2xb\sqrt{1-\frac{x^2}{a^2}}\right)\cdot\frac{-bx}{a^2\sqrt{1-\frac{x^2}{a^2}}}\mathrm{d}x$$

$$=\int_a^{-a}\left(-\frac{bx^3}{a^2\sqrt{1-\frac{x^2}{a^2}}}-2\frac{b^2}{a^2}x^2\right)\mathrm{d}x$$

$$=0-\frac{2}{3}\cdot\frac{b^2}{a^2}x^3\Big|_a^{-a}=\frac{4}{3}ab^2.$$

[法 2] 化为以 y 为积分变量的定积分.

$L:\frac{x^2}{a^2}+\frac{y^2}{b^2}=1\ (y\geqslant 0)$，即 $x=\pm a\sqrt{1-\frac{y^2}{b^2}}$，把 L 分成 $\overset{\frown}{AC}$ 与 $\overset{\frown}{CB}$ 两段，其中 $\overset{\frown}{AC}:x=a\sqrt{1-\frac{y^2}{b^2}}$，$y$ 由 0 到 b；$\overset{\frown}{CB}:x=-a\sqrt{1-\frac{y^2}{b^2}}$，$y$ 由 b 到 0，则

$$\int_L (x^2+2xy)\mathrm{d}y=\left(\int_{AC}+\int_{CB}\right)(x^2+2xy)\mathrm{d}y$$

$$=\int_0^b\left(\left(a\sqrt{1-\frac{y^2}{b^2}}\right)^2+2\left(a\sqrt{1-\frac{y^2}{b^2}}\right)y\right)\mathrm{d}y+\int_b^0\left(\left(-a\sqrt{1-\frac{y^2}{b^2}}\right)^2+2\left(-a\sqrt{1-\frac{y^2}{b^2}}\right)y\right)\mathrm{d}y$$

$$=\int_0^b 4ay\sqrt{1-\frac{y^2}{b^2}}\mathrm{d}y=-2ab^2\cdot\frac{2}{3}\left(1-\frac{y^2}{b^2}\right)^{\frac{3}{2}}\Big|_0^b=\frac{4}{3}ab^2.$$

[法 3] 用参数方程.

$L:x=a\cos\theta,y=b\sin\theta,\theta$ 由 0 到 π，故

$$\int_L (x^2+2xy)\mathrm{d}y=\int_0^{\pi}(a^2\cos^2\theta+2ab\cos\theta\sin\theta)\mathrm{d}(b\sin\theta)$$

$$=\int_0^{\pi}(a^2\cos^2\theta+2ab\cos\theta\sin\theta)b\cos\theta\mathrm{d}\theta$$

$$=0+\int_0^{\pi}(-2ab^2\cos^2\theta)\mathrm{d}(\cos\theta)$$

$$=-2ab^2\cdot\frac{1}{3}\cos^3\theta\Big|_0^{\pi}=\frac{4}{3}ab^2.$$

小结 对坐标的曲线积分化成定积分计算，一是要注意积分上限对应起点，下限对应终点，上限可以小于下限，二是要注意选择简便的方法. 上例中，显然用参数方程计算较简单.

问题 3 使用格林公式时需要注意哪些问题？如何使用曲线积分与路径无关的条件？

例 5 计算曲线积分 $I=\int_C (xy^2-3y+2)\mathrm{d}x+(x^2y+5x+y^2)\mathrm{d}y$，其中 C 为椭圆 $x^2+4y^2=1$，C 取逆时针方向.

分析 本题的对坐标的曲线积分满足格林公式的三个条件:封闭、正向、偏导连续. 此外 $\frac{\partial Q}{\partial x}-\frac{\partial P}{\partial y}$比较简单,故本题直接用格林公式计算.

解
$$P(x,y)=xy^2-3y+2,\quad \frac{\partial P}{\partial y}=2xy-3,$$
$$Q(x,y)=x^2y+5x+y^2,\quad \frac{\partial Q}{\partial x}=2xy+5,$$

则$\frac{\partial Q}{\partial x}-\frac{\partial P}{\partial y}=8$. 由格林公式得,

$$\begin{aligned}I&=\int_C(xy^2-3y+2)\,\mathrm{d}x+(x^2y+5x+y^2)\,\mathrm{d}y\\&=\iint_D\left(\frac{\partial Q}{\partial x}-\frac{\partial P}{\partial y}\right)\mathrm{d}x\mathrm{d}y\\&=\iint_D 8\,\mathrm{d}x\mathrm{d}y=4\pi.\end{aligned}$$

例 6 用定积分、二重积分、曲线积分等方法计算由星形线 $x^{\frac{2}{3}}+y^{\frac{2}{3}}=a^{\frac{2}{3}}$围成图形的面积 A.

解 [法 1] 用定积分计算.

由对称性得

$$\begin{aligned}A&=4\int_0^a y\,\mathrm{d}x\\&=4\int_0^a\left(a^{\frac{2}{3}}-x^{\frac{2}{3}}\right)^{\frac{3}{2}}\mathrm{d}x\\&\xlongequal{\text{令 }x=a\sin^3 t}12a^2\int_0^{\frac{\pi}{2}}\sin^2t\cos^4t\,\mathrm{d}t\\&=12a^2\int_0^{\frac{\pi}{2}}(\cos^4t-\cos^6t)\,\mathrm{d}t\\&=12a^2\left(1-\frac{5}{6}\right)\frac{3}{4}\cdot\frac{1}{2}\cdot\frac{\pi}{2}=\frac{3\pi}{8}a^2.\end{aligned}$$

[法 2] 用二重积分计算.

$A=\iint_D\mathrm{d}\sigma$,其中 $D:x^{\frac{2}{3}}+y^{\frac{2}{3}}\leqslant a^{\frac{2}{3}}$. 令 $x=\rho\cos^3\theta,y=\rho\sin^3\theta,0\leqslant\theta\leqslant2\pi,0\leqslant\rho\leqslant a$. 则

$$J=\frac{\partial(x,y)}{\partial(\rho,\theta)}=\begin{vmatrix}\dfrac{\partial x}{\partial\rho}&\dfrac{\partial x}{\partial\theta}\\[2ex]\dfrac{\partial y}{\partial\rho}&\dfrac{\partial y}{\partial\theta}\end{vmatrix}=3\rho\sin^2\theta\cos^2\theta,$$

因此
$$A=\int_0^{2\pi}\mathrm{d}\theta\int_0^a 3\rho\sin^2\theta\cos^2\theta\mathrm{d}\rho$$
$$=\frac{3}{2}a^2\int_0^{2\pi}\sin^2\theta\cos^2\theta\mathrm{d}\theta$$
$$=\frac{3\pi}{8}a^2.$$

[法 3] 用曲线积分计算.

格林公式给出了二重积分和对坐标的曲线积分之间的关系式,因此,由二重积分求平面图形的面积公式 $\iint\limits_D \mathrm{d}x\mathrm{d}y$ 可以利用格林公式得到用对坐标的曲线积分计算平面图形面积的公式,但要注意公式形式不唯一. 本例中,设 L 为星形线且取逆时针方向,L 的参数方程为 $x=a\cos^3t,y=a\sin^3t,t$ 由 0 到 2π. 则

$$A=\iint\limits_D \mathrm{d}x\mathrm{d}y$$
$$=\frac{1}{2}\oint_L x\mathrm{d}y-y\mathrm{d}x$$
$$=\frac{1}{2}\int_0^{2\pi}(a\cos^3t\mathrm{d}(a\sin^3t)-a\sin^3t\mathrm{d}(a\cos^3t))$$
$$=\frac{3a^2}{2}\int_0^{2\pi}\sin^2t\cdot\cos^2t\mathrm{d}t$$
$$=\frac{3\pi}{8}a^2.$$

例 7 计算曲线积分 $I=\int_L(\mathrm{e}^y-12xy)\mathrm{d}x+(x\mathrm{e}^y-\cos y)\mathrm{d}y$, 其中 L 为曲线 $y=x^2$ 上从点 $A(1,1)$ 到点 $B(-1,1)$ 的一段.

分析 $P(x,y)=\mathrm{e}^y-12xy,Q(x,y)=x\mathrm{e}^y-\cos y$,若化成以 x 为积分变量的定积分计算,则会出现形如 $\int_{-1}^1\mathrm{e}^{x^2}\mathrm{d}x$ 的项,无法积分. 故考虑用格林公式.

解 添加线段$\overline{BA}:y=1,x$ 由 -1 到 1,使 $L+\overline{BA}$构成闭曲线的负向(注意,利用格林公式时需加负号使方向满足条件中的正向)(图 19-2).

由格林公式得

$$I=\left(\int_{L+\overline{BA}}-\int_{\overline{BA}}\right)(\mathrm{e}^y-12xy)\mathrm{d}x+(x\mathrm{e}^y-\cos y)\mathrm{d}y$$
$$=-\iint\limits_D 12x\mathrm{d}x\mathrm{d}y-\int_{-1}^1(\mathrm{e}-12x)\mathrm{d}x$$
$$=0-\mathrm{e}x\Big|_{-1}^1=-2\mathrm{e}.$$

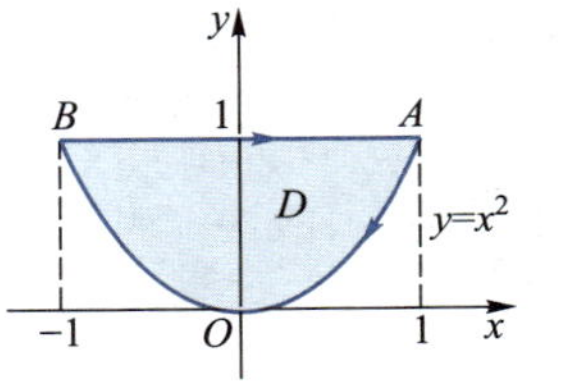

图 19-2

例 8 计算 $\oint_L \frac{(x+y)\mathrm{d}x-(x-y)\mathrm{d}y}{x^2+y^2}$，其中 L 是

(1) 以原点为中心，a 为半径的正向圆周；

(2) 不通过原点的任意正向闭曲线；

(3) 沿 $y=\pi\cos x$ 由 $A(\pi,-\pi)$ 到 $B(-\pi,-\pi)$ 的曲线段(图 19-5).

解 (1) [法 1] L 的参数方程：$x=a\cos t, y=a\sin t$，t 由 0 到 2π，则

$$\begin{aligned}&\oint_L \frac{(x+y)\mathrm{d}x-(x-y)\mathrm{d}y}{x^2+y^2}\\&=\int_0^{2\pi}\frac{a(\cos t+\sin t)(-a\sin t)\mathrm{d}t-a(\cos t-\sin t)a\cos t\mathrm{d}t}{a^2}\\&=\int_0^{2\pi}(-1)\mathrm{d}t=-2\pi.\end{aligned}$$

[法 2] 利用格林公式计算. 需要注意的是，由于函数 $\frac{x+y}{x^2+y^2}, \frac{-x+y}{x^2+y^2}$ 在原点(0,0)处无定义，故不满足格林定理的条件，不能直接应用格林公式，设法改变形式后再用格林公式. 曲线积分在 L 上进行，被积函数中的 x,y 应满足 L 的方程，即 $x^2+y^2=a^2$，故有

$$\begin{aligned}\oint_L \frac{(x+y)\mathrm{d}x-(x-y)\mathrm{d}y}{x^2+y^2}&=\oint_L \frac{(x+y)\mathrm{d}x-(x-y)\mathrm{d}y}{a^2}\\&=\frac{1}{a^2}\oint_L (x+y)\mathrm{d}x-(x-y)\mathrm{d}y\\&\xlongequal{\text{格林公式}}\frac{1}{a^2}\iint\limits_{x^2+y^2\leqslant a^2}(-1-1)\mathrm{d}x\mathrm{d}y\\&=\frac{-2}{a^2}\cdot\pi a^2=-2\pi.\end{aligned}$$

(2) **分析** 由于积分路径没有具体给出，故无法化成定积分计算. 那么，如何利用格林公式？现因

$$P(x,y)=\frac{x+y}{x^2+y^2}, Q(x,y)=\frac{-x+y}{x^2+y^2},$$

$$\frac{\partial Q}{\partial x}=\frac{\partial P}{\partial y}=\frac{x^2-2xy-y^2}{(x^2+y^2)^2}(x^2+y^2\neq 0).$$

积分是否满足格林定理的条件取决于 L 内是否有原点(0,0). 因此本题要考虑原点在 L 内还是在 L 外两种情况.

(Ⅰ) 若原点在 L 外(图 19-3)，则由于在 L 围成的闭区域 D 上满足格林定理的条件，且有 $\frac{\partial Q}{\partial x}=\frac{\partial P}{\partial y}$，故

$$\oint_L \frac{(x+y)\mathrm{d}x-(x-y)\mathrm{d}y}{x^2+y^2}=\iint\limits_D\left(\frac{\partial Q}{\partial x}-\frac{\partial P}{\partial y}\right)\mathrm{d}x\mathrm{d}y=0.$$

（Ⅱ）若原点在 L 内（图 19-4），则在原点处 P,Q 无定义. 为了要利用格林公式，现作以原点为中心，a 为半径的圆 $L_1:x^2+y^2=a^2$，L_1 取顺时针方向，且取 a 适当小，使 L_1 在 L 内，则 L 与 L_1 构成一条闭曲线，且为正向，在 $L+L_1$ 围成的区域 D^* 上，满足格林定理的条件，故有

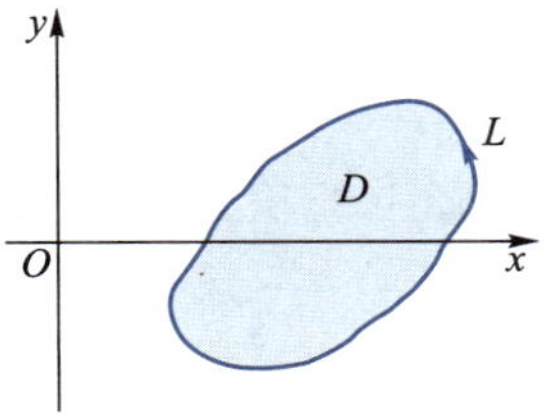

图 19-3

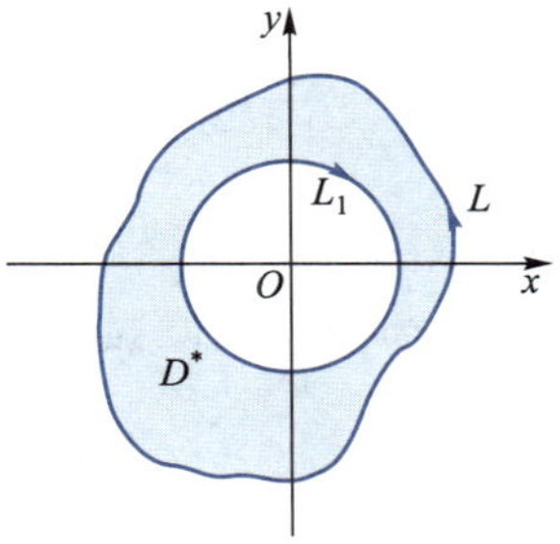

图 19-4

$$\oint_{L+L_1} P\mathrm{d}x+Q\mathrm{d}y=\iint_{D}\left(\frac{\partial Q}{\partial x}-\frac{\partial P}{\partial y}\right)\mathrm{d}x\mathrm{d}y=0,$$

于是

$$\oint_{L} P\mathrm{d}x+Q\mathrm{d}y=-\oint_{L_1} P\mathrm{d}x+Q\mathrm{d}y$$
$$=\oint_{L_1^-} P\mathrm{d}x+Q\mathrm{d}y=-2\pi\ (\text{由}(1)\text{得}).$$

（3）如果直接计算，显然很烦琐，但由于除原点（0,0）外 $\dfrac{\partial Q}{\partial x}=\dfrac{\partial P}{\partial y}$ 处处成立，所以在不包含原点的任何闭区域内积分与路径无关. 因此对本例可考虑改变积分路径，使之容易计算. 改变路径的方式很多，但要注意在新路径和原路径围成的区域内 P,Q 应满足格林定理的条件.

现选择平行于坐标轴的折线 $\overline{ACDB}$ 代替沿 $y=\pi\cos x$ 路径上的积分（图 19-5），则

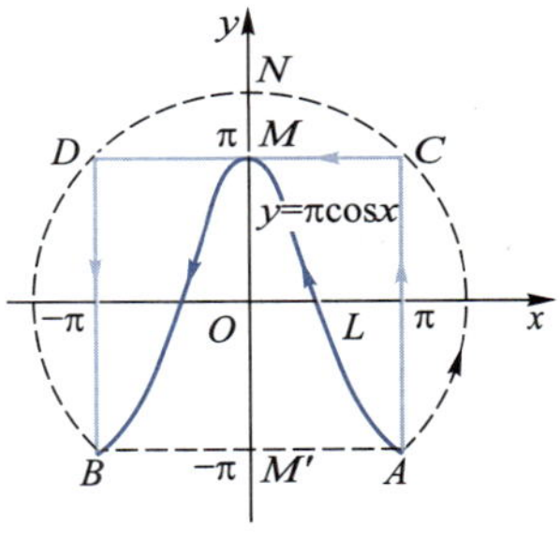

图 19-5

$$I=\int_{\overline{ACDB}}\frac{(x+y)\mathrm{d}x-(x-y)\mathrm{d}y}{x^2+y^2}$$
$$=\left(\int_{\overline{AC}}+\int_{\overline{CD}}+\int_{\overline{DB}}\right)\frac{(x+y)\mathrm{d}x-(x-y)\mathrm{d}y}{x^2+y^2},$$

其中 $\overline{AC}:x=\pi,\mathrm{d}x=0,y$ 由 $-\pi$ 到 π；$\overline{CD}:y=\pi,\mathrm{d}y=0,x$ 由 π 到 $-\pi$；

$\overline{DB}:x=-\pi,\mathrm{d}x=0,y$ 由 π 到 $-\pi$. 故

$$I=\int_{-\pi}^{\pi}\frac{-(\pi-y)}{\pi^2+y^2}\mathrm{d}y+\int_{\pi}^{-\pi}\frac{x+\pi}{x^2+\pi^2}\mathrm{d}x+\int_{\pi}^{-\pi}\frac{-(-\pi-y)}{(-\pi)^2+y^2}\mathrm{d}y.$$

由定积分与积分变量无关的性质得

$$I=\int_{-\pi}^{\pi}\frac{-(\pi-x)-(x+\pi)+(-\pi-x)}{\pi^2+x^2}\mathrm{d}x$$

$$=\int_{-\pi}^{\pi}\left(\frac{-3\pi}{\pi^2+x^2}-\frac{x}{\pi^2+x^2}\right)\mathrm{d}x$$

$$=-6\arctan\frac{x}{\pi}\bigg|_0^{\pi}=-6\cdot\frac{\pi}{4}=-\frac{3}{2}\pi.$$

请读者考虑：1. 若积分路径选择以原点为中心，经过 A,B 两点的圆弧段 $\overset{\frown}{ANB}$（图 19-5 中虚线所示），即以半径为 $\sqrt{2}\pi$ 的圆弧代替沿 $y=\pi\cos x$ 路径上的积分可以吗？若可以，如何计算？

2. 有人选择连接 A,B 的直线段 $\overline{AM'B}$ 来代替沿 $y=\pi\cos x$ 由 A 到 B 的积分，这样做可以吗？为什么？若要利用直线段 $\overline{AM'B}$ 来计算此题，应该怎么做？

例 9 计算曲线积分 $I=\int_{\overset{\frown}{AMB}}(\varphi(y)\cos x-\pi y)\mathrm{d}x+(\varphi'(y)\sin x-\pi)\mathrm{d}y$，其中 $\overset{\frown}{AMB}$ 为连接点 $A(\pi,2)$ 与点 $B(3\pi,4)$ 在线段 $\overline{AB}$ 下方的任意路线，且该路线与线段 $\overline{AB}$ 所围区域面积为 2，这里 $\varphi(y)$，$\varphi'(y)$ 为连续函数（图 19-6）.

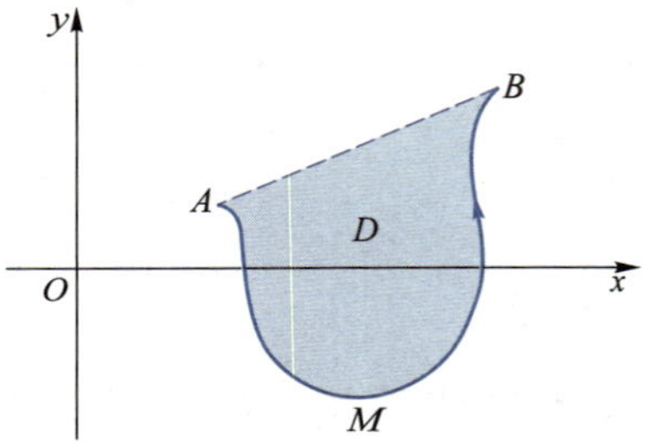

图 19-6

分析 由于 $\overset{\frown}{AMB}$ 为任意路线，不可能直接化成定积分计算. 又题中条件"$\overset{\frown}{AMB}$ 与 $\overline{AB}$ 围成区域 D 的面积为 2"，即 $\iint\limits_D\mathrm{d}x\mathrm{d}y=2$，提示我们可利用格林公式计算.

解 [法 1] $I=\oint_{\overset{\frown}{AMB}+\overline{BA}}-\int_{\overline{BA}}$.

令 $P=\varphi(y)\cos x-\pi y, Q=\varphi'(y)\sin x-\pi$，则

$$\frac{\partial P}{\partial y}=\varphi'(y)\cos x-\pi,\quad \frac{\partial Q}{\partial x}=\varphi'(y)\cos x,$$

又 $\overline{BA}: x=\pi(y-1)$，$y$ 由 4 到 2，故

$$I=\iint\limits_D\left(\frac{\partial Q}{\partial x}-\frac{\partial P}{\partial y}\right)\mathrm{d}x\mathrm{d}y-\int_4^2((\varphi(y)\cos\pi(y-1)-\pi y)\pi+(\varphi'(y)\sin\pi(y-1)-\pi))\mathrm{d}y$$

$$=\pi\iint\limits_D\mathrm{d}x\mathrm{d}y+\left(-\frac{\pi^2}{2}y^2-\pi y+\varphi(y)\sin\pi(y-1)\right)\bigg|_2^4$$

$$=2\pi-2\pi-6\pi^2=-6\pi^2.$$

[法 2] 由法 1 知，$\frac{\partial Q}{\partial x}\neq\frac{\partial P}{\partial y}$，但若将 Q 变形：

$$Q(x,y)=(\varphi'(y)\sin x-\pi x)+(\pi x-\pi).$$

记 $Q_1(x,y)=\varphi'(y)\sin x-\pi x$，则$\dfrac{\partial P}{\partial y}=\dfrac{\partial Q_1}{\partial x}$，则

$$I=\int_{\widehat{AMB}}P\mathrm{d}x+Q_1\mathrm{d}y+\int_{\widehat{AMB}}\pi(x-1)\mathrm{d}y\xlongequal{\text{def}}I_1+I_2.$$

对于 I_1，积分与路径无关，可直接找出原函数得 $I_1=(\varphi(y)\sin x-\pi xy)\Big|_{(\pi,2)}^{(3\pi,4)}=-10\pi^2$；对于 I_2，类似于法 1，得 $I_2=4\pi^2$，于是 $I=I_1+I_2=-6\pi^2$.

例 10 设 $f(x)$ 在 $(-\infty,+\infty)$ 内有连续的导函数，求

$$I=\int_L\frac{1+y^2f(xy)}{y}\mathrm{d}x+\frac{x}{y^2}(y^2f(xy)-1)\mathrm{d}y,$$

其中 L 是从点 $A\left(3,\dfrac{2}{3}\right)$ 到点 $B(1,2)$ 的直线段.

分析 本题虽然明确给出了积分路径，但被积函数含有抽象函数 $f(xy)$，这给直接计算带来困难，唯一办法是设法消去含有 $f(xy)$ 的积分.

解 由于 $P=\dfrac{1+y^2f(xy)}{y}$，$Q=\dfrac{x}{y^2}(y^2f(xy)-1)$，故

$$\frac{\partial P}{\partial y}=\frac{y^2f(xy)+xy^3f'(xy)-1}{y^2}=\frac{\partial Q}{\partial x}\ (y\neq 0),$$

所以当 L 完全在 x 轴上方（或下方）时，即 L 不穿过 x 轴时积分与路径无关.

［法 1］ 取积分路径为折线 $\overline{AEB}$（图 19-7），于是

$$I=\int_{\overline{AEB}}\frac{1+y^2f(xy)}{y}\mathrm{d}x+\frac{x}{y^2}(y^2f(xy)-1)\mathrm{d}y$$

$$=\int_3^1\frac{1+\left(\frac{2}{3}\right)^2f\left(\frac{2}{3}x\right)}{\frac{2}{3}}\mathrm{d}x+\int_{\frac{2}{3}}^2\frac{(y^2f(y)-1)}{y^2}\mathrm{d}y$$

$$=-3+\frac{2}{3}\int_3^1f\left(\frac{2}{3}x\right)\mathrm{d}x+\int_{\frac{2}{3}}^2f(y)\mathrm{d}y+\frac{1}{y}\Big|_{\frac{2}{3}}^2$$

$$=-4+\frac{2}{3}\int_2^{\frac{2}{3}}\frac{3}{2}f(t)\mathrm{d}t+\int_{\frac{2}{3}}^2f(y)\mathrm{d}y=-4.$$

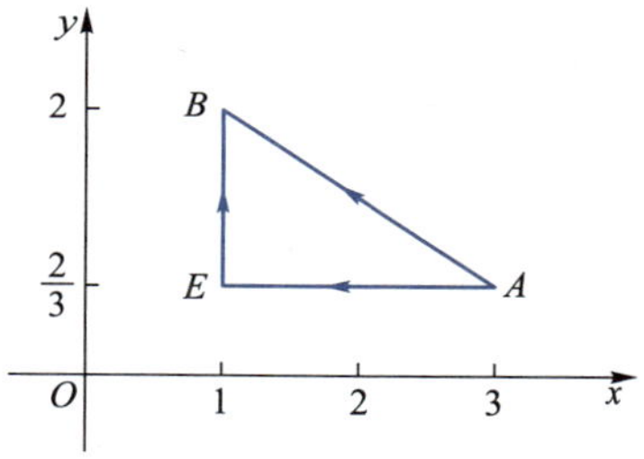

图 19-7

［法 2］

$$I=\int_{\left(3,\frac{2}{3}\right)}^{(1,2)}\frac{1+y^2f(xy)}{y}\mathrm{d}x+\frac{x}{y^2}(y^2f(xy)-1)\mathrm{d}y$$

$$=\int_{\left(3,\frac{2}{3}\right)}^{(1,2)}\frac{1}{y}\mathrm{d}x-\frac{x}{y^2}\mathrm{d}y+yf(xy)\mathrm{d}x+xf(xy)\mathrm{d}y$$

$$=\int_{\left(3,\frac{2}{3}\right)}^{(1,2)} \mathrm{d}\left(\frac{x}{y}\right)+f(xy)\mathrm{d}(xy)$$

$$=\left(\frac{x}{y}+F(xy)\right)\Bigg|_{\left(3,\frac{2}{3}\right)}^{(1,2)}$$

$$=\frac{1}{2}+F(2)-\frac{9}{2}-F(2)$$

$$=-4.$$

其中 $F(u)$ 为 $f(u)$ 的一个原函数.

例 11 若对平面上的任何闭曲线 L,恒有 $\oint_L 2xyf(x)\mathrm{d}x+(f(x)-x^4)\mathrm{d}y=0$,其中 $f(x)$ 有连续的一阶导数且 $f(0)=2$,试确定 $f(x)$.

解 由 $\oint_L P\mathrm{d}x+Q\mathrm{d}y=0$($L$ 为任何封闭曲线)的充要条件为 $\frac{\partial Q}{\partial x}=\frac{\partial P}{\partial y}$,可得

$$2xf(x)=f'(x)-4x^3,$$

或

$$\frac{\mathrm{d}f(x)}{\mathrm{d}x}-2xf(x)=4x^3.$$

令 $y=f(x)$,则有

$$\begin{cases}\frac{\mathrm{d}y}{\mathrm{d}x}-2xy=4x^3,\\ y\big|_{x=0}=f(x)\big|_{x=0}=f(0)=2,\end{cases}$$

解一阶线性微分方程,得

$$y=f(x)=\mathrm{e}^{-\int(-2x)\mathrm{d}x}\left(\int 4x^3\mathrm{e}^{\int(-2x)\mathrm{d}x}\mathrm{d}x+C\right).$$

$$=\mathrm{e}^{x^2}\left(\int 4x^3\mathrm{e}^{-x^2}\mathrm{d}x+C\right)$$

$$=-2(x^2+1)+C\mathrm{e}^{x^2}.$$

再由 $f(0)=2$ 得 $C=4$,故 $f(x)=-2(x^2+1)+4\mathrm{e}^{x^2}$.

例 12 设曲线积分 $\oint_L 2(x\varphi(y)+\psi(y))\mathrm{d}x+(x^2\psi(y)+2xy^2-2x\varphi(y))\mathrm{d}y=0$,其中 L 为任一条闭曲线,$\varphi(y)$,$\psi(y)$ 具有连续的二阶导数,

(1) 确定 $\varphi(y)$ 和 $\psi(y)$,假定 $\varphi(0)=-2$,$\psi(0)=1$;

(2) 计算沿 L 从点 $O(0,0)$ 到点 $M\left(\pi,\frac{\pi}{2}\right)$ 的曲线积分.

解 (1) 因为 $P=2(x\varphi(y)+\psi(y))$,$Q=x^2\psi(y)+2xy^2-2x\varphi(y)$,所以由 $\frac{\partial P}{\partial y}=\frac{\partial Q}{\partial x}$,可得

$2(x\varphi'(y)+\psi'(y))=2(x\psi(y)+y^2-\varphi(y))$,这是一个恒等式,比较等式两边 x 的系数,有

$$\begin{cases}\varphi'(y)=\psi(y), & (1)\\ \psi'(y)=y^2-\varphi(y). & (2)\end{cases}$$

将(1)式两边对 y 求导并以(2)式代入,得 $\varphi''(y)+\varphi(y)=y^2$. 这是一个二阶常系数线性非齐次微分方程,求其满足条件 $\varphi(0)=-2,\varphi'(0)=\psi(0)=1$ 的特解,得 $\varphi(y)=\sin y+y^2-2$,代入(1)式得 $\psi(y)=\cos y+2y$.

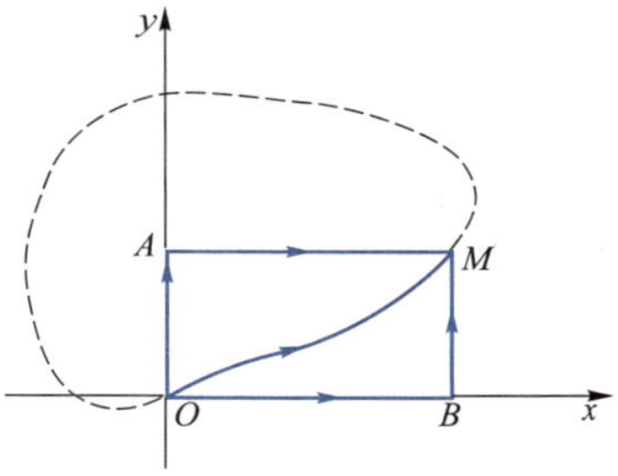

图 19-8

(2) 由于曲线积分与路径无关,可选取折线 $\overline{OAM}$ 代替 $\widehat{OM}$(图 19-8),则

$$\int_{\widehat{OM}}2(x\varphi(y)+\psi(y))\mathrm{d}x+(x^2\psi(y)+2xy^2-2x\varphi(y))\mathrm{d}y$$

$$=\left(\int_{\overline{OA}}+\int_{\overline{AM}}\right)(2(x\varphi(y)+\psi(y))\mathrm{d}x+(x^2\psi(y)+2xy^2-2x\varphi(y))\mathrm{d}y),$$

其中 $\overline{OA}$: $x=0$,y 由 0 到 $\frac{\pi}{2}$,$\mathrm{d}x=0$;$\overline{AM}$: $y=\frac{\pi}{2}$,x 由 0 到 π,$\mathrm{d}y=0$. 故

$$\int_{(0,0)}^{\left(\pi,\frac{\pi}{2}\right)}2(x\varphi(y)+\psi(y))\mathrm{d}x+(x^2\psi(y)+2xy^2-2x\varphi(y))\mathrm{d}y$$

$$=0+\int_0^{\pi}2\left(\varphi\left(\frac{\pi}{2}\right)x+\psi\left(\frac{\pi}{2}\right)\right)\mathrm{d}x$$

$$=\varphi\left(\frac{\pi}{2}\right)x^2\Big|_0^{\pi}+\psi\left(\frac{\pi}{2}\right)\cdot 2x\Big|_0^{\pi}$$

$$=\pi^2\left(\left(\frac{\pi}{2}\right)^2+\sin\frac{\pi}{2}-2\right)+\left(\cos\frac{\pi}{2}+2\left(\frac{\pi}{2}\right)\right)\cdot 2\pi$$

$$=\pi^2+\frac{\pi^4}{4}.$$

小结 1. 在用格林公式时,一定要注意是否满足格林定理的条件,即 L 为闭曲线且取正向,P,Q 在 L 围成的闭区域 D 上有一阶连续偏导数. 若不满足 L 为闭曲线的条件则需要"补线"(例 7);若不满足 L 为正向的条件则需要"反向"(例 7);若不满足 P,Q 在 L 围成的闭区域 D 上有一阶连续偏导数的条件则需要"变形"或"挖洞"(例 8).

2. 在用对坐标的曲线积分与路径无关的几个等价命题时,一定要注意这些命题成立的条件:要求 $P(x,y),Q(x,y)$ 在单连通区域 D 内有一阶连续偏导数,在具体解题时,实际上只要 P,Q 在所取的路径与原积分路径围成的闭区域上有一阶连续偏导数(如例 8(3),要用折线 $\overline{ACDB}$ 代替原积分路径,而不能直接用直线 $\overline{AM'B}$ 来代替原积分路径).

由例 11 可知,对于曲线积分的被积表达式中含有未知函数,又知沿任意闭曲线的积分均为零,而要求未知函数的这类题,一般要应用曲线积分与路径无关的充要条件,最后归结为解微分方程. 而例 12 若取折线 $\overline{OBM}$ 计算则较繁,这说明即使曲线积分与路径无关,如何选择合适的计算方法仍然是我们应该注意的问题.

例 13　求微分方程 $(2xe^y+3x^2-1)dx+(x^2e^y-2y)dy=0$ 的通解.

分析　因为 $P(x,y)=2xe^y+3x^2-1$，$Q(x,y)=x^2e^y-2y$，$\dfrac{\partial P}{\partial y}=2xe^y=\dfrac{\partial Q}{\partial x}$，故此方程为全微分方程，可以采用以下三种方法求解.

解　**[法 1]**（公式法）

因为

$$u(x,y)=\int_{(0,0)}^{(x,y)}P\mathrm{d}x+Q\mathrm{d}y=\int_0^x P(x,0)\mathrm{d}x+\int_0^y Q(x,y)\mathrm{d}y$$

$$=\int_0^x(2xe^y+3x^2-1)\mathrm{d}x+\int_0^y(x^2e^y-2y)\mathrm{d}y=x^2e^y+x^3-x-y^2.$$

故原方程的通解为 $x^2e^y+x^3-x-y^2=C$.

[法 2]（原函数法）

因为 $\dfrac{\partial u}{\partial x}=P(x,y)=2xe^y+3x^2-1$，两边关于 x 积分，得

$$u(x,y)=x^2e^y+x^3-x+\varphi(y)\text{，其中 }\varphi(y)\text{ 是关于 }y\text{ 的函数，}$$

又因为

$$\frac{\partial u}{\partial y}=Q(x,y)=x^2e^y-2y=x^2e^y+\varphi'(y),$$

所以有 $\varphi'(y)=-2y$，可取 $\varphi(y)=-y^2$，因此 $u(x,y)=x^2e^y+x^3-x-y^2$. 故原方程的通解为 $x^2e^y+x^3-x-y^2=C$.

[法 3]（分项组合凑微分法）

$$\begin{aligned}(2xe^y+3x^2-1)\mathrm{d}x+(x^2e^y-2y)\mathrm{d}y&=e^y\mathrm{d}(x^2)+\mathrm{d}(x^3)-\mathrm{d}x+x^2\mathrm{d}(e^y)-\mathrm{d}(y^2)\\&=(e^y\mathrm{d}(x^2)+x^2\mathrm{d}(e^y))+\mathrm{d}(x^3)-(\mathrm{d}x+\mathrm{d}(y^2))\\&=\mathrm{d}(x^2e^y+x^3-x-y^2)=0,\end{aligned}$$

故原方程的通解为 $x^2e^y+x^3-x-y^2=C$.

例 14　在椭圆 $x=a\cos t, y=b\sin t$ 上每一点有作用力 F，其大小等于该点到椭圆中心的距离，而方向指向椭圆中心.

(1) 如图 19-9 所示，试计算质点 P 沿椭圆位于第一象限的弧从点 $A(a,0)$ 移动到点 $B(0,b)$ 时所做的功；

(2) 求点 P 按正向走遍整个椭圆时力 F 所做的功.

解　由题意知，$|F|=\sqrt{x^2+y^2}$，F 的方向与向量 $(-x,-y)$ 相同，故

$$F=\sqrt{x^2+y^2}\cdot\frac{(-x,-y)}{\sqrt{x^2+y^2}}=(-x,-y).$$

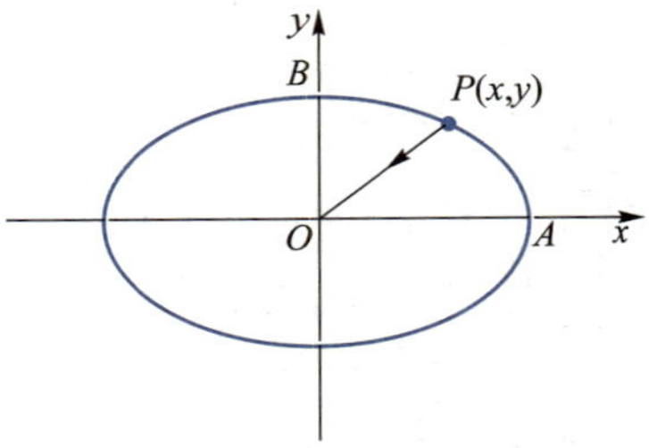

图 19-9

(1) $W=\int_{\overset{\frown}{AB}}F\mathrm{d}s=\int_{\overset{\frown}{AB}}-x\mathrm{d}x-y\mathrm{d}y$

$$=\int_0^{\frac{\pi}{2}}((-a\cos t)(-a\sin t)-b\sin t\cdot b\cos t)\mathrm{d}t$$

$$= (a^2 - b^2)\int_0^{\frac{\pi}{2}} \sin t \cdot \cos t\mathrm{d}t$$

$$= \frac{1}{2}(a^2 - b^2).$$

(2) $W = \oint_L F\mathrm{d}s = \oint_L -x\mathrm{d}x - y\mathrm{d}y$

$$= \int_0^{2\pi} (a^2 - b^2)\sin t \cdot \cos t\mathrm{d}t = 0.$$

或由 $P=-x, Q=-y$，故$\frac{\partial P}{\partial y}=\frac{\partial Q}{\partial x}=0$，由格林公式得 $W = \oint_L -x\mathrm{d}x - y\mathrm{d}y = 0.$

小结 变力做功是对坐标的曲线积分的典型应用和主要背景，其关键是根据题意列出变力 F 的表达式 $F=(P,Q)$，F 为$|F|$乘与 F 同方向的单位向量，则功 $W = \int_L P\mathrm{d}x + Q\mathrm{d}y.$

三、课内练习题

1. 选择题：

(1) 设 L 为上半单位圆 $y=\sqrt{1-x^2}$，则 $\int_L |x|\mathrm{d}s = (\quad)$.

(A) $\int_{-1}^{0}\left(-\frac{x}{\sqrt{1-x^2}}\right)\mathrm{d}x + \int_0^1 \frac{x}{\sqrt{1-x^2}}\mathrm{d}x$

(B) $\int_0^{\pi} \cos t \cdot \sqrt{(-\sin t)^2 + (\cos t)^2}\,\mathrm{d}t$

(C) $\int_0^1 |x|\frac{\mathrm{d}y}{|x|} + \int_0^1 |x|\left(-\frac{\mathrm{d}y}{|x|}\right)$

(D) $\int_0^1 x \cdot \frac{\mathrm{d}y}{x}$

(2) 设 L 是以(1,0),(0,1),(0,0)为顶点的三角形边界曲线，则 $\int_L (x+y)\mathrm{d}s = (\quad)$.

(A) $\sqrt{2}+1$　　(B) $\sqrt{2}-1$　　(C) $2-\sqrt{2}$　　(D) $2+\sqrt{2}$

(3) 已知$\frac{(x+ay)\mathrm{d}x+y\mathrm{d}y}{(x+y)^2}$为某个二元函数 $u(x,y)$ 的全微分，则 a 等于(　　).

(A) 1　　(B) -1　　(C) 2　　(D) -2

2. 填空题：

(1) 设椭圆 $L:\frac{x^2}{3}+\frac{y^2}{4}=1$ 的周长为 s，则 $\int_L (4x^2+3y^2)\mathrm{d}s =$ ______.

(2) 设 $L:\frac{x^2}{3}+\frac{y^2}{2}=1$，且沿顺时针方向，则 $\int_L x\mathrm{d}y - y\mathrm{d}x =$ ______.

(3) 若曲线积分 $\int_L (3x^3+2xy-7)\mathrm{d}x + (y^4+\lambda x^2+5y-6)\mathrm{d}y$ 与路径无关，则

$\lambda=$______.

(4) 设 $L:x^2+y^2=4$,取逆时针方向,则 $\oint_L -y\mathrm{d}x+(y^2+x)\mathrm{d}y=$______.

3. 计算 $\oint_L(x^2+y^2)\mathrm{d}s$, 其中 $L:\begin{cases}x=a\cos t,\\ y=a\sin t,\end{cases} t\in[0,\pi]$.

4. 计算 $\int_L(x+y)\mathrm{d}s$, 其中 L 为连接$(1,0)$,$(0,1)$两点的直线段.

5. 计算 $\oint_L x\mathrm{d}s$, 其中 L 为直线 $y=x$ 及抛物线 $y=x^2$ 所围成的区域边界.

6. 计算 $\int_L|x|\mathrm{d}s$, 其中 L 为 $|x|+|y|=1$.

7. 计算 $I=\int_L(\mathrm{e}^y-12xy)\mathrm{d}x+(x\mathrm{e}^y-\cos y)\mathrm{d}y$, 其中 L 为曲线 $y=x^2$ 上从$(-1,1)$到$(1,1)$的一段.

8. 计算曲线积分 $\int_L(\mathrm{e}^x\sin y-2(x+y))\mathrm{d}x+(\mathrm{e}^x\cos y-x)\mathrm{d}y$, 其中 $L:y=\sqrt{2x-x^2}$ 是从原点 $O(0,0)$到点 $A(2,0)$的一段圆弧.

9. 计算曲线积分 $I=\oint_L(1-x^2)y\mathrm{d}x+x(1+y^2)\mathrm{d}y$, 其中 $L:x^2+y^2=4$,取顺时针方向.

10. 计算 $I=\int_\Gamma(x^2-yz)\mathrm{d}x+(y^2-xz)\mathrm{d}y+(z^2-xy)\mathrm{d}z$, 其中 Γ 为从 $A(a,0,0)$到 $B(a,0,h)$的螺线 $\begin{cases}x=a\cos\varphi,\\ y=a\sin\varphi,\\ z=\dfrac{h}{2\pi}\varphi\end{cases}(0\leqslant\varphi\leqslant2\pi)$.

11. 已知一物体在力 $\boldsymbol{F}=(\mathrm{e}^y-12xy,x\mathrm{e}^y-\cos y)$的作用下沿曲线 $L:y=x^2$ 从 $P(-1,1)$移动到 $Q(1,1)$,求力 $\boldsymbol{F}$ 对该物体所做的功.

四、课外练习题

1. 已知椭圆 $L:\dfrac{x^2}{4}+\dfrac{y^2}{3}=1$ 的周长为 a,求 $\oint_L(2xy+3x^2+4y^2)\mathrm{d}s$.

2. 计算 $\int_L(x^2+y^2+z^2)\mathrm{d}s$, 其中 L 是曲面 $x^2+y^2+z^2=\dfrac{9}{2}$与平面 $x+z=1$ 的交线.

3. 设空间曲线 $L:\begin{cases}x^2+y^2+z^2=9,\\ x+y+z=0,\end{cases}$计算 $\int_L x^2\mathrm{d}s$ 和$\int_L x\mathrm{d}s$.

4. 计算 $\int_L\dfrac{(x-y)\mathrm{d}x+(x+y)\mathrm{d}y}{x^2+y^2}$, 其中 L 为从点 $A(-a,0)$经上半椭圆周$\dfrac{x^2}{a^2}+\dfrac{y^2}{b^2}=1$ $(y\geqslant0)$到点 $B(-a,0)$的弧段.

5. 判别下列微分形式是否存在原函数,若是,求出其原函数.

(1) $2xy\mathrm{d}x+x^2y\mathrm{d}y$;

(2) $(2x\cos y-y^2\sin x)\mathrm{d}x+(2y\cos x-x^2\sin y)\mathrm{d}y$;

(3) $\dfrac{x\mathrm{d}x+y\mathrm{d}y}{x^2+y^2}$.

6. 计算曲线积分 $I=\oint_L \dfrac{x\mathrm{d}y-y\mathrm{d}x}{4x^2+y^2}$, 其中 L 为不通过原点的简单光滑正向闭曲线.

7. 计算 $\lim\limits_{R\to+\infty}\oint_L \dfrac{x\mathrm{d}y-y\mathrm{d}x}{(x^2+xy+y^2)^2}$, L 是 $x^2+y^2=R^2$,取正向.

8. 确定 λ 的值,使曲线积分 $I=\int_A^B (x^4+4xy^3)\mathrm{d}x+(6x^{\lambda-1}y^2-5y^4)\mathrm{d}y$ 与路径无关,并求 A,B 分别为$(0,0)$,$(1,2)$时 I 的值.

9. 设 L 是圆周 $(x-1)^2+(y-1)^2=1$,取逆时针方向,又 $f(x)$ 为正值连续函数,试证: $\oint_L xf(y)\mathrm{d}y-\dfrac{y}{f(x)}\mathrm{d}x\geqslant 2\pi$.

第十九讲
习题参考答案或提示

第二十讲　曲面积分与场论

一、本讲要求

1. 理解两类曲面积分的概念、性质,知道两类曲面积分的区别和联系.

2. 熟练掌握两类曲面积分化成二重积分的计算方法.

3. 掌握高斯公式和斯托克斯公式,并能利用它们计算曲面积分和空间曲线积分.

4. 熟悉梯度、散度和旋度的概念及计算公式,了解有势场、管量场的定义和性质,并会求势函数.

二、问题·分析·解答

问题 1　计算对面积的(第一类)曲面积分时应注意什么?

例 1　计算 $\iint\limits_{\Sigma}|xyz|\mathrm{d}S$,其中 Σ 是曲面 $z=x^2+y^2$ 被平面 $z=1$ 所截下的部分.

解　第一类曲面积分可直接化为二重积分计算. 又由于被积函数与积分区域的对称性(如图 20-1 所示),被积函数中的绝对值符号在积分过程中可以去掉.

$\mathrm{d}S=\sqrt{1+z_x^2+z_y^2}\,\mathrm{d}x\mathrm{d}y=\sqrt{1+4(x^2+y^2)}\,\mathrm{d}x\mathrm{d}y$,由 $\begin{cases}z=x^2+y^2,\\ z=1\end{cases}$ 消去 z 得投影柱面 $x^2+y^2=1$,故得积分区域 $D_{xy}:x^2+y^2\leqslant 1$,于是

$$\text{原式}=\iint\limits_{D_{xy}}|xy|(x^2+y^2)\sqrt{1+4(x^2+y^2)}\,\mathrm{d}x\mathrm{d}y.$$

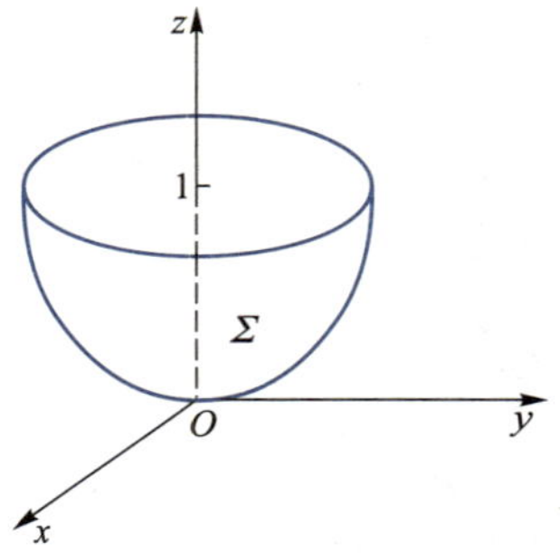

图 20-1

记 D_{xy}^* 为 D_{xy} 在第一象限的部分,由于被积函数关于 x,y 均为偶函数,D_{xy} 关于 x 轴,y 轴均对称,由二重积分的对称性可得

$$\begin{aligned}\text{原式}&=4\iint\limits_{D_{xy}^*}xy(x^2+y^2)\sqrt{1+4(x^2+y^2)}\,\mathrm{d}x\mathrm{d}y\\&=4\int_0^{\frac{\pi}{2}}\mathrm{d}\theta\int_0^1(\rho\cos\theta\cdot\rho\sin\theta)\rho^2\cdot\rho\sqrt{1+4\rho^2}\,\mathrm{d}\rho\\&=2\int_0^{\frac{\pi}{2}}\mathrm{d}\theta\int_0^1\sin 2\theta\cdot\rho^5\sqrt{1+4\rho^2}\,\mathrm{d}\rho\\&=2\int_0^1\rho^5\sqrt{1+4\rho^2}\,\mathrm{d}\rho\\&\xlongequal{\sqrt{1+4\rho^2}=u}2\int_1^{\sqrt{5}}\left(\frac{u^2-1}{4}\right)^2\frac{u^2}{4}\mathrm{d}u\end{aligned}$$

$$=\frac{1}{32}\int_1^{\sqrt{5}}(u^6-2u^4+u^2)\,\mathrm{d}u=\frac{125\sqrt{5}-1}{420}.$$

例 2 计算 $I=\oiint\limits_{\Sigma}(x^2+y^2+z^2)\,\mathrm{d}S$，其中 Σ 是由 $x=0,y=0$ 和 $x^2+y^2+z^2=a^2(x\geqslant 0,y\geqslant 0)$ 所围成的闭曲面.

解 这里曲面 Σ 是由两块平面 Σ_1,Σ_2 及球面的一部分 Σ_3 所组成的闭曲面(图 20-2(a)),因此,计算时应分成三部分,分别化为二重积分计算.

$$I=\oiint\limits_{\Sigma}(x^2+y^2+z^2)\,\mathrm{d}S$$

$$=\left(\iint\limits_{\Sigma_1}+\iint\limits_{\Sigma_2}+\iint\limits_{\Sigma_3}\right)(x^2+y^2+z^2)\,\mathrm{d}S.$$

对 $I_1=\iint\limits_{\Sigma_1}(x^2+y^2+z^2)\,\mathrm{d}S$，其中 $\Sigma_1:x=0,\mathrm{d}S=\mathrm{d}y\mathrm{d}z;D_{yz}:y^2+z^2\leqslant a^2(y\geqslant 0)$，故有

$$I_1=\iint\limits_{D_{yz}}(0+y^2+z^2)\,\mathrm{d}y\mathrm{d}z=\int_{-\frac{\pi}{2}}^{\frac{\pi}{2}}\mathrm{d}\theta\int_0^a\rho^2\cdot\rho\,\mathrm{d}\rho=\frac{\pi}{4}a^4.$$

同理可得

$$I_2=\iint\limits_{\Sigma_2}(x^2+y^2+z^2)\,\mathrm{d}S=\iint\limits_{D_{xz}}(x^2+0+z^2)\,\mathrm{d}x\mathrm{d}z=\frac{\pi}{4}a^4.$$

其中 $\Sigma_2:y=0,\mathrm{d}S=\mathrm{d}x\mathrm{d}z;D_{xz}:x^2+z^2\leqslant a^2(x\geqslant 0)$.

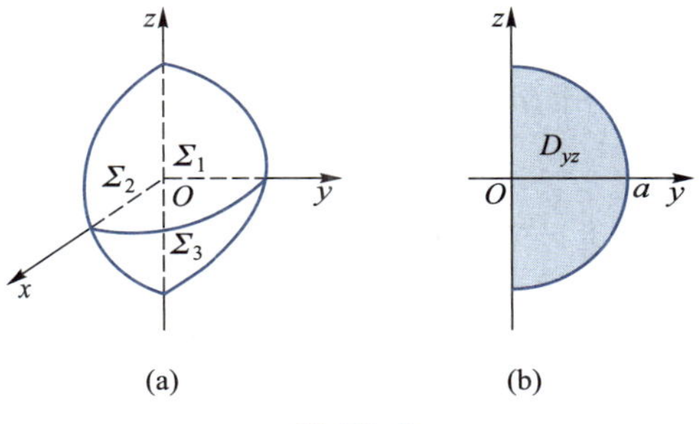

图 20-2

下面计算 $I_3=\iint\limits_{\Sigma_3}(x^2+y^2+z^2)\,\mathrm{d}S$，其中 $\Sigma_3:x^2+y^2+z^2=a^2(x\geqslant 0,y\geqslant 0)$.

[法 1] 化为二重积分计算. 可向不同的坐标面投影,故可有不同的计算途径. 若将 Σ_3 投影到 yOz 面上,则曲面方程为 $x=\sqrt{a^2-y^2-z^2}$ (单值函数),投影区域为 D_{yz}(图 20-2(b)).

$$\mathrm{d}S=\sqrt{1+x_y^2+x_z^2}\,\mathrm{d}y\mathrm{d}z=\frac{a}{\sqrt{a^2-y^2-z^2}}\mathrm{d}y\mathrm{d}z,$$

故

$$I_3=\iint\limits_{\Sigma_3}(x^2+y^2+z^2)\,\mathrm{d}S=\iint\limits_{D_{yz}}a^2\frac{a}{\sqrt{a^2-y^2-z^2}}\mathrm{d}y\mathrm{d}z$$

$$=a^3\int_{-\frac{\pi}{2}}^{\frac{\pi}{2}}\mathrm{d}\theta\int_0^a\frac{\rho\,\mathrm{d}\rho}{\sqrt{a^2-\rho^2}}=\pi a^4.$$

请读者考虑为何选择向 yOz 面投影来计算？向另外两个平面投影时，如何计算？

[法 2] 由于被积函数中的变量 x,y,z 在曲面上变化，故应满足曲面方程. 所以

$$I_3=\iint\limits_{\Sigma_3}(x^2+y^2+z^2)\,\mathrm{d}S$$

$$=\iint\limits_{\Sigma_3}a^2\mathrm{d}S=a^2\,(\Sigma_3\text{ 的面积})$$

$$=a^2\cdot\frac{1}{4}\cdot(\text{半径为 }a\text{ 的球面面积})$$

$$=a^2\cdot\frac{1}{4}\cdot4\pi a^2=\pi a^4.$$

综上所述，$I=I_1+I_2+I_3=\dfrac{3}{2}\pi a^4$.

例 3 计算 $\oiint\limits_{\Sigma}(ax+by+cz+d)^2\mathrm{d}S$，其中 $\Sigma: x^2+y^2+z^2=R^2$.

解 $\oiint\limits_{\Sigma}(ax+by+cz+d)^2\mathrm{d}S$

$$=\iint\limits_{\Sigma}((ax)^2+(by)^2+(cz)^2+d^2+2abxy+2acxz+2bcyz+2adx+2bdy+2cdz)\,\mathrm{d}S,$$

其中 Σ 为球面 $x^2+y^2+z^2=R^2$，由对称性知

$$\iint\limits_{\Sigma}x\mathrm{d}S=\iint\limits_{\Sigma}y\mathrm{d}S=\iint\limits_{\Sigma}z\mathrm{d}S=0,$$

$$\iint\limits_{\Sigma}xy\mathrm{d}S=\iint\limits_{\Sigma}yz\mathrm{d}S=\iint\limits_{\Sigma}xz\mathrm{d}S=0,$$

且

$$\iint\limits_{\Sigma}x^2\mathrm{d}S=\iint\limits_{\Sigma}y^2\mathrm{d}S=\iint\limits_{\Sigma}z^2\mathrm{d}S,$$

故

$$\oiint\limits_{\Sigma}(ax+by+cz+d)^2\mathrm{d}S=(a^2+b^2+c^2)\oiint\limits_{\Sigma}x^2\mathrm{d}S+d^2\oiint\limits_{\Sigma}\mathrm{d}S$$

$$=\frac{1}{3}(a^2+b^2+c^2)\oiint\limits_{\Sigma}(x^2+y^2+z^2)\,\mathrm{d}S+4\pi R^2d^2$$

$$=\frac{1}{3}(a^2+b^2+c^2)R^2\oiint\limits_{\Sigma}\mathrm{d}S+4\pi R^2d^2$$

$$=\frac{4}{3}\pi R^4(a^2+b^2+c^2)+4\pi R^2d^2.$$

小结 1. 将对面积的曲面积分化为二重积分的步骤可概括为"一代二换三投影",即一是把曲面方程代入被积函数,二是把曲面面积元素 $\mathrm{d}S$ 转换为平面面积元素 $\mathrm{d}x\mathrm{d}y$ 或 $\mathrm{d}y\mathrm{d}z$ 或 $\mathrm{d}z\mathrm{d}x$,三是把曲面向坐标面投影,得到的投影区域就是二重积分的积分区域. 在具体计算时应注意以下几点:

(1) 曲面 Σ 的方程必须是单值函数,被积函数 $f(x,y,z)$ 中只有两个相互独立的变量,若在 D_{xy} 上进行二重积分,必须将 z 由曲面方程表示为 x,y 的函数.

(2) 在具体进行计算时,虽然可将 Σ 投影到任一坐标面上,但应根据曲面方程的具体情况,选择合适的投影坐标面,使得在该面的投影区域上二重积分容易计算.

(3) 若积分曲面(或部分)就是坐标面的一部分,则计算时应将积分曲面投影到该坐标面上,这时的曲面积分就是在其上的重积分,$\mathrm{d}S$ 就是该坐标面上的面积元素,如在 xOy 面上,则 $\mathrm{d}S=\mathrm{d}x\mathrm{d}y$.

(4) 第一类曲面积分与曲面的方向无关,即计算时不必考虑曲面的侧.

2. 注意例 3 的解法. 最后并没有化成二重积分计算,只是利用了对面积的曲面积分的对称性及几何意义:$\oint\!\!\!\oint_{\Sigma}\mathrm{d}S$ 等于曲面 Σ 的面积. 对面积的曲面积分对称性的结论实际上是由二重积分的对称性得到的,在计算对面积的曲面积分时,可直接用下列结论:

(1) 设分片光滑曲面 $\Sigma: z=z(x,y)$ 关于 xOy 面对称,其中 $\Sigma_1: z=z(x,y)\geqslant 0$,则

$$\iint_{\Sigma} f(x,y,z)\,\mathrm{d}S=\begin{cases}0, & f\text{ 关于 } z \text{ 是奇函数},\\ 2\iint_{\Sigma_2} f(x,y,z)\,\mathrm{d}S, & f\text{ 关于 } z \text{ 是偶函数}.\end{cases}$$

(2) 设分片光滑曲面 $\Sigma: x=x(y,z)$ 关于 yOz 面对称,其中 $\Sigma_2: x=x(y,z)\geqslant 0$,则

$$\iint_{\Sigma} f(x,y,z)\,\mathrm{d}S=\begin{cases}0, & f\text{ 关于 } x \text{ 是奇函数},\\ 2\iint_{\Sigma_1} f(x,y,z)\,\mathrm{d}S, & f\text{ 关于 } x \text{ 是偶函数}.\end{cases}$$

(3) 设分片光滑曲面 $\Sigma: y=y(x,z)$ 关于 zOx 面对称,其中 $\Sigma_3: y=y(x,z)\geqslant 0$,则

$$\iint_{\Sigma} f(x,y,z)\,\mathrm{d}S=\begin{cases}0, & f\text{ 关于 } y \text{ 是奇函数},\\ 2\iint_{\Sigma_3} f(x,y,z)\,\mathrm{d}S, & f\text{ 关于 } y \text{ 是偶函数}.\end{cases}$$

问题 2 计算对坐标的(第二类)曲面积分应注意什么?

例 4 计算 $I=\iint_{\Sigma} x^2\mathrm{d}y\mathrm{d}z+z^2\mathrm{d}x\mathrm{d}y$,$\Sigma$ 是曲面 $x^2+y^2=a-z$ 在上半空间部分的外侧($a>0$).

解 Σ 在 xOy 面上的投影区域 $D_{xy}: x^2+y^2\leqslant a$,$\Sigma$ 在 yOz 面上的投影区域 D_{yz}:$\begin{cases}y^2\leqslant a-z,\\ z\geqslant 0,\end{cases}$ 所以

$$\begin{aligned} I &= \iint_{\Sigma} x^2 \mathrm{d}y\mathrm{d}z + \iint_{\Sigma} z^2 \mathrm{d}x\mathrm{d}y \\ &= \left(\iint_{\Sigma_{前}} x^2 \mathrm{d}y\mathrm{d}z + \iint_{\Sigma_{后}} x^2 \mathrm{d}y\mathrm{d}z\right) + \iint_{D_{xy}} (a-(x^2+y^2))^2 \mathrm{d}x\mathrm{d}y \\ &= \left(\iint_{D_{yz}} (a-z-y^2)\mathrm{d}y\mathrm{d}z - \iint_{D_{yz}} (a-z-y^2)\mathrm{d}y\mathrm{d}z\right) + \int_0^{2\pi}\mathrm{d}\theta \int_0^{\sqrt{a}} (a-\rho^2)^2 \rho \mathrm{d}\rho \\ &= 2\pi\left(-\frac{1}{6}(a-\rho^2)^3\right)\Big|_0^{\sqrt{a}} \\ &= \frac{\pi}{3}a^3. \end{aligned}$$

其中 Σ(前侧)：$x^2+y^2=a-z, x\geqslant 0$；$\Sigma$(后侧)：$x^2+y^2=a-z, x<0$.

例 5 计算 $I=\iint_{\Sigma} x\mathrm{d}y\mathrm{d}z+y\mathrm{d}z\mathrm{d}x+z\mathrm{d}x\mathrm{d}y$，其中 Σ 是以 $A(1,0,0)$，$B(0,1,0)$，$C(0,0,1)$ 为顶点的三角形，方向指向原点(图 20-3).

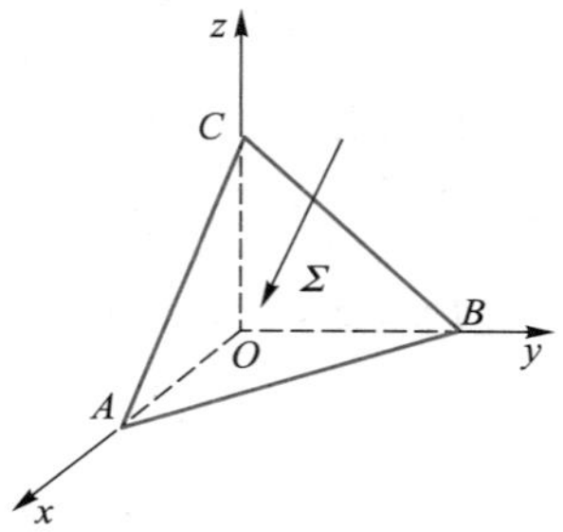

图 20-3

解 化为二重积分计算，Σ 的方程为 $x+y+z=1$，Σ 在 xOy 面上的投影区域为 $D_{xy}: x+y\leqslant 1, x\geqslant 0, y\geqslant 0$；于是

$$\begin{aligned} \iint_{\Sigma} z\mathrm{d}x\mathrm{d}y &= -\iint_{D_{xy}} (1-x-y)\mathrm{d}x\mathrm{d}y \\ &= -\int_0^1 \mathrm{d}x \int_0^{1-x} (1-x-y)\mathrm{d}y = -\frac{1}{6}, \end{aligned}$$

由轮换对称性得

$$\iint_{\Sigma} y\mathrm{d}z\mathrm{d}x = -\frac{1}{6}, \quad \iint_{\Sigma} x\mathrm{d}y\mathrm{d}z = -\frac{1}{6},$$

故 $I=\iint_{\Sigma} x\mathrm{d}y\mathrm{d}z+y\mathrm{d}z\mathrm{d}x+z\mathrm{d}x\mathrm{d}y=-\frac{1}{2}$.

小结 将对坐标的曲面积分化为二重积分的计算步骤可概括为“一代二投三定向”，即一是把曲面方程代入被积函数；二是把曲面向坐标面投影得投影区域，此投影区域就是二重积分的积分区域；三是根据曲面所给定的方向来决定取正号还是取负号. 在具体计算时应注意以下几点：

(1) 积分曲面应投影到哪一坐标面由所给的积分表达式确定. 如积分表达式中含有 $\mathrm{d}x\mathrm{d}y$，则应向 xOy 面投影.

(2) 化为二重积分时必须考虑积分曲面的方向(即曲面的侧)，确定二重积分的正负号. 一般地，若曲面 Σ 投影到 xOy 面上，则二重积分前的正负号确定的原则是 Σ 取上侧为正，Σ 取下侧为负，其余类似.

(3) 对坐标的曲面积分有时用高斯公式来计算较方便.

问题 3 高斯公式的特点是什么？它在曲面积分计算中有何作用？应用时应注意些什么？

例 6 计算 $I=\iint\limits_{\Sigma}(x^2\cos\alpha+y^2\cos\beta+z^2\cos\gamma)\mathrm{d}S$，其中 Σ 是锥面 $x^2+y^2=z^2(0\leqslant z\leqslant h)$，而 $\cos\alpha,\cos\beta,\cos\gamma$ 是该锥面外法向量的方向余弦.

解 [法 1] 直接用对面积的曲面积分计算.

由于 Σ 是锥面 $z^2=x^2+y^2(0\leqslant z\leqslant h)$ 下侧，在 xOy 面上投影区域为 $D_{xy}:x^2+y^2\leqslant h^2$，

$$\cos\alpha\mathrm{d}S=\frac{z_x}{\sqrt{1+z_x^2+z_y^2}}\cdot\sqrt{1+z_x^2+z_y^2}\,\mathrm{d}x\mathrm{d}y=z_x\mathrm{d}x\mathrm{d}y=\frac{x}{\sqrt{x^2+y^2}}\mathrm{d}x\mathrm{d}y,$$

$$\cos\beta\mathrm{d}S=\frac{z_y}{\sqrt{1+z_x^2+z_y^2}}\cdot\sqrt{1+z_x^2+z_y^2}\,\mathrm{d}x\mathrm{d}y=z_y\mathrm{d}x\mathrm{d}y=\frac{y}{\sqrt{x^2+y^2}}\mathrm{d}x\mathrm{d}y,$$

$$\cos\gamma\mathrm{d}S=\frac{-1}{\sqrt{1+z_x^2+z_y^2}}\cdot\sqrt{1+z_x^2+z_y^2}\,\mathrm{d}x\mathrm{d}y=-\mathrm{d}x\mathrm{d}y,$$

所以

$$\iint\limits_{\Sigma}x^2\cos\alpha\mathrm{d}S=\iint\limits_{D_{xy}}x^2\frac{x}{\sqrt{x^2+y^2}}\mathrm{d}x\mathrm{d}y=0,$$

$$\iint\limits_{\Sigma}y^2\cos\beta\mathrm{d}S=\iint\limits_{D_{xy}}y^2\frac{y}{\sqrt{x^2+y^2}}\mathrm{d}x\mathrm{d}y=0,$$

$$\iint\limits_{\Sigma}z^2\cos\gamma\mathrm{d}S=\iint\limits_{D_{xy}}(x^2+y^2)\cdot(-\mathrm{d}x\mathrm{d}y)=-\int_0^{2\pi}\mathrm{d}\theta\int_0^h\rho^3\mathrm{d}\rho=-\frac{\pi}{2}h^4,$$

故 $I=-\dfrac{\pi}{2}h^4$.

[法 2] 化为对坐标的曲面积分计算.

由于

$$\iint\limits_{\Sigma}(x^2\cos\alpha+y^2\cos\beta+z^2\cos\gamma)\mathrm{d}S=\iint\limits_{\Sigma}x^2\mathrm{d}y\mathrm{d}z+y^2\mathrm{d}z\mathrm{d}x+z^2\mathrm{d}x\mathrm{d}y,$$

而

$$\begin{aligned}\iint\limits_{\Sigma}x^2\mathrm{d}y\mathrm{d}z&=\iint\limits_{\Sigma_{前}}x^2\mathrm{d}y\mathrm{d}z+\iint\limits_{\Sigma_{后}}x^2\mathrm{d}y\mathrm{d}z\\&=\iint\limits_{D_{yz}}(z^2-y^2)\mathrm{d}y\mathrm{d}z-\iint\limits_{D_{yz}}(z^2-y^2)\mathrm{d}y\mathrm{d}z\\&=0.\end{aligned}$$

同理

$$\iint\limits_{\Sigma}y^2\mathrm{d}z\mathrm{d}x=\iint\limits_{D_{zx}}(z^2-x^2)\mathrm{d}z\mathrm{d}x-\iint\limits_{D_{zx}}(z^2-x^2)\mathrm{d}z\mathrm{d}x=0,$$

$$\iint\limits_{\Sigma}z^2\mathrm{d}x\mathrm{d}y=-\iint\limits_{D_{xy}}(x^2+y^2)\mathrm{d}x\mathrm{d}y=-\int_0^{2\pi}\mathrm{d}\theta\int_0^h\rho^3\mathrm{d}\rho=-\frac{\pi}{2}h^4,$$

故 $I=-\dfrac{\pi}{2}h^4$.

［法 3］　利用高斯公式. 这时必须先添加一块平面 Σ_1(取上侧)：$\begin{cases}x^2+y^2\leqslant h^2,\\ z=h,\end{cases}$ 则 $\Sigma+\Sigma_1$ 构成取外侧的闭曲面，围成的区域为 Ω(图 20-4).

由高斯公式得

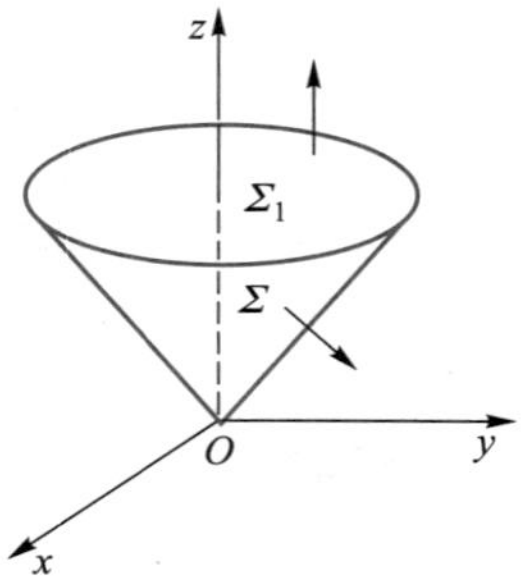

图 20-4

$$\begin{aligned}&\oiint_{\Sigma+\Sigma_1}(x^2\cos\alpha+y^2\cos\beta+z^2\cos\gamma)\mathrm{d}S\\&=\oiint_{\Sigma+\Sigma_1}x^2\mathrm{d}y\mathrm{d}z+y^2\mathrm{d}z\mathrm{d}x+z^2\mathrm{d}x\mathrm{d}y\\&=2\iiint_{\Omega}(x+y+z)\mathrm{d}x\mathrm{d}y\mathrm{d}z\\&=2\int_0^{2\pi}\mathrm{d}\theta\int_0^h\rho\mathrm{d}\rho\int_\rho^h[\rho(\cos\theta+\sin\theta)+z]\mathrm{d}z\\&=2\int_0^{2\pi}\mathrm{d}\theta\int_0^h\left((\cos\theta+\sin\theta)(h\rho^2-\rho^3)+\frac{1}{2}\rho(h^2-\rho^2)\right)\mathrm{d}\rho\\&=2\int_0^{2\pi}\left((\cos\theta+\sin\theta)\frac{h^4}{12}+\frac{h^4}{8}\right)\mathrm{d}\theta=\frac{\pi}{2}h^4,\end{aligned}$$

而

$$\begin{aligned}&\iint_{\Sigma_1}(x^2\cos\alpha+y^2\cos\beta+z^2\cos\gamma)\mathrm{d}S\\&=\iint_{\Sigma_1}\left(x^2\cos\frac{\pi}{2}+y^2\cos\frac{\pi}{2}+z^2\cos 0\right)\mathrm{d}S\\&=\iint_{\Sigma_1}z^2\mathrm{d}S=\iint_{x^2+y^2\leqslant h^2}h^2\mathrm{d}x\mathrm{d}y=\pi h^4,\end{aligned}$$

于是

$$\begin{aligned}I&=\left(\oiint_{\Sigma+\Sigma_1}-\iint_{\Sigma_1}\right)(x^2\cos\alpha+y^2\cos\beta+z^2\cos\gamma)\mathrm{d}S\\&=\frac{\pi}{2}h^4-\pi h^4=-\frac{\pi}{2}h^4.\end{aligned}$$

例 7　用高斯公式计算例 5 中的积分 $I=\iint_{\Sigma}x\mathrm{d}y\mathrm{d}z+y\mathrm{d}z\mathrm{d}x+z\mathrm{d}x\mathrm{d}y$，其中 Σ 是以 $A(1,0,0)$，$B(0,1,0)$，$C(0,0,1)$ 为顶点的三角形，方向指向原点.

解　利用高斯公式计算，添加曲面

$\Sigma_{OAB}:z=0,x+y\leqslant 1,x\geqslant 0,y\geqslant 0$，取上侧；

$\Sigma_{OBC}:x=0,y+z\leqslant 1,y\geqslant 0,z\geqslant 0$，取前侧；

$\Sigma_{OAC}:y=0,x+z\leqslant 1,x\geqslant 0,z\geqslant 0$，取右侧，

使 $\Sigma+\Sigma_{OAB}+\Sigma_{OBC}+\Sigma_{OAC}$ 构成封闭曲面 $\overline{\Sigma}$，方向为内侧，设 $\overline{\Sigma}$ 所包围的空间区域为 Ω，则由高斯公式，得

$$\oint\!\!\!\oint_{\overline{\Sigma}} x\mathrm{d}y\mathrm{d}z+y\mathrm{d}z\mathrm{d}x+z\mathrm{d}x\mathrm{d}y=-\iiint_{\Omega}3\mathrm{d}V=-3\cdot(\Omega\text{的体积})=-3\cdot\frac{1}{6}=-\frac{1}{2},$$

而
$$\iint_{\Sigma_{OAB}} x\mathrm{d}y\mathrm{d}z+y\mathrm{d}z\mathrm{d}x+z\mathrm{d}x\mathrm{d}y=0(\text{因为 }\Sigma_{OAB}\text{ 的方程为 }z=0).$$

同理
$$\iint_{\Sigma_{OBC}} x\mathrm{d}y\mathrm{d}z+y\mathrm{d}z\mathrm{d}x+z\mathrm{d}x\mathrm{d}y=0,$$
$$\iint_{\Sigma_{OAC}} x\mathrm{d}y\mathrm{d}z+y\mathrm{d}z\mathrm{d}x+z\mathrm{d}x\mathrm{d}y=0,$$

因此

$$\begin{aligned}I&=-\frac{1}{2}-\left(\iint_{\Sigma_{OAB}}+\iint_{\Sigma_{OBC}}+\iint_{\Sigma_{OAC}}\right)x\mathrm{d}y\mathrm{d}z+y\mathrm{d}z\mathrm{d}x+z\mathrm{d}x\mathrm{d}y\\&=-\frac{1}{2}.\end{aligned}$$

例 8 计算 $\iint_{\Sigma}2(x-x^2)\mathrm{d}y\mathrm{d}z+8xy\mathrm{d}z\mathrm{d}x-4xz\mathrm{d}x\mathrm{d}y$，其中 Σ 是由曲线 $x=\mathrm{e}^y(0\leqslant y\leqslant a)$ 绕 x 轴旋转一周而成的旋转曲面的外侧（图 20-5）.

解 $P=2(x-x^2),Q=8xy,R=-4xz$，因此

$$\frac{\partial P}{\partial x}+\frac{\partial Q}{\partial y}+\frac{\partial R}{\partial z}=2-4x+8x-4x=2.$$

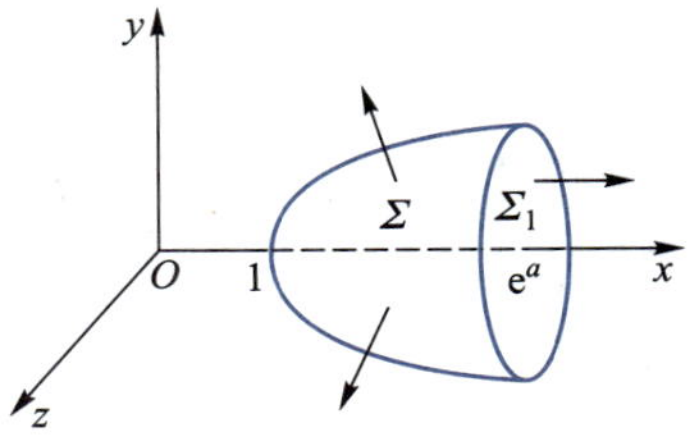

图 20-5

设 $\Sigma_1:\begin{cases}y^2+z^2\leqslant a^2,\\x=\mathrm{e}^a,\end{cases}$ 取右侧，于是 $\Sigma+\Sigma_1$ 构成封闭曲面的外侧，由高斯公式得

$$\begin{aligned}&\oint\!\!\!\oint_{\Sigma+\Sigma_1}2(x-x^2)\mathrm{d}y\mathrm{d}z+8xy\mathrm{d}z\mathrm{d}x-4xz\mathrm{d}x\mathrm{d}y\\&=\iiint_{\Omega}(2-4x+8x-4x)\mathrm{d}V=2\iiint_{\Omega}\mathrm{d}V\\&=2\int_1^{\mathrm{e}^a}\pi\ln^2x\mathrm{d}x=2\pi\left(x\ln^2x\Big|_1^{\mathrm{e}^a}-\int_1^{\mathrm{e}^a}2\ln x\mathrm{d}x\right)\\&=2\pi(\mathrm{e}^a a^2-2\mathrm{e}^a a+2\mathrm{e}^a-2),\end{aligned}$$

从而

$$\begin{aligned}I&=\left(\oint\!\!\!\oint_{\Sigma+\Sigma_1}-\iint_{\Sigma_1}\right)(2(x-x^2)\mathrm{d}y\mathrm{d}z+8xy\mathrm{d}z\mathrm{d}x-4xz\mathrm{d}x\mathrm{d}y)\\&=-\iint_{\Sigma_1}2(x-x^2)\mathrm{d}y\mathrm{d}z+8xy\mathrm{d}z\mathrm{d}x-4xz\mathrm{d}x\mathrm{d}y+2\pi(\mathrm{e}^a a^2-2\mathrm{e}^a a+2\mathrm{e}^a-2).\end{aligned}$$

又由于

$$\iint_{\Sigma_1} 8xy\mathrm{d}z\mathrm{d}x = 0,\quad \iint_{\Sigma_1} 4xz\mathrm{d}x\mathrm{d}y = 0,$$

所以

$$\begin{aligned} I &= \iint_{\Sigma_1} 2(x - x^2)\mathrm{d}y\mathrm{d}z + 2\pi(\mathrm{e}^a a^2 - 2\mathrm{e}^a a + 2\mathrm{e}^a - 2) \\ &= -\iint_{D_{yz}} 2(\mathrm{e}^a - \mathrm{e}^{2a})\mathrm{d}y\mathrm{d}z + 2\pi(\mathrm{e}^a a^2 - 2\mathrm{e}^a a + 2\mathrm{e}^a - 2) \\ &= 2\pi a^2(\mathrm{e}^{2a} - \mathrm{e}^a) + 2\pi(\mathrm{e}^a a^2 - 2\mathrm{e}^a a + 2\mathrm{e}^a - 2) \\ &= 2\pi(a^2\mathrm{e}^{2a} - 2a\mathrm{e}^a + 2\mathrm{e}^a - 2), \end{aligned}$$

其中 D_{yz} 为 $y^2+z^2\leqslant a^2$.

例 9 计算 $I=\oiint_{\Sigma}\frac{x}{r^3}\mathrm{d}y\mathrm{d}z+\frac{y}{r^3}\mathrm{d}z\mathrm{d}x+\frac{z}{r^3}\mathrm{d}x\mathrm{d}y$，其中 $r=\sqrt{x^2+y^2+z^2}$，Σ 是：

(1) 不含原点的任何闭曲面的内侧；

(2) 球面 $x^2+y^2+z^2=a^2$ 的内侧；

(3) 含原点的任何闭曲面的内侧.

解 (1) 因 Σ 是不含原点的闭曲面，故 $\frac{\partial P}{\partial x},\frac{\partial Q}{\partial y},\frac{\partial R}{\partial z}$ 在 Σ 所围区域 Ω 上连续，但曲面的侧向是内侧，故用高斯公式计算时需加负号，而

$$P=\frac{x}{r^3},\quad \frac{\partial P}{\partial x}=\frac{r^3-3r^2x\cdot\frac{x}{r}}{r^6}=\frac{r^2-3x^2}{r^5},$$

$$Q=\frac{y}{r^3},\quad \frac{\partial Q}{\partial y}=\frac{r^2-3y^2}{r^5},$$

$$R=\frac{z}{r^3},\quad \frac{\partial R}{\partial z}=\frac{r^2-3z^2}{r^5},$$

于是

$$\begin{aligned} I &= -\iiint_{\Omega}\left(\frac{\partial P}{\partial x}+\frac{\partial Q}{\partial y}+\frac{\partial R}{\partial z}\right)\mathrm{d}V \\ &= -\iiint_{\Omega}\frac{3r^2-3(x^2+y^2+z^2)}{r^5}\mathrm{d}V=0. \end{aligned}$$

(2) **分析** 由于 P,Q,R 及 $\frac{\partial P}{\partial x},\frac{\partial Q}{\partial y},\frac{\partial R}{\partial z}$ 在球面所围区域 Ω 内的原点处不存在，当然就更谈不上连续了，所以不满足高斯公式的条件，不能直接用高斯公式.

[法 1] 由于组合积分中的三个积分具有轮换对称性，故三个积分中只需计算一个然后再乘 3 倍即可，即

$$I=\oiint_{\Sigma}\frac{x}{r^3}\mathrm{d}y\mathrm{d}z+\frac{y}{r^3}\mathrm{d}z\mathrm{d}x+\frac{z}{r^3}\mathrm{d}x\mathrm{d}y=3\oiint_{\Sigma}\frac{z}{r^3}\mathrm{d}x\mathrm{d}y,$$

因在 Σ 上，$z=\pm\sqrt{a^2-x^2-y^2}$，需把 Σ 分为 $\Sigma_上:z=\sqrt{a^2-x^2-y^2}$ 的下侧和 $\Sigma_下:z=-\sqrt{a^2-x^2-y^2}$ 的上侧两部分，$\Sigma_上$ 和 $\Sigma_下$ 在 xOy 面上的投影区域均为 $D_{xy}:x^2+y^2\leqslant a^2$，故

$$\begin{aligned}\oiint_{\Sigma}\frac{z}{r^3}\mathrm{d}x\mathrm{d}y&=\left(\iint_{\Sigma_上}+\iint_{\Sigma_下}\right)\frac{z}{r^3}\mathrm{d}x\mathrm{d}y\\&=\frac{1}{a^3}\left(-\iint_{D_{xy}}\sqrt{a^2-x^2-y^2}\mathrm{d}x\mathrm{d}y+\iint_{D_{xy}}\left(-\sqrt{a^2-x^2-y^2}\mathrm{d}x\mathrm{d}y\right)\right)\\&=-\frac{2}{a^3}\iint_{D_{xy}}\sqrt{a^2-x^2-y^2}\mathrm{d}x\mathrm{d}y=-\frac{2}{a^3}\int_0^{2\pi}\mathrm{d}\theta\int_0^a\rho\sqrt{a^2-\rho^2}\mathrm{d}\rho\\&=-\frac{4}{a^3}\pi\left(-\frac{1}{2}\right)\frac{2}{3}(a^2-\rho^2)^{\frac{3}{2}}\Big|_0^a=-\frac{4\pi}{3}.\end{aligned}$$

于是

$$I=\frac{-4\pi}{3}\times3=-4\pi.$$

［法 2］ 现设法转化积分形式后再用高斯公式，由于曲面积分被积函数中的变量 x,y,z 应该满足曲面方程，故

$$\begin{aligned}I&=\oiint_{\Sigma}\frac{x\mathrm{d}y\mathrm{d}z+y\mathrm{d}z\mathrm{d}x+z\mathrm{d}x\mathrm{d}y}{(x^2+y^2+z^2)^{\frac{3}{2}}}\\&=\frac{1}{a^3}\oiint_{\Sigma}x\mathrm{d}y\mathrm{d}z+y\mathrm{d}z\mathrm{d}x+z\mathrm{d}x\mathrm{d}y,\end{aligned}$$

利用高斯公式得

$$\begin{aligned}&\oiint_{\Sigma}x\mathrm{d}y\mathrm{d}z+y\mathrm{d}z\mathrm{d}x+z\mathrm{d}x\mathrm{d}y\\&=-\iiint_{\Omega}3\mathrm{d}V=-3\cdot(\text{半径为 }a\text{ 的球的体积})\\&=-3\cdot\frac{4}{3}\pi a^3=-4\pi a^3,\end{aligned}$$

于是

$$I=\frac{1}{a^3}\cdot(-4\pi a^3)=-4\pi.$$

（3）由于 P,Q,R 在原点处无定义，不满足高斯公式的条件，所以不能直接利用高斯公式求解. 为了使用高斯公式，在 Σ 内作一个以原点为中心，充分小的数 ε 为半径的球面 Σ_1，且 Σ_1 取外侧，则 $\Sigma+\Sigma_1$ 构成封闭区域，在 $\Sigma+\Sigma_1$ 围成的区域 Ω_1 上 P,Q,R 满足高斯公式的条件. 由高斯公式得

$$\begin{aligned}&\oiint_{\Sigma+\Sigma_1}\frac{x}{r^3}\mathrm{d}y\mathrm{d}z+\frac{y}{r^3}\mathrm{d}z\mathrm{d}x+\frac{z}{r^3}\mathrm{d}x\mathrm{d}y\\&=-\iiint_{\Omega_1}\left(\frac{\partial P}{\partial x}+\frac{\partial Q}{\partial y}+\frac{\partial R}{\partial z}\right)\mathrm{d}V=0,\end{aligned}$$

故

$$\begin{aligned}I&=-\iint_{\Sigma_1}\frac{x}{r^3}\mathrm{d}y\mathrm{d}z+\frac{y}{r^3}\mathrm{d}z\mathrm{d}x+\frac{z}{r^3}\mathrm{d}x\mathrm{d}y\\&=-4\pi\text{（见(2)）}.\end{aligned}$$

小结 高斯公式的特点是它给出了空间区域 Ω 上的三重积分与其边界曲面 Σ 上的曲面积分之间的联系，在曲面积分计算中往往应用它将曲面积分化为三重积分计算，以达到化简计算的目的. 但使用高斯公式时必须注意以下三点：

(1) Ω 是光滑或分片光滑的闭曲面 Σ 围成的区域；

(2) P,Q,R 在 Ω 上具有一阶连续偏导数；

(3) 区域 Ω 与其边界曲面 Σ 是按外侧联系的.

问题 4 如何应用斯托克斯公式？

例 10 计算曲线积分 $I=\oint_{\Gamma}(x+y)\mathrm{d}x+(x-y)\mathrm{d}y+(z-y)\mathrm{d}z$，其中 $\Gamma:\begin{cases}x^2+y^2=1,\\x-y+z=2,\end{cases}$ 从 z 轴正向看去取逆时针方向.

解 **［法 1］**（参数法） 将曲线 Γ 化为参数方程：

$$\begin{cases}x=\cos t,\\y=\sin t,\\z=2-\cos t+\sin t,\end{cases}\qquad t\text{ 从 }0\text{ 到 }2\pi.$$

则将曲线积分 I 化为定积分：

$$\begin{aligned}I&=\int_0^{2\pi}((\cos t+\sin t)(-\sin t)+(\cos t-\sin t)\cos t+(2-\cos t)(\sin t+\cos t))\mathrm{d}t\\&=\int_0^{2\pi}(-3\sin t\cos t-\sin^2 t+2\sin t+2\cos t)\mathrm{d}t=-\pi.\end{aligned}$$

［法 2］（投影法）

将曲线 Γ 在 xOy 面上投影，其投影曲线为 $C:x^2+y^2=1$，取逆时针方向. 由 $z=2-x+y$ 得 $\mathrm{d}z=-\mathrm{d}x+\mathrm{d}y$，代入积分（消去 Γ 中的 z），再由格林公式得

$$I=\oint_C(2x+y-2)\mathrm{d}x+(2-y)\mathrm{d}y=\iint_{D_{xy}}-\mathrm{d}x\mathrm{d}y=-\pi,$$

其中 $D_{xy}:x^2+y^2\leqslant 1$.

［法 3］（利用斯托克斯公式）

取 Σ 为 Γ 所围的平面，其法向量 $\boldsymbol{n}=\left(\frac{1}{\sqrt{3}},-\frac{1}{\sqrt{3}},\frac{1}{\sqrt{3}}\right)$，则

$$I=\iint_{\Sigma}\begin{vmatrix}\cos\alpha & \cos\beta & \cos\gamma\\ \dfrac{\partial}{\partial x} & \dfrac{\partial}{\partial y} & \dfrac{\partial}{\partial z}\\ P & Q & R\end{vmatrix}\mathrm{d}S=\iint_{\Sigma}\begin{vmatrix}\dfrac{1}{\sqrt{3}} & -\dfrac{1}{\sqrt{3}} & \dfrac{1}{\sqrt{3}}\\ \dfrac{\partial}{\partial x} & \dfrac{\partial}{\partial y} & \dfrac{\partial}{\partial z}\\ x+y & x-y & z-y\end{vmatrix}\mathrm{d}S$$

$$=\iint_{\Sigma}\left(-\frac{1}{\sqrt{3}}\right)\mathrm{d}S=-\frac{1}{\sqrt{3}}\iint_{\Sigma}\mathrm{d}S$$

$$=-\frac{1}{\sqrt{3}}\iint_{D_{xy}}\sqrt{3}\,\mathrm{d}x\mathrm{d}y=-\pi.$$

其中 $D_{xy}:x^2+y^2\leqslant 1$.

例 11 计算 $I=\int_{\Gamma}y^2\mathrm{d}x+z^2\mathrm{d}y+x^2\mathrm{d}z$，其中 Γ 是球面 $x^2+y^2+z^2=a^2$ 与柱面 $x^2+y^2=ax(a>0,z\geqslant 0)$ 的交线，从 x 轴正向看去，取逆时针方向.

解 [法 1] 直接化成定积分计算. 为此，将曲线 Γ 写成参数方程

$$\Gamma:\begin{cases}x=\dfrac{1}{2}a(1+\cos t),\\ y=\dfrac{1}{2}a\sin t, \qquad t\text{ 由 }0\text{ 到 }2\pi,\\ z=a\sin\dfrac{t}{2},\end{cases}$$

于是

$$I=\int_{\Gamma}y^2\mathrm{d}x+z^2\mathrm{d}y+x^2\mathrm{d}z$$

$$=\int_0^{2\pi}\frac{1}{4}a^3\left(-\frac{1}{2}\sin^3 t+2\sin^2\frac{t}{2}\cos t+\frac{1}{2}(1+\cos t)^2\cos\frac{t}{2}\right)\mathrm{d}t$$

$$=\frac{1}{4}a^3\int_0^{2\pi}\left(-\frac{1}{2}\sin^3 t+2\sin^2\frac{t}{2}\cos t+2\cos^5\frac{t}{2}\right)\mathrm{d}t=-\frac{\pi}{4}a^3.$$

[法 2] 应用斯托克斯公式，记 Σ 是 $x^2+y^2+z^2=a^2(z\geqslant 0)$ 被 $x^2+y^2=ax(a>0)$ 截下部分的曲面. Γ 为 Σ 的边界曲线，由右手法则知，Σ 取上侧，Σ 在 xOy 面上的投影区域为 $D_{xy}:x^2+y^2\leqslant ax$，由斯托克斯公式得

$$I=-2\iint_{\Sigma}z\mathrm{d}y\mathrm{d}z+x\mathrm{d}z\mathrm{d}x+y\mathrm{d}x\mathrm{d}y.$$

而 $\iint_{\Sigma}y\mathrm{d}x\mathrm{d}y=\iint_{D_{xy}}y\mathrm{d}x\mathrm{d}y=0$. 从方程组 $\begin{cases}x^2+y^2+z^2=a^2,\\ x^2+y^2=ax\end{cases}$ 中消去 x 得 $y^2=z^2\left(1-\left(\dfrac{z}{a}\right)^2\right)$，则 $y^2=z^2\left(1-\left(\dfrac{z}{a}\right)^2\right)$ 围成的区域为 Σ 在 yOz 面上的投影区域 D_{yz}，因此

$$\iint_{\Sigma} z\mathrm{d}y\mathrm{d}z = \iint_{D_{yz}} z\mathrm{d}y\mathrm{d}z = \int_0^a \mathrm{d}z \int_{-z\sqrt{1-\left(\frac{z}{a}\right)^2}}^{z\sqrt{1-\left(\frac{z}{a}\right)^2}} z\mathrm{d}y$$

$$= 2\int_0^a z^2\sqrt{1-\left(\frac{z}{a}\right)^2}\,\mathrm{d}z \xlongequal{\text{令}\frac{z}{a}=\sin t} 2a^3\int_0^{\frac{\pi}{2}} \sin^2 t\cos^2 t\mathrm{d}t$$

$$= \frac{\pi a^3}{8}.$$

为了求 $\iint_{\Sigma} x\mathrm{d}z\mathrm{d}x$，要把 Σ 分成 Σ_1 与 Σ_2 两部分，其中 Σ_1 为 Σ 上 $y>0$ 的部分，Σ_2 为 Σ 上 $y\leqslant 0$ 的部分，则 $\Sigma=\Sigma_1+\Sigma_2$，且 Σ_1,Σ_2 在 xOz 面上具有相同的投影区域 D_{xz}，故

$$\iint_{\Sigma} x\mathrm{d}z\mathrm{d}x = \iint_{\Sigma_1} x\mathrm{d}z\mathrm{d}x + \iint_{\Sigma_2} x\mathrm{d}z\mathrm{d}x$$

$$= \iint_{D_{xz}} x\mathrm{d}z\mathrm{d}x - \iint_{D_{xz}} x\mathrm{d}z\mathrm{d}x = 0.$$

综上得

$$I = \oint_{\Gamma} y^2\mathrm{d}x + z^2\mathrm{d}y + x^2\mathrm{d}z$$

$$= -2\left(\frac{\pi}{8}a^3 + 0 + 0\right)$$

$$= -\frac{\pi}{4}a^3.$$

小结 空间对坐标的(第二类)曲线积分的计算方法：

(1) 基本法.

将曲线的参数方程直接代入化为定积分. 设 $\Gamma:\begin{cases} x=x(t), \\ y=y(t), \\ z=z(t), \end{cases}$ t 从 α 到 β，则

$$\int_{\Gamma} P\mathrm{d}x + Q\mathrm{d}y + R\mathrm{d}z$$

$$= \int_{\alpha}^{\beta} \big(P(x(t),y(t),z(t))x'(t) + Q(x(t),y(t),z(t))y'(t) + R(x(t),y(t),z(t))z'(t)\big)\mathrm{d}t.$$

(2) 投影法.

将空间曲线 Γ 投影到某坐标面上，化为平面曲线的第二类曲线积分.

(3) 选取适当路径.

如果 P,Q,R 满足积分与路径无关条件，即在一维单连通区域 Ω 上 $\mathbf{rot}\ \boldsymbol{A} = \begin{vmatrix} \boldsymbol{i} & \boldsymbol{j} & \boldsymbol{k} \\ \frac{\partial}{\partial x} & \frac{\partial}{\partial y} & \frac{\partial}{\partial z} \\ P & Q & R \end{vmatrix} = \mathbf{0}$，则积分与路径无关，可选取适当积分路径以便于计算.

（4）原函数法.

若在一维单连通区域 Ω 上 $\mathbf{rot}\,\boldsymbol{A}=\mathbf{0}$，则存在原函数 $u(x,y,z)$，使得

$$\mathrm{d}u=P\mathrm{d}x+Q\mathrm{d}y+R\mathrm{d}z,$$

于是有

$$\int_\Gamma P\mathrm{d}x+Q\mathrm{d}y+R\mathrm{d}z=u(x,y,z)\Big|_{M_1(x_1,y_1,z_1)}^{M_2(x_2,y_2,z_2)}=u(x_2,y_2,z_2)-u(x_1,y_1,z_1).$$

其中 M_1,M_2 分别为 Γ 的起点和终点.

（5）斯托克斯公式法.

$$\int_\Gamma P\mathrm{d}x+Q\mathrm{d}y+R\mathrm{d}z=\iint_\Sigma\begin{vmatrix}\mathrm{d}y\mathrm{d}z&\mathrm{d}z\mathrm{d}x&\mathrm{d}x\mathrm{d}y\\\dfrac{\partial}{\partial x}&\dfrac{\partial}{\partial y}&\dfrac{\partial}{\partial z}\\P&Q&R\end{vmatrix}=\iint_\Sigma\begin{vmatrix}\cos\alpha&\cos\beta&\cos\gamma\\\dfrac{\partial}{\partial x}&\dfrac{\partial}{\partial y}&\dfrac{\partial}{\partial z}\\P&Q&R\end{vmatrix}\mathrm{d}S,$$

其中 Γ 的方向与曲面 Σ 的侧符合右手法则，但 Σ 不唯一.

问题 5　场论中的有关内容，如梯度、散度、旋度、势量场（旋度为 $\mathbf{0}$）、管量场（散度为 0）等与曲线积分、曲面积分之间有何关系？

例 12　设 $u=x^2y+2xy^2-3yz^2$，求 $\mathrm{div}(\mathbf{grad}\,u)$，$\mathbf{rot}(\mathbf{grad}\,u)$.

解　$\mathbf{grad}\,u=\left(\dfrac{\partial u}{\partial x},\dfrac{\partial u}{\partial y},\dfrac{\partial u}{\partial z}\right)=(2xy+2y^2,x^2+4xy-3z^2,-6yz)$，

$$\begin{aligned}\mathrm{div}(\mathbf{grad}\,u)&=\mathrm{div}\left(\frac{\partial u}{\partial x},\frac{\partial u}{\partial y},\frac{\partial u}{\partial z}\right)\\&=\frac{\partial}{\partial x}(2xy+2y^2)+\frac{\partial}{\partial y}(x^2+4xy-3z^2)+\frac{\partial}{\partial z}(-6yz)\\&=4(x-y),\end{aligned}$$

$$\mathbf{rot}(\mathbf{grad}\,u)=\begin{vmatrix}\boldsymbol{i}&\boldsymbol{j}&\boldsymbol{k}\\\dfrac{\partial}{\partial x}&\dfrac{\partial}{\partial y}&\dfrac{\partial}{\partial z}\\2xy+2y^2&x^2+4xy-3z^2&-6yz\end{vmatrix}=(-6z+6z,0,2x+4y-2x-4y)=\mathbf{0}.$$

一般地，若 $u(x,y,z)$ 有二阶连续偏导数，则总有 $\mathbf{rot}(\mathbf{grad}\,u)=\mathbf{0}$.

例 13　设向量场 $\boldsymbol{a}=(x(1+x^2z),y(1-x^2z),z(1-x^2z))$，求：

（1）$\boldsymbol{a}$ 通过由锥面 $z=\sqrt{x^2+y^2}$ 与平面 $z=1$ 所围闭曲面外侧的通量 Φ；

（2）$\boldsymbol{a}$ 在点 $M_0(1,2,-1)$ 处的旋度 $\mathbf{rot}\,\boldsymbol{a}$ 及在该点处沿方向 $\boldsymbol{n}=(2,-2,1)$ 的环量面密度 $\mathbf{rot}_n\boldsymbol{a}$.

解　（1）

$$\begin{aligned}\Phi&=\oint\!\!\!\oint_\Sigma\boldsymbol{a}\cdot\mathbf{d}\boldsymbol{S}=\iiint_\Omega\mathrm{div}\,\boldsymbol{a}\mathrm{d}V\\&=\iiint_\Omega((1+3x^2z)+(1-x^2z)+(1-2x^2z))\mathrm{d}V\\&=3\iiint_\Omega\mathrm{d}V=3\times\frac{\pi}{3}=\pi.\end{aligned}$$

(2) $(\mathbf{rot}\ \boldsymbol{a})_{M_0}=\begin{vmatrix} \boldsymbol{i} & \boldsymbol{j} & \boldsymbol{k} \\ \dfrac{\partial}{\partial x} & \dfrac{\partial}{\partial y} & \dfrac{\partial}{\partial z} \\ x(1+x^2z) & y(1-x^2z) & z(1-x^2z) \end{vmatrix}$

$$=(x^2y,x(x^2+2z^2),-2xyz)_{M_0}=(2,3,4).$$

$$(\mathbf{rot}_{\boldsymbol{n}}\boldsymbol{a})_{M_0}=[(\mathbf{rot}\ \boldsymbol{a})_{\boldsymbol{n}}]_{M_0}=\frac{(\mathbf{rot}\ \boldsymbol{a})_{M_0}\cdot\boldsymbol{n}}{|\boldsymbol{n}|}$$

$$=\frac{(2,3,4)\cdot(2,-2,1)}{\sqrt{4+4+1}}=\frac{2}{3}.$$

例 14 设向量场 $\boldsymbol{a}=(x^3+3y^2z,6xyz,mxy^n)$,试确定常数向量场 m,n 使得 $\boldsymbol{a}$ 为势量场,并求势函数 v,再就确定的 m,n 验证向量场 $\boldsymbol{a}$ 是否为管量场?

解 若 $\mathbf{rot}\ \boldsymbol{a}=\mathbf{0}$,则 $\boldsymbol{a}$ 为势量场. 而

$$(\mathbf{rot}\ \boldsymbol{a})_{M_0}=\begin{vmatrix} \boldsymbol{i} & \boldsymbol{j} & \boldsymbol{k} \\ \dfrac{\partial}{\partial x} & \dfrac{\partial}{\partial y} & \dfrac{\partial}{\partial z} \\ x^3+3y^2z & 6xyz & mxy^n \end{vmatrix}$$

$$=(mnxy^{n-1}-6xy,3y^2-my^n,6yz-6yz).$$

令 $\mathbf{rot}\ \boldsymbol{a}=\mathbf{0}$,则有 $\begin{cases} mny^{n-1}=6y, \\ my^n=3y^2, \end{cases}$ 解得 $\begin{cases} m=3, \\ n=2. \end{cases}$ 故当 $m=3,n=2$ 时,向量 $\boldsymbol{a}$ 为势量场. 由于势函数为 $v=-u+C$(C 为任意常数),其中 u 满足 $\mathrm{d}u=P\mathrm{d}x+Q\mathrm{d}y+R\mathrm{d}z$,且 u 可由下式算出:

$$u(x,y,z)=\int_{(0,0,0)}^{(x,y,z)}P\mathrm{d}x+Q\mathrm{d}y+R\mathrm{d}z$$

$$=\int_{(0,0,0)}^{(x,y,z)}(x^3+3y^2z)\mathrm{d}x+6xyz\mathrm{d}y+3xy^2\mathrm{d}z$$

$$=\int_0^x(x^3+3\cdot 0)\mathrm{d}x+\int_0^y(6xy\cdot 0)\mathrm{d}y+\int_0^z 3xy^2\mathrm{d}z$$

$$=\int_0^x x^3\mathrm{d}x+\int_0^z 3xy^2\mathrm{d}z=\frac{1}{4}x^4+3xy^2z,$$

故势函数为

$$v=-u+C=-\left(\frac{1}{4}x^4+3xy^2z\right)+C.$$

本题求势函数还可以用凑微分法,因

$$\begin{aligned}\mathrm{d}u&=P\mathrm{d}x+Q\mathrm{d}y+R\mathrm{d}z\\&=(x^3+3y^2z)\mathrm{d}x+6xyz\mathrm{d}y+3xy^2\mathrm{d}z\\&=x^3\mathrm{d}x+(3y^2z\mathrm{d}x+6xyz\mathrm{d}y+3xy^2\mathrm{d}z)\\&=\mathrm{d}\left(\frac{1}{4}x^4+3xy^2z\right),\end{aligned}$$

当 $m=3,n=2$ 时，$\operatorname{div}\boldsymbol{a}=3x^2+6xz\neq0$，故 $\boldsymbol{a}$ 不是管量场.

三、课内练习题

1. 填空题：

（1）设 Σ 为球面 $x^2+y^2+z^2=R^2$，则曲面积分 $\oiint\limits_{\Sigma}\left(x+2yz+\dfrac{1}{(x^2+y^2+z^2)^{\frac{3}{2}}}\right)\mathrm{d}S=$____________.

（2）设 $\Sigma:x^2+y^2+z^2=4,z\geqslant0$，则 $\iint\limits_{\Sigma}\dfrac{\mathrm{d}S}{x^2+y^2+z^2}=$____________.

（3）设向量场 $\boldsymbol{a}=(2x-z)\boldsymbol{i}+x^2y\boldsymbol{j}-xz^2\boldsymbol{k}$，则 $\operatorname{div}\boldsymbol{A}=$____________.

（4）若向量 $\boldsymbol{a}=(y^2+z^2)\boldsymbol{i}+(z^2+x^2)\boldsymbol{j}+(x^2+y^2)\boldsymbol{k}$，则 $\mathbf{rot}\,\boldsymbol{A}=$____________.

2. 计算曲面积分 $I=\iint\limits_{\Sigma}z\mathrm{d}S$，其中 $\Sigma:x^2+y^2+z^2=R^2,z\leqslant0$.

3. 计算曲面积分 $\oiint\limits_{\Sigma}xyz\mathrm{d}S$，$\Sigma$ 是由 $x+y+z=1$ 及 $x=0,y=0,z=0$ 所围成的四面体的整个边界曲面.

4. 计算 $\iint\limits_{\Sigma}(xy+yz+zx)\mathrm{d}S$，$\Sigma$ 为锥面 $z=\sqrt{x^2+y^2}$ 被曲面 $x^2+y^2=2ay(a>0)$ 所截下的部分.

5. 计算曲面积分 $\oiint\limits_{\Sigma}yz\mathrm{d}x\mathrm{d}y+zx\mathrm{d}y\mathrm{d}z+xy\mathrm{d}z\mathrm{d}x$，其中 Σ 是由第一卦限内的圆柱面 $x^2+y^2=R^2$，平面 $z=h(h>0)$ 和坐标面所构成的封闭曲面的外侧.

6. 计算曲面积分 $I=\iint\limits_{\Sigma}\dfrac{x^2\mathrm{d}y\mathrm{d}z+z\mathrm{d}x\mathrm{d}y}{z+\sqrt{x^2+y^2}}$，其中 $\Sigma:z=1-\sqrt{x^2+y^2}\,(x^2+y^2\leqslant1)$，取下侧.

7. 计算曲面积分 $\iint\limits_{\Sigma}x(y^2+z^2)\mathrm{d}y\mathrm{d}z+\mathrm{e}^x\sin z\mathrm{d}z\mathrm{d}x+x^2z\mathrm{d}x\mathrm{d}y$，其中 $\Sigma:x^2+y^2+z^2=1,z\geqslant0$，取上侧.

8. 计算曲面积分 $\iint\limits_{\Sigma}x(8y+1)\mathrm{d}y\mathrm{d}z+2(1-y^2)\mathrm{d}z\mathrm{d}x-4yz\mathrm{d}x\mathrm{d}y$，其中 Σ 是由曲线 $\begin{cases}z=\sqrt{y-1},\\x=0\end{cases}$ $(1\leqslant y\leqslant3)$ 绕 y 轴旋转一周所形成的曲面，它的法向量与 y 轴正向的夹角恒大于 $\dfrac{\pi}{2}$.

9. 计算曲线积分 $I=\oint_{\Gamma}(y^2-z^2)\mathrm{d}x+(2z^2-x^2)\mathrm{d}y+(3x^2-y^2)\mathrm{d}z$，其中 Γ：$\begin{cases}|x|+|y|=1,\\x+y+z=2,\end{cases}$从 z 轴正向看去取逆时针方向.

10. 设 $u=u(x,y,z)$具有二阶连续偏导数，求 $\mathbf{rot}(\mathbf{grad}\ u)$.

11. 求向量 $\boldsymbol{a}=k\dfrac{\boldsymbol{r}}{r^3}$（其中 $r=\sqrt{x^2+y^2+z^2}$，$\boldsymbol{r}=(x,y,z)$，k 为常数）穿过包围原点的任一闭曲面 Σ 的流量 Φ.

四、课外练习题

1. 计算曲面积分 $\iint\limits_{\Sigma}z\mathrm{d}S$，其中 Σ 为锥面 $z=\sqrt{x^2+y^2}$ 在柱体 $x^2+y^2\leqslant 2x$ 内的部分.

2. 计算曲面积分 $\iint\limits_{\Sigma}\dfrac{1}{(1+x+y)^2}\mathrm{d}S$，其中 Σ 是平面 $x+y+z=1$ 及三个坐标面所围的四面体的表面.

3. 计算曲面积分 $\iint\limits_{\Sigma}(2x+z)\mathrm{d}y\mathrm{d}z+z\mathrm{d}x\mathrm{d}y$，其中 Σ 为有向曲面 $z=x^2+y^2(0\leqslant z\leqslant 1)$，其法向量与 z 轴正向的夹角为锐角.

4. 计算曲线积分 $I=\oint_{\Gamma}xy\mathrm{d}x+z^2\mathrm{d}y+zx\mathrm{d}z$，其中 Γ 为锥面 $z=\sqrt{x^2+y^2}$ 与柱面 $x^2+y^2=2ax$ $(a>0)$的交线，从 z 轴正向看取逆时针方向.

5. 设 $\boldsymbol{a}=2y\boldsymbol{i}+3x\boldsymbol{j}-z^2\boldsymbol{k}$，计算通量 $\Phi=\oiint\limits_{\Sigma}\mathbf{rot}\ \boldsymbol{a}\cdot\mathrm{d}\boldsymbol{S}$，其中 Σ 是球面 $x^2+y^2+z^2=9$ 的上半部分的上侧.

6. 计算曲面积分 $\iint\limits_{\Sigma}\dfrac{ax\mathrm{d}y\mathrm{d}z+(z+a)^2\mathrm{d}x\mathrm{d}y}{\sqrt{x^2+y^2+z^2}}$，其中 Σ 为下半球面 $z=-\sqrt{a^2-x^2-y^2}$ $(a>0)$的上侧.

7. 计算曲面积分

$$\iint\limits_{\Sigma}(f(x,y,z)+x)\mathrm{d}y\mathrm{d}z+(2f(x,y,z)+y)\mathrm{d}z\mathrm{d}x+(f(x,y,z)+z)\mathrm{d}x\mathrm{d}y,$$

其中 $f(x,y,z)$为连续函数，Σ 为平面 $x-y+z=1$ 在第四卦限部分的上侧.

*8. 设 $u=u(x,y,z)$在有界闭区域 Ω 上有二阶连续偏导数，记 $\Delta u=\dfrac{\partial^2u}{\partial x^2}+\dfrac{\partial^2u}{\partial y^2}+\dfrac{\partial^2u}{\partial z^2}$，试证：$\oiint\limits_{\Sigma}u\dfrac{\partial u}{\partial n}\mathrm{d}S=\iiint\limits_{\Omega}(\mathbf{grad}\ u)^2\mathrm{d}x\mathrm{d}y\mathrm{d}z+\iiint\limits_{\Omega}u\Delta u\mathrm{d}x\mathrm{d}y\mathrm{d}z$，其中 Σ 为 Ω 的边界曲面的外侧，$\boldsymbol{n}$ 为 Σ 的外法向量.

*9. 计算 $I=\oiint\limits_{\Sigma}\dfrac{x}{r^3}\mathrm{d}y\mathrm{d}z+\dfrac{y}{r^3}\mathrm{d}z\mathrm{d}x+\dfrac{z}{r^3}\mathrm{d}x\mathrm{d}y$，其中 $r=\sqrt{x^2+y^2+z^2}$，Σ 为不经过原点的任意光滑

闭曲面的外侧.

*10. 设对于半空间 $x>0$ 内任意光滑闭曲面 Σ 有

$$\oiint_{\Sigma} xf(x)\mathrm{d}y\mathrm{d}z - xyf(x)\mathrm{d}z\mathrm{d}x - \mathrm{e}^{2x}z\mathrm{d}x\mathrm{d}y = 0,$$

其中 $f(x)$ 在 $(0,+\infty)$ 内具有一阶连续导数,且 $\lim\limits_{x\to 0^+} f(x)=1$,求 $f(x)$ 的表达式.

第二十讲

习题参考答案或提示

第二十一讲　常数项级数

一、本讲要求

1. 理解无穷级数的基本概念和基本性质.
2. 熟练掌握正项级数、交错级数的判敛法.
3. 理解绝对收敛与条件收敛的概念,并会判别绝对收敛与条件收敛.

二、问题·分析·解答

问题 1　如何使用无穷级数的定义和性质进行敛散性判断?

例 1　以下各种说法是否正确?若正确,给出证明;若错误,指出错误所在.

(1) 若 $\sum_{n=1}^{\infty} u_n$ 收敛, $\sum_{n=1}^{\infty} v_n$ 发散,则 $\sum_{n=1}^{\infty}(u_n+v_n)$ 发散;

(2) 若 $\sum_{n=1}^{\infty} u_n$ 发散, $\sum_{n=1}^{\infty} v_n$ 发散,则 $\sum_{n=1}^{\infty}(u_n+v_n)$ 发散;

(3) 若 $\sum_{n=1}^{\infty} u_n$ 发散,则

(A) $\sum_{n=1}^{\infty}(u_n+1\ 000)$ 发散;

(B) $\sum_{n=1}^{\infty} u_{n+1\ 000}$ 发散;

(C) $\sum_{n=1}^{\infty} ku_n$ (k 为任意常数)发散;

(D) $\sum_{n=1}^{\infty} |u_n|$ 发散;

(E) $\lim\limits_{n\to\infty} u_n \neq 0$;

(4) 若 $\{S_n\}$ 是一数列,则级数 $S_1+(S_2-S_1)+\cdots+(S_n-S_{n-1})+\cdots$ 与数列 $\{S_n\}$ 同时收敛,同时发散.

解　(1) 正确. $\sum_{n=1}^{\infty}(u_n+v_n)$ 一定发散,可用反证法证明如下:

若 $\sum_{n=1}^{\infty}(u_n+v_n)$ 收敛,由于 $\sum_{n=1}^{\infty} u_n$ 收敛,故由收敛级数的性质知 $\sum_{n=1}^{\infty} v_n=\sum_{n=1}^{\infty}((u_n+v_n)-u_n)$ 收敛,这与 $\sum_{n=1}^{\infty} v_n$ 发散矛盾,所以 $\sum_{n=1}^{\infty}(u_n+v_n)$ 发散.

(2) 错误. $\sum_{n=1}^{\infty} u_n$ 发散, $\sum_{n=1}^{\infty} v_n$ 发散,未必能得出 $\sum_{n=1}^{\infty}(u_n+v_n)$ 发散.

例如 $\sum_{n=1}^{\infty}\left(\frac{1}{n^2}-2\right)$ 发散，$\sum_{n=1}^{\infty}2$ 发散，但 $\sum_{n=1}^{\infty}\left(\left(\frac{1}{n^2}-2\right)+2\right)=\sum_{n=1}^{\infty}\frac{1}{n^2}$ 却是收敛的.

读者还可以自己举例说明这个问题.

(3)(A)错误. $\sum_{n=1}^{\infty}u_n$ 发散，未必能得出 $\sum_{n=1}^{\infty}(u_n+1\ 000)$ 发散. 例如 $\sum_{n=1}^{\infty}\left(\frac{1}{n^2}-1\ 000\right)$ 发散，但 $\sum_{n=1}^{\infty}\left(\left(\frac{1}{n^2}-1\ 000\right)+1\ 000\right)=\sum_{n=1}^{\infty}\frac{1}{n^2}$ 却是收敛的.

(B)正确. 因为 $\sum_{n=1}^{\infty}u_n$ 去掉前 1 000 项后得到级数 $\sum_{n=1}^{\infty}u_{n+1\ 000}$，而在级数的前面添加或去掉有限项不会改变级数的敛散性，所以 $\sum_{n=1}^{\infty}u_{n+1\ 000}$ 发散.

(C)错误. 当 $k\neq 0$ 时，级数 $\sum_{n=1}^{\infty}u_n$ 与 $\sum_{n=1}^{\infty}ku_n$ 具有相同的敛散性，此时 $\sum_{n=1}^{\infty}ku_n$ 发散. 但当 $k=0$ 时，级数 $\sum_{n=1}^{\infty}ku_n=\sum_{n=1}^{\infty}0$ 收敛.

(D)正确. $\sum_{n=1}^{\infty}|u_n|$ 一定发散，可用反证法证明如下：

若 $\sum_{n=1}^{\infty}|u_n|$ 收敛，则级数 $\sum_{n=1}^{\infty}u_n$ 绝对收敛，这与 $\sum_{n=1}^{\infty}u_n$ 发散矛盾，故 $\sum_{n=1}^{\infty}|u_n|$ 一定发散.

(E)错误. $\lim\limits_{n\to\infty}u_n=0$ 是级数 $\sum_{n=1}^{\infty}u_n$ 收敛的必要非充分条件. 即 $\sum_{n=1}^{\infty}u_n$ 收敛 $\Rightarrow\lim\limits_{n\to\infty}u_n=0$，但 $\sum_{n=1}^{\infty}u_n$ 发散不能得出 $\lim\limits_{n\to\infty}u_n\neq 0$. 例如调和级数 $\sum_{n=1}^{\infty}\frac{1}{n}$ 发散，但 $\lim\limits_{n\to\infty}u_n=0$.

(4) 正确. 因为级数 $S_1+(S_2-S_1)+\cdots+(S_n-S_{n-1})+\cdots$ 的前 n 项部分和为 $S_1+(S_2-S_1)+\cdots+(S_n-S_{n-1})=S_n$，由级数收敛定义即知数列 $\{S_n\}$ 与原级数同时收敛，同时发散.

例 2 用定义或性质判别下列级数的敛散性：

(1) $1-\frac{2}{3}+\frac{3}{5}-\frac{4}{7}+\cdots+(-1)^{n-1}\frac{n}{2n-1}\cdots$；

(2) $\sum_{n=1}^{\infty}\frac{1}{n(n+1)(n+2)}$；

(3) $1-\frac{1}{2^{\sqrt{2}}}+\frac{1}{3}-\frac{1}{4^{\sqrt{2}}}+\cdots+\frac{1}{2n-1}-\frac{1}{(2n)^{\sqrt{2}}}+\cdots$.

解 (1) 通项 $u_n=(-1)^{n-1}\frac{n}{2n-1}$，因为 $\lim\limits_{n\to\infty}u_{2n}=-\frac{1}{2}$，$\lim\limits_{n\to\infty}u_{2n-1}=\frac{1}{2}$，所以 $\lim\limits_{n\to\infty}u_n\neq 0$，由于其不满足级数收敛的必要条件，故级数发散.

(2) 通项 $u_n=\frac{1}{n(n+1)(n+2)}=\frac{1}{2}\left(\frac{1}{n(n+1)}-\frac{1}{(n+1)(n+2)}\right)$，因为

$$\begin{aligned}S_n&=u_1+u_n+\cdots+u_n\\&=\frac{1}{2}\left(\left(\frac{1}{1\cdot 2}-\frac{1}{2\cdot 3}\right)+\left(\frac{1}{2\cdot 3}-\frac{1}{3\cdot 4}\right)+\cdots+\left(\frac{1}{n(n+1)}-\frac{1}{(n+1)(n+2)}\right)\right)\end{aligned}$$

$$=\frac{1}{2}\left(\frac{1}{2}-\frac{1}{(n+1)(n+2)}\right)\to\frac{1}{4}\ (n\to\infty),$$

故由级数收敛的定义知该级数收敛，且和为$\frac{1}{4}$，即 $\sum\limits_{n=1}^{\infty}\frac{1}{n(n+1)(n+2)}=\frac{1}{4}$.

(3) 因为 $\sum\limits_{n=1}^{\infty}\frac{1}{2n-1}$ 发散，$\sum\limits_{n=1}^{\infty}\frac{1}{(2n)^{\sqrt{2}}}=\frac{1}{2^{\sqrt{2}}}\sum\limits_{n=1}^{\infty}\frac{1}{n^{\sqrt{2}}}(p=\sqrt{2}>1)$ 收敛，故由级数收敛的性质知级数 $1-\frac{1}{2^{\sqrt{2}}}+\frac{1}{3}-\frac{1}{4^{\sqrt{2}}}+\cdots+\frac{1}{2n-1}-\frac{1}{(2n)^{\sqrt{2}}}+\cdots$ 发散.

小结

1. 由级数 $\sum\limits_{n=1}^{\infty}u_n$ 收敛的必要条件为 $\lim\limits_{n\to\infty}u_n=0$ 得：若 $\lim\limits_{n\to\infty}u_n\neq 0$，则 $\sum\limits_{n=1}^{\infty}u_n$ 发散（例 2(1)）.

2. 利用级数 $\sum\limits_{n=1}^{\infty}u_n$ 收敛的定义得：若部分和数列 $\{S_n\}$ 的极限存在为 S，则 $\sum\limits_{n=1}^{\infty}u_n$ 收敛. 且 $\sum\limits_{n=1}^{\infty}u_n=\lim\limits_{n\to\infty}S_n=S$（例 2(2)）.

3. 根据级数收敛的性质得：

(1) 若 $\sum\limits_{n=1}^{\infty}u_n$ 收敛，$\sum\limits_{n=1}^{\infty}v_n$ 收敛，则 $\sum\limits_{n=1}^{\infty}(u_n+v_n)$ 一定收敛；

(2) 若 $\sum\limits_{n=1}^{\infty}u_n$ 收敛，$\sum\limits_{n=1}^{\infty}v_n$ 发散，则 $\sum\limits_{n=1}^{\infty}(u_n+v_n)$ 一定发散；

(3) 若 $\sum\limits_{n=1}^{\infty}u_n$ 发散，$\sum\limits_{n=1}^{\infty}v_n$ 发散，则 $\sum\limits_{n=1}^{\infty}(u_n+v_n)$ 敛散性不定.

4. 要熟记常见数项级数的敛散性：

(1) 调和级数 $\sum\limits_{n=1}^{\infty}\frac{1}{n}$ 发散；

(2) 等比级数 $\sum\limits_{n=1}^{\infty}aq^{n-1}(a\neq 0)\begin{cases}当\ |q|<1\ 时收敛，其和为\frac{a}{1-q},\\ 当\ |q|\geqslant 1\ 时发散.\end{cases}$

(3) p 级数 $\sum\limits_{n=1}^{\infty}\frac{1}{n^p}(p\in\mathbf{R})\begin{cases}当\ p>1\ 时收敛,\\ 当\ p\leqslant 1\ 时发散.\end{cases}$

(4) 交错级数 $\sum\limits_{n=1}^{\infty}\frac{(-1)^n}{n^p}\begin{cases}当\ p\leqslant 0\ 时发散,\\ 当\ 0<p\leqslant 1\ 时条件收敛,\\ 当\ p>1\ 时绝对收敛.\end{cases}$

问题 2 如何选用正项级数的判别法？

例 3 判别 $\sum\limits_{n=1}^{\infty}2^n\sin\frac{\pi}{3^n}$ 的敛散性.

解 **[法 1]** 比较判别法：

因 $0<\sin\frac{\pi}{3^n}<\frac{\pi}{3^n}$，故 $2^n\sin\frac{\pi}{3^n}<2^n\frac{\pi}{3^n}=\pi\left(\frac{2}{3}\right)^n$，而 $\sum\limits_{n=1}^{\infty}\pi\left(\frac{2}{3}\right)^n$ 是公比为$\frac{2}{3}<1$ 的正项等比

数列，它是收敛的，所以由比较判别法知 $\sum_{n=1}^{\infty} 2^n \sin\frac{\pi}{3^n}$ 收敛.

[法 2] 比较判别法的极限形式：

因
$$\lim_{n\to\infty}\frac{2^n\sin\frac{\pi}{3^n}}{\frac{2^n}{3^n}}=\lim_{n\to\infty}\frac{\sin\frac{\pi}{3^n}}{\frac{1}{3^n}}=\pi,$$

而 $\sum_{n=1}^{\infty}\left(\frac{2}{3}\right)^n$ 收敛，所以 $\sum_{n=1}^{\infty} 2^n \sin\frac{\pi}{3^n}$ 收敛.

[法 3] 比值判别法：

因为
$$\lim_{n\to\infty}\frac{u_{n+1}}{u_n}=\lim_{n\to\infty}\frac{2^{n+1}\sin\frac{\pi}{3^{n+1}}}{2^n\sin\frac{\pi}{3^n}}=\lim_{n\to\infty}2\frac{\frac{\pi}{3^{n+1}}}{\frac{\pi}{3^n}}=\frac{2}{3}<1,$$

所以 $\sum_{n=1}^{\infty} 2^n \sin\frac{\pi}{3^n}$ 收敛.

[法 4] 根值判别法：

因为
$$\lim_{n\to\infty}\sqrt[n]{u_n}=\lim_{n\to\infty}\sqrt[n]{2^n\sin\frac{\pi}{3^n}}=2\lim_{n\to\infty}\left(\sin\frac{\pi}{3^n}\right)^{\frac{1}{n}}=2\cdot\frac{1}{3}=\frac{2}{3}<1,$$

所以 $\sum_{n=1}^{\infty} 2^n \sin\frac{\pi}{3^n}$ 收敛.

注 因为 $\lim\limits_{x\to+\infty}\left(\sin\frac{\pi}{3^x}\right)^{\frac{1}{x}}=e^{\lim\limits_{x\to+\infty}\frac{\ln\left(\sin\frac{\pi}{3^x}\right)}{x}}$，而指数上的极限可用洛必达法则求得为 $-\ln 3$，故 $\lim\limits_{x\to+\infty}\left(\sin\frac{\pi}{3^x}\right)^{\frac{1}{x}}=\frac{1}{3}$，从而 $\lim\limits_{n\to\infty}\left(\sin\frac{\pi}{3^n}\right)^{\frac{1}{n}}=\frac{1}{3}$.

关于比较判别法极限形式的说明：在上例的[法 2]中，难点在于确定极限式中的分母 $\left(\frac{2}{3}\right)^n$，它可以由无穷小比阶的方法来帮助确定. 因为当 $n\to\infty$ 时，$2^n\sin\frac{\pi}{3^n}$ 是无穷小，而 $\sin\frac{\pi}{3^n}$ 与 $\frac{1}{3^n}$ 是同阶无穷小，所以 $2^n\sin\frac{\pi}{3^n}$ 应与 $2^n\cdot\frac{1}{3^n}$ 同阶. 根据这样的分析后，决定选取 $\left(\frac{2}{3}\right)^n$ 为极限式中的分母. 再看下面的例子.

例 4 试用比较判别法的极限形式判别下面级数的敛散性.

(1) $\sum_{n=1}^{\infty}\left(1-\cos\frac{\pi}{n}\right)$； (2) $\sum_{n=1}^{\infty}\frac{\ln n}{n}$.

解 (1) 因为当 $n\to\infty$ 时，$1-\cos\frac{\pi}{n}\sim\frac{1}{2}\left(\frac{\pi}{n}\right)^2$，即 $\lim\limits_{n\to\infty}\frac{1-\cos\frac{\pi}{n}}{\frac{\pi^2}{n^2}}=\frac{1}{2}$，

而 $\sum\limits_{n=1}^{\infty}\dfrac{\pi^2}{n^2}$ 是收敛的，所以 $\sum\limits_{n=1}^{\infty}\left(1-\cos\dfrac{\pi}{n}\right)$ 收敛.

（2）因为当 $n\to\infty$ 时，$\lim\limits_{n\to\infty}\dfrac{\dfrac{\ln n}{n}}{\dfrac{1}{n}}=\lim\limits_{n\to\infty}\ln n=\infty$，而 $\sum\limits_{n=1}^{\infty}\dfrac{1}{n}$ 是发散的，所以 $\sum\limits_{n=1}^{\infty}\dfrac{\ln n}{n}$ 发散.

例 5 判别 $\sum\limits_{n=1}^{\infty}\dfrac{1}{(n+1)(2n+1)}$ 的敛散性.

分析 因为

$$\lim_{n\to\infty}\frac{u_{n+1}}{u_n}=\lim_{n\to\infty}\frac{(n+1)(2n+1)}{(n+2)(2n+3)}=1,$$

所以用比值判别法不能判断级数的敛散性.

如果用无穷小比阶的思想方法，不难发现当 $n\to\infty$ 时，$\dfrac{1}{(n+1)(2n+1)}$ 与 $\dfrac{1}{n^2}$ 同阶，从而可以考虑用比较判别法的极限形式判别.

解 因为

$$\lim_{n\to\infty}\frac{\dfrac{1}{(n+1)(2n+1)}}{\dfrac{1}{n^2}}=\lim_{n\to\infty}\frac{n^2}{(n+1)(2n+1)}=\frac{1}{2},$$

而 $\sum\limits_{n=1}^{\infty}\dfrac{1}{n^2}$ 收敛，所以 $\sum\limits_{n=1}^{\infty}\dfrac{1}{(n+1)(2n+1)}$ 收敛.

例 6 判别 $\sum\limits_{n=1}^{\infty}\dfrac{2+(-1)^n}{2^n}$ 的敛散性.

分析 该级数为正项级数. 如果认为当 $n\to\infty$ 时，无穷小 $\dfrac{2+(-1)^n}{2^n}$ 与 $\dfrac{1}{2^n}$ “同阶”而试用比较判别法的极限形式，则有

$$\lim_{n\to\infty}\frac{\dfrac{2+(-1)^n}{2^n}}{\dfrac{1}{2^n}}=\lim_{n\to\infty}(2+(-1)^n),$$

上述极限是不存在的，可见用此法不能判别.

如果考虑用比值判别法，则有

$$\begin{aligned}\lim_{n\to\infty}\frac{u_{n+1}}{u_n}&=\lim_{n\to\infty}\frac{2+(-1)^{n+1}}{2^{n+1}}\cdot\frac{2^n}{2+(-1)^n}\\&=\lim_{n\to\infty}\frac{1}{2}\cdot\frac{2+(-1)^{n+1}}{2+(-1)^n}\end{aligned}$$

$$=\begin{cases}\dfrac{3}{2}, & n\text{ 为奇数},\\[2ex] \dfrac{1}{6}, & n\text{ 为偶数}.\end{cases}$$

由于极限不存在,所以比值判别法失效.

解 [法1] 现考虑用比较判别法,因为

$$0<\frac{2+(-1)^n}{2^n}\leqslant\frac{3}{2^n}(n=1,2,\cdots),$$

而 $\sum\limits_{n=1}^{\infty}\dfrac{3}{2^n}$ 是公比为 $\dfrac{1}{2}<1$ 的等比级数,它是收敛的,所以 $\sum\limits_{n=1}^{\infty}\dfrac{2+(-1)^n}{2^n}$ 收敛.

[法2] 如果用根值判别法,那么因为

$$\lim_{n\to\infty}\sqrt[n]{u_n}=\lim_{n\to\infty}\left(\frac{2+(-1)^n}{2^n}\right)^{\frac{1}{n}}=\frac{1}{2}\lim_{n\to\infty}(2+(-1)^n)^{\frac{1}{n}}=\frac{1}{2}<1.$$

这是由于 $1\leqslant(2+(-1)^n)^{\frac{1}{n}}\leqslant3^{\frac{1}{n}}$,而 $\lim\limits_{n\to\infty}\sqrt[n]{3}=1$,所以由夹逼定理知 $\lim\limits_{n\to\infty}(2+(-1)^n)^{\frac{1}{n}}=1$. 从而 $\sum\limits_{n=1}^{\infty}\dfrac{2+(-1)^n}{2^n}$ 收敛.

[法3] 本例还可用下面的方法求解. 因为

$$\sum_{n=1}^{\infty}\frac{2+(-1)^n}{2^n}=\sum_{n=1}^{\infty}\left(\frac{1}{2^{n-1}}+\frac{(-1)^n}{2^n}\right),$$

而 $\sum\limits_{n=1}^{\infty}\dfrac{1}{2^{n-1}}$ 收敛,$\sum\limits_{n=1}^{\infty}\dfrac{(-1)^n}{2^n}$ 是收敛的交错级数,所以由级数的运算性质知 $\sum\limits_{n=1}^{\infty}\dfrac{2+(-1)^n}{2^n}$ 收敛.

例7 设 $\sum\limits_{n=1}^{\infty}u_n$,$\sum\limits_{n=1}^{\infty}v_n$ 均收敛,且 $u_n\leqslant w_n\leqslant v_n$,证明 $\sum\limits_{n=1}^{\infty}w_n$ 收敛.

分析 若认为:因为 $\sum\limits_{n=1}^{\infty}v_n$ 收敛,而 $w_n\leqslant v_n$,所以由比较判别法知 $\sum\limits_{n=1}^{\infty}w_n$ 收敛,那是不行的,原因是它们未必是正项级数. 正确证明如下:

证明 因为 $u_n\leqslant w_n\leqslant v_n$,故 $0\leqslant w_n-u_n\leqslant v_n-u_n$,而 $\sum\limits_{n=1}^{\infty}u_n$,$\sum\limits_{n=1}^{\infty}v_n$ 均收敛,故正项级数 $\sum\limits_{n=1}^{\infty}(v_n-u_n)$ 收敛,则由正项级数的比较判别法知 $\sum\limits_{n=1}^{\infty}(w_n-u_n)$ 收敛,又因为 $\sum\limits_{n=1}^{\infty}u_n$ 收敛,从而 $\sum\limits_{n=1}^{\infty}w_n=\sum\limits_{n=1}^{\infty}((w_n-u_n)+u_n)$ 收敛.

小结 在使用正项级数的判别法前,先要判断级数是正项级数,再根据正项级数通项的特点选取合适的判敛法. 关于正项级数的几种判敛法有如下关系:

(1) 凡能用比值判别法判别收敛时,用根值判别法也能判别收敛(证明略). 反之未必(见例6). 由此可见根值判别法比比值判别法更精细,但有时后者使用更方便.

(2) 凡能用比较判别法的极限形式、比值判别法和根值判别法判别收敛时，用比较判别法也能判别收敛. 这是因为其他三种方法都以比较判别法为基础. 但是，直接用比较判别法可能不易找到适当的比较对象.

问题 3 判别任意项级数敛散性的一般步骤是什么？

例 8 判别下列级数的敛散性，若收敛，是绝对收敛还是条件收敛？

(1) $\sum_{n=1}^{\infty}(-1)^{n-1}\frac{2n+1}{2^n}$； (2) $\sum_{n=1}^{\infty}(-1)^{n-1}(\sqrt{n+1}-\sqrt{n})$；

(3) $\sum_{n=1}^{\infty}(-1)^{\frac{n(n-1)}{2}}\left(\frac{5n+1}{n}\right)^n$.

解 (1) $\sum_{n=1}^{\infty}(-1)^{n-1}\frac{2n+1}{2^n}$ 为任意项级数.

$\sum_{n=1}^{\infty}\left|(-1)^{n-1}\frac{2n+1}{2^n}\right|=\sum_{n=1}^{\infty}\frac{2n+1}{2^n}$，而对于正项级数 $\sum_{n=1}^{\infty}\frac{2n+1}{2^n}$，

$$\lim_{n\to\infty}\frac{u_{n+1}}{u_n}=\lim_{n\to\infty}\frac{2n+3}{2^{n+1}}\cdot\frac{2^n}{2n+1}=\frac{1}{2}<1,$$

故由比值判别法知级数 $\sum_{n=1}^{\infty}\frac{2n+1}{2^n}$ 收敛，所以原级数绝对收敛.

(2) $\sum_{n=1}^{\infty}(-1)^{n-1}(\sqrt{n+1}-\sqrt{n})$ 为任意项级数.

$\sum_{n=1}^{\infty}\left|(-1)^{n-1}(\sqrt{n+1}-\sqrt{n})\right|=\sum_{n=1}^{\infty}(\sqrt{n+1}-\sqrt{n})=\sum_{n=1}^{\infty}\frac{1}{\sqrt{n+1}+\sqrt{n}}$，因为

$$\lim_{n\to\infty}\frac{\frac{1}{\sqrt{n+1}+\sqrt{n}}}{\frac{1}{\sqrt{n}}}=\lim_{n\to\infty}\frac{1}{\sqrt{\frac{n+1}{n}}+1}=\frac{1}{2},$$

而 $\sum_{n=1}^{\infty}\frac{1}{\sqrt{n}}$ 发散，所以 $\sum_{n=1}^{\infty}\left|(-1)^{n-1}(\sqrt{n+1}-\sqrt{n})\right|=\sum_{n=1}^{\infty}\frac{1}{\sqrt{n+1}+\sqrt{n}}$ 发散. 但不能据此判断原级数的敛散性.

考虑到 $\sum_{n=1}^{\infty}(-1)^{n-1}(\sqrt{n+1}-\sqrt{n})$ 为交错级数，且

① $\lim_{n\to\infty}u_n=\lim_{n\to\infty}(\sqrt{n+1}-\sqrt{n})=\lim_{n\to\infty}\frac{1}{\sqrt{n+1}+\sqrt{n}}=0$；

②
$$\begin{aligned}u_n-u_{n+1}&=(\sqrt{n+1}-\sqrt{n})-(\sqrt{n+2}-\sqrt{n+1})\\&=\frac{1}{\sqrt{n+1}+\sqrt{n}}-\frac{1}{\sqrt{n+2}+\sqrt{n+1}}\\&=\frac{\sqrt{n+2}-\sqrt{n}}{(\sqrt{n+1}+\sqrt{n})(\sqrt{n+2}+\sqrt{n+1})}>0,\end{aligned}$$

即 $u_n>u_{n+1}$.

故由莱布尼茨判别法知，级数 $\sum_{n=1}^{\infty}(-1)^{n-1}(\sqrt{n+1}-\sqrt{n})$ 收敛. 又 $\sum_{n=1}^{\infty}\left|(-1)^{n-1}(\sqrt{n+1}-\sqrt{n})\right|$ 发散，所以 $\sum_{n=1}^{\infty}(-1)^{n-1}(\sqrt{n+1}-\sqrt{n})$ 条件收敛.

(3) $\sum_{n=1}^{\infty}(-1)^{\frac{n(n-1)}{2}}\left(\frac{5n+1}{n}\right)^n$ 为任意项级数. 但该级数不是交错级数，不能考虑莱布尼茨判别法. 因

$$\sum_{n=1}^{\infty}\left|(-1)^{\frac{n(n-1)}{2}}\left(\frac{5n+1}{n}\right)^n\right|=\sum_{n=1}^{\infty}\left(\frac{5n+1}{n}\right)^n,$$

而

$$\lim_{n\to\infty}\sqrt[n]{u_n}=\lim_{n\to\infty}\frac{5n+1}{n}=5>1,$$

故由根值判别法知级数 $\sum_{n=1}^{\infty}\left(\frac{5n+1}{n}\right)^n$ 发散，又因为绝对值级数发散是由根值判别法得到的，故原级数发散.

例 9 判别级数 $\frac{1}{\sqrt{2}-1}-\frac{1}{\sqrt{2}+1}+\frac{1}{\sqrt{3}-1}-\frac{1}{\sqrt{3}+1}+\cdots+\frac{1}{\sqrt{n}-1}-\frac{1}{\sqrt{n}+1}+\cdots$ 的敛散性.

分析 此级数是交错级数，其一般项显然趋于 0，但它不满足 $u_n>u_{n+1}$，故不能应用莱布尼茨判别法.

若考虑取绝对值的级数 $\frac{1}{\sqrt{2}-1}+\frac{1}{\sqrt{2}+1}+\cdots+\frac{1}{\sqrt{n}-1}+\frac{1}{\sqrt{n}+1}+\cdots$，显然它是发散的.

以上两种方法都得不到原级数的敛散性，怎么办？现在用收敛性质来判断.

解 考虑加括号(每一括号内含有原级数的相邻两项)后的级数

$$\left(\frac{1}{\sqrt{2}-1}+\frac{1}{\sqrt{2}+1}\right)+\left(\frac{1}{\sqrt{3}-1}+\frac{1}{\sqrt{3}+1}\right)+\cdots+\left(\frac{1}{\sqrt{n}-1}+\frac{1}{\sqrt{n}+1}\right)+\cdots$$

的前 n 项部分和 S_n，有

$$\begin{aligned}S_n&=\left(\frac{1}{\sqrt{2}-1}-\frac{1}{\sqrt{2}+1}\right)+\cdots+\left(\frac{1}{\sqrt{n+1}-1}-\frac{1}{\sqrt{n+1}+1}\right)\\&=\frac{2}{2-1}+\frac{2}{3-1}+\cdots+\frac{2}{n-1}+\frac{2}{n}\\&=2\left(1+\frac{1}{2}+\frac{1}{3}+\cdots+\frac{1}{n}\right)=2S_n^*,\end{aligned}$$

其中 S_n^* 是调和级数 $\sum_{n=1}^{\infty}\frac{1}{n}$ 的前 n 项部分和. 因为 $\lim_{n\to\infty}S_n^*=+\infty$，故 $\lim_{n\to\infty}S_n=+\infty$，根据定义知，加括号后的级数发散. 根据级数收敛的性质知，原级数也发散.

小结 判别任意项级数 $\sum_{n=1}^{\infty}u_n$ 敛散性的一般步骤为

(1) 检查一般项 u_n 是否趋于零. 若 u_n 不趋于零,则级数必定发散;

(2) 判别正项级数 $\sum_{n=1}^{\infty}|u_n|$ 是否收敛:

若级数 $\sum_{n=1}^{\infty}|u_n|$ 收敛,则级数 $\sum_{n=1}^{\infty}u_n$ 收敛,且此时任意项级数 $\sum_{n=1}^{\infty}u_n$ 绝对收敛(例 8(1));

若级数 $\sum_{n=1}^{\infty}|u_n|$ 发散,且是由比值或根值判别法而得,那么就能直接得到 $\sum_{n=1}^{\infty}u_n$ 也发散的结论,因为此时一般项 u_n 不趋于零(例 8(3));

(3) 若 $\sum_{n=1}^{\infty}|u_n|$ 发散不是用比值或根值判别法得到的,则需要再看级数 $\sum_{n=1}^{\infty}u_n$ 本身是否收敛. 可考虑利用莱布尼茨判别法或收敛级数的定义和性质进行判别. 若级数 $\sum_{n=1}^{\infty}u_n$ 收敛,则该任意项级数 $\sum_{n=1}^{\infty}u_n$ 条件收敛(例 8(2)).

三、课内练习题

1. 选择题:

(1) 已知 $\sum_{n=1}^{\infty}(-1)^{n-1}u_n=2,\sum_{n=1}^{\infty}u_{2n-1}=5$,则 $\sum_{n=1}^{\infty}u_n=($　　$)$.

(A) 3　　(B) 7　　(C) 8　　(D) 9

(2) 若级数 $\sum_{n=1}^{\infty}u_n$, $\sum_{n=1}^{\infty}v_n$ 都发散,则下列结论正确的是(　　).

(A) $\sum_{n=1}^{\infty}(u_n-v_n)$ 发散　　(B) $\sum_{n=1}^{\infty}u_n\cdot v_n$ 发散

(C) $\sum_{n=1}^{\infty}(u_n^2+v_n^2)$ 发散　　(D) $\sum_{n=1}^{\infty}(|u_n|+|v_n|)$ 发散

(3) 下列数项级数中发散的是(　　).

(A) $\sum_{n=1}^{\infty}\left(\frac{n-1}{n}\right)^{n^2}$　　(B) $\sum_{n=1}^{\infty}\left(\frac{n+1}{n}\right)^{n}$　　(C) $\sum_{n=1}^{\infty}\arctan\frac{\pi}{n^2}$　　(D) $\sum_{n=1}^{\infty}\frac{(-1)^n}{\sqrt{n}}$

(4) 设 $\sum_{n=1}^{\infty}(-1)^n u_n$ 条件收敛,则必有(　　).

(A) $\sum_{n=1}^{\infty}u_n$ 收敛　　(B) $\sum_{n=1}^{\infty}u_n^2$ 收敛

(C) $\sum_{n=1}^{\infty}(u_n-u_{n+1})$ 收敛　　(D) $\sum_{n=1}^{\infty}u_{2n}$ 与 $\sum_{n=1}^{\infty}u_{2n-1}$ 均收敛

2. 判别下列级数的敛散性:

(1) $\sum_{n=1}^{\infty}\frac{3n^n}{(1+n)^n}$;　　(2) $\sum_{n=1}^{\infty}\frac{n^2}{1+n^2+n^5}$;

(3) $\sum_{n=1}^{\infty} \frac{4^n}{5^n - 3^n}$; (4) $\sum_{n=1}^{\infty} \frac{3^n \cdot n!}{1 \cdot 3 \cdot 5 \cdots (2n-1)}$;

(5) $\sum_{n=1}^{\infty} \left(\arcsin \frac{1}{n}\right)^n$; (6) $\sum_{n=1}^{\infty} \frac{2^n \cdot n!}{n^n}$.

3. 判别下列级数的敛散性,如果收敛,是绝对收敛还是条件收敛?

(1) $\sum_{n=1}^{\infty} (-1)^n \ln \frac{n+1}{n}$; (2) $\sum_{n=1}^{\infty} \frac{(-1)^{n-1} 2^{\frac{n}{2}}}{n^2}$;

(3) $\sum_{n=1}^{\infty} (-1)^n \frac{\sqrt{n}}{n^2 + 100}$; (4) $\sum_{n=1}^{\infty} (-1)^n \frac{n}{\sqrt{2n^2+1}}$.

4. 讨论 $\sum_{n=1}^{\infty} n^{\alpha} \cdot \beta^n (\beta > 0)$ 的敛散性.

5. 设正项数列 $\{a_n\}$ 单调减少,且 $\sum_{n=1}^{\infty} (-1)^n a_n$ 发散,试问级数 $\sum_{n=1}^{\infty} \left(\frac{1}{a_n + 1}\right)^n$ 是否收敛?并说明理由.

四、课外练习题

1. 判别下列级数的敛散性:

(1) $\sum_{n=1}^{\infty} \frac{n+2}{n! + (n+1)! + (n+2)!}$; (2) $\sum_{n=1}^{\infty} \frac{(n!)^2}{n(n+4)^5}$;

(3) $\sum_{n=1}^{\infty} 2^n \tan \frac{\pi}{4n}$; (4) $\sum_{n=1}^{\infty} \int_0^{\frac{1}{n}} \frac{x}{1+x^3} dx$.

2. 判断下列级数的敛散性,如果收敛,是绝对收敛还是条件收敛?

(1) $\sum_{n=1}^{\infty} (-1)^n \frac{\ln n}{n}$; (2) $\sum_{n=2}^{\infty} (-1)^n \frac{e^{\frac{1}{n}} - 1}{\sqrt{n+1}}$;

(3) $\sum_{n=1}^{\infty} \frac{n \cos n\pi}{1 + n^2}$; (4) $\sum_{n=1}^{\infty} \frac{(-1)^n}{n^p}$.

3. 讨论下列级数的敛散性:

(1) $\sum_{n=1}^{\infty} \frac{\ln n}{1 + a^n} \quad (a > 0)$; (2) $\sum_{n=1}^{\infty} \frac{q^n n!}{n^n} (q > 0)$.

4. 计算 $\lim\limits_{n \to \infty} \frac{5^n \cdot n!}{(2n)^n}$.

5. 已知 $a_n = \int_0^1 x^2 (1-x)^n dx \ (n = 1, 2, \cdots)$. 证明 $\sum_{n=1}^{\infty} a_n$ 收敛,并求其和.

*6. 设 $\sum_{n=1}^{\infty} (u_n - u_{n-1})$ 收敛,且 $\sum_{n=1}^{\infty} v_n$ 绝对收敛,试证 $\sum_{n=1}^{\infty} u_n v_n$ 绝对收敛.

*7. 设 $f(x)$ 为偶函数，且在 $x=0$ 的邻域内有二阶连续导数，$f(0)=1$，$f''(0)=2$，试证：$\sum_{n=1}^{\infty}\left(f\left(\frac{1}{n}\right)-1\right)$ 绝对收敛.

第二十一讲

习题参考答案或提示

第二十二讲　幂级数

一、本讲要求

1. 熟练掌握求幂级数收敛域与和函数的方法.
2. 掌握将函数展开成幂级数的间接方法.
3. 会利用幂级数求数项级数的和.

二、问题·分析·解答

问题 1　如何求幂级数的收敛半径和收敛域?

例 1　如果幂级数 $\sum_{n=0}^{\infty} a_n x^n$ 在 $x=-2$ 处条件收敛,能否确定该幂级数的收敛半径和收敛域?

解　由阿贝尔定理知,该幂级数的收敛区间$(-R,R)$是以 $x_0=0$ 为中心的对称开区间.

若 $R<2$,则当 $|x|>R$ 时,幂级数发散,这与其在 $x=-2$ 处收敛相矛盾;

若 $R>2$,则当 $|x|<R$ 时,幂级数绝对收敛,即其在 $x=-2$ 处绝对收敛,这与其在 $x=-2$ 处条件收敛矛盾.

所以,收敛半径 $R=2$,收敛区间为$(-2,2)$. 幂级数在 $x=-2$ 处条件收敛时,无法判断其在 $x=2$ 处的敛散性,故不能确定其收敛域.

例如, $\sum_{n=1}^{\infty} \frac{x^n}{n2^n}$ 的收敛半径 $R=2$,在 $x=-2$ 处级数 $\sum_{n=1}^{\infty}(-1)^n \frac{1}{n}$ 条件收敛,在 $x=2$ 处级数 $\sum_{n=1}^{\infty} \frac{1}{n}$ 发散.

再如 $\sum_{n=1}^{\infty} \frac{(-1)^n x^{2n}}{n4^n}$ 的收敛半径 $R=2$,在 $x=\pm 2$ 处级数 $\sum_{n=1}^{\infty} \frac{(-1)^n}{n}$ 均条件收敛.

例 2　求 $\sum_{n=1}^{\infty} \frac{x^n}{n^p}$ 的收敛域.

解　先求其收敛半径 R,定出收敛区间$(-R,R)$,然后再判定在区间端点 $x=\pm R$ 处的敛散性,从而确定其收敛域(收敛域可能是开区间,半开半闭区间、闭区间). 现因 $R=\frac{1}{\rho}=\lim_{n\to\infty}\left|\frac{a_n}{a_{n+1}}\right|=\lim_{n\to\infty}\frac{(n+1)^p}{n^p}=1$,故收敛区间为$(-1,1)$.

在 $x=-1$ 处,级数成为交错级数 $\sum_{n=1}^{\infty} \frac{(-1)^n}{n^p}$,当 $p\leqslant 0$ 时发散;当 $0<p\leqslant 1$ 时条件收敛;当 $p>1$ 时绝对收敛.

在 $x=1$ 处,级数成为 $\sum\limits_{n=1}^{\infty}\dfrac{1}{n^p}$, 当 $p\leqslant 1$ 时发散;当 $p>1$ 时收敛.

综上可知,当 $p\leqslant 0$ 时,级数的收敛域为 $(-1,1)$;当 $0<p\leqslant 1$ 时,级数的收敛域为 $[-1,1)$;当 $p>1$ 时,级数的收敛域为 $[-1,1]$.

例 3 求 $\sum\limits_{n=1}^{\infty}(-1)^{n-1}\dfrac{(x-1)^n}{n}$ 的收敛域.

解 令 $y=x-1$,原级数变形为

$$\sum_{n=1}^{\infty}(-1)^{n-1}\frac{y^n}{n},\tag{$*$}$$

因级数$(*)$的收敛半径 $R=\dfrac{1}{\rho}=\lim\limits_{n\to\infty}\left|\dfrac{a_n}{a_{n+1}}\right|=\lim\limits_{n\to\infty}\dfrac{n+1}{n}=1$,故收敛区间为 $(-1,1)$.

当 $y=-1$ 时,级数$(*)$成为 $-\sum\limits_{n=1}^{\infty}\dfrac{1}{n}$,它是发散的.

当 $y=1$ 时,级数$(*)$成为 $\sum\limits_{n=1}^{\infty}\dfrac{(-1)^{n-1}}{n}$,它是收敛的.

所以$(*)$的收敛域为 $(-1,1]$,即 $-1<y\leqslant 1$. 由于 $y=x-1$,从而可知原级数的收敛域为 $(0,2]$.

例 4 求 $\sum\limits_{n=1}^{\infty}(\sqrt{n+1}-\sqrt{n})2^n x^{2n}$ 的收敛半径.

分析 这是缺项的幂级数,当 $n=2k+1(k=0,1,2,\cdots)$ 时 $a_n=0$,这时 $\dfrac{a_{n+1}}{a_n}$ 的分母为 0,根本谈不上数列 $\left\{\dfrac{a_{n+1}}{a_n}\right\}$ 的极限,所以不能直接用 $\lim\limits_{n\to\infty}\left|\dfrac{a_n}{a_{n+1}}\right|$ 来求收敛半径. 为了求收敛半径 R,可用下面两种方法:

解 [法 1] 令 $y=x^2$,则原级数成为

$$\sum_{n=1}^{\infty}(\sqrt{n+1}-\sqrt{n})2^n y^n,\tag{$*$}$$

这是不缺项的幂级数,其收敛半径为

$$R=\frac{1}{\rho}=\lim_{n\to\infty}\left|\frac{a_n}{a_{n+1}}\right|=\lim_{n\to\infty}\frac{(\sqrt{n+1}-\sqrt{n})2^n}{(\sqrt{n+2}-\sqrt{n+1})2^{n+1}}=\frac{1}{2},$$

即当 $|y|<\dfrac{1}{2}$ 时,级数$(*)$收敛;当 $|y|>\dfrac{1}{2}$ 时,级数$(*)$发散. 而 $y=x^2$,所以当 $|x|<\dfrac{1}{\sqrt{2}}$ 时,原级数收敛;当 $|x|>\dfrac{1}{\sqrt{2}}$ 时,原级数发散. 所以原级数的收敛半径为 $R=\dfrac{1}{\sqrt{2}}$.

[法 2] 直接用比值判别法. 因

$$\lim_{n\to\infty}\left|\frac{u_{n+1}(x)}{u_n(x)}\right|=\lim_{n\to\infty}\left|\frac{(\sqrt{n+2}-\sqrt{n+1})2^{n+1}x^{2n+2}}{(\sqrt{n+1}-\sqrt{n})2^n x^{2n}}\right|=2|x|^2,$$

故当 $2|x|^2<1$，即 $|x|<\frac{1}{\sqrt{2}}$ 时，级数绝对收敛；当 $2|x|^2>1$，即 $|x|>\frac{1}{\sqrt{2}}$ 时，$\sum\limits_{n=1}^{\infty}|u_n|$ 发散，而发散是用比值判别法判别的，所以原级数发散. 从而可知级数的收敛半径为 $R=\frac{1}{\sqrt{2}}$.

小结 求收敛半径的几种情况：

(1) 对于幂级数 $\sum\limits_{n=0}^{\infty}a_nx^n$，若 $\lim\limits_{n\to\infty}\left|\frac{a_{n+1}}{a_n}\right|=\rho$（或 $\lim\limits_{n\to\infty}\sqrt[n]{|a_n|}=\rho$），则收敛半径

$$R=\begin{cases}\frac{1}{\rho}, & \rho>0,\\ 0, & \rho=+\infty,\\ +\infty, & \rho=0.\end{cases}$$

若 $\lim\limits_{n\to\infty}\left|\frac{a_{n+1}}{a_n}\right|$ 不存在（但不为 $+\infty$），但 $\lim\limits_{n\to\infty}\sqrt[n]{|a_n|}=\rho$ 存在，则 $R=\frac{1}{\rho}$；

若 $\lim\limits_{n\to\infty}\sqrt[n]{|a_n|}$ 不存在（但不为 $+\infty$），此时只能用其他方法求 R（例 2）.

(2) 对于幂级数 $\sum\limits_{n=0}^{\infty}a_n(x-x_0)^n$，令 $y=x-x_0$ 将级数转化为 $\sum\limits_{n=0}^{\infty}a_ny^n$ 的形式，根据(1)的方法求出收敛半径 R（例 3）.

(3) 如果幂级数为缺项幂级数，此时不能用(1)、(2)中公式求 R，应该将幂级数通项取绝对值后用正项级数的比值法或根值法求收敛半径 R（例 4）.

(4) 如果幂级数的系数 a_n 未明显给出，求其收敛半径 R 可用阿贝尔定理或其他方法（例 1）.

求出收敛半径后即可得到收敛区间，再考虑收敛区间两个端点处的收敛性，最终求出幂级数的收敛域.

问题 2 如何利用一些初等函数的幂级数展开式及幂级数的运算性质求另外一些函数的幂级数展开式？

例 5 将 $\ln x$ 展开成 $(x-2)$ 的幂级数.

解 由于

$$\ln(1+x)=x-\frac{x^2}{2}+\frac{x^3}{3}-\frac{x^4}{4}+\cdots+\frac{(-1)^{n-1}}{n}x^n+\cdots\quad(-1<x\leqslant 1),$$

现在要将 $\ln x$ 展开成 $(x-2)$ 的幂级数，可将 $\ln x$ 变形后利用上述已知展开式，得

$$\ln x=\ln(2+(x-2))=\ln\left(2\left(1+\frac{x-2}{2}\right)\right)=\ln 2+\ln\left(1+\frac{x-2}{2}\right),$$

令 $y=\frac{x-2}{2}$，则

$$\ln\left(1+\frac{x-2}{2}\right)=\ln(1+y)=y-\frac{y^2}{2}+\frac{y^3}{3}-\frac{y^4}{4}+\cdots+\frac{(-1)^{n-1}}{n}y^n+\cdots\quad(-1<y\leqslant 1),$$

故

$$\ln\left(1+\frac{x-2}{2}\right)=\frac{x-2}{2}-\frac{1}{2}\cdot\frac{(x-2)^2}{2^2}+\frac{1}{3}\cdot\frac{(x-2)^3}{2^3}-\frac{1}{4}\cdot\frac{(x-2)^4}{2^4}+\cdots+\frac{(-1)^{n-1}}{n}\cdot\frac{(x-2)^n}{2^n}+\cdots\ (0<x\leqslant 4).$$

于是得

$$\ln x=\ln 2+\frac{x-2}{2}-\frac{1}{2}\cdot\frac{(x-2)^2}{2^2}+\frac{1}{3}\cdot\frac{(x-2)^3}{2^3}-\frac{1}{4}\cdot\frac{(x-2)^4}{2^4}+\cdots+\frac{(-1)^{n-1}}{n}\cdot\frac{(x-2)^n}{2^n}+\cdots\ (0<x\leqslant 4).$$

例 6 将 $f(x)=\dfrac{x}{2-x-x^2}$ 展开成 x 的幂级数.

解 [**法 1**]

$$\begin{aligned} f(x)&=\frac{x}{2-x-x^2}=\frac{x}{(1-x)(2+x)}\\ &=\frac{1}{3}\left(\frac{1}{1-x}-\frac{2}{2+x}\right)\\ &=\frac{1}{3}\cdot\frac{1}{1-x}-\frac{1}{3}\cdot\frac{1}{1+\frac{x}{2}}, \end{aligned}$$

因

$$\frac{1}{1-x}=1+x+x^2+\cdots+x^n+\cdots=\sum_{n=0}^{\infty}x^n\ (-1<x<1),$$

$$\frac{1}{1+\frac{x}{2}}=1-\frac{x}{2}+\left(\frac{x}{2}\right)^2+\cdots+(-1)^n\left(\frac{x}{2}\right)^n+\cdots=\sum_{n=0}^{\infty}(-1)^n\left(\frac{x}{2}\right)^n\ (-2<x<2),$$

故

$$f(x)=\frac{1}{3}\sum_{n=0}^{\infty}x^n-\frac{1}{3}\sum_{n=0}^{\infty}(-1)^n\frac{x^n}{2^n}=\frac{1}{3}\sum_{n=0}^{\infty}\left(1-\frac{(-1)^n}{2^n}\right)x^n\ (-1<x<1).$$

[**法 2**]

$$\begin{aligned} f(x)&=\frac{x}{2-x-x^2}=\frac{x}{3}\left(\frac{1}{1-x}+\frac{1}{2+x}\right)\\ &=\frac{x}{3}\left(\frac{1}{1-x}+\frac{1}{2}\cdot\frac{1}{1+\frac{x}{2}}\right)\\ &=\frac{x}{3}\left(\sum_{n=0}^{\infty}x^n+\frac{1}{2}\sum_{n=0}^{\infty}\frac{(-1)^n}{2^n}x^n\right)\\ &=\frac{x}{3}\sum_{n=0}^{\infty}\left(1+\frac{(-1)^n}{2^{n+1}}\right)x^n\\ &=\frac{1}{3}\sum_{n=0}^{\infty}\left(1+\frac{(-1)^n}{2^{n+1}}\right)x^{n+1}\ (-1<x<1). \end{aligned}$$

法 1、法 2 的结果实际上是相同的(为什么?).

在例 5、例 6 中应用 $\ln(1+x)$, $\dfrac{1}{1-x}$, $\dfrac{1}{1+\frac{x}{2}}$ 的展开式,其中展开式的收敛区间怎么确定是值得注意的.

小结 将函数在指定点处展开成幂级数有两种方法:直接法与间接法. 利用直接法证明了以下初等函数的幂级数展开式:

(1) $e^x=\sum\limits_{n=0}^{\infty}\frac{1}{n!}x^n,\ x\in(-\infty,+\infty)$.

(2) $\sin x=\sum\limits_{n=0}^{\infty}(-1)^n\frac{1}{(2n+1)!}x^{2n+1},\ x\in(-\infty,+\infty)$.

(3) $\cos x=\sum\limits_{n=0}^{\infty}(-1)^n\frac{1}{(2n)!}x^{2n},\ x\in(-\infty,+\infty)$.

(4) $\ln(1+x)=\sum\limits_{n=0}^{\infty}(-1)^n\frac{1}{n+1}x^{n+1},\ x\in(-1,1]$.

(5) $(1+x)^{\alpha}=\sum\limits_{n=0}^{\infty}\frac{\alpha(\alpha-1)\cdots(\alpha-n+1)}{n!}x^n,\ x\in(-1,1)$.

(6) $\frac{1}{1-x}=\sum\limits_{n=0}^{\infty}x^n,\ x\in(-1,1)$.

(7) $\frac{1}{1+x}=\sum\limits_{n=0}^{\infty}(-1)^n x^n,\ x\in(-1,1)$.

间接法是将函数通过适当变量代换,四则运算,复合运算及逐项微分、逐项积分后,利用已知的幂级数展开式将函数展开成幂级数的方法. 以后通常采用间接法将函数展开成幂级数,所以要熟记上述的初等函数的展开式.

问题 3 如何利用幂级数在收敛区间内可以逐项求导、逐项积分的性质以及已知的幂级数展开式求另一些幂级数的和函数?

例 7 求幂级数 $\sum\limits_{n=1}^{\infty}\frac{x^n}{n(n+1)}$ 的和函数.

解 由比值法求得收敛半径 $R=1$,收敛域为 $[-1,1]$. 令 $S(x)=\sum\limits_{n=1}^{\infty}\frac{x^n}{n(n+1)},x\in[-1,1]$. 下面求和函数 $S(x)$:

[法 1] 因为 $\sum\limits_{n=1}^{\infty}\frac{x^n}{n(n+1)}=\sum\limits_{n=1}^{\infty}\frac{1}{n}x^n-\sum\limits_{n=1}^{\infty}\frac{1}{n+1}x^n$.

令 $S_1(x)=\sum\limits_{n=1}^{\infty}\frac{x^n}{n},\ x\in[-1,1)$,则 $S_1'(x)=\left(\sum\limits_{n=1}^{\infty}\frac{x^n}{n}\right)'=\sum\limits_{n=1}^{\infty}x^{n-1}=\frac{1}{1-x},\ x\in(-1,1)$,逐项积分得 $\int_0^x S_1'(x)\,dx=\int_0^x\frac{1}{1-x}dx=-\ln(1-x)$,即 $S_1(x)-S_1(0)=-\ln(1-x)$,又 $S_1(0)=0$,所以 $S_1(x)=-\ln(1-x)$.

令 $S_2(x)=\sum\limits_{n=1}^{\infty}\frac{1}{n+1}x^n,\ x\in[-1,1)$,则 $xS_2(x)=S_1(x)-x=-\ln(1-x)-x$. 所以

$$S_2(x)=\begin{cases}-\frac{\ln(1-x)}{x}-1, & x\neq 0,\\ 0, & x=0.\end{cases}$$

从而,原幂级数的和函数为

$$S(x)=S_1(x)-S_2(x)=\begin{cases}\left(\dfrac{1}{x}-1\right)\ln(1-x)+1, & x\neq 0,\\ 0, & x=0.\end{cases}$$

［法 2］ 由

$$(xS(x))''=\left(\sum_{n=1}^{\infty}\frac{x^{n+1}}{n(n+1)}\right)''=\sum_{n=1}^{\infty}x^{n-1}=\frac{1}{1-x},\ x\in(-1,1),$$

逐项积分得 $\int_0^x(xS(x))''\mathrm{d}x=\int_0^x\frac{1}{1-x}\mathrm{d}x=-\ln(1-x)$，即 $(xS(x))'-(0S(0))'=-\ln(1-x)$，所以

$$(xS(x))'=-\ln(1-x).$$

再逐项积分得

$$\int_0^x(xS(x))'\mathrm{d}x=\int_0^x(-\ln(1-x))\mathrm{d}x=-x\ln(1-x)+\int_0^x\frac{-x}{1-x}\mathrm{d}x$$
$$=(1-x)\ln(1-x)+x,$$

即 $xS(x)-0S(0)=(1-x)\ln(1-x)+x$，故有 $xS(x)=(1-x)\ln(1-x)+x$. 从而，原幂级数的和函数为

$$S(x)=\begin{cases}\left(\dfrac{1}{x}-1\right)\ln(1-x)+1, & x\neq 0,\\ 0, & x=0.\end{cases}$$

例 8 求 $\sum_{n=1}^{\infty}\frac{2n+1}{n!}x^{2n+1}$ 的收敛域及和函数.

分析 级数通项系数中出现了 $\frac{1}{n!}$，由此联想到 e^x 的展开式 $\sum_{n=0}^{\infty}\frac{1}{n!}x^n=\mathrm{e}^x$，$x\in(-\infty,+\infty)$，设法将原级数变形后利用此展开式.

解 由 $\lim_{n\to\infty}\left|\frac{u_{n+1}}{u_n}\right|=\lim_{n\to\infty}\left|\frac{(2n+3)n!}{(2n+1)(n+1)!}x^2\right|=0$ 知幂级数的收敛域为 $(-\infty,+\infty)$. 故设

$$S(x)=\sum_{n=1}^{\infty}\frac{2n+1}{n!}x^{2n+1},\ x\in(-\infty,+\infty).$$

［法 1］ $S(x)=x\sum_{n=1}^{\infty}\frac{2n+1}{n!}x^{2n}=x\sum_{n=1}^{\infty}\frac{1}{n!}(x^{2n+1})'=x\left(\sum_{n=1}^{\infty}\frac{x^{2n+1}}{n!}\right)'=x\left(x\sum_{n=1}^{\infty}\frac{1}{n!}(x^2)^n\right)'$，

由 e^x 的展开式知 $\sum_{n=1}^{\infty}\frac{1}{n!}(x^2)^n=\mathrm{e}^{x^2}-1$，故

$$S(x)=x(x\cdot\mathrm{e}^{x^2}-x)'=x(\mathrm{e}^{x^2}+2x^2\mathrm{e}^{x^2}-1)=x\mathrm{e}^{x^2}(1+2x^2)-x.$$

［法 2］
$$S(x)=\sum_{n=1}^{\infty}\frac{2n+1}{n!}x^{2n+1}=2\sum_{n=1}^{\infty}\frac{x^{2n+1}}{(n-1)!}+\sum_{n=1}^{\infty}\frac{x^{2n+1}}{n!}$$
$$=2\sum_{n=0}^{\infty}\frac{x^{2n+3}}{n!}+x\sum_{n=1}^{\infty}\frac{x^{2n}}{n!}=2x^3\sum_{n=0}^{\infty}\frac{x^{2n}}{n!}+x\sum_{n=1}^{\infty}\frac{x^{2n}}{n!}$$
$$=2x^3\mathrm{e}^{x^2}+x(\mathrm{e}^{x^2}-1).$$

小结 求幂级数和函数的方法：

（1）求出幂级数的收敛半径与收敛域；

（2）在收敛区间内，通过逐项求导、逐项积分或拆项等方法将幂级数化为等比级数等常见的七种基本函数展开式（具体见本讲问题 2 的小结），从而得到新级数的和函数，然后对和函数作相反的分析运算，便得到原幂级数的和函数；

（3）对于某些含有阶乘符号的幂级数，先设法建立关于和函数满足的微分方程，然后求解方程得到和函数（在微分方程部分会提到）.

求和函数的方法较多，具有较大的灵活性，应具体问题，具体解决.

要注意的是，幂级数的和函数在收敛域上连续，而逐项求导与逐项积分只能在收敛区间内进行，在两个端点处这些性质未必成立. 同时，逐项求导和逐项求积分后，幂级数的收敛半径不变，但在两个端点处的收敛性可能发生改变，例如 $\sum\limits_{n=1}^{\infty}\frac{x^n}{n^2}$ 的收敛半径 $R=1$，收敛域为 $[-1,1]$，但逐项求导后，尽管 $\sum\limits_{n=1}^{\infty}\frac{x^{n-1}}{n}$ 的收敛半径仍为 $R=1$，但收敛域变为 $[-1,1)$.

问题 4 如何求数项级数的和？

例 9 求下列数项级数的和：

（1）$\sum\limits_{n=1}^{\infty}\frac{(-1)^n}{2n-1}\left(\frac{3}{4}\right)^n$； （2）$\sum\limits_{n=1}^{\infty}\frac{n!+1}{2^n(n-1)!}$.

分析 问题 3 中说明了如何求幂级数的和函数，如果令其中的 x 为某个常数，便得到常数项级数的和，比如在例 8 中，令 $x=1$，可得 $\sum\limits_{n=1}^{\infty}\frac{2n+1}{n!}=3\mathrm{e}-1$. 本例将按此思路，根据所给的数项级数构造一个幂级数，求出该幂级数的和函数，再令其中的变量为某一常数就得到原数项级数的和.

解 （1）$\sum\limits_{n=1}^{\infty}\frac{(-1)^n}{2n-1}\left(\frac{3}{4}\right)^n=\sum\limits_{n=1}^{\infty}\frac{(-1)^n}{2n-1}\left(\frac{\sqrt{3}}{2}\right)^{2n}=\frac{\sqrt{3}}{2}\sum\limits_{n=1}^{\infty}\frac{(-1)^n}{2n-1}\left(\frac{\sqrt{3}}{2}\right)^{2n-1}$，构造幂级数 $\sum\limits_{n=1}^{\infty}\frac{(-1)^n}{2n-1}x^{2n-1}$，收敛域为 $(-1,1)$.

令 $S(x)=\sum\limits_{n=1}^{\infty}\frac{(-1)^n}{2n-1}x^{2n-1},x\in(-1,1)$，则 $\sum\limits_{n=1}^{\infty}\frac{(-1)^n}{2n-1}\left(\frac{3}{4}\right)^n=\frac{\sqrt{3}}{2}S\left(\frac{\sqrt{3}}{2}\right)$.

下面求 $S(x)$，因为 $S'(x)=\sum\limits_{n=1}^{\infty}(-1)^n x^{2n-2}=-\sum\limits_{n=1}^{\infty}(-x^2)^{n-1}=\frac{-1}{1+x^2}$，逐项积分，得

$$S(x)-S(0)=\int_0^x S'(x)\mathrm{d}x=\int_0^x\frac{-1}{1+x^2}\mathrm{d}x=-\arctan x,$$

又 $S(0)=0$，故 $S(x)=-\arctan x$.

从而所求级数的和为 $\frac{\sqrt{3}}{2}S\left(\frac{\sqrt{3}}{2}\right)=-\frac{\sqrt{3}}{2}\arctan\frac{\sqrt{3}}{2}$. 即 $\sum\limits_{n=1}^{\infty}\frac{(-1)^n}{2n-1}\left(\frac{3}{4}\right)^n=-\frac{\sqrt{3}}{2}\arctan\frac{\sqrt{3}}{2}$.

（2）$\sum\limits_{n=1}^{\infty}\frac{n!+1}{2^n(n-1)!}=\frac{1}{2}\sum\limits_{n=1}^{\infty}\frac{n}{2^{n-1}}+\frac{1}{2}\sum\limits_{n=1}^{\infty}\frac{1}{(n-1)!}\left(\frac{1}{2}\right)^{n-1}=I_1+I_2$.

令 $S_1(x)=\sum_{n=1}^{\infty} nx^{n-1}$, $x\in(-1,1)$, 则 $I_1=\frac{1}{2}S_1\left(\frac{1}{2}\right)$. 而 $S_1(x)=\sum_{n=1}^{\infty}(x^n)'=\left(\sum_{n=1}^{\infty}x^n\right)'=\left(\frac{x}{1-x}\right)'=\frac{1}{(1-x)^2}$, 故 $I_1=\frac{1}{2}S_1\left(\frac{1}{2}\right)=\frac{1}{2}\times 4=2$.

令 $S_2(x)=\sum_{n=1}^{\infty}\frac{1}{(n-1)!}x^{n-1}$,$x\in(-\infty,+\infty)$,则 $I_2=\frac{1}{2}S_2\left(\frac{1}{2}\right)$. 而 $S_2(x)=\sum_{n=0}^{\infty}\frac{x^n}{n!}=\mathrm{e}^x$,故 $I_2=\frac{1}{2}S_2\left(\frac{1}{2}\right)=\frac{1}{2}\mathrm{e}^{\frac{1}{2}}$.

所以,所求级数的和为 $2+\frac{1}{2}\mathrm{e}^{\frac{1}{2}}$,即 $\sum_{n=1}^{\infty}\frac{n!+1}{2^n(n-1)!}=2+\frac{1}{2}\mathrm{e}^{\frac{1}{2}}$.

小结 求收敛的数项级数和通常有三种方法:

(1) 利用级数收敛的定义. 先求出级数的前 n 项部分和 S_n,再取极限,则 $S=\lim\limits_{n\to\infty}S_n$ 为级数之和.(第二十一讲中例 1(2))

(2) 利用幂级数的和函数. 如何建立适当的幂级数是该问题的关键,所建立的幂级数要容易求出其和函数 $S(x)$,7 个初等函数展开式也是常用到的(例 9).

(3) 利用傅里叶级数展开式. 将给定的数项级数视为某个函数的傅里叶级数展开式在某个收敛点(即函数的连续点)处所得到的级数,我们将在第二十三讲中讨论这种方法.

三、课内练习题

1. 选择题:

(1) 设幂级数 $\sum_{n=0}^{\infty}a_nx^n$ 在 $x=-3$ 处收敛,则此级数在 $x=2$ 处(　　).

(A) 条件收敛　　(B) 绝对收敛

(C) 发散　　(D) 不能确定敛散性

(2) 设 $\lim\limits_{n\to\infty}\frac{a_{n+1}}{a_n}=2$,则幂级数 $\sum_{n=1}^{\infty}a_n\left(\frac{x+3}{3}\right)^n$ 的收敛半径(　　).

(A) $R=2$　　(B) $R=\frac{1}{2}$　　(C) $R=\frac{3}{2}$　　(D) $R=6$

2. 填空题:

(1) 幂级数 $\sum_{n=0}^{\infty}\frac{(-1)^{n+1}x^n}{(n+1)\cdot 5^n}$ 的收敛域为________.

(2) 幂级数 $\sum_{n=0}^{\infty}\frac{(x-1)^n}{2n+1}$ 的收敛域为________.

(3) 幂级数 $\sum_{n=0}^{\infty}\frac{(x-2)^{2n}}{n^2 4^n}$ 的收敛域为________

(4) 级数 $\sum_{n=0}^{\infty}\frac{1}{n!}$ 的和为________.

(5) 设幂级数 $\sum_{n=0}^{\infty} a_n (x+1)^n$ 在 $x=1$ 处条件收敛，在 $x=-3$ 处发散，则收敛域为________.

(6) 若 $\lim_{n\to\infty}\left|\frac{a_{2n}}{a_{2n+2}}\right|=\frac{1}{2}$，则 $\sum_{n=1}^{\infty} a_{2n}(x+2)^{2n}$ 的收敛区间为________.

3. 求下列幂级数在收敛域内的和函数：

(1) $\sum_{n=1}^{\infty} \frac{2n-1}{2^n} x^{2n-2}$；　(2) $\sum_{n=1}^{\infty} \frac{(-1)^n x^{n+1}}{n(n+1)}$；　(3) $\sum_{n=1}^{\infty} (2n+1)x^n$.

4. 求数项级数 $\sum_{n=1}^{\infty} \frac{1}{(2n-1)2^n}$ 的和.

5. 将 $f(x)=\frac{1}{x+1}$ 展开成 $x-1$ 的幂级数.

6. 将 $f(x)=\frac{x}{x^2+3x+2}$ 展开成 x 的幂级数.

7. 将 $f(x)=\ln x$ 在 $x_0=3$ 处展开成幂级数.

8. 将 $f(x)=\sin x$ 展开成 $x-\frac{\pi}{4}$ 的幂级数.

四、课外练习题

1. 求下列幂级数的收敛半径与收敛域：

(1) $\sum_{n=1}^{\infty} \frac{(x-1)^n}{n\cdot 2^n}$；　(2) $\sum_{n=1}^{\infty} (-1)^{n-1}\frac{x^{2n-1}}{(2n-1)!}$；

(3) $\sum_{n=1}^{\infty} \frac{1}{3^n+(-2)^n}\cdot\frac{x^n}{n}$；　(4) $\sum_{n=1}^{\infty} \frac{x^n}{(n+1)^p}$.

2. 求下列幂级数的收敛域与和函数：

(1) $\sum_{n=1}^{\infty} n(n+1)x^n$；　(2) $\sum_{n=1}^{\infty} \frac{(-1)^{n-1}x^{2n+1}}{n(2n-1)}$；

(3) $\sum_{n=1}^{\infty} (-1)^{n-1}\left(1+\frac{1}{n(2n-1)}\right)x^{2n}$；　(4) $\sum_{n=1}^{\infty} \frac{2n+2}{n!}x^{2n+1}$.

3. 求下列数项级数的和：

(1) $\sum_{n=2}^{\infty} \frac{1}{(n^2-1)2^n}$；　(2) $\sum_{n=1}^{\infty} \frac{2n-1}{2^n}$；

(3) $\sum_{n=1}^{\infty} n\left(\frac{1}{2}\right)^{n-1}$；　(4) $\sum_{n=1}^{\infty} \frac{2n+(-1)^{n-1}(n-1)!}{n!}$.

4. 将下列函数在指定点处展成幂级数：

(1) $f(x)=e^x$，$x_0=-1$；

(2) $f(x)=\frac{1}{4}\ln\frac{1+x}{1-x}+\frac{1}{2}\arctan x$，$x_0=0$；

(3) $f(x)=\begin{cases}\dfrac{1-\cos x}{x^2}, & x\neq 0,\\ \dfrac{1}{2}, & x=0,\end{cases}$ $x_0=0$;

(4) $f(x)=\dfrac{x}{x^2-5x+6}$, $x_0=5$.

5. 设 $f(x)=\dfrac{2x^2}{1+x^2}$,求 $f^{(6)}(0)$.

6. 将 $\dfrac{\mathrm{d}}{\mathrm{d}x}\left(\dfrac{\mathrm{e}^x-1}{x}\right)$ 展开为 x 的幂级数,并求 $\sum\limits_{n=1}^{\infty}\dfrac{n}{(n+1)!}$ 的和.

第二十二讲
习题参考答案或提示

第二十三讲　傅里叶级数

一、本讲要求

1. 理解傅里叶级数的概念，知道将函数展开为傅里叶级数的充分条件，并能将以 2π（或 $2l$）为周期的函数展开为傅里叶级数.

2. 能正确使用狄利克雷收敛定理得到函数 $f(x)$ 的傅里叶级数的收敛性与和函数.

3. 理解周期延拓的概念，并掌握将定义在区间 $[-\pi,\pi]$（或 $[-l,l]$）上的函数展开为以 2π（或 $2l$）为周期的傅里叶级数的方法.

4. 理解奇式延拓和偶式延拓的概念，并掌握将定义在区间 $[0,\pi]$（或 $[0,l]$）上的函数展为以 2π（或 $2l$）为周期的正弦级数和余弦级数的方法.

二、问题・分析・解答

问题 1　求函数 $f(x)$ 的傅里叶级数与将函数 $f(x)$ 展开为傅里叶级数是不是一回事？

例 1　设函数 $f(x)$ 以 2π 为周期，且在 $[-\pi,\pi]$ 上的表达式为

$$f(x)=\begin{cases}|x|, & -\dfrac{\pi}{2}<x<\dfrac{\pi}{2},\\[2mm] 0, & \dfrac{\pi}{2}\leqslant |x|\leqslant \pi.\end{cases}$$

（1）求 $f(x)$ 的傅里叶级数；

（2）求 $f(x)$ 的傅里叶级数的和函数 $S(x)$.

解　（1）$f(x)$ 为 $[-\pi,\pi]$ 上的偶函数，因此傅里叶系数 $b_n=0$（$n=1,2,\cdots$）. 又

$$a_0=\frac{1}{\pi}\int_{-\pi}^{\pi}f(x)\mathrm{d}x=\frac{2}{\pi}\int_0^{\pi}f(x)\mathrm{d}x=\frac{2}{\pi}\int_0^{\frac{\pi}{2}}x\mathrm{d}x=\frac{\pi}{4};$$

$$\begin{aligned}a_n&=\frac{1}{\pi}\int_{-\pi}^{\pi}f(x)\cos nx\mathrm{d}x=\frac{2}{\pi}\int_0^{\pi}f(x)\cos nx\mathrm{d}x\\&=\frac{2}{\pi}\int_0^{\frac{\pi}{2}}x\cos nx\mathrm{d}x=\frac{2}{n\pi}\int_0^{\frac{\pi}{2}}x\mathrm{d}(\sin nx)\\&=\frac{2}{n\pi}\left(x\sin nx\Big|_0^{\frac{\pi}{2}}-\int_0^{\frac{\pi}{2}}\sin nx\mathrm{d}x\right)\\&=\frac{2}{n\pi}\left(\frac{\pi}{2}\sin\frac{n\pi}{2}+\frac{1}{n}\cos\frac{n\pi}{2}-\frac{1}{n}\right),\ n=1,2,\cdots,\end{aligned}$$

故 $f(x)$ 的傅里叶级数为 $\dfrac{\pi}{8}+\displaystyle\sum_{n=1}^{\infty}\frac{2}{n\pi}\left(\frac{\pi}{2}\sin\frac{n\pi}{2}+\frac{1}{n}\cos\frac{n\pi}{2}-\frac{1}{n}\right)\cos nx$，即

$$f(x)\sim\frac{\pi}{8}+\sum_{n=1}^{\infty}\frac{2}{n\pi}\left(\frac{\pi}{2}\sin\frac{n\pi}{2}+\frac{1}{n}\cos\frac{n\pi}{2}-\frac{1}{n}\right)\cos nx.$$

(2) 设 $f(x)$ 的傅里叶级数的和函数为 $S(x)$，则由狄利克雷收敛定理知，在 $f(x)$ 的连续点 $|x|<\frac{\pi}{2},\frac{\pi}{2}<|x|<\pi$ 处，$S(x)=f(x)$；在 $f(x)$ 的间断点 $x=\pm\frac{\pi}{2}$ 处，$S(x)=\frac{f\left(\pm\frac{\pi}{2}+0\right)+f\left(\pm\frac{\pi}{2}-0\right)}{2}=\frac{\pi}{4}$，而 $f\left(\pm\frac{\pi}{2}\right)=0$；在区间端点 $x=\pm\pi$ 处，$S(x)=\frac{f(-\pi+0)+f(\pi-0)}{2}=0=f(\pm\pi)$. 即当 $|x|<\frac{\pi}{2},\frac{\pi}{2}<|x|\leqslant\pi$ 时，$S(x)=f(x)$. 故 $f(x)$ 的傅里叶级数的和函数

$$S(x)=\frac{\pi}{8}+\sum_{n=1}^{\infty}\frac{2}{\pi}\left(\frac{\pi}{2n}\sin\frac{n\pi}{2}+\frac{1}{n^2}\cos\frac{n\pi}{2}-\frac{1}{n^2}\right)\cos nx=\begin{cases}f(x), & |x|<\frac{\pi}{2},\frac{\pi}{2}<|x|\leqslant\pi,\\ \frac{\pi}{4}, & x=\pm\frac{\pi}{2}.\end{cases}$$

注 由本例 a_n 的计算过程知，由于分母 n 不能为 0，故需单独计算 a_0. 虽然在傅里叶系数计算公式 $a_n=\frac{1}{\pi}\int_{-\pi}^{\pi}f(x)\cos nx\mathrm{d}x$ 中的 $n=0,1,2,\cdots$，但在实际计算中往往需对 $n=0$ 与 $n\neq 0$ 分开计算，即 a_0 与其他 a_n 分别计算，就是这个原因.

例 2 设函数 $f(x)$ 以 2π 为周期，且在 $[-\pi,\pi)$ 上的表达式为 $f(x)=\begin{cases}x-1, & -\pi\leqslant x<0,\\ 2, & 0\leqslant x<\pi,\end{cases}$ 它的傅里叶级数的和函数为 $S(x)$.

(1) 求 $S(1),S(0),S(-\pi),S\left(\frac{\pi}{2}\right)$ 和 $S\left(\frac{3\pi}{2}\right)$ 的值.

(2) 作出 $f(x)$ 和 $S(x)$ 的图形 $(-2\pi\leqslant x\leqslant 2\pi)$.

解 (1) 显然 $f(x)$ 满足狄利克雷条件，因为 $1,\frac{\pi}{2}$ 为 $f(x)$ 的连续点，故

$$S(1)=f(1)=2,\ S\left(\frac{\pi}{2}\right)=f\left(\frac{\pi}{2}\right)=2,$$

因为 0 为 $f(x)$ 的间断点，故

$$S(0)=\frac{f(0+0)+f(0-0)}{2}=\frac{2+(-1)}{2}=\frac{1}{2},$$

因为 $-\pi$ 为区间端点，故

$$S(-\pi)=\frac{f(-\pi+0)+f(\pi-0)}{2}=\frac{(-\pi-1)+2}{2}=\frac{1-\pi}{2},$$

对于 $\frac{3\pi}{2}$，利用 $S(x)$ 的周期性有

$$S\left(\frac{3\pi}{2}\right)=S\left(2\pi-\frac{\pi}{2}\right)=S\left(-\frac{\pi}{2}\right)=f\left(-\frac{\pi}{2}\right)=-\frac{\pi}{2}-1.$$

(2) $f(x)$的图形如图 23-1 所示.

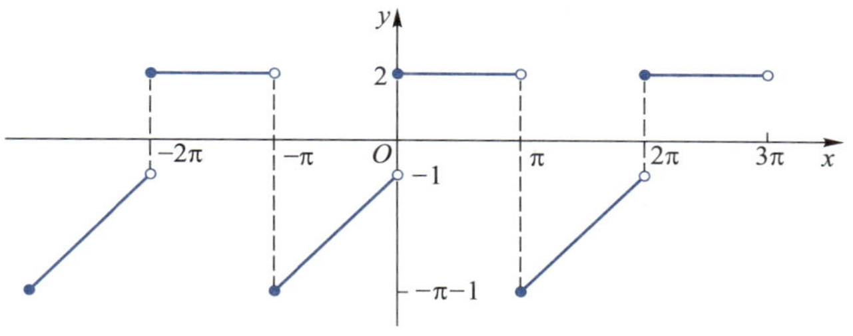

图 23-1

$S(x)$的图形如图 23-2 所示.

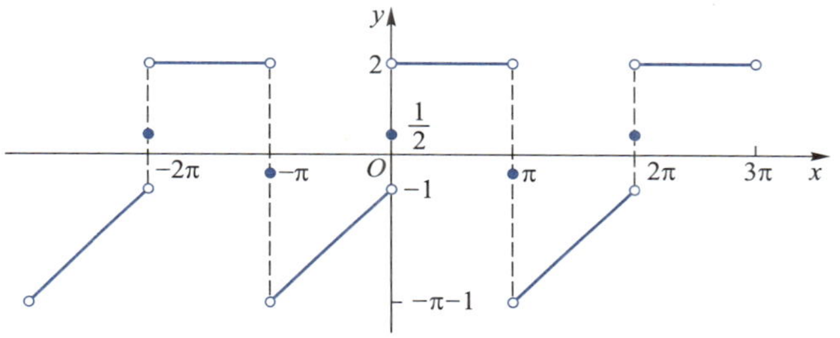

图 23-2

小结 现以 $f(x)$是以 2π 为周期的函数来说明问题 1.

所谓求 $f(x)$的傅里叶级数是指:设 $f(x)$以 2π 为周期,若它在$[-\pi,\pi]$上可积,则以

$$a_n=\frac{1}{\pi}\int_{-\pi}^{\pi}f(x)\cos nx\mathrm{d}x\ (n=0,1,2,\cdots),\quad b_n=\frac{1}{\pi}\int_{-\pi}^{\pi}f(x)\sin nx\mathrm{d}x\ (n=1,2,\cdots)\ (1)$$

为系数的三角级数 $\frac{a_0}{2}+\sum_{n=1}^{\infty}(a_n\cos nx+b_n\sin nx)$ 称为 $f(x)$的傅里叶级数,记作 $f(x)\sim\frac{a_0}{2}+\sum_{n=1}^{\infty}(a_n\cos nx+b_n\sin nx)$.

这里"~"仅表示右边的三角级数中的系数 a_n,b_n 是由(1)定义的,它与 $f(x)$未必能画等号. 显然,只要 $f(x)$在$[-\pi,\pi]$上可积,总可以用公式(1)算出傅里叶系数 a_n,b_n,从而可求出 $f(x)$的傅里叶级数.

问题是这个傅里叶级数的和函数 $S(x)$在什么情况下和 $f(x)$相等,即 $f(x)=\frac{a_0}{2}+\sum_{n=1}^{\infty}(a_n\cos nx+b_n\sin nx)$? 也就是说 $f(x)$的傅里叶级数在什么情况下收敛于 $f(x)$?

关于这个问题,高等数学教材上给出了傅里叶级数的收敛性定理(狄利克雷定理). 它指明只要 $f(x)$满足狄利克雷条件,则它的傅里叶级数 $\frac{a_0}{2}+\sum_{n=1}^{\infty}(a_n\cos nx+b_n\sin nx)$ 收敛,且在 $f(x)$的连续点处收敛于 $f(x)$;在 $f(x)$的第一类间断点处收敛于该点处左、右极限的平均

值，即收敛于$\dfrac{f(x+0)+f(x-0)}{2}$；在 $x=\pm\pi$ 处收敛于$\dfrac{f(-\pi+0)+f(\pi-0)}{2}$.

我们说将$f(x)$展开为傅里叶级数就是指：若$f(x)$满足一定条件（如狄利克雷条件），则在使$f(x)=\dfrac{f(x+0)+f(x-0)}{2}$的点处有$f(x)=\dfrac{a_0}{2}+\sum\limits_{n=1}^{\infty}(a_n\cos nx+b_n\sin nx)$.

问题 2 如何将以 2π（或 $2l$）为周期的函数$f(x)$展成傅里叶级数？

例 3 $f(x)$以 2π 为周期，且在$[-\pi,\pi)$上$f(x)=\begin{cases}0, & -\pi\leqslant x<-\dfrac{\pi}{2},\\ \cos x, & -\dfrac{\pi}{2}\leqslant x<\dfrac{\pi}{2},\\ 0, & \dfrac{\pi}{2}\leqslant x<\pi,\end{cases}$将$f(x)$展开成傅里叶级数.

解
$$a_0=\frac{1}{\pi}\int_{-\pi}^{\pi}f(x)\,\mathrm{d}x=\frac{2}{\pi}\int_0^{\frac{\pi}{2}}\cos x\mathrm{d}x=\frac{2}{\pi},$$
$$a_n=\frac{1}{\pi}\int_{-\pi}^{\pi}f(x)\cos nx\mathrm{d}x=\frac{2}{\pi}\int_0^{\frac{\pi}{2}}\cos x\cos nx\mathrm{d}x$$
$$=\frac{2}{\pi}\int_0^{\frac{\pi}{2}}\frac{1}{2}(\cos(n-1)x+\cos(n+1)x)\,\mathrm{d}x.$$

当 $n\neq1$ 时，
$$a_n=\frac{1}{\pi}\left(\frac{\sin(n-1)x}{n-1}\Big|_0^{\frac{\pi}{2}}+\frac{\sin(n+1)x}{n+1}\Big|_0^{\frac{\pi}{2}}\right)$$
$$=\begin{cases}0, & n=2k+1,\\ \dfrac{2}{\pi}\dfrac{(-1)^{k+1}}{(4k^2-1)}, & n=2k.\end{cases}$$

当 $n=1$ 时，
$$a_1=\frac{1}{\pi}\int_{-\pi}^{\pi}f(x)\cos x\mathrm{d}x=\frac{2}{\pi}\int_0^{\frac{\pi}{2}}\cos x\cos x\mathrm{d}x$$
$$=\frac{2}{\pi}\cdot\frac{1}{2}\cdot\frac{\pi}{2}=\frac{1}{2}.$$

又$b_n=\dfrac{1}{\pi}\displaystyle\int_{-\pi}^{\pi}f(x)\sin nx\mathrm{d}x=\dfrac{1}{\pi}\int_{-\frac{\pi}{2}}^{\frac{\pi}{2}}\cos x\sin nx\mathrm{d}x=0\ (n=1,2,\cdots)$，而当$x\in[-\pi,\pi)$时$f(x)$连续，根据狄利克雷定理得$f(x)$的傅里叶级数展开式为
$$f(x)=\frac{1}{\pi}+\frac{1}{2}\cos x+\frac{2}{\pi}\sum_{n=2}^{\infty}\frac{(-1)^{n+1}}{4n^2-1}\cos 2nx,\ -\infty<x<+\infty.$$

例 4 设函数$f(x)$以 6 为周期，且在$[-3,3)$上$f(x)=\begin{cases}0, & -3\leqslant x<0,\\ 4, & 0\leqslant x<3,\end{cases}$将$f(x)$展开为傅里叶级数.

解 此题是以 $2l(l=3)$ 为周期的函数，故

$$a_0=\frac{1}{3}\int_{-3}^{3}f(x)\,dx=\frac{1}{3}\int_{-3}^{0}0dx+\frac{1}{3}\int_{0}^{3}4dx=4,$$

$$\begin{aligned}a_n&=\frac{1}{3}\int_{-3}^{3}f(x)\cos\frac{n\pi x}{3}dx\\&=\frac{1}{3}\int_{-3}^{0}0\cdot\cos\frac{n\pi x}{3}dx+\frac{1}{3}\int_{0}^{3}4\cdot\cos\frac{n\pi x}{3}dx\\&=\frac{4}{3}\cdot\frac{3}{n\pi}\cdot\sin\frac{n\pi x}{3}\Big|_0^3=0\ (n=1,2,\cdots),\end{aligned}$$

$$\begin{aligned}b_n&=\frac{1}{3}\int_{-3}^{3}f(x)\sin\frac{n\pi x}{3}dx\\&=\frac{1}{3}\int_{-3}^{0}0\cdot\sin\frac{n\pi x}{3}dx+\frac{1}{3}\int_{0}^{3}4\cdot\sin\frac{n\pi x}{3}dx\\&=-\frac{4}{3}\cdot\frac{3}{n\pi}\cdot\cos\frac{n\pi x}{3}\Big|_0^3\\&=\frac{4}{n\pi}(1-(-1)^n)=\begin{cases}\dfrac{8}{(2k-1)\pi}, & n=2k-1,\\0, & n=2k\end{cases}\ (n=1,2,\cdots).\end{aligned}$$

而当 $0<|x|<3$ 时 $f(x)$ 连续,根据狄利克雷定理得

$$f(x)=2+\sum_{n=1}^{\infty}\frac{8}{(2n-1)\pi}\sin\frac{(2n-1)\pi x}{3}\ (0<|x|<3).$$

注 和函数 $S(0)=\dfrac{f(0-0)+f(0+0)}{2}=2\neq f(0)$,且 $S(\pm3)=\dfrac{f(3-0)+f(-3+0)}{2}=2\neq f(\pm3)$.

小结 1. 要将以 2π 为周期的函数 $f(x)$ 展开为傅里叶级数,应先按公式

$$a_n=\frac{1}{\pi}\int_{-\pi}^{\pi}f(x)\cos nx\,dx\ (n=0,1,2,\cdots),$$

$$b_n=\frac{1}{\pi}\int_{-\pi}^{\pi}f(x)\sin nx\,dx\ (n=1,2,\cdots)$$

算出 a_n,b_n. 然后写出它的傅里叶级数 $\dfrac{a_0}{2}+\sum\limits_{n=1}^{\infty}(a_n\cos nx+b_n\sin nx)$,再根据狄利克雷定理得出:在 $f(x)$ 的连续点处 $f(x)=\dfrac{a_0}{2}+\sum\limits_{n=1}^{\infty}(a_n\cos nx+b_n\sin nx)$.

2. 要将以 $2l$ 为周期的函数 $f(x)$ 展开为傅里叶级数,应先按公式

$$\begin{aligned}a_n&=\frac{1}{l}\int_{-l}^{l}f(x)\cos\frac{n\pi x}{l}dx\ (n=0,1,2,\cdots),\\b_n&=\frac{1}{l}\int_{-l}^{l}f(x)\sin\frac{n\pi x}{l}dx\ (n=1,2,\cdots)\end{aligned}\tag{2}$$

算出 a_n,b_n,然后写出它的傅里叶级数 $\dfrac{a_0}{2}+\sum\limits_{n=1}^{\infty}\left(a_n\cos\dfrac{n\pi x}{l}+b_n\sin\dfrac{n\pi x}{l}\right)$,再根据狄利克雷定理得出:在 $f(x)$ 的连续点处 $f(x)=\dfrac{a_0}{2}+\sum\limits_{n=1}^{\infty}\left(a_n\cos\dfrac{n\pi x}{l}+b_n\sin\dfrac{n\pi x}{l}\right)$.

问题 3　如何将定义在$[-\pi,\pi]$（或$[-l,l]$）上的函数展开为以2π（或$2l$）为周期的傅里叶级数？

例 5　将$f(x)=x^2,x\in[-\pi,\pi]$展开为傅里叶级数，并证明$\sum\limits_{n=1}^{\infty}\dfrac{(-1)^{n-1}}{n^2}=\dfrac{\pi^2}{12}$.

解　将函数$f(x)$进行周期延拓，则有

$$a_0=\frac{1}{\pi}\int_{-\pi}^{\pi}x^2\mathrm{d}x=\frac{2\pi^2}{3},$$

$$\begin{aligned}a_n&=\frac{1}{\pi}\int_{-\pi}^{\pi}x^2\cos nx\mathrm{d}x=\frac{2}{\pi}\int_0^{\pi}x^2\cos nx\mathrm{d}x\\&=\frac{2}{n\pi}\left(x^2\sin nx\Big|_0^{\pi}-2\int_0^{\pi}x\sin nx\mathrm{d}x\right)=\frac{4(-1)^n}{n^2}\ (n=1,2,\cdots),\end{aligned}$$

$$b_n=\frac{1}{\pi}\int_{-\pi}^{\pi}x^2\sin nx\mathrm{d}x=0.$$

故
$$x^2=\frac{\pi^2}{3}+\sum_{n=1}^{\infty}\frac{4(-1)^n}{n^2}\cos nx,\ x\in[-\pi,\pi].$$

对于上式，令$x=0$得$\sum\limits_{n=1}^{\infty}\dfrac{(-1)^{n-1}}{n^2}=\dfrac{\pi^2}{12}$.

小结　设$f(x)$定义在$[-\pi,\pi]$上，我们可将$f(x)$按2π为周期延拓到$(-\infty,+\infty)$上，得到一个以2π为周期的函数$F(x)$. 作出$F(x)$的傅里叶级数

$$\frac{a_0}{2}+\sum_{n=1}^{\infty}(a_n\cos nx+b_n\sin nx),$$

其中$a_n=\dfrac{1}{\pi}\displaystyle\int_{-\pi}^{\pi}F(x)\cos nx\mathrm{d}x=\dfrac{1}{\pi}\int_{-\pi}^{\pi}f(x)\cos nx\mathrm{d}x\ (n=0,1,2,\cdots)$,

$$b_n=\frac{1}{\pi}\int_{-\pi}^{\pi}F(x)\sin nx\mathrm{d}x=\frac{1}{\pi}\int_{-\pi}^{\pi}f(x)\sin nx\mathrm{d}x,\ (n=1,2,\cdots).$$

对于$F(x)$在$[-\pi,\pi]$上的连续点x，有$f(x)=\dfrac{a_0}{2}+\sum\limits_{n=1}^{\infty}(a_n\cos nx+b_n\sin nx)$.

注　从上面的介绍知，在将$f(x)$展开为傅里叶级数时，不必实际写出$F(x)$. 对于定义在$[-l,l]$上的函数，可类似处理.

问题 4　如何将定义在$[0,\pi]$（或$[0,l]$）上的函数展开为正弦级数和余弦级数？

例 6　设$f(x)=\dfrac{\pi}{4}-\dfrac{x}{2},\ x\in[0,\pi]$.

(1) 将$f(x)$展开为正弦级数；(2) 将$f(x)$展开为余弦级数；(3) 试求$\sum\limits_{n=1}^{\infty}\dfrac{(-1)^{n+1}}{2n-1}$的值.

解　(1) 对函数$f(x)$作奇式延拓后再作周期延拓，则有

$$a_n=0\ (n=0,1,2,\cdots),$$

$$b_n=\frac{2}{\pi}\int_0^{\pi}f(x)\sin nx\mathrm{d}x=\frac{2}{\pi}\int_0^{\pi}\left(\frac{\pi}{4}-\frac{x}{2}\right)\sin nx\mathrm{d}x$$

$$=-\frac{2}{n\pi}\left(\left(\frac{\pi}{4}-\frac{x}{2}\right)\cos nx\Big|_0^{\pi}+\frac{1}{2}\int_0^{\pi}\cos nx\mathrm{d}x\right)$$

$$=\frac{1}{2n}((-1)^n+1)=\begin{cases}0, & n=2k-1,\\ \frac{1}{2k}, & n=2k\end{cases}\quad(n=1,2,\cdots),$$

故
$$\frac{\pi}{4}-\frac{x}{2}=\sum_{n=1}^{\infty}\frac{1}{2n}\sin 2nx,\ x\in(0,\pi).$$

(2) 对函数$f(x)$作偶式延拓后再作周期延拓,则有

$$a_0=\frac{2}{\pi}\int_0^{\pi}f(x)\mathrm{d}x=\frac{2}{\pi}\int_0^{\pi}\left(\frac{\pi}{4}-\frac{x}{2}\right)\mathrm{d}x=0,$$

$$a_n=\frac{2}{\pi}\int_0^{\pi}f(x)\cos nx\mathrm{d}x=\frac{2}{\pi}\int_0^{\pi}\left(\frac{\pi}{4}-\frac{x}{2}\right)\cos nx\mathrm{d}x$$

$$=\frac{2}{n\pi}\left(\left(\frac{\pi}{4}-\frac{x}{2}\right)\sin nx\Big|_0^{\pi}+\frac{1}{2}\int_0^{\pi}\sin nx\mathrm{d}x\right)$$

$$=-\frac{1}{n^2\pi}((-1)^n-1)=\begin{cases}\frac{2}{(2k-1)^2\pi}, & n=2k-1,\\ 0, & n=2k\end{cases}\quad(n=1,2,\cdots),$$

$$b_n=0\ (n=1,2,3,\cdots),$$

故
$$\frac{\pi}{4}-\frac{x}{2}=\sum_{n=1}^{\infty}\frac{2}{(2n-1)^2\pi}\cos(2n-1)x,\ x\in[0,\pi].$$

(3) 由(1)中的展开式$\frac{\pi}{4}-\frac{x}{2}=\sum_{n=1}^{\infty}\frac{1}{2n}\sin 2nx\ (x\in(0,\pi))$,令$x=\frac{\pi}{4}$,则有

$$\frac{\pi}{8}=\frac{1}{2}\left(1-\frac{1}{3}+\frac{1}{5}-\frac{1}{7}+\cdots+(-1)^{n+1}\frac{1}{2n-1}+\cdots\right),$$

所以$\sum_{n=1}^{\infty}\frac{(-1)^{n+1}}{2n-1}=\frac{\pi}{4}$.

注 1. 第一种展开式中x的范围为$0<x<\pi$,而第二种展开式中x的范围为$0\leqslant x\leqslant\pi$,请读者思考原因.

2. 本例也提供了另一种求数项级数和的方法.

例 7 设$f(x)=\begin{cases}x, & 0\leqslant x\leqslant\frac{1}{2},\\ 2-2x, & \frac{1}{2}<x<1,\end{cases}$ $S(x)=\frac{a_0}{2}+\sum_{n=1}^{\infty}a_n\cos n\pi x,\ -\infty<x<+\infty$,

其中$a_n=2\int_0^1 f(x)\cos n\pi x\mathrm{d}x\ (n=0,1,2,\cdots)$,

(1) 求$S\left(-\frac{5}{2}\right)$;

（2）作出 $S(x)$ 的图形.

解　（1）由级数中余弦项的形式及 a_n 的表达式知，$S(x)$ 以 2 为周期，且是定义在 $[0,1)$ 上的函数 $f(x)$ 所展开的余弦级数的和函数，故有 $S\left(-\frac{5}{2}\right)=S\left(-\frac{5}{2}+2\right)=S\left(-\frac{1}{2}\right)=S\left(\frac{1}{2}\right)$，而 $\frac{1}{2}$ 为 $f(x)$ 的第一类间断点，由收敛定理可知 $S\left(\frac{1}{2}\right)=\frac{f\left(\frac{1}{2}-0\right)+f\left(\frac{1}{2}+0\right)}{2}=\frac{1}{2}\left(\frac{1}{2}+(2-1)\right)=\frac{3}{4}$，故 $S\left(-\frac{5}{2}\right)=\frac{3}{4}$.

（2）$S(x)$ 的图形如图 23-3 所示.

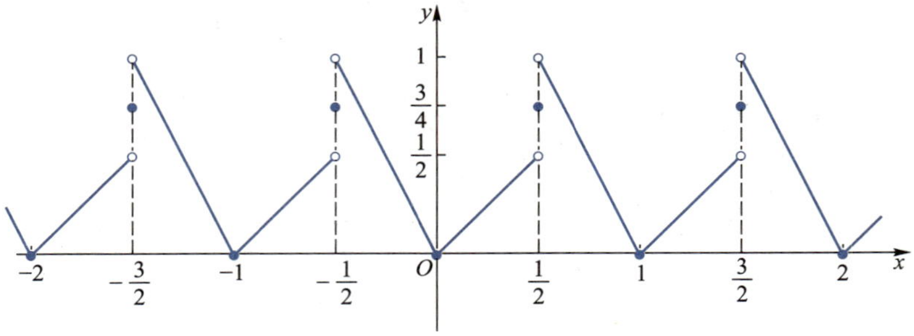

图 23-3

小结　设 $f(x)$ 定义在 $[0,\pi]$ 上，令

$$F(x)=\begin{cases}f(x), & 0<x<\pi,\\ 0, & x=0,\\ -f(-x), & -\pi\leqslant x<0,\end{cases}$$

$$G(x)=\begin{cases}f(x), & 0\leqslant x\leqslant\pi,\\ f(-x), & -\pi\leqslant x<0,\end{cases}$$

$F(x)$ 和 $G(x)$ 分别称为 $f(x)$ 在 $[-\pi,\pi]$ 上的奇式延拓和偶式延拓.

1. 通过 $F(x)$ 的傅里叶级数展开式

$$F(x)=\sum_{n=1}^{\infty}b_n\sin nx\ (x\in[-\pi,\pi]\text{是 }F(x)\text{ 的连续点}),$$

得到 $f(x)$ 的正弦级数展开式

$$f(x)=\sum_{n=1}^{\infty}b_n\sin nx\ (x\in[0,\pi]\text{是 }f(x)\text{ 的连续点}),$$

其中 $b_n=\frac{1}{\pi}\int_{-\pi}^{\pi}F(x)\sin nx\mathrm{d}x=\frac{2}{\pi}\int_0^{\pi}f(x)\sin nx\mathrm{d}x\ (n=0,1,2,\cdots)$.

2. 通过 $G(x)$ 的傅里叶级数展开式

$$G(x)=\frac{a_0}{2}+\sum_{n=1}^{\infty}a_n\cos nx\ (x\in[-\pi,\pi]\text{是 }G(x)\text{ 的连续点}),$$

得到 $f(x)$ 的余弦级数展开式

$$f(x)=\frac{a_0}{2}+\sum_{n=1}^{\infty}a_n\cos nx\ (x\in[0,\pi]\text{是}f(x)\text{的连续点}),$$

其中 $a_n=\frac{1}{\pi}\int_{-\pi}^{\pi}G(x)\cos nx\mathrm{d}x=\frac{2}{\pi}\int_0^{\pi}f(x)\cos nx\mathrm{d}x\ (n=0,1,2,\cdots)$.

注 与周期延拓一样,将定义在$[0,\pi]$上的函数$f(x)$展开为正弦级数或余弦级数时也不需要写出 $F(x)$,$G(x)$的表达式. 定义在$[0,l]$上的函数一样可以展开为正弦级数或余弦级数.

问题 5 $f(x)$是定义在$[a,b]$上的函数,怎样将它展开为以 $b-a$ 为周期的傅里叶级数?

例 8 将定义在$[5,15]$上的函数$f(x)=10-x$ 展开为以 10 为周期的傅里叶级数.

解 令 $t=x-10$,即 $x=t+10$,则 $f(x)=10-x\ (x\in[5,15])$变换成 $F(t)=f(t+10)=-t\ (t\in[-5,5])$.

$$a_n=\frac{1}{5}\int_{-5}^{5}F(t)\cos\frac{n\pi t}{5}\mathrm{d}t=\frac{1}{5}\int_{-5}^{5}\left(-t\cos\frac{n\pi t}{5}\right)\mathrm{d}t=0\ \ (n=0,1,2,\cdots),$$

$$\begin{aligned}b_n&=\frac{1}{5}\int_{-5}^{5}F(t)\sin\frac{n\pi t}{5}\mathrm{d}t=\frac{2}{5}\int_0^5\left(-t\sin\frac{n\pi t}{5}\right)\mathrm{d}t\\&=\frac{2}{n\pi}t\cos\frac{n\pi t}{5}\bigg|_0^5-\frac{2}{n\pi}\int_0^5\cos\frac{n\pi t}{5}\mathrm{d}t\\&=\frac{2}{n\pi}5\cos n\pi=(-1)^n\frac{10}{n\pi}\ (n=1,2,\cdots),\end{aligned}$$

从而 $F(t)=-t$ 的傅里叶级数展开式为

$$-t=10\sum_{n=1}^{\infty}\frac{(-1)^n}{n\pi}\sin\frac{n\pi}{5}t,\ t\in(-5,5),$$

所以$f(x)=10-x$ 的傅里叶级数展开式为

$$10-x=10\sum_{n=1}^{\infty}\frac{(-1)^n}{n\pi}\sin\left(\frac{n\pi}{5}(x-10)\right),\ x\in(5,15),$$

即

$$10-x=10\sum_{n=1}^{\infty}\frac{(-1)^n}{n\pi}\sin\frac{n\pi}{5}x,\ x\in(5,15).$$

小结 问题 5 的一种处理方法是将$[a,b]$变换为对称区间$\left[-\frac{b-a}{2},\frac{b-a}{2}\right]$,将$f(x)$变换为 $F(t)$,再将 $F(t)$展开为以 $b-a$ 为周期的傅里叶级数,然后代回原变量,所得的展开式对$[a,b]$上的函数$f(x)$当然适用,具体步骤如下:

令 $t=x-\frac{b+a}{2}$,即 $x=t+\frac{b+a}{2}$. 当 $x=b$ 时,$t=\frac{b-a}{2}$;当 $x=a$ 时,$t=-\frac{b-a}{2}$;于是$[a,b]$变换为$\left[-\frac{b-a}{2},\frac{b-a}{2}\right]$;$f(x)$变换为$f\left(t+\frac{b+a}{2}\right)=F(t)$. 由于 $F(t)$是定义在$\left[-\frac{b-a}{2},\frac{b-a}{2}\right]$上的函数,可将它展开为以 $b-a$ 为周期的傅里叶级数,代回原变量就得所要求的展开式.

问题 5 的另一种处理方法是将$f(x)$按周期 $b-a$ 延拓到整个数轴,并仍用$f(x)$表示周期延拓的函数,这个周期延拓又可以看成它在$\left[-\frac{b-a}{2},\frac{b-a}{2}\right]$上的部分的周期延拓,此时$f(x)$的傅里叶系数是

$$a_0=\frac{2}{b-a}\int_{-\frac{b-a}{2}}^{\frac{b-a}{2}}f(x)\,\mathrm{d}x,$$

$$a_n=\frac{2}{b-a}\int_{-\frac{b-a}{2}}^{\frac{b-a}{2}}f(x)\cos\frac{2n\pi x}{b-a}\mathrm{d}x\ (n=1,2,\cdots),$$

$$b_n=\frac{2}{b-a}\int_{-\frac{b-a}{2}}^{\frac{b-a}{2}}f(x)\sin\frac{2n\pi x}{b-a}\mathrm{d}x\ (n=1,2,\cdots).$$

由于以T为周期的函数在任何长为T的区间上的积分与它在$\left[-\frac{T}{2},\frac{T}{2}\right]$上的积分都相等,所以上述傅里叶系数公式可直接按下面的公式计算:

$$a_0=\frac{2}{b-a}\int_a^b f(x)\,\mathrm{d}x,$$

$$a_n=\frac{2}{b-a}\int_a^b f(x)\cos\frac{2n\pi x}{b-a}\mathrm{d}x\ (n=1,2,\cdots),\tag{3}$$

$$b_n=\frac{2}{b-a}\int_a^b f(x)\sin\frac{2n\pi x}{b-a}\mathrm{d}x\ (n=1,2,\cdots),$$

从而可得$f(x)$的傅里叶级数展开式.

从本问题可见,将定义在$[a,b]$上的函数$f(x)$展开为以$b-a$为周期的傅里叶级数只要利用公式(3)计算傅里叶系数即可.

三、课内练习题

1. 选择题:

(1) 设$f(x)=|x-\pi|$ $(x\in[0,2\pi))$是以2π为周期的函数,a_n,b_n是$f(x)$的傅里叶系数,则(　　).

(A) $a_0=3$　　(B) $b_1=2$　　(C) $a_2=1$　　(D) $b_3=0$

(2) 设$f(x)=\begin{cases}-1, & -\pi<x\leqslant 0,\\ 1+x^2, & 0<x\leqslant\pi,\end{cases}$则$f(x)$的以$2\pi$为周期的傅里叶级数在$x=\pi$处收敛于(　　).

(A) -1　　(B) $\frac{1}{2}\pi^2$　　(C) $1+\pi^2$　　(D) 0

2. 填空题:

(1) 已知$f(x)=\begin{cases}x, & 0\leqslant x<\pi,\\ 0, & -\pi\leqslant x<0\end{cases}$是以$2\pi$为周期的函数,则傅里叶系数$b_1=$________.

(2) 已知$f(x)$以2π为周期，且$f(x)=\begin{cases}x^2, & -\pi\leqslant x<0,\\ e^x, & 0\leqslant x<\pi,\end{cases}$它的傅里叶级数的和函数为$S(x)$，则$S(100\pi)=$______，$S\left(\frac{49}{2}\pi\right)=$______.

(3) 设$f(x)=x^2,0\leqslant x<\pi$，$S(x)=\sum_{n=1}^{\infty}b_n\sin nx$，其中$b_n=2\int_0^{\pi}f(x)\sin nx\mathrm{d}x$，$n=1,2,\cdots$，则$S\left(-\frac{5\pi}{2}\right)=$______.

(4) 已知函数$f(x)=x^2+2^x$在区间$[0,1]$上的正弦级数和余弦级数的和函数分别为$S_1(x)$和$S_2(x)$，则$S_1(-1)=$______，$S_1(0)=$______，$S_1(1)=$______；$S_2(-1)=$______，$S_2(0)=$______，$S_2(1)=$______.

3. 设$f(x)$是以2π为周期的周期函数，在$(-\pi,\pi]$上$f(x)=\begin{cases}2, & 0\leqslant x\leqslant\pi,\\ 0, & -\pi<x<0,\end{cases}$将$f(x)$展开成傅里叶级数.

4. 设$f(x)=\begin{cases}1+x, & -\pi\leqslant x<0,\\ 2-x, & 0\leqslant x<\pi\end{cases}$是以$2\pi$为周期的周期函数，$S(x)$是$f(x)$的傅里叶级数的和函数，(1) 求$S(x)$的表达式；(2) 作出$S(x)$的图形.

5. 设$f(x)=x+1(0\leqslant x\leqslant\pi)$，试将$f(x)$展开成周期为$2\pi$的正弦级数和余弦级数.

6. 将$f(x)=\frac{\pi-x}{2}(0\leqslant x\leqslant\pi)$展开成正弦级数，并求$\sum_{n=1}^{\infty}\frac{(-1)^{n+1}}{2n+1}$的和.

7. 设$f(x)=x-1(0\leqslant x\leqslant 2)$，试将$f(x)$展开成周期为4的余弦级数.

8. 设$f(x)=x(0<x<\pi)$，试把$f(x)$展开成以π为周期的傅里叶级数.

四、课外练习题

1. 设$f(x)=\begin{cases}\sin x, & 0\leqslant x<\frac{\pi}{2},\\ 1, & \frac{\pi}{2}\leqslant x<\pi,\end{cases}$ $f(x)$以2π为周期的正弦级数的和函数为$S(x)$，则$S(3\pi)=$______.

2. 设$f(x)=e^x+1\ (0\leqslant x<1)$，$S(x)=\frac{a_0}{2}+\sum_{n=1}^{\infty}a_n\cos n\pi x$，其中$a_n=2\int_0^1 f(x)\cos n\pi x\mathrm{d}x$，$n=1,2,\cdots$，则$S\left(-\frac{5}{2}\right)=$______.

3. 设$f(x)$以2π为周期，且在$[-\pi,\pi)$上$f(x)=\begin{cases}1-x, & -\pi\leqslant x\leqslant 0,\\ 1, & 0<x<\pi,\end{cases}$将$f(x)$展开成傅里叶级数，并求其和函数$S(x)$.

4. 将$f(x)=x(0\leqslant x\leqslant\pi)$展开为以$2\pi$为周期的余弦级数.

5. 将 $f(x)=\begin{cases} x, & 0<x<\dfrac{1}{2}, \\ \dfrac{1}{2}, & \dfrac{1}{2}\leqslant x<1 \end{cases}$ 分别展开成以 2 为周期的正弦级数和余弦级数.

6. 将函数 $f(x)=x(\pi-x)$ 在 $[0,\pi]$ 上展开成正弦级数,并求级数 $1-\dfrac{1}{3^3}+\dfrac{1}{5^3}-\dfrac{1}{7^3}+\cdots$ 的和.

7. 将 $f(x)=\arcsin(\sin x)$ 展开成以 2π 为周期的傅里叶级数.

8. 设 $f(x)$ 以 2π 为周期,并且 $f(x+\pi)=f(x)$, $x\in[-\pi,\pi]$,试证:$f(x)$ 的傅里叶系数 $a_{2n-1}=0$, $b_{2n-1}=0$.

第二十三讲

习题参考答案或提示